建筑装饰与环境专业教材
编 审 委 员 会

名誉主任：周功亚
主任委员：黄燕生
副主任委员：张继有　冯正良　刘贵成
　　　　　　　王昌辉　陈文忠　杜彦华
委　　员：（按姓氏汉语拼音排序）
　　　　陈文忠　程孝鹏　杜彦华　冯正良　黄燕生
　　　　蒋庆华　李斌艳　李　捷　李　新　林国杰
　　　　刘贵成　陆　平　潘晓青　尚金凯　万治华
　　　　王岑元　王昌辉　王国诚　王文全　张继有
　　　　张瑞红　周功亚　周一鸣

教育部高职高专规划教材

建筑装饰装修构造与施工技术

万治华　主　编
卢强林　孙庆武　副主编

化学工业出版社
教材出版中心
·北京·

本书是高职高专建筑装饰技术专业教材，主要介绍了室内墙面、隔断、吊顶、地面、门窗、室内细部等常规装饰装修施工的施工准备及要求、工艺流程、操作要点、装饰工程质量要求及通病防治。在编写过程中将装饰构造基础知识与装饰施工工艺的内容结合在一起，使学生在了解装饰构造的基础上更容易掌握装饰施工操作要点。通过本书的学习还可以使学生进一步了解装饰工程质量优劣的检测标准及常见问题的防治方法。

本书参照了有关行业的职业技能鉴定规范要求，内容注重基础理论知识及基本实践操作技能两方面的培养，突出基础性、技能性、实用性，接近生产实际、贴近岗位，同时力求反映当前最新的材料和技术。本书图文并茂、形式简明，便于教学。

本书可作为高职高专装饰装修专业及高级岗位培训的教学用书，也可以作为有关技术人员的参考书。

图书在版编目（CIP）数据

建筑装饰装修构造与施工技术/万治华主编．—北京：化学工业出版社，2006.6（2021.1重印）
教育部高职高专规划教材
ISBN 978-7-5025-8857-1

Ⅰ．建… Ⅱ．万… Ⅲ．①室内装饰-工程装修-建筑构造-高等学校：技术学院-教材②室内装饰-工程施工-高等学校：技术学院-教材　Ⅳ．TU767

中国版本图书馆 CIP 数据核字（2006）第 058685 号

责任编辑：王文峡　程树珍　　　　　　　　　　　文字编辑：张林爽　麻雪丽
责任校对：宋　玮　　　　　　　　　　　　　　　装帧设计：郑小红

出版发行：化学工业出版社（北京市东城区青年湖南街 13 号　邮政编码 100011）
印　　装：三河市延风印装有限公司
787mm×1092mm　1/16　印张 18½　字数 443 千字　2021 年 1 月北京第 1 版第 17 次印刷

购书咨询：010-64518888　　　　　　　　售后服务：010-64518899
网　　址：http://www.cip.com.cn

凡购买本书，如有缺损质量问题，本社销售中心负责调换。

定　价：39.00 元　　　　　　　　　　　　　　　　　　　　　版权所有　违者必究

出 版 说 明

高职高专教材建设工作是整个高职高专教学工作中的重要组成部分。改革开放以来，在各级教育行政部分、有关学校和出版社的共同努力下，各地先后出版了一些高职高专教育教材。但从整体上看，具有高职高专教育特色的教材极其匮乏，不少院校尚在借用本科或中专教材，教材建设落后于高职高专教育的发展需要。为此，1999年教育部组织制定了《高职高专教育专门课课程基本要求》（以下简称《基本要求》）和《高职高专教育专业人才培养目标及规格》（以下简称《培养规格》），通过推荐、招标及遴选，组织了一批学术水平高、教学经验丰富、实践能力强的教师，成立了"教育部高职高专规划教材"编写队伍，并在有关出版社的积极配合下，推出一批"教育部高职高专规划教材"。

"教育部高职高专规划教材"计划出版500种，用5年左右时间完成。这500种教材中，专门课（专业基础课、专业理论与专业能力课）教材将占很高的比例。专门课教材建设在很大程度上影响着高职高专教学质量。专门课教材是按照《培养规格》的要求，在对有关专业的人才培养模式和教学内容体系改革进行充分调查研究和论证的基础上，充分吸取高职、高专和成人高等学校在探索培养技术应用性专门人才方面取得的成功经验和教学成果编写而成的。这套教材充分体现了高等职业教育的应用特色和能力本位，调整了新世纪人才必须具备的文化基础和技术基础，突出了人才的创新素质和创新能力的培养。在有关课程开发委员会组织下，专门课教材建设得到了举办高职高专教育的广大院校的积极支持。我们计划先用2~3年的时间，在继承原有高职高专和成人高等学校教材建设成果的基础上，充分汲取近几年来各类学校在探索培养技术应用性专门人才方面取得的成功经验，解决新形势下高职高专教育教材的有无问题；然后再用2~3年的时间，在《新世纪高职高专教育人才培养模式和教学内容体系改革与建设项目计划》立项研究的基础上，通过研究、改革和建设，推出一大批教育部高职高专规划教材，从而形成优化配套的高职高专教育教材体系。

本套教材适用于各级各类举办高职高专教育的院校使用。希望各用书学校积极选用这批经过系统论证、严格审查、正式出版的规划教材，并组织本校教师以对事业的责任感对教材教学开展研究工作，不断推动规划教材建设工作的发展与提高。

教育部高等教育司

序

全国建材职业教育教学指导委员会为建材行业的高职、高专教育发展做了一件大好事,他们组织行业内职业技术院校数百位骨干教师,在对有关企业的生产经营、技术水平、管理模式及人才结构等变化了的情况进行深入调研的基础上,经过几年的努力,规划开发了材料工程技术和建筑装饰技术两个专业的系列教材。这些教材的编写过程含有课程开发和教材改革双重任务,在规划之初,该委员会就明确提出了课程综合化和教材内容必须贴近岗位工作需要的目标要求,使这两个专业的课程结构和教材内容结构都具有较多的改进和创意。

在当前和今后的一个时期,中国高职教育的课程和教材建设要为中国走新型工业化道路、调整经济结构和转变增长方式服务,更好地适应于生产、管理、服务第一线高素质技术、管理、操作人才的培养。然而中国高职教育的课程和教材建设当前面临着新的产业情况、就业情况和生源情况等多因素的挑战,从产业方面分析,要十分关注如下三大变革对高职课程和教材所提出的新要求。

1. 产业结构和产业链的变革。它涉及专业和课程结构的拓展和调整。
2. 产业技术升级和生产方式的变革。它涉及课程种类和课程内容的更新,涉及学生知识能力结构和学习方式的改变。
3. 劳动组织方式和职业活动方式的变革——"扁平化劳动组织方式的出现";"学习型组织和终身学习体系逐步形成";"多学科知识和能力的复合运用";"操作人员对生产全过程和企业全局的责任观念";"职业活动过程中合作方式的普遍开展"。它们同样涉及课程内容结构的更新与调整,还涉及非专业能力的培养途径、培养方法、学业的考核与认定等许多新领域的改革和创新。

建筑材料行业的变化层出不穷,传统的硅酸盐材料工业生产广泛采用了新工艺,普遍引入计算机集散控制技术,装备水平发生根本性变化;行业之间的相互渗透急剧增加,新技术创新过程中学科之间的融通加快,又催生出多种多样的新型材料。建筑装饰业是融合工学、美学、材料科学及环境科学于一体的新兴服务业,有着十分广阔的市场前景,它带动了材料工业的加速发展,而每当一种新的装饰材料问世,又会带来装饰施工工艺的更新。随着材料市场化程度的提高,在产品的检测、物流等领域形成一些新的职业岗位,这使材料行业的产业链相应延长,并对从业人员的知识能力和结构提出了新的要求。

然而传统的材料类专业课程模式和教材内容明显滞后于上述各种变化,以学科为本位的教学模式应用于高职教育教学过程时出现了如下两个"脱节":一是以学科为本的知识结构与职业活动过程所应用的知识结构脱节;二是以学科为本的理论体系与职业活动的能力体系脱节。为了改变这种脱节和滞后的被动局面,全国建材职业教育教学指导委员会组织开展了这次的课程和教材开发工作,编写出版了这一系列教材。其间,曾得到西门子分析仪器技术服务中心的技术指导,使这批教材更适应于职业教育与培训的需要,更具有现代技术特色。随着它们被相关院校日益广泛地使用,可望中国高职高专系统的材料工程技术和建筑装饰技术两个专业的教学工作能出现新的局面，其教学水平和教学质量能上一个新的台阶。

中国职业技术教育学会副会长
学术委员会主任
高职高专教育教学指导委员会主任
杨金土　教授
2005 年 11 月 20 日

前　　言

随着建筑装饰行业的迅猛发展及建筑装饰装修材料发展的日新月异，室内装饰工程不断追求着新颖、别致的风格，人们对室内装饰工程的质量的要求也越来越高。为适应建筑装饰行业新技术、新工艺、新材料发展的需要以及人们对建筑装饰装修工程施工工艺、装修风格的不断变化的要求，作者从规范和提高装饰装修从业人员的技能及对装饰工程质量的管理与监督水平出发，编写了本教材。

本书为职业教育国家规划教材，参照了有关行业的职业技能鉴定规范要求，主要介绍室内常规装饰装修施工的施工准备及要求、工艺流程、操作要点、装饰工程质量要求及通病防治。本教材共分九章，教学时数建议为90学时。本书特点是：注重基本理论知识及基本实践操作能力两方面能力的培养，突出基础性、技能性、实用性；既注意施工中的技能技巧，又讲究图文并茂、形式简明，便于教学；同时，力求反映当前最新的材料及其应用技术。在编写时，作者将装饰构造和装饰施工工艺技术融合在一起，使学生在了解装饰构造的基础上，更容易掌握装饰施工操作要点。通过对本书的学习，还可以使学生熟悉装饰工程质量优劣的检测标准及处理常见问题的方法。本教材可以作为大专及各类职业技术学校装饰装修专业及高级岗位培训的教学用书，也可以作为有关技术人员的首选参考书。

本书由湖北第二师范学院万治华主编，编写第六章、第九章；安徽职业技术学院孙庆武编写第二章第六～十节、第五章；湖北第二师范学院王炎编写第二章第一～五节；贵州建材学校卢强林编写第一章、第七章，龙林平编写第八章；上海建材学校汤英编写第三章；哈尔滨建材工业学校杜馥利编写第四章。

由于编者知识水平有限，加上编写时间仓促，书中不妥之处希望广大师生及读者批评指正。

编者
2006年3月

目 录

第一章 建筑装饰装修工程概论 ………………………………………………………… 1
第一节 建筑装饰装修工程概述 …………………………………………………… 1
一、建筑装饰的概念 ………………………………………………………… 1
二、建筑装饰装修的作用和特点 …………………………………………… 1
三、建筑装饰装修工程分类及等级 ………………………………………… 2
四、建筑装饰装修行业的发展前景 ………………………………………… 4
第二节 建筑装饰装修工程基本规定 ……………………………………………… 6
一、建筑装饰装修工程的一般规定 ………………………………………… 6
二、住宅装饰装修工程的基本规定 ………………………………………… 7
第三节 建筑装饰装修工程质量验收 ……………………………………………… 9
第四节 建筑装饰装修工程室内环境污染及控制 ………………………………… 10
复习思考题 ……………………………………………………………………………… 11

第二章 墙面装饰工程 …………………………………………………………………… 12
第一节 抹灰类饰面施工 …………………………………………………………… 12
一、抹灰饰面构造分层及其各层作用 ……………………………………… 12
二、施工准备 ………………………………………………………………… 12
三、施工操作程序与操作要点 ……………………………………………… 13
四、装饰性抹灰 ……………………………………………………………… 16
五、施工质量要求 …………………………………………………………… 17
六、一般抹灰常见工程质量问题及其防治方法 …………………………… 19
第二节 墙面饰面砖镶贴 …………………………………………………………… 20
一、构造做法 ………………………………………………………………… 20
二、施工准备 ………………………………………………………………… 20
三、施工操作程序与操作要点 ……………………………………………… 21
四、施工质量要求 …………………………………………………………… 25
五、常见工程质量问题及其防治方法 ……………………………………… 26
第三节 锦砖的镶贴 ………………………………………………………………… 26
一、构造做法 ………………………………………………………………… 26
二、施工准备 ………………………………………………………………… 27
三、施工操作程序与操作要点 ……………………………………………… 27
四、施工注意事项 …………………………………………………………… 28
五、施工质量要求及检验方法 ……………………………………………… 28
六、常见工程质量问题及其防治方法 ……………………………………… 29
第四节 墙面贴挂石材施工 ………………………………………………………… 29
一、施工准备 ………………………………………………………………… 30

二、锚固灌浆法施工 …………………………………………………………………… 30
　　三、干挂法施工 …………………………………………………………………… 35
　　四、施工质量要求和检验方法 …………………………………………………………………… 37
　　五、常见工程质量问题及其防治方法 …………………………………………………………………… 39
  第五节　艺术砖石类饰面施工 …………………………………………………………………… 39
　　一、常用文化砖、石饰面材料 …………………………………………………………………… 40
　　二、艺术砖石类饰面施工 …………………………………………………………………… 40
  第六节　金属板饰面施工 …………………………………………………………………… 42
　　一、金属饰面板概述 …………………………………………………………………… 42
　　二、施工准备与前期工作 …………………………………………………………………… 43
　　三、金属饰面板的钉接式安装 …………………………………………………………………… 44
　　四、金属饰面板的黏结式安装 …………………………………………………………………… 47
　　五、不锈钢包柱饰面施工 …………………………………………………………………… 48
　　六、金属饰面板安装质量要求 …………………………………………………………………… 53
　　七、金属饰面板安装质量的通病与防治 …………………………………………………………………… 54
  第七节　裱糊饰面工程施工 …………………………………………………………………… 54
　　一、施工准备与前期工作 …………………………………………………………………… 54
　　二、施工操作程序与操作要点 …………………………………………………………………… 55
　　三、施工质量要求 …………………………………………………………………… 60
　　四、裱糊工程质量的通病与防治 …………………………………………………………………… 61
  第八节　木质饰面板施工及橱柜制作与安装 …………………………………………………………………… 65
　　一、施工准备与前期工作 …………………………………………………………………… 65
　　二、木护墙板施工 …………………………………………………………………… 65
　　三、橱柜制作与安装 …………………………………………………………………… 68
　　四、施工质量要求 …………………………………………………………………… 69
　　五、木饰面板安装工程质量的通病与防治 …………………………………………………………………… 71
  第九节　软包工程施工 …………………………………………………………………… 72
　　一、施工准备与前期工作 …………………………………………………………………… 72
　　二、施工操作程序与操作要点 …………………………………………………………………… 73
　　三、施工质量要求 …………………………………………………………………… 75
  第十节　玻璃幕墙工程施工 …………………………………………………………………… 76
　　一、玻璃幕墙的类型 …………………………………………………………………… 76
　　二、玻璃幕墙安装配件 …………………………………………………………………… 79
　　三、施工准备与前期工作 …………………………………………………………………… 79
　　四、施工操作程序与操作要点 …………………………………………………………………… 80
　　五、玻璃幕墙施工质量要求 …………………………………………………………………… 87
　　六、玻璃幕墙施工质量的通病与防治 …………………………………………………………………… 90
  复习思考题 …………………………………………………………………… 96
第三章　隔墙、隔断装饰工程 …………………………………………………………………… 98
  第一节　立筋式隔墙施工 …………………………………………………………………… 98

一、木龙骨隔墙施工 …………………………………………………………… 98
　　二、轻钢龙骨纸面石膏板隔墙施工 …………………………………………… 100
　第二节　板材隔墙、隔断施工 ………………………………………………………… 104
　　一、施工准备与前期工作 ……………………………………………………… 105
　　二、板材隔墙的安装 …………………………………………………………… 105
　第三节　玻璃砌块隔墙施工 …………………………………………………………… 106
　　一、构造做法 …………………………………………………………………… 106
　　二、玻璃砖的安装 ……………………………………………………………… 106
　　三、玻璃砖墙施工的注意事项 ………………………………………………… 107
　第四节　其他轻质隔断施工 …………………………………………………………… 107
　　一、拼装式隔断 ………………………………………………………………… 107
　　二、直滑式隔断 ………………………………………………………………… 107
　　三、折叠式隔断 ………………………………………………………………… 107
　　四、屏风式隔断 ………………………………………………………………… 107
　　五、玻璃隔断 …………………………………………………………………… 109
　复习思考题 ……………………………………………………………………………… 110
第四章　吊顶装饰工程 …………………………………………………………………… 111
　第一节　概述 …………………………………………………………………………… 111
　　一、顶棚的装饰构造形式 ……………………………………………………… 111
　　二、吊顶龙骨架 ………………………………………………………………… 111
　　三、吊顶饰面板 ………………………………………………………………… 113
　　四、固结材料 …………………………………………………………………… 113
　第二节　吊顶龙骨的安装 ……………………………………………………………… 114
　　一、木龙骨的安装 ……………………………………………………………… 114
　　二、轻钢龙骨的安装 …………………………………………………………… 116
　　三、铝合金龙骨的安装 ………………………………………………………… 119
　第三节　吊顶饰面板的安装 …………………………………………………………… 121
　　一、胶合板的安装 ……………………………………………………………… 121
　　二、纸面石膏板的安装 ………………………………………………………… 122
　　三、金属装饰板的安装 ………………………………………………………… 123
　　四、矿棉装饰吸声板的安装 …………………………………………………… 126
　第四节　开敞式吊顶施工 ……………………………………………………………… 127
　　一、开敞式吊顶的构造形式及其单元构件 …………………………………… 127
　　二、开敞式吊顶施工操作程序与操作要点 …………………………………… 127
　　三、开敞式吊顶设备与吸声材料的安装 ……………………………………… 130
　第五节　吊顶装饰工程的质量要求及通病防治 ……………………………………… 131
　　一、工程质量要求 ……………………………………………………………… 131
　　二、常见工程质量问题及其防治方法 ………………………………………… 134
　复习思考题 ……………………………………………………………………………… 135
第五章　涂料装饰工程 …………………………………………………………………… 136

第一节　涂料装饰工程概述 ………………………………………………… 136
　　一、建筑涂料的功能、组成和分类 ………………………………………… 136
　　二、涂料施涂技术 …………………………………………………………… 136
第二节　涂料施涂的前期工作 …………………………………………… 139
　　一、前期准备工作 …………………………………………………………… 139
　　二、基层处理 ………………………………………………………………… 139
第三节　内墙涂料 ………………………………………………………… 141
　　一、合成树脂乳液内墙涂料涂饰施工 ……………………………………… 141
　　二、多彩花纹内墙涂料涂饰施工 …………………………………………… 141
　　三、聚氨酯仿瓷涂料涂饰施工 ……………………………………………… 143
第四节　外墙涂料 ………………………………………………………… 144
　　一、外墙薄质类涂料工程 …………………………………………………… 144
　　二、外墙混凝土及抹灰面复层涂料工程 …………………………………… 145
　　三、外墙彩砂类涂料 ………………………………………………………… 146
第五节　特种涂料 ………………………………………………………… 146
　　一、防水类特种涂料涂饰施工 ……………………………………………… 146
　　二、防火类特种涂料涂饰施工 ……………………………………………… 147
第六节　油漆 ……………………………………………………………… 148
　　一、前期准备工作 …………………………………………………………… 148
　　二、木饰面清漆施涂 ………………………………………………………… 150
　　三、木饰面混色油漆施涂 …………………………………………………… 151
　　四、金属基层混色油漆施涂 ………………………………………………… 152
　　五、木地板清漆涂施 ………………………………………………………… 153
　　六、美术油漆涂饰 …………………………………………………………… 155
　　七、混凝土与抹灰面油漆施涂 ……………………………………………… 158
　　八、外墙厚质类涂料 ………………………………………………………… 159
第七节　涂饰工程质量验收与通病防治 ………………………………… 159
　　一、涂饰工程的质量验收 …………………………………………………… 159
　　二、涂饰工程质量的通病与防治 …………………………………………… 162
复习思考题 ………………………………………………………………… 167

第六章　楼地面装饰工程 ……………………………………………… 169
第一节　现浇水磨石地面施工 …………………………………………… 169
　　一、构造做法 ………………………………………………………………… 169
　　二、施工准备与前期工作 …………………………………………………… 170
　　三、施工操作程序与操作要点 ……………………………………………… 170
　　四、施工质量要求 …………………………………………………………… 172
　　五、常见工程质量问题及其防治方法 ……………………………………… 173
第二节　陶瓷地砖、缸砖、马赛克地面施工 …………………………… 174
　　一、构造做法 ………………………………………………………………… 174
　　二、施工准备与前期工作 …………………………………………………… 174

三、施工操作程序……………………………………………………………… 175
　　四、陶瓷地砖铺贴操作要点…………………………………………………… 175
　　五、缸砖铺贴操作要点………………………………………………………… 176
　　六、陶瓷锦砖（马赛克）铺贴操作要点……………………………………… 176
　　七、踢脚板镶贴操作要点……………………………………………………… 176
　　八、施工质量要求及常见工程质量问题和防治方法………………………… 177
　第三节　石材地面铺设施工……………………………………………………… 177
　　一、构造做法…………………………………………………………………… 177
　　二、施工准备与前期工作……………………………………………………… 177
　　三、施工操作程序与操作要点………………………………………………… 178
　　四、碎拼大理石地面铺贴操作要点…………………………………………… 179
　　五、人造石材地面施工注意事项……………………………………………… 180
　　六、施工质量要求……………………………………………………………… 180
　　七、常见工程质量问题及其防治方法………………………………………… 181
　第四节　塑料地板地面施工……………………………………………………… 182
　　一、施工准备与前期工作……………………………………………………… 182
　　二、施工操作程序与操作要点………………………………………………… 183
　　三、施工注意事项……………………………………………………………… 186
　　四、施工质量要求……………………………………………………………… 186
　　五、常见工程质量问题及其防治方法………………………………………… 187
　第五节　地毯施工………………………………………………………………… 188
　　一、施工准备与前期工作……………………………………………………… 188
　　二、施工操作程序与操作要点………………………………………………… 188
　　三、胶结固定法操作要点……………………………………………………… 192
　　四、活动式铺设操作要点……………………………………………………… 193
　　五、施工质量要求……………………………………………………………… 193
　　六、常见工程质量问题及其防治方法………………………………………… 193
　第六节　木地板地面施工………………………………………………………… 194
　　一、构造做法…………………………………………………………………… 194
　　二、施工准备与前期工作……………………………………………………… 195
　　三、施工操作程序与操作要点………………………………………………… 196
　　四、施工注意事项……………………………………………………………… 200
　　五、施工质量要求……………………………………………………………… 200
　　六、常见工程质量问题及其防治方法………………………………………… 201
　第七节　新型木地板的浮铺式施工……………………………………………… 202
　　一、施工准备与前期工作……………………………………………………… 202
　　二、施工操作程序与操作要点………………………………………………… 203
　　三、施工注意事项……………………………………………………………… 205
　　四、施工质量要求……………………………………………………………… 206
　　五、常见工程质量问题及其防治方法………………………………………… 206

 第八节　活动地板地面施工 …………………………………… 206
  一、构造做法 …………………………………………………… 206
  二、施工准备与前期工作 ……………………………………… 207
  三、施工操作程序与操作要点 ………………………………… 207
  四、施工质量要求 ……………………………………………… 208
  五、常见工程质量问题及其防治方法 ………………………… 209
 复习思考题 ………………………………………………………… 209

第七章　门窗工程装饰施工 …………………………………… 210
 第一节　装饰门窗套、门扇的施工 …………………………… 210
  一、装饰门窗类型 ……………………………………………… 210
  二、施工准备与前期工作 ……………………………………… 210
  三、装饰门窗的制作 …………………………………………… 210
  四、装饰门扇的制作与安装 …………………………………… 211
  五、施工注意事项 ……………………………………………… 212
  六、施工质量要求 ……………………………………………… 214
  七、常见工程质量问题及其防治方法 ………………………… 214
 第二节　铝合金门窗施工 ……………………………………… 216
  一、铝合金门窗构造 …………………………………………… 216
  二、施工准备与前期工作 ……………………………………… 222
  三、铝合金门窗的制作 ………………………………………… 224
  四、铝合金门窗的安装 ………………………………………… 227
  五、施工注意事项 ……………………………………………… 229
  六、施工质量要求 ……………………………………………… 229
  七、常见工程质量问题及其防治方法 ………………………… 231
 第三节　塑料门窗施工 ………………………………………… 232
  一、塑料门窗构造 ……………………………………………… 233
  二、施工准备与前期工作 ……………………………………… 235
  三、塑料门窗的制作 …………………………………………… 238
  四、塑料门窗的安装 …………………………………………… 239
  五、施工注意事项 ……………………………………………… 241
  六、施工质量要求 ……………………………………………… 241
  七、常见工程质量问题及其防治方法 ………………………… 242
 第四节　彩色涂层钢板门窗施工 ……………………………… 242
  一、涂色镀锌钢板门窗的安装构造节点 ……………………… 242
  二、施工准备与前期工作 ……………………………………… 242
  三、涂色镀锌钢板门窗的安装 ………………………………… 243
  四、施工注意事项及施工质量要求 …………………………… 244
  五、常见工程质量问题及其防治方法 ………………………… 245
 第五节　特种门窗简介 ………………………………………… 245
  一、自动门 ……………………………………………………… 246

二、卷帘门窗 246
三、防火门 246
四、全玻门 247
五、旋转门 247
复习思考题 248

第八章 店面及室内细部工程 249
第一节 店面装饰施工 249
一、招牌的制作与安装 249
二、橱窗展台施工 251
第二节 木收口线的安装 252
一、施工准备和前期要求 252
二、施工工艺流程及操作要点 253
第三节 窗帘盒、窗台板和暖气罩的制作与安装 254
一、施工准备和前期要求 254
二、窗帘盒的构造与制作安装 255
三、木制窗台板的制作与安装 256
四、暖气罩的制作与安装 256
第四节 护栏和扶手的制作与安装 257
一、施工准备和前期要求 257
二、构造与施工操作要点 258
三、护栏与扶手安装的允许偏差和检验方法 260
第五节 花饰安装 260
一、施工准备和前期要求 261
二、表面花饰构造与施工方法 261
三、花格的安装作法 262
四、施工注意事项 262
五、施工质量要求 263
复习思考题 263

第九章 常用装饰装修施工机具 264
第一节 装饰装修施工机具分类 264
第二节 锯（切、割、剪、裁） 265
第三节 刨 267
第四节 钻 268
第五节 钉（铆） 271
第六节 磨 272
第七节 其他施工机具 274
复习思考题 276

参考文献 277

第一章

建筑装饰装修工程概论

第一节 建筑装饰装修工程概述

一、建筑装饰的概念

建筑装饰是指以美学原理为依据,以各种建筑及建筑装饰装修材料为基础,从建筑的多功能出发,对建筑或建筑空间环境进行设计、加工的行为与过程的总称。它是以美化建筑和建筑空间为主要目的而设置的空间环境艺术。

建筑装饰装修是在建筑设计及建筑装饰设计的基础上,利用色彩、质感、陈设、家具造型等装饰手段,引入声、光、热等基本要素,按空间的组合规律进行的二度创作,并采用各种装饰材料和现代施工工艺方法,为人们创造出既能满足建筑使用功能,又具有艺术审美价值的完美空间。

建筑装饰装修工程是建筑工程中一个重要的组成部分,是建筑的物质功能和精神功能得以实现的关键。由于建筑装饰受历史背景、民族、文化、建筑思潮、科技水平等诸多因素的影响,因此,人们在建筑装饰工程的实践中,会充分运用建筑学、结构工程学、材料工程学、环境学、美学、色彩学、透视学、光学、热工学、人体工程学、心理学、社会学等诸多学科的知识和技术成果,使得建筑装饰装修从建筑业中相对独立出来,成为一专门领域并逐渐成为一门与现代科技、文化、艺术紧密相关的综合学科。

二、建筑装饰装修的作用和特点

1. 建筑装饰装修的作用

(1) 保护建筑结构系统,提高建筑结构的耐久性 由墙、柱、梁、楼板、屋顶等主要承载构件组成的建筑结构系统,在使用过程中必定会受到风、霜、雨、雪及室内潮湿环境的直接侵袭。对建筑结构表面进行各种装饰装修处理,可以保护结构构件免遭破坏,从而增强结构的坚固性,延长建筑物的使用寿命。

(2) 改善和提高建筑物的围护功能,满足建筑物的使用要求 对建筑物各个部位进行装饰装修处理,可以加强和改善建筑物的热工性能、提高保温隔热效果,起到节约能源作用;可以提高建筑物的防潮、防水性能;可以增加室内光线反射,提高室内采光亮度;可以改善建筑物室内音质效果,提高建筑的隔音吸音能力。另外,对建筑物各部位的装饰装修处理,还可以改善建筑物的内、外整洁卫生条件,满足人们的使用要求。

(3) 美化建筑的内、外环境,提高建筑的艺术效果 建筑装饰装修是建筑空间艺术处理的重要手段之一。建筑装饰装修通过对色彩、质感、线条及纹理的不同处理来弥补建筑设计上的某些不足,做到在满足建筑基本功能的前提下美化建筑,改善人们居住、工作和生活的室内外空间环境,并由此提升建筑物的艺术审美效果。

2. 建筑装饰装修工程的特点

(1) 工程量大 建筑装饰装修工程，量大、面广、项目繁多。在一般民用建筑中，平均 1m² 墙面的建筑面积就有 3～5m² 的内抹灰，0.15～1.3m² 的外抹灰；对于高档次建筑装饰，其装饰工程量更大。

(2) 施工工期长 由于建筑装饰工程量大，且施工过程中机械化程度较低，手工作业比重较大，使得建筑装饰装修工期一般占建筑总工期 30%～40% 左右，高级装饰占总工期 50%～60%。

(3) 耗用劳动量大 由于设计工作非标准化，施工机械化程度低，手工作业、湿作业多，造成操作人员劳动强度大，生产效率低。一般建筑装饰装修工程所耗用的劳动量占建筑施工总劳动量的 30% 左右。

(4) 占建筑总造价的比例较高 由于建筑装饰装修材料价格较昂贵、用量大、用工多、工期长等原因，使得建筑装饰费用较高。一般占建筑的总造价 30% 以上，高档装饰则超过 50%。

(5) 材料、工艺更新速度快 进入新世纪后，中国已研制并生产出很多新型建筑装饰材料，新的施工工艺也不断涌现、层出不穷，一方面推动了建筑装饰装修业的技术进步，同时也对业内所有从业人员提出了新的更高要求。要求从业人员不断学习、努力进取并提高整个行业的技术水平，以适应建筑装饰装修业发展的需要。

三、建筑装饰装修工程分类及等级

1. 工程分类

(1) 按装饰装修部位分类

① 室内装饰装修 室内装饰装修的部位包括：楼地面、踢脚、墙裙、内墙面、顶棚、楼梯、栏杆扶手等。

也可按建筑室内空间使用功能的不同分类，进行不同功能空间的装饰装修，主要有起居室、卧室、书房、厨房、卫生间等室内空间的装修。

还可按室内空间的三个界面（顶、墙、地）分类进行不同的装饰装修。

② 室外装饰装修 室外装饰装修的部位主要有：外墙面、散水、勒脚、台阶、坡道、窗台、窗楣、雨棚、壁柱、腰线、挑檐、女儿墙及压顶等。各部位的装饰要求和施工方法不尽相同。

(2) 按装饰装修的材料不同分类 目前市场上可用于建筑装饰装修的材料种类繁多，从普通的各种装饰材料到各种新型材料，层出不穷、数不胜数。其中常用的有以下几类。

① 各种灰浆材料类 如水泥砂浆、混合砂浆、石灰砂浆等。这类材料可用于内、外墙面、楼地面、顶棚等部位的一般装饰。

② 水泥石渣材料类 即以各种颜色、质感的石渣作骨料，以水泥作胶凝剂的装饰材料。如水刷石、干粘石、剁斧石、水磨石等。这类材料装饰的立体感效果较强，除水磨石主要用于楼地面外，其余多用于外墙面的装饰装修。

③ 各种天然、人造石材类 如天然大理石、天然花岗石、青石板，人造大理石、人造花岗石、预制水磨石、釉面砖、外墙面砖、陶瓷锦砖（俗称马赛克）、玻璃马赛克等。可分别用于内、外墙面及楼地面等部位的装饰装修。

④ 各种卷材类 如各种纸基壁纸、塑料壁纸、玻璃纤维贴墙布、无纺贴墙布、织锦缎

等。主要用于内墙面的装饰，有时也用于顶棚的装饰装修。

⑤ 各种涂料类　如各种溶剂型涂料、乳液型涂料、水溶性涂料、无机高分子系列涂料等。分别用于内、外墙面，顶棚的涂饰。由于外墙面高级涂料的诸多优点，现已广泛用于外墙面的装饰工程。

⑥ 各种罩面板材类　这里所指的罩面板材是指除天然或人造石材之外的各种材料制成的装饰装修用板材。如各种木质胶合板、铝合金板、不锈钢板、镀锌彩板、铝塑板、石膏板、水泥石棉板、矿棉板、玻璃及各种复合贴面板等。这类材料分别用于内、外墙面及顶棚的装饰装修。部分可作活动地板的面层材料。

2. 建筑装修等级和标准

建筑装饰装修等级一般是根据建筑物的类型、等级、使用性质及功能特点等因素来确定的。通常建筑物的等级越高，其建筑装饰装修标准及等级也就越高。建筑装饰装修等级具体划分详见表1-1。

表 1-1　建筑装饰装修等级

装饰等级	建筑物的类型
一级	高级宾馆、别墅、纪念性建筑、大型博览建筑、大型体育建筑、一级行政机关办公楼、市级商场
二级	科研建筑、高教建筑、普通博览建筑、普通观演建筑、普通交通建筑、普通体育建筑、广播通信建筑、医疗建筑、商业建筑、旅馆建筑、局级以上行政办公楼、中级居住建筑
三级	中小学和托幼建筑、生活服务建筑、普通行政办公楼、普通居住建筑

不同装饰装修等级的建筑物应分别选用不同档次的装饰装修材料和施工方法，不宜超越其等级任意选用高档材料。为此，国家规定了不同装饰装修等级建筑内外装饰用材料标准，具体见表1-2。

表 1-2　建筑内外装饰用材料标准

建筑装饰等级	房间名称	部位	内装饰材料及设备	外装饰材料	附注
一级装饰	全部房间	墙面	塑料墙纸（布）、织物墙面、大理石、装饰板、木墙裙、各种面砖、内墙涂料	大理石、花岗石（少用）、面砖、无机涂料、金属墙板、玻璃幕墙	（1）材料根据国标或企业标准按优等品验收 （2）高级标准施工
		地面及楼面	软木橡胶地板、各种塑料地板、大理石、花岗石、彩色水磨石、地毯、木地板		
		顶棚	金属装饰板、塑料装饰板、金属墙纸、塑料墙纸、装饰吸音板、玻璃顶棚、灯具顶棚	室外雨棚下及悬挑部分的楼板下，可参照内装饰顶棚	
		门窗	夹板门、推拉门，带木镶板或大理石镶边，设窗帘盒	各种颜色玻璃铝合金门窗、特制木门窗、钢窗，可用光电感应门、遮阳板、卷帘门窗	
		其他设施	各种金属及竹木花格、自动扶梯、有机玻璃栏板、各种花饰、灯具、空调、防火设备、暖气罩、高档卫生设备	局部屋檐、屋顶可用各种瓦件、各种装饰物（可少用）	

续表

建筑装饰等级	房间名称	部位	内装饰材料及设备	外装饰材料	附注
二级装饰	门厅、楼梯、走道、普通房间	楼面、地面	彩色水磨石、地毯、各种塑料地板、卷材地毯、碎大理石地面		(1) 功能上有特殊要求者除外 (2) 材料根据国标或企业标准按局部为优等品,一般为一等品验收 (3) 按部分为高级,一般为中级标准施工
		墙面	各种内墙涂料、装饰抹灰、窗帘盒、暖气罩	主要立面可用面砖,局部可用大理石、无机涂料	
		顶棚	混合砂浆、石灰膏罩面、板材顶棚(钙塑板、胶合板)、吸音板		
		门窗		普通钢木门窗,主要入口处可用铝合金门	
	厕所、盥洗室	楼面、地面	普通水磨石、陶瓷锦砖		
		墙面	水泥砂浆、1.4~1.7m高度内瓷砖墙裙		
		顶棚	混合砂浆、石灰膏罩面		
		门窗	普通钢木门窗		
三级装饰	一般房间	楼面、地面	局部水磨石、水泥砂浆		(1) 材料根据国标或企业标准按局部为一级品,一般为合格品验收 (2) 按部分为中级,一般为普通标准施工
		墙面	混合砂浆、色浆粉刷,可赛银或乳胶漆局部油漆墙裙,柱子不作特殊装饰	局部可用面砖,大部分用水刷石、干粘石、无机涂料、色浆粉刷、清水砖	
		顶棚	混合砂浆、石灰膏罩面	混合砂浆、石灰膏罩面	
		其他	文体用房、幼儿园小班可用木地板、窗帘棍。除托幼外,不设暖气罩,不准作钢饰件,不用白水泥、大理石、铝合金门窗,不贴墙纸	禁用大理石、金属外墙板	
	门厅、楼梯、走道		除门厅可局部吊顶外,其他同一般房间。楼梯用金属栏杆、木扶手或抹灰栏板		
	厕所、盥洗室		水泥砂浆地面,水泥砂浆墙裙		

四、建筑装饰装修行业的发展前景

(1) 进入新世纪,中国建筑装饰装修行业具有巨大的市场活力。

① 全国城乡住宅装饰装修热的兴起为行业的发展提供了巨大的市场空间。以每年住宅竣工 300 万套计算,其中 200 万套进行再装修,平均每套 3 万元,装修费则高达 600 亿元以上。

现有城镇居民 7000 万户,按 10% 进行再装修,每户按 2 万元费用计算,又将有 1400 亿元的产值。

② 中高级宾馆、饭店的装饰进入更新改造期,估计资金投入为 100 亿元左右。

③ 公共建筑、商业建筑市场潜力巨大。中国公共建筑每年竣工面积 5000 万平方米,若按 10% 进行装饰装修计算,工程产值约为 50 亿元;中国现有商业网点约 170 万个,每年改

造10%又有约上百亿产值；每年三资企业、开发区、度假区的装饰装修工程产值为30亿元左右。

④ 城市环境艺术装饰正在成为建筑装饰业的一个新兴市场，前景可观。

（2）建筑装饰装修材料、施工工艺的开发和生产走绿色环保道路已成为业内外的共识，成为人们追求和努力的共同目标。

建筑装饰20多年的发展，使人们对建筑装饰的认识和要求越来越趋于理性，除了追求建筑装饰的物质和精神功能外，现在更为重视建筑装饰的节能、绿色、环保的要求。

① 涂料　将越来越注重开发无毒无味、耐擦洗、装饰性能优异的内墙涂料；耐久性好、保色性好的外墙涂料；防火、防水、防霉、隔热、无毒的多功能涂料。

② 壁纸、墙布　主要要求是增加花色品种，提高档次，发展防霉、透气、阻燃等功能壁纸。图案追求素雅、大方、明快的格调并向简单几何图形或抽象图案方向发展。

③ 塑料地板　增加花色品种，提高档次和装饰效果，发展抗静电、耐磨且具备阻燃功能的地板。

④ 塑料门窗　进一步推广应用塑料门窗，发展双色、多色、木纹等复合型门窗。

⑤ 塑料管道　用塑料管道取代铸铁上下水管道和镀锌铁管，注重塑料上下水管、热水管、电缆穿管的研制和生产。

⑥ 玻璃　向隔热、隔声、环保节能、艺术玻璃等功能玻璃发展。重点发展热反射、吸热、中空玻璃。

⑦ 地毯　增加花色品种，提高档次，同时注重发展抗静电、防污染、阻燃、防霉等功能地毯。

⑧ 墙地砖　增加花色品种，发展仿大理石、仿花岗石瓷砖，发展大规格、多形状（圆形、十字形、长方形、条形、三角形、扇形、五角形）地砖。

⑨ 卫生洁具　向冲刷效果好、噪声低、用水少、占地小、造型美观、使用方便的产品发展。注重人性化制品的研制和开发。

⑩ 建筑胶黏剂　主要发展符合建筑业各种安全环保要求的墙板、木地板、墙地砖等饰材的专用胶黏剂。

⑪ 建筑装饰装修施工工艺技术　应努力探索节能、节约资源、环保、不污染环境的新工艺、新技术、新办法。

（3）建筑装饰装修技术进入高星级水平，装饰设计和施工逐渐摆脱旧的单一模式，同时继续发挥中国民族技艺，继承和发扬中国特有的民族风格和特色，注重吸收西方高雅、明快、抽象、流畅的技巧，向着高档化、多元化方向发展。

（4）促进建筑装饰发展的几项措施。

① 加强建筑装饰装修业的行业管理。

② 努力提高建筑装饰设计水平。

③ 组建专业化的建筑装饰装修企业，改革因建筑和装修分离而进行二次装修的传统做法，提倡商品房按用户需要选定样式进行一次到位的装修工艺。

④ 大力培养建筑装饰装修人才，提高行业队伍的技术素质。

⑤ 重视新型材料的研制开发，满足建筑装饰装修行业的需要。

第二节 建筑装饰装修工程基本规定

一、建筑装饰装修工程的一般规定

根据国家标准 GB 50210—2001《建筑装饰装修工程质量验收规范》的要求，建筑装饰装修工程应执行以下规定。

1. 设计

(1) 建筑装饰装修工程必须进行设计，并出具完善的施工图及相关设计文件。

(2) 承担建筑装饰装修工程设计的单位应具备相应的资质，并应建立质量管理体系。

(3) 设计应符合城市规划、消防、环保、节能等有关规定。

(4) 承建设计的单位应对建筑物进行必要的了解和实地勘察，其设计深度应满足施工要求。

(5) 建筑装饰装修工程设计必须确保建筑物的结构安全和主要使用功能。当涉及主体和承重结构改动或增加荷载时，必须由原结构设计单位或具备相应资质的设计单位核查有关原始资料，对既有建筑结构的安全性进行核验、确认。

(6) 建筑装饰装修工程的防火、防雷和抗震设计应符合现行国家标准的规定。

(7) 当墙体或吊顶内的管线可能产生冰冻或结露时，应进行防冰或防结露设计。

2. 材料

(1) 建筑装饰装修工程所用材料的品种、规格和质量应符合设计要求和国家现行标准的规定。当设计无要求时，应符合国家现行标准的规定。严禁使用国家明令淘汰的材料。

(2) 建筑装饰装修工程所用材料的阻燃性能应符合现行国家标准《建筑内部装修设计防火规范》(GB 50222)、《建筑设计防火规范》(GBJ 16)和《高层民用建筑设计防火规范》(GB 50045)的规定。

(3) 建筑装饰装修工程所用材料应符合国家有关建筑装饰装修材料有害物质限量标准的规定。

(4) 所有材料进场时应对品种、规格、外观和尺寸进行验收。材料包装应完好，应有产品合格证书，中文使用说明书及相关性能的检测报告；进口产品应按规定进行商品检验。

(5) 进场后需要进行复验的材料种类及项目应符合国家标准的规定。

(6) 当国家规定或合同约定应对材料进行见证检测时，或对材料的质量发生争议时，应进行见证检测。

(7) 承担建筑装饰装修材料检测的单位应具备相应的资质，并应建立质量管理体系。

(8) 建筑装饰装修工程所使用的材料在运输、储存和施工过程中，必须采取有效措施防止损坏、变质和污染环境。

(9) 建筑装饰装修工程所使用的材料应按设计要求进行防火、防腐和防蛀处理。

(10) 现场配制的材料如砂浆、胶黏剂等，应按设计要求或产品说明书配制。

3. 施工

(1) 承担建筑装饰装修工程施工的单位应具备相应的资质，并应建立质量管理体系。施工单位应编制施工组织设计并经审查批准。施工单位应按有关的施工工艺标准或经审定的施工技术方案施工，并应对施工全过程实行质量控制。

(2) 承担建筑装饰装修工程施工的人员应有相应岗位的资格证书。

(3) 建筑装饰装修工程施工质量应符合设计要求和规范规定。由于违反设计文件和规范的规定施工造成的质量问题应由施工单位负责。

(4) 建筑装饰装修施工中，严禁违反设计文件擅自改动建筑主体、承重结构或主要使用功能，严禁未经设计确认和有关部门批准擅自拆改水、暖、电、燃气、通信等配套设施。

(5) 施工单位应遵守有关环境保护的法律法规，并应采取有效措施控制施工现场的各种粉尘、废气、废弃物、噪声、振动等对周围环境造成的污染危害。

(6) 施工单位应遵守有关施工安全、劳动保护、防火和防毒的法律法规，应建立相应的管理制度，并应配备必要设备、器具和标识。

(7) 建筑装饰装修工程应在基体或基层的质量验收合格后施工。在对既有建筑进行建筑装饰装修前，应对基层进行处理并达到规范的要求。

(8) 建筑装饰装修工程施工前应有主要材料的样板或做出样板间（件），并应经有关各方确认。

(9) 墙面采用保温材料的建筑装饰装修工程，所用保温材料的类型品种、规格及施工工艺应符合设计要求。

(10) 管道、设备的安装及调试应在建筑装饰装修工程施工前完成。当必须同步进行时，应在饰面层施工前完成。建筑装饰装修工程不得影响管道、设备等的使用和维修。涉及燃气管道的建筑装饰装修工程必须符合有关安全管理的规定。

(11) 建筑装饰装修工程的电器安装应符合设计要求和国家现行标准的规定。严禁不经穿管直接埋设电线。

(12) 室内外建筑装饰装修工程施工的环境条件应满足施工工艺的要求，施工环境温度不应低于5℃。当必须在低于5℃气温下施工时应采取保证工程质量的有效措施。

(13) 在建筑装饰装修工程施工过程中应做好半成品的保护，防止污染和损坏。

(14) 在建筑装饰装修工程施工验收前，应将施工现场清理干净。

二、住宅装饰装修工程的基本规定

国家标准 GB 50327—2001《住宅装饰装修工程施工规范》对于住宅装饰装修工程的施工、材料和设备的基本要求及成品保护、防火安全、防水工程等均作了明确的规定。特别是国家建设部通过第110号令颁布的《住宅装饰装修管理办法》于2002年5月1日起施行，对于加强住宅装饰装修管理，保证装饰装修工程质量和安全，维护公共安全和公众利益，规范住宅室内装饰装修活动并实施对住宅室内装饰活动的管理，具有十分重要的现实意义。

1. 施工基本要求

(1) 施工前应进行设计交底工作，并应对施工现场进行检查，了解物业管理的有关规定。

(2) 各工序、各分部工程应自检、互检及交接检。

(3) 施工中，严禁损坏房屋原有隔热设施，严禁损坏受力钢筋，严禁超荷载集中堆放物品，严禁在预制混凝土空心楼板上打孔安装埋件。

(4) 施工中，严禁擅自改动建筑主体、承重结构或改变房间主要使用功能；严禁擅自拆改燃气、暖气、通讯等配套设施。

(5) 管道设备工程的安装及调试应在建筑装饰装修工程施工前完成，必须同步进行的应在饰面层施工前完成。装饰装修工程不得影响管道、设备的维修。涉及燃气管道的装饰装修工程必须符合有关安全管理的规定。

(6) 施工人员应遵守有关施工安全、劳动保护、防火防毒的法律、法规。

(7) 施工现场用电应符合相关规定。

2. 材料设备基本要求

(1) 住宅装饰装修工程所用材料的品种、规格、性能应符合设计的要求及国家现行有关标准的规定。

(2) 严禁使用国家明令淘汰的材料。

(3) 住宅装饰装修所用的材料应按设计要求进行防火、防腐和防蛀处理。

(4) 施工单位对进场主要材料的品种、规格、性能进行验收，主要材料应有产品合格证书，有特殊要求的应有相应的性能检测报告和中文说明书。

(5) 现场配制的材料应按设计要求或产品说明书制作。

(6) 应配备满足施工要求的配套机具设备及检测仪器。

(7) 住宅装饰装修工程应积极使用新材料、新技术、新工艺、新设备。

3. 成品保护

(1) 施工过程中材料运输规定

① 材料运输使用电梯时，应对电梯采取保护措施。

② 材料搬运时要避免损坏楼道内顶、墙、扶手、楼道窗户及楼道门。

(2) 施工过程中保护措施

① 各工种在施工中不得污染损坏其他工种的半成品、成品。

② 材料表面保护膜应在工程竣工时才撤除。

③ 对邮箱、消防、供电、报警、网络等公共设施采取保护措施。

4. 防火安全

(1) 一般规定　施工单位必须制定施工防火安全制度，施工人员必须严格遵守，住宅装饰装修材料的燃烧性能等级要求应符合国家标准 GB 50222《建筑内部装修设计防火规范》的规定。

(2) 材料的防火处理　对装饰织物进行阻燃处理时，应使其被阻燃剂浸透，阻燃剂的干含量应符合说明书的要求；对木质装饰装修材料进行防火涂料涂布前应对其表面进行清洁。涂布至少分两次进行，且第二次涂布应在第一次涂布的涂层表面干燥后进行，涂布量应不小于 $500g/m^2$。

(3) 施工现场防火的有关规定

① 易燃物品应相对集中放置在安全区域并应有明显标识。施工现场不得大量积存可燃材料。

② 易燃易爆材料的施工应避免敲打、碰撞、摩擦等可能出现火花的操作。配套使用的照明灯、电动机、电气开关应有安全防爆装置。

③ 使用油漆等挥发性材料时，应随时封闭其容器。擦拭后的棉纱等物品应集中存放且远离火源。

④ 施工现场动用电、气焊等明火时，必须清除周围及焊渣滴落区的可燃物质，并设专人监督。

⑤ 施工现场必须配备灭火器、砂箱或其他灭火工具。

⑥ 严禁在施工现场吸烟。

⑦ 严禁在运行中的管道、装有易燃易爆物质的容器和受力构件的内部及表面进行焊接和切割。

(4) 电气防火　电气防火应遵守相关规定。
(5) 消防设施保护　建筑物内消防设施应按规定进行相应保护。

5. 室内环境污染控制

(1) GB 50327《住宅装饰装修工程施工规范》中，规定应控制的室内环境污染物为氡（^{222}Rn）、甲醛、氨、苯和总挥发性有机化合物（TVOC）。

(2) 住宅装饰装修室内环境污染控制除应符合 GB 50327 规定外，还应符合《民用建筑工程室内环境污染控制规范》（GB 50325—2001）等现行国家标准的规定。设计、施工应选用低毒性、低污染的装饰装修材料。

(3) 对室内环境污染控制有要求的，可按有关规定对以上两条内容全部或部分进行检测，其污染浓度限值应符合表 1-3 的要求。

表 1-3　住宅装饰装修后室内环境污染物浓度限值

室内环境污染物	浓度限值	室内环境污染物	浓度限值
氡/(mg/m³)	≤200	氨/(mg/m³)	≤0.20
甲醛/(mg/m³)	≤0.08	总挥发性有机化合物（TVOC）/(mg/m³)	≤0.50
苯/(mg/m³)	≤0.09		

6. 防水工程

(1) 住宅卫生间、厨房及阳台防水工程施工的一般规定
① 防水施工宜用涂膜防水。
② 防水施工人员应具备相应的岗位证书。
③ 防水工程应在地面、墙面隐蔽工程完毕并经检查验收合格后进行。其施工方法应符合国家现行标准、规范的有关规定。
④ 施工时应设置安全照明，并保持通风。
⑤ 施工环境温度应符合防水材料的技术要求。
⑥ 防水工程应做两次蓄水试验。

(2) 主要材料质量要求　防水材料性能应符合国家现行有关标准的规定，并应有产品合格证书。

(3) 施工要求
① 基层表面应平整，不得有松动、空鼓、起沙、开裂等缺陷，含水率应符合防水材料的施工要求。
② 地漏、套管、卫生洁具根部、阴阳角等部位，应先做防水附加层。
③ 防水层应从地面延伸到墙面，高出地面 100mm；浴室墙面的防水层不得低于 1800mm。
④ 防水砂浆施工应按相关规定进行。
⑤ 涂膜防水施工应符合有关规定。

第三节　建筑装饰装修工程质量验收

建筑装饰装修分部工程质量验收的程序和组织应符合 GB 50300《建筑工程施工质量验收统一标准》的规定，子分部工程及分项工程应按 GB 50210《建筑装饰装修工程质量验

规范》的规定划分,见表1-4。当建筑工程只有建筑装饰装修分部工程时,该工程应作为单位工程验收。

表1-4 建筑装饰装修工程的子分部及其分项工程划分

项次	子分部工程	分 项 工 程
1	抹灰工程	一般抹灰、装饰抹灰、清水砌体勾缝
2	门窗工程	木门窗制作与安装、金属门窗安装、塑料门窗安装、特种门安装、门窗玻璃安装
3	吊顶工程	暗龙骨吊顶、明龙骨吊顶
4	轻质隔墙工程	板材隔墙、骨架隔墙、活动隔墙、玻璃隔墙
5	饰面板(砖)工程	饰面板安装、饰面砖粘贴
6	幕墙工程	玻璃幕墙、金属幕墙、石材幕墙
7	涂饰工程	水性涂料涂饰、溶剂型涂料涂饰、美术涂饰
8	裱糊与软包工程	裱糊、软包
9	细部工程	柜橱制作与安装、窗帘盒、窗台板和暖气罩制作与安装、门窗套制作与安装、护栏和扶手制作与安装、花饰制作与安装
10	建筑地面工程	基层、整体面层、板块面层、竹木面层

有关验收的规定如下。

(1) 检查分项工程应由监理工程师(建设单位项目技术负责人)组织施工单位项目专业质量(技术)负责人等进行验收。

(2) 分部工程应由总监理工程师(建设单位项目负责人)组织施工单位项目和技术质量负责人等进行验收。

(3) 单位工程完工后,施工单位自行组织有关人员进行检查评定,并向建设单位提交工程验收报告。

(4) 建设单位收到工程验收报告后,应由建设单位(项目)负责人组织施工(含分包单位)、设计监理等单位(项目)负责人进行单位(子单位)工程验收。

(5) 单位工程有分包单位施工时,分包单位对所承包的工程项目应按标准规定的程序检查评定,总包单位应派人参加。分包工程完成后,应将工程有关资料交总包单位。

(6) 当参加验收各方对工程质量验收意见不一致时,可请当地建设行政主管部门或工程质量监督机构协调处理。

(7) 单位工程质量验收合格后,建设单位应在规定时间内将工程竣工验收报告和有关文件报建设行政管理部门备案。

第四节 建筑装饰装修工程室内环境污染及控制

建筑装饰装修过程中,由于大量采用各种天然、人造装饰装修材料,而这些材料本身含有对人体和环境有毒有害的物质,主要有氡、甲醛、苯、氨、总挥发性有机化合物(TVOC)等,这些物质在室内聚集并超标存在,形成室内装饰装修环境污染。加上施工中大量采用各种黏结剂,也含有对人体及周围环境有毒有害的物质,增大了室内装饰装修后环境的污染程度。随着建筑装饰装修在中国城乡的迅速普及和发展,对环境尤其是室内环境的污染日益严重,已引起国家建设行政管理部门和社会各界的严重关注。作为消费者和使用者的广大人民群众更是日益严重的环境污染后果的直接受害者。他们强烈期望建筑工作者能为他们创造出一个绿色、环保、健康的居住空间和环境。为此，每一个建筑装饰行业的从业人员，应提高对装饰工程室内环境污染严重性和控制、减少环境污染紧迫性的认识，把控制和减少由建筑装饰产生的室内环境污染作为己任，不能有丝毫马虎和懈怠。

为了有效预防和控制新建、扩建、改建的民用建筑由于装饰装修工程所造成的室内环境污染，建设部制定了《民用建筑工程室内环境污染控制规范》（以下简称《规范》），对建筑物内氡、甲醛、苯、氨、总挥发性有机化合物（TVOC）含量的控制指标作了强制性规定，并于2002年3月就贯彻上述《规范》和加强建筑工程室内环境质量管理提出了如下具体要求。

（1）提高对建筑装饰装修工程室内环境污染严重性和控制室内环境污染紧迫性认识，各地建设行政主管部门要把控制室内环境污染作为确保建筑工程质量和居民身体健康的一项重要工作，抓实抓好。

（2）在勘察设计和施工过程中严格执行《规范》。组织工程建设有关单位学习《规范》，贯彻《规范》，对有关人员进行室内环境污染和控制知识的培训。施工单位和监理单位要做好材料进场检验工作，凡无出厂环境指标检验报告或者放射性指标、有害物质含量指标超标的产品不得使用在工程上。积极引导和鼓励勘察、设计、施工单位贯彻 ISO1400 环境管理体系认证，不断改进施工工艺，开展洁净生产。

（3）建立民用建筑工程室内环境竣工验收检测制度。建筑装饰装修工程竣工时，建设单位要按照《规范》要求对室内环境质量检查验收，委托经考核认可的检测机构对工程室内氡、甲醛、苯、氨、总挥发性有机化合物（TVOC）的含量指标进行检测。上述室内有害物质含量指标不符合《规范》规定的，不得投入使用。

（4）加强对建筑工程室内环境质量的监督管理。各级工程质量监督机构应将建筑工程室内环境质量作为工程质量监督的重要内容之一。在工程质量监督机构报送给工程竣工验收备案机关的工程质量监督报告中，包括对建筑工程室内环境质量监督的结论性意见。对于施工单位不按照设计图纸和强制性标准施工、或者使用国家明令淘汰的建筑装饰材料的、使用没有出厂检验报告的建筑装饰材料的、不按照规定对有关材料进行有害物质含量指标复检的，要根据《建设工程质量管理条例》的有关规定对施工单位进行处罚。

根据国务院领导同志的重要批示，国家质量监督检验检疫总局于 2002 年 6 月下发了《关于实施室内装饰装修材料有害物质限量 10 项强制性国家标准的通知》，进一步强调，自 2002 年 7 月 1 日起，市场上停止销售不符合该 10 项国家标准的室内装饰装修材料。从而从源头上对室内环境污染进行了有效控制。相信有国家的重视，有各级质监部门的监督，在科研、设计、施工及材料生产等各方的共同努力下，中国建筑装饰装修工程室内环境污染严重的态势将会得到有效遏制，绿色、健康、环保的建筑装饰装修将会在中国广阔的城乡大地上蓬勃开展。

复习思考题

1. 什么是建筑装饰？其作用有哪些？
2. 建筑装饰装修工程施工有何特点？
3. 就你所知，由建筑装饰装修引起的室内环境污染现象有哪些？试举例说明。
4. 建筑装饰装修造成对人体和室内环境有毒有害的物质主要有哪些？国家对这些物质含量的控制指标是如何规定的？

第二章

墙面装饰工程

第一节 抹灰类饰面施工

抹灰类装饰是墙面装饰中最常用、最基本的做法，分为内抹灰和外抹灰。内抹灰主要是保护墙体和改善室内卫生条件，增强光线反射，美化环境。外抹灰主要是保护外墙身不受风雨雪的侵蚀，提高墙面的防水、防冻、防风化、防紫外线、保温隔热能力，提高墙身的耐久性，也是建筑物表面的艺术处理措施之一。抹灰饰面的特点是造价低廉、施工简便、效果良好。它包括一般抹灰、装饰性抹灰。

一、抹灰饰面构造分层及其各层作用

一般抹灰饰面是指采用石灰砂浆、水泥砂浆、混合砂浆、麻刀灰、纸筋灰等对建筑主体骨架抹灰罩面，它通常是装饰工程的基层。抹灰墙面的基本构造层次分为三层，即底层、中层、面层，如图2-1所示。内外墙面所处的环境不同，其构造上也有一定差异。按照墙面装修装饰标准的不同，抹灰可分为高级抹灰、中级抹灰和普通抹灰3种。

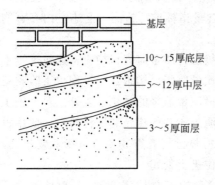

图2-1 抹灰饰面构造
（单位：mm）

（1）底层 底层抹灰主要起与墙体表面黏结和初步找平作用。不同的墙体底层抹灰所用材料及配比也不相同，多选用质量比为1：(2.5～3)水泥砂浆和1：1：6的混合砂浆。

（2）中间层 中层砂浆层主要起进一步找平作用和减小由于材料干缩引起的龟裂缝，它是保证装饰面层质量的关键层。其用料配比与底层抹灰用料基本相同。

（3）面层 抹灰面层首先要满足防水和抗冻的功能要求，一般用质量比为1：(2.5～3)的水泥砂浆。该层也为装饰层，应按设计要求施工，如进行拉毛、扒拉面、拉假面、水刷面、斩假面等。

二、施工准备

1. 材料与质量要求

（1）抹灰砂浆的种类有水泥砂浆、石灰砂浆、混合砂浆、聚合物砂浆、彩色水泥砂浆等，各种砂浆要严格按砂浆配合比配制。

（2）水泥要有性能检测报告，合格后方可使用，不得使用过期水泥。

（3）抹灰用石灰必须先熟化成石灰膏，常温下石灰的熟化时间不得少于15d，不得含有未熟化的颗粒。

（4）砂子分为粗、中、细三级，抹灰多用中砂，以河砂为主，要求砂子坚硬、干净。

（5）抹灰砂浆的外掺剂有憎水剂、分散剂、减水剂、胶黏剂、颜料等，要根据抹灰的要求按比例适量加入，不得随意添加。

(6) 砂浆的配合比要准确，以保证砂浆标号的准确性，且拌和要充分。

2. 施工机具

常用施工机具如图 2-2 所示。

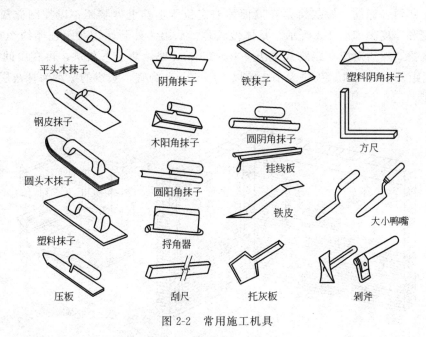

图 2-2　常用施工机具

三、施工操作程序与操作要点

1. 一般抹灰施工工艺流程

基层处理→做灰饼、冲筋→抹底层灰→抹中层灰→抹罩面灰。

2. 施工要点

(1) 基层处理　抹底层灰前，应对墙体进行基层的表面处理，清扫干净墙体的浮灰、砂浆残渣，清洗掉油污以及模板隔离剂。根据墙面材料的不同，可采用以下不同的处理方法。

① 砖墙基层抹灰　砖墙面由于手工砌筑，一般平整度较差，且灰缝中砂的饱和程度不一样，也造成了墙面凹凸不平。所以在做抹底灰前，要重点清理基层浮灰、砂浆等杂物，然后浇水湿润墙面。

这种传统的施工方法必须用清水润湿墙体基面，既费工、费水又容易造成污染，同时也不利于文明施工，目前已有工程采用直接刮聚合物胶浆处理基层的施工方法，无需用水润湿基面。

② 混凝土墙基层抹灰　混凝土墙体表面比较光滑，平整度也比较高，甚至还带有剩余的脱模油，这会对抹灰层与基层的粘接带来一定的影响，所以在饰面前应对墙体进行特殊的处理。可酌情选用下述三种方法之一：一是将混凝土表面凿毛后用水湿润，刷一道聚合物水泥砂浆；二是将 1∶1 水泥细砂浆（为质量比，下同，内掺适量胶黏剂）喷或甩到混凝土基体表面作毛化处理（甩浆）；三是采用界面处理剂处理基体表面。

③ 加气混凝土基层抹灰　轻质混凝土墙体表观密度小，孔隙大，吸水性极强，所以在抹灰时砂浆很容易失水导致无法与墙面有效黏结。处理方法是用聚合物水泥浆进行封闭处理，再进行抹底层。也可以在加气混凝土墙满钉镀锌钢丝网并绷紧，然后进行底层抹灰，效

果比较好，整体刚度也大大增强。

④ 纸面石膏板或其他轻质墙体材料基体内墙，应将板缝按具体产品及设计要求做好嵌填密实处理，并在表面用接缝带（穿孔纸带或玻璃纤维网格布等防裂带）粘覆补强处理，使之形成稳固的墙面整体。

（2）做灰饼、标筋　做灰饼是在墙面的一定位置上抹上砂浆团，以控制抹灰层的平整度、垂直度和厚度。如图 2-3 所示。具体做法是：从阴角处开始，在距顶棚约 200mm 处先做两个上灰饼，然后对应在踢脚线上方 200～250mm 处做两个下灰饼，再在中间按 1200～1500mm 间距做中间灰饼。灰饼大小一般以 40～50mm 为宜，灰饼的厚度为抹灰层厚度减去面层灰厚度。

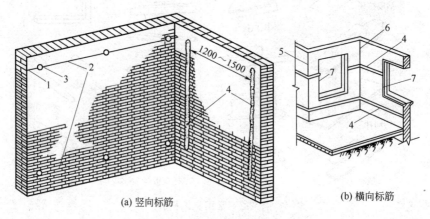

图 2-3　做灰饼和标筋（单位：mm）
1—钉子；2—挂线；3—灰饼；4—标筋；5—墙阳角；6—墙阴角；7—窗框

标筋（也称冲筋）是在上下灰饼之间抹上砂浆带，同样起控制抹灰层平整度和垂直度的作用。标筋宽度一般为 80～100mm，厚度同灰饼。标筋应抹成八字形（底宽面窄）。要检查标筋的平整度和垂直度。

（3）抹底层灰　标筋达到一定强度后（刮尺操作不致损坏）即可用水泥砂浆或混合砂浆进行底层抹灰，亦称刮糙，厚度一般控制在 10～15mm 左右。抹底层灰可用托灰板盛砂浆，用力将砂浆推抹到墙面上，一般应从上而下进行。在两标筋之间抹满后，即用刮尺从下而上进行刮灰，使底灰层刮平刮实并与标筋面相平，操作中用木抹子配合去高补低。表面刮糙，浇水养护一段时间。

（4）抹中层灰　底层灰 7～8 成干（用手指按压有指印但不软）时即可抹中层灰。操作时一般按自上而下、从左向右的顺序进行。先在底层灰上洒水，待其收水后在标筋之间装满砂浆，用刮尺刮平，并用木抹子来回搓抹，去高补低。搓平后用 2m 靠尺检查，超过质量标准允许偏差时应修整至合格。

根据设计和质量要求，可以一次抹成，也可分层操作，这主要是根据墙体的平整度和垂直偏差情况而定。

（5）抹面层灰　在中层灰 7～8 成干后即可抹罩面灰。先在中层灰上洒水，然后将面层砂浆分遍均匀抹涂上去，一般也应按自上而下、从左向右的顺序。抹满后用铁抹子分遍压实压光。铁抹子各遍的运行方向应相互垂直，最后一遍宜竖直方向。

大面积的抹灰，往往由于水泥砂浆或混合砂浆的干缩变形而出现裂缝，多是呈不规则裂纹。再加上考虑施工接槎的需要，因此在实际操作时，为了施工方便，克服和分散大面积干裂与应力变形，可将饰面用分格条分成小块来进行。这种分块形成的线型，称之为引条线，如图2-4。这既是构造上的要求，也有利于日后维修，且可使建筑立面获得良好尺度感而显得美观。在进行分块时，首先要注意其尺度比例应合理匀称，大小与建筑空间成正比，并注意有方向性的分格，应和门窗洞、线角相匹配。分格缝多为凹缝，其断面为10mm×10mm、20mm×10mm等，不同的饰面层均有各自的分格要求，要按设计进行施工。

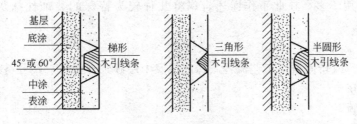

图2-4 抹灰面的设缝

引线条具体做法是：在底灰抹完后根据设计要求弹出分格线；根据分格线长度将分格条分好，然后用铁抹子将素水泥浆抹在分格条背面，水平分格线宜粘贴在水平线的下口，垂直分格线粘贴在垂线的左侧，这样易于观察，操作也较方便；分格条用前要在水中泡透，防止分格条使用时变形，并便于粘贴；分格条因本身水分蒸发而收缩容易起出，还能使分格条两侧的灰口整齐；分格条用直尺校正后在分格条两侧用水泥浆抹成梯形斜角固定，待面层抹灰硬化后取出分格条。

3. 阴阳角抹灰

抹灰前，用阴阳角方尺检查阴阳角的直角度，并检查垂直度，然后定抹灰厚度，浇水湿润。

阴阳角处抹灰分别用木制阴角器和阳角器进行操作，先抹底层灰，使其基本达到直角，再抹中层灰，使阴阳角方正。

阴阳角找方应与墙面抹灰同时进行。

4. 顶棚抹灰

顶棚抹灰可不做灰饼和标筋，只需在四周墙上弹出抹灰层的标高线（一般从500mm线向上控制）。顶棚抹灰的顺序宜从房间向门口进行。

抹底层灰前，应清扫干净楼板底的浮灰、砂浆残渣，清洗掉油污以及模板隔离剂，并浇水湿润。为使抹灰层和基层粘结牢固，可刷水泥胶浆一道。

抹底层灰时，抹压方向应与楼板纹路或预制板板缝相垂直，应用力将砂浆挤入板条缝或网眼内。

抹中层灰时，抹压方向应与底层灰抹压方向垂直，抹灰应平整。

由于各种因素的影响，混凝土（包括预制混凝土）顶棚基体抹灰层容易脱落，严重危及人身安全，所以也可以不在混凝土顶棚基体表面抹灰，直接用腻子找平。

5. 墙面抹灰的一般要求

（1）根据装饰特点、使用性质、抹灰等级，选择不同的抹灰砂浆。对于外墙抹灰由于直接接触外界，应重点考虑其耐气候性。

（2）砂浆要按规定选择配合比。新拌和的砂浆必须具有良好的和易性和黏结力，以保证抹灰层的强度。

(3) 砂浆必须搅拌均匀，一次搅拌量不宜过多，要随用随拌。

(4) 按操作规程施工，抹灰表面要平整，抹灰层每次厚度不应超过15mm。

四、装饰性抹灰

装饰性抹灰和一般抹灰施工技术只是在面层做法上有所不同。它包括水刷石、干粘石、仿石、假面砖、拉灰条等各种做法。由于有些传统做法如水刷石、干粘石等在现代装饰施工中已应用不多，在此不作详述。现将几种较为特殊的装饰性抹灰施工技术分别介绍如下。

1. 剁斧石

(1) 剁斧石（或斩假石）工艺流程 抹底层及中层砂浆→弹线、贴分格条→抹面层水泥石粒浆→斩剁面层。

(2) 操作要点

① 基层处理、找规矩等均同一般外墙抹灰做法。

② 抹底层 抹底层灰前用素水泥浆刷一道后，用1:2或1:2.5水泥砂浆抹底层，表面划毛。砖墙基层需抹中间层，采用1:2水泥砂浆，表面划毛，24h后浇水养护。

③ 弹线、贴分格条 按设计要求弹出分格线、粘贴经水浸透的木分格条。

④ 抹面层 面层石粒浆的配比常用1:1.25或者1:1.5，稠度为5～6cm。常用的石粒为2mm的白色米粒，石内掺粒径在0.3mm左右的白云石屑。抹面层前，先根据底层的干燥程度浇水湿润，刷素水泥浆一道，然后用铁抹子将水泥石粒浆抹平，厚度一般为13mm；再用木抹子打磨拍实，上、下顺势溜直（不要压光，但要拍出浆来）。不得有砂眼、空隙，并且每分格区内的水泥石粒浆必须一次抹完。

石粒浆抹完后，随即用软毛刷蘸水顺剁纹方向将表面水泥浮浆轻轻刷掉，露出石粒至均匀为止。不得蘸水过多，用力过重，以免刷松石粒。石料浆抹完后不得曝晒或冰冻雨淋，24h后浇水养护。

⑤ 斩剁面层 在正常温度（15～30℃）下，面层抹好2～3d后，即可试剁。以墙面石粒不掉，有剁痕，声响清脆为准。

斩剁的顺序一般为先上后下，由左到右；先剁转角和四周边缘，后剁中间墙面。转角和四周剁水平纹，中间剁垂直纹；先轻剁一遍浅纹，再剁一遍深纹，两遍剁纹不重叠。剁纹的深度一般在1/3石粒的粒径为宜。

在剁墙角、柱边时，宜用锐利的小斧轻剁，以防止掉边缺角；剁墙面花饰时，剁纹应随花纹走势剁，花饰周围的平面上则应剁垂直纹。

斩剁完后，墙面应用水冲刷干净，在分格缝处则按设计要求在缝内做凹缝及上色。斩假石不剁斧纹，而改用锤子砸出麻面，操作方法与剁斧石基本相同。

为了美观，一般在分格缝、阴阳角周边留出15～20mm边框线不剁。图2-5是剁斧石的几种不同效果。

2. 拉假石

拉假石的做法除面层外，其余均同剁斧石。

(1) 拉假石面层操作方法

① 面层水泥石屑配比 常用的水泥和石英砂（或白云石屑）配比为1:1.25。

② 面层操作 先在中层上刷素水泥浆一道，紧跟着抹水泥石屑浆，其厚度为8mm左

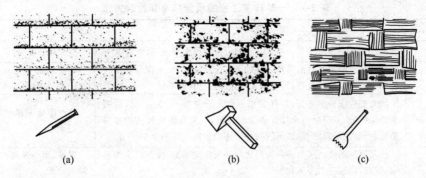

图 2-5 剁斧石的几种不同效果

右。待水泥石屑浆面收水后，用靠尺检查其平整度，然后用抹子搓平，再用铁抹子压实、压光。水泥终凝后，用齿耙依着靠尺按同一方向刮去表面水泥浆，露出石渣形成纹理。成活后表面呈条纹状，纹理清晰，24h 后浇水养护。

（2）注意事项　拉假石表面露出石渣的比例很小，水泥的颜色对整个饰面色彩影响很大，所以应注意整个墙面颜色的均匀性，并要选择不易褪色的颜料品种。现场一般均采用废锯条制作齿耙。

3. 假面砖

假面砖根据不同的使用工具，有三种做法：铁梳子拉假面砖，铁辊子拉假面砖及刷涂料作假面砖。

（1）用铁梳子（铁辊子）拉假面砖

① 工艺流程　中层抹灰验收→弹线→抹面层灰→表面划纹。

② 操作要点

a. 基层处理、抹底层、中层砂浆等操作均同一般抹灰。

b. 弹水平线　先洒水湿润中层抹灰砂浆再弹线。一般按每步脚手架为一个水平工作段，一个工作段内弹上、中、下三条水平线，先弹宽缝线，以便控制面层划沟（面砖凹槽）的顺直度。

c. 抹面层砂浆　抹 1∶1 水泥砂浆垫层，厚度 3mm，然后抹 3～4mm 厚的彩色水泥砂浆。

d. 表面划纹　面层彩色砂浆收水后，先用铁梳子沿着靠尺板由下向上划纹，纹深度 1mm 左右，划纹方向与宽缝线相垂直，作为假面砖的密缝。然后根据面砖尺寸划线，依照线条用铁钩子或铁皮刨子沿着木靠尺划沟（也可用铁辊子滚压划纹），深度以露出垫层为准。

凹槽划好后用刷子将毛边浮砂清扫干净。成活后横向凹槽应水平成线，间距、深浅一致。竖向凹槽垂直方向成线，接缝应平直，深浅一致，凹槽内刷黑色水泥浆或涂料。

（2）刷涂料做假面砖（参见第五章第六节）。

五、施工质量要求

（1）一般抹灰工程的质量标准和检验方法见表 2-1。

（2）一般抹灰工程的允许偏差和检验方法见表 2-2。

（3）装饰抹灰工程的质量标准和检验方法见表 2-3。

表 2-1 一般抹灰工程的质量标准和检验方法

项目	项次	质量要求		检验方法
主控项目	1	抹灰前基层表面的尘土、污垢、油渍等应清除干净，并应洒水湿润		检查施工记录
	2	一般抹灰所用材料的品种和性能应符合设计要求；水泥的凝结时间和安定性复验应合格；砂浆的配合比应符合设计要求		检查产品合格证书、进场验收记录、复验报告和施工记录
	3	抹灰工程应分层进行；当抹灰总厚度大于或等于35mm时，应采取加强措施；不同材料交接处表面的抹灰，应采取防止开裂的加强措施，当采用加强网时，加强网与各基体的搭接不应小于100mm		检查隐蔽工程验收记录和施工记录
	4	抹灰层与基层之间及各抹灰层之间必须黏结牢固，抹灰层应无脱层、空鼓，面层应无爆灰和裂缝		观察；用小锤敲击检查；检查施工记录
一般项目	5	一般抹灰工程的表面质量	普通抹灰	表面应光滑、洁净、接槎平整，分格缝应清晰	观察；手摸检查
			高级抹灰	表面应光滑、洁净、颜色均匀、无抹纹，分格缝和灰线应清晰美观	
	6	护角、孔洞、槽、盒周围的抹灰表面应整齐、光滑；管道后面的抹灰表面应平整		观察
	7	抹灰的总厚度应符合设计要求；水泥砂浆不得抹在石灰砂浆层上；罩面石膏灰不得抹在水泥砂浆层上		检查施工记录
	8	抹灰分格缝的设置应符合设计要求，宽度和深度应均匀，表面应光滑，棱角应整齐		观察；尺量检查
	9	有排水要求的部位应做滴水线(槽)；滴水线(槽)应整齐顺直；滴水线应内高外低，滴水槽的宽度和深度均不应小于10mm		观察；尺量检查

注：本表根据 GB 50210—2001《建筑装饰装修工程质量验收规范》的有关规定编制，一般项目中也包括表 2-2 的允许偏差项目。

表 2-2 一般抹灰工程的允许偏差和检验方法

项次	项目	允许偏差/mm		检验方法
		普通抹灰	高级抹灰	
1	立面垂直度	4	3	用2m垂直检测尺检查
2	表面平整度	4	3	用2m靠尺和塞尺检查
3	阴阳角方正	4	3	用直角检测尺检查
4	分格条(缝)直线度	4	3	拉5m线，不足5m拉通线，用钢直尺检查
5	墙裙、勒脚上口直线度	4	3	拉5m线，不足5m拉通线，用钢直尺检查

注：1. 普通抹灰，本表第3项阴角方正可不检查。
2. 顶棚抹灰，本表第2项表面平整度可不检查，但应平顺。

表 2-3 装饰抹灰工程的质量标准和检验方法

项目	项次	质量要求	检验方法
主控项目	1	抹灰前基层表面的尘土、污垢、油渍等应清除干净，并应洒水浸润	检查施工记录
	2	装饰抹灰所用材料的品种和性能应符合设计要求；水泥的凝结时间和安定性复验应合格；砂浆的配合比应符合设计要求	检查产品合格证书、进场验收记录、复验报告和施工记录
	3	抹灰工程应分层进行；当抹灰总厚度大于或等于35mm时，应采取加强措施；不同材料交接处表面的抹灰，应采取防止开裂的加强措施，当采用加强网时，加强网与各基体的搭接不应小于100mm	检查隐蔽工程验收记录和施工记录
	4	抹灰层与基层之间及各抹灰层之间必须黏结牢固，抹灰层应无脱层、空鼓，面层应无爆灰和裂缝	观察；用小锤敲击检查；检查施工记录

续表

项目	项次	质量要求	检验方法
一般项目	5	装饰抹灰工程的表面质量	水刷石表面应石粒清晰、分布均匀、紧密平整、色泽一致，应无掉粒和接槎痕迹	观察；手摸检查
			斩假石表面剁纹应均匀顺直、深浅一致，应无漏剁处；阳角处应横剁并留出宽窄一致的不剁边条，棱角应无损坏	
			干粘石表面应色泽一致、不露浆、不漏粘，石粒应黏结牢固、分布均匀，阳角处应无明显黑边	
			假面砖表面应平整、沟纹清晰、留缝整齐、色泽一致，应无掉角、脱皮、起砂等缺陷	
	6	装饰抹灰分格条(缝)的设置应符合设计要求，宽度和深度应均匀，表面应平整光滑，棱角应整齐	观察
	7	有排水要求的部位应做滴水线(槽)；滴水线(槽)应整齐顺直；滴水线应内高外低，滴水槽的宽度和深度均不应小于10mm	观察；尺量检查
	8	装饰抹灰工程质量的允许偏差和检验方法应符合表2-4的规定	

（4）装饰抹灰工程的允许偏差和检验方法见表2-4。

表2-4 装饰抹灰工程的允许偏差和检验方法

项次	项目	允许偏差/mm				检验方法
		水刷石	斩假石	干粘石	假面砖	
1	立面垂直度	5	4	5	5	用2m垂直检测尺检查
2	表面平整度	3	3	5	4	用2m靠尺和塞尺检查
3	阴、阳角方正	3	3	4	4	用直角检测尺检查
4	分格条(缝)直线度	3	3	3	3	拉5m线，不足5m拉通线，用钢直尺检查
5	墙裙、勒脚上口直线度	3	3	—	—	拉5m线，不足5m拉通线，用钢直尺检查

注：本表及表2-3系根据GB 50210—2001《建筑装饰装修工程质量验收规范》的有关规定编制。

六、一般抹灰常见工程质量问题及其防治方法

1. 墙面空鼓、裂缝

（1）产生原因　基层处理不好，清扫不净，浇水不匀、不足；不同材料交接处未设加强网或加强网搭接宽度过小；原材料质量不符合要求，砂浆配合比不当；墙面脚手架眼填塞不当；一层抹灰过厚，各层之间间隔时间太短；养护不到位，尤其在夏季施工时。

（2）防治措施　基层应按规定处理好，浇水应充分、均匀；按要求设置并固定好加强网；严格控制原材料质量，严格按配合比配合和搅拌砂浆；认真填塞墙面脚手架眼；严格分层操作并控制好各层厚度，各层之间的时间间隔应充足；加强对抹灰层的养护工作。

2. 窗台、阳台、雨篷等处抹灰的水平与垂直方向不一致

（1）产生原因　结构施工时，现浇混凝土或构件安装的偏差过大，抹灰时不易纠正；抹灰前上下左右未拉水平和垂直通线，施工误差较大。

（2）防治措施　在结构施工阶段应尽量保证结构或构件的形状位置正确，减少偏差；安装窗框时应找出各自的中心线以及拉好水平通线，保证安装位置的正确；抹灰前应在窗台、阳台、雨篷、柱垛等处拉水平和垂直方向的通线找平找正，每步均要起灰饼。

第二节　墙面饰面砖镶贴

一、构造做法

墙面饰面砖镶贴施工是指在建筑内、外墙面及柱面镶贴饰面砖的一种装饰方法，是装饰施工的重要组成部分。饰面材料的种类很多，常用的饰面砖有瓷片、面砖等。瓷砖贴面做法如图 2-6 所示。

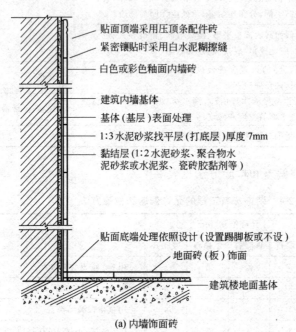

(a) 内墙饰面砖

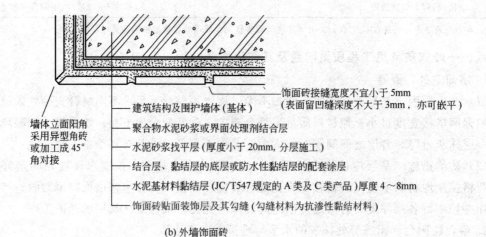

(b) 外墙饰面砖

图 2-6　瓷砖镶贴饰面构造

二、施工准备

1. 材料准备

（1）瓷砖　瓷砖也称釉面砖，品种和规格很多，应根据设计要求进行选择瓷砖，除了要求瓷砖的物理学性能应符合标准外，外观要挑选规格一致、形状平整方正、颜色均匀、边缘整齐、棱角完好、不开裂、不脱釉露底、主件块和各种配件砖（也称异形体砖，包括腰线砖、压顶条、阴阳角等）无凹凸扭曲。并注意检查瓷砖平面尺寸是否一致，尽可能减少误差，以保证同一墙面的装饰贴面接缝均匀。

（2）黏结材料　强度等级为32.5或42.5的普通水泥（或矿渣水泥）、白水泥、砂及中砂，并应用窗纱过筛；其他材料，如石灰膏、107胶等。

2. 施工机具准备

常用机具有手提切割机、橡皮锤（木锤）、手锤、水平尺、靠尺、开刀、托线板、硬木拍板、刮杠、方尺、墨斗、铁铲、拌灰桶、尼龙线、薄钢片、手动切割器、细砂轮片、棉丝、擦布、胡桃钳等。

三、施工操作程序与操作要点

1. 内墙镶贴瓷砖施工

室内墙柱面装饰中常用陶瓷釉面砖、陶瓷无釉面砖和磨光净面砖等进行镶贴施工。如在卫浴间、厨房间、实验室等经常接触水、汽或是对洁净要求较高的室内墙面，常用彩印瓷片、白瓷片装饰墙面；在走道、过廊、大厅常用各种花色镜面砖装饰墙柱面。由于一般内墙用的瓷砖产品规格尺寸相对较小且不规矩，厚度相对也较薄，吸湿膨胀系数小，耐撞击性能差，卫浴类房间的釉面砖在使用中易出现龟裂、剥落，因此，随着人们对装修品质要求的提高，近年来，外墙陶瓷饰面砖也被广泛用于内墙装饰。

（1）施工工艺流程　基层处理→抹底子灰→弹线、排砖→浸砖→贴标准点→镶贴→擦缝。

（2）施工操作要点

① 基层处理　在抹底子灰前，应根据不同的基体进行不同的处理（详见第一节），以解决找平层与基层的黏结问题。

基层表面要求达到净、干、平、实。如果是光滑基层应进行凿毛处理；基层表面砂浆、灰尘及油渍等，应用钢丝刷或清洗剂清洗干净；基层表面凹凸明显部位，要事先剔平或用水泥砂浆补平。处理后的基层表面必须平整而粗糙。

基层清理干净后，洒水湿润，再抹底子灰。

② 抹底子灰　基体基层处理好后，用1∶(2.5～3)水泥砂浆或1∶1∶4的混合砂浆打底。打底时要分层进行，每层厚度宜5～7mm，并用木抹子搓出粗糙面或划出纹路，用刮杠和托线板检查其平整度和垂直度，隔日浇水养护。

③ 弹线排砖　待底层灰6～7成干时，按图纸设计图案要求，结合瓷砖规格进行弹线、排砖。排砖形式主要有直缝和错缝（俗称"骑马缝"）两种，如图2-7所示。先量出镶贴瓷砖的尺寸，在墙面从上往下弹出若干条水平线，控制水平排数，再按整块瓷砖的尺寸弹出竖直方向的控制线。瓷砖铺贴的方式有离缝式和无缝式两种。无缝式铺贴要求阳角转角铺贴时要倒角，即将瓷砖的阳角边厚度用瓷砖切割机打磨成45°角，以便对缝（参见图2-11）。依砖的位置，排砖有矩形长边水平排列和竖直排列两种方式。

弹线时要考虑接缝宽度应符合设计要求，并注意水平方向和垂直方向的砖缝一致。

在同一墙面上的横竖排列，不宜有一行以上的非整砖，且非整砖要排在次要位置或阴角处。当遇有墙面盥洗镜等装饰物时，应以装饰物中心线为准向两边对称排砖，排砖过程中在边角、洞口和突出物周围常常出现非整砖或半砖，也应并注意对称和美观，如图2-8所示。

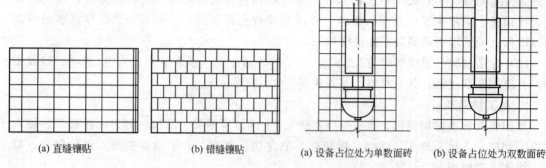

(a) 直缝镶贴　　　　　(b) 错缝镶贴　　　　(a) 设备占位处为单数面砖　(b) 设备占位处为双数面砖

图 2-7　内墙面砖排砖示意图　　　　　图 2-8　墙面装饰物处排砖示意图

④ 浸砖　瓷砖在镶贴前应在水中充分浸泡,以保证镶贴后不至于因吸灰浆中的水分而粘贴不牢或砖面浮滑。一般浸水时间不少于 2h,取出阴干备用,阴干时间通常为 3~5h,以手摸无水为宜。

⑤ 贴标准点　正式镶贴前,用混合砂浆将废瓷砖按粘贴厚度粘贴在基层上作标志块,用托线板上下挂直,横向拉通,用以控制整个镶贴瓷砖表面的平整度。在地面水平线嵌上一根八字尺或直靠尺,这样可防止瓷砖因自重或灰浆未硬结而向下滑移,以确保其横平竖直。

⑥ 镶贴　铺贴瓷砖宜从阳角开始,先大面,后阴阳角和凹槽部位,并自下向上粘贴。用铲刀在瓷砖背面刮满刀灰,贴于墙面用力按压,用铲刀木柄轻轻敲击,使瓷砖紧密粘于墙面,再用靠尺按标志块将其校正平直。取用瓷砖及贴砖要注意浅花色瓷砖的顺反方向,不要粘颠倒,以免影响整体效果。铺贴要求砂浆饱满,厚度 6~10mm,若亏灰时,要取下重贴,不得在砖口处塞灰,防止空鼓。一般每贴 6~8 块应用靠尺检查平整度,随贴随检查,有高出标志块者,可用铲刀木柄或木锤轻锤使之平整;如有低于标志着,则应取下重贴。同时要保证缝隙宽窄一致。当贴到最上一行时,上口要成一直线,上口如没有压条,则应镶贴一面有圆弧的瓷砖。其他设计要求的收口、转角等部位,以及腰线、组合拼花等均应采用相应的砖块(条)适时就位镶贴。

铺贴砂浆宜用 1:2 的水泥砂浆,为改善和易性,可掺 15% 的石膏灰,亦可用聚合物水泥砂浆,当用聚合物水泥砂浆时,其配合比应做实验确定。

水管处应先铺周围的整块砖,后铺异形砖。此时,水管顶部镶贴的瓷砖应用胡桃钳钳掉多余的部分,一次钳的不要太多,以免瓷砖碎裂。对整块瓷砖打预留孔,可先用打孔器钻孔,再用胡桃钳加工至所需孔径。

切割非整块砖时,应根据所需要的尺寸在瓷砖背面划痕,用专用瓷片刀沿木尺切割出较深的割痕,将瓷砖放在台面边沿处,用手将切割的部分掰下,再把断口不平和切割下的尺寸稍大的瓷砖放在磨石上磨平。

⑦ 擦缝　镶贴完毕,自检无空鼓、不平、不直后,用棉丝擦净。然后把白水泥加水调成糊状,用长毛刷蘸白水泥浆在墙面缝上刷,待水泥浆变稠,用布将缝里的素浆擦匀,砖面擦净。不得漏擦或形成虚缝。对于离缝的饰面,宜用与釉面砖颜色相同的水泥浆嵌缝或按设计要求处理。

若砖面污染严重,可用稀盐酸刷洗后,再用清水刷洗干净。

2. 外墙镶贴面砖施工

室外墙柱面装饰中常用外墙面砖进行镶贴施工。外墙贴面装饰工程的施工质量不仅影响环境美观，甚至会涉及人身安全。因此，对外墙面砖的选择和施工质量要求十分严格，规定外墙面砖为常用类型，并应符合中国现行产品标准，施工时要采用"满贴法"施工。外墙面砖厚度相对比内墙瓷砖厚些，有上釉和不上釉之分。

(1) 施工工艺流程　基层处理→抹底子灰→刷结合层→弹线分格、排砖→浸砖→贴标准点→镶贴面砖→勾缝→清理表面→交工验收。

(2) 施工操作要点

① 基层处理　清理墙、柱面，将浮灰和残余砂浆及油渍冲刷干净，再充分浇水湿润，并按设计要求涂刷结合层（采用聚合物水泥砂浆或其他界面处理剂），再根据不同基体进行基层处理（同内墙）。

② 抹底子灰　打底时应分层进行，每层厚度不应大于7mm，以防空鼓。第一遍抹后扫毛，待6～7成干时，可抹第二遍，随即用木杠刮平，木抹搓毛，终凝后浇水养护。

多雨地区，找平层宜选用防水、抗渗性水泥砂浆，以满足抗渗漏要求。

③ 刷结合层　找平层经检验合格并养护后，宜在表面涂刷结合层，这样有利于满足强度要求，提高外墙饰面砖粘贴质量。

④ 弹线分格、排砖　按设计要求和施工样板进行排砖、确定接缝宽度及分格，同时弹出控制线，做出标记。排砖须用整砖，对于必须用非整砖的部位，非整砖的宽度不宜小于整砖宽度的1/3。一般要求阳角、窗口都是整砖。若按块分格，应采取调整砖缝大小的方法排砖、分格。外墙镶贴的饰面砖其外形有矩形和方形两种，矩形饰面砖可以采用密缝、疏缝按水平、竖直方向相互排列，其排列与布缝方式如图2-9所示。密缝排列时，缝宽控制在3mm左右（为防止外墙饰面砖在温度应力的作用下产生脱落，对于大面积外墙装饰贴面，要求不得采用密缝），疏缝排列时砖缝宽一般控制在5～20mm。

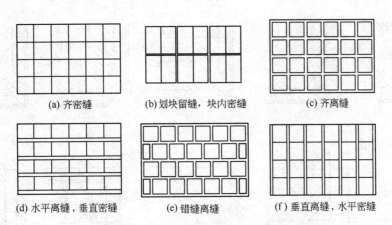

图2-9　外墙面镶贴面砖排砖与布缝

凸出墙面部位，如窗台、腰线、阳角及滴水线等的饰面层排砖方法，可按图2-10所示处理，其正面砖要往下凸出3～5mm，底面砖要做出流水坡度等。

⑤ 浸砖　与内墙瓷砖相同。

⑥ 贴标准点　在镶贴前，应先贴若干块废面砖作为标志块，上下用托线板吊直，作为粘接厚度的依据。横向每隔1.5～2.0m做一个标志块，用拉线或靠尺校正平整度，靠阳角

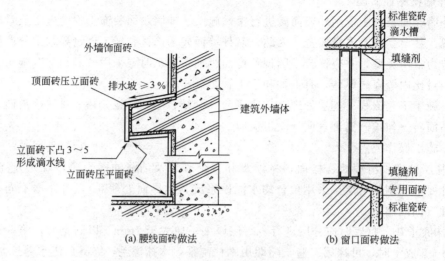

图 2-10 窗台、腰线面砖做法示意图（单位：mm）

的侧面也要挂直，称为双面挂直。

⑦ 镶贴面砖　外墙饰面砖宜自上而下顺序镶贴，并先贴墙柱后贴墙面再贴窗间墙。铺贴用砂浆与内墙要求相同。粘贴时，先按水平线垫平八字尺或直靠尺，再在面砖背面满铺黏结砂浆，粘贴层厚度宜在 4～8 mm。粘贴后，用小铲柄轻轻敲击，使之与基层粘牢，并随时用直尺找平找方，贴完一行后，需将面砖上的灰浆刮净。对于有设缝要求的饰面，可按设计规定的砖缝宽度制备小十字架，临时卡在每四块砖相临的十字缝间，以保证缝隙精确；单元式的横缝或竖缝，则可用分隔条；一般情况下只需挂线贴砖。分隔条在使用前应用水充分浸泡，以防胀缩变形，在粘贴面砖次日（或当日）取出，取条时应轻巧，避免碰动面砖。

转角处镶贴饰面砖处理见图 2-11 所示做法。

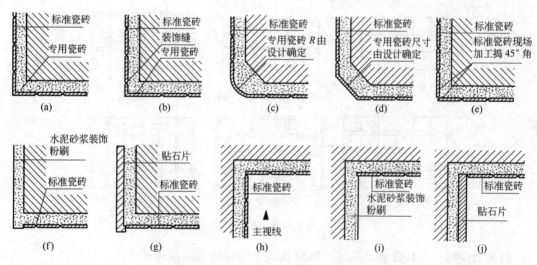

图 2-11 转角处镶贴饰面砖处理示意图

有抹灰与面砖相接的墙、柱面，应先在抹灰面上打好底，然后贴好面砖后再抹灰。

⑧ 勾缝、清理表面　贴完一个墙面或全部墙面并检查合格后进行勾缝。表面留设的凹缝的深度不宜大于 3mm，也可采用平缝。勾缝应用水泥砂浆分批嵌实，并宜先勾水平缝，

后勾竖直缝。勾缝一般分两遍，头遍用1：1水泥细砂浆，第二遍用与面砖同色的彩色水泥砂浆擦成凹缝。勾缝应连续、平直、光滑、无裂纹、无空鼓。勾缝处残留的砂浆，必须清除干净。最后用3％～5％的稀盐酸清洗表面，并用清水冲洗干净。

3. 强力胶直接粘贴施工

随着新材料技术的发展，现已出现许多新型胶黏剂——瓷砖胶和瓷砖胶粉，有水溶性胶、水乳型胶、改性橡胶类胶、双组分环氧胶及建筑胶粉等。采用这种黏结剂用量少、强度大、施工方便，瓷砖无需用水浸泡，采用瓷砖面色一致的彩色胶黏剂，无需填缝，施工效率大大提高。使用时应按设计规定选用，并按下述方法进行粘贴（也可参照其使用说明操作）。

1. 施工工艺流程

墙面修整→弹线→石材背面清理→调胶→石板粘接点涂胶→镶装板块调整→嵌缝→清理。

2. 操作要点

（1）基层处理 该施工方法简单，但对基层平整度要求较高。因基面的平整度直接影响面板的平整度。

（2）胶料选用 这种新型强力胶目前施工中一般都采用进口胶料，分快干型、慢干型两类。一般为A、B双组分，现场调制使用。由于胶的粘贴质量是施工质量的根本保证，因此要严格按产品说明书进行配比，均匀混合调制，调制一般在木板上进行，随调随用。通常胶的有效时间在常温下为45min。

（3）粘贴方法 粘贴时，板块与墙面的间距不宜大于8mm。将调好的胶料分点状（5点）或条状（3条）在石板背面涂抹均匀，厚度10mm，根据已弹好的定位线将板材直接粘贴到墙面上，随后对粘接点、线检查是否粘贴可靠，必要时加胶补强。

当石板镶贴高度较高时，应根据说明书要求采用部分锚固件，增强安全可靠性能。

四、施工质量要求

（1）镶贴饰面砖质量要求及检验方法见表2-5。

表2-5 镶贴饰面砖质量要求及检验方法

项目	项次	质量要求	检验方法
主控项目	1	饰面砖的品种、规格、图案、颜色和性能应符合设计要求	观察；检查产品合格证书、进场验收记录、性能检测报告书和复验报告
	2	饰面砖粘贴工程要求的找平、防水、黏结和勾缝材料及施工方法应符合设计要求及国家现行产品标准和工程技术标准的规定	检查产品合格证书、复验报告和隐蔽工程验收记录
	3	饰面砖粘贴必须牢固	检查样板件粘接强度检测报告和施工记录
	4	满粘法施工的饰面砖工程应无空鼓、裂缝	观察用小锤轻击检查
一般项目	5	饰面砖表面应平整、洁净、色泽一致，无裂痕和缺损	观察
	6	阴、阳角处搭接方式、非整砖使用部位应符合设计要求	观察
	7	墙面突出物周围的饰面砖应整砖套割吻合，边缘应整齐；墙裙、贴脸突出墙面的厚度应一致	观察；尺量检查
	8	饰面砖接缝应平直、光滑，填嵌应连续、密实；宽度和深度应符合设计公司要求	观察；尺量检查
	9	有排水要求的部位应做滴水线（槽），滴水线（槽）应顺直，流水坡向应正确，坡度应符合设计要求	观察；尺量检查
	10	内墙镶贴饰面砖的允许偏差和检验方法见表2-6	

(2) 镶贴饰面砖的允许偏差和检验方法见表 2-6。

表 2-6 镶贴饰面砖允许偏差和检验方法

项次	项目		允许偏差/mm									检验方法
			天然石材					人造石	饰面砖		光面镜面石材柱	
			光面	镜面	粗磨面	麻面条纹面	天然面	人造大理石	外墙面砖釉面砖马赛克		方柱	圆柱	
1	表面平整		1	2	3	—		1	2		1	1	2m靠尺、楔形塞尺检查
2	立面垂直	室内	2	2	3	5		2	2		2	2	2m托线板检查
		室外	2	4	5			3	3		2	2	
3	阴、阳角方正		2	3	4			2	2		2	2	方尺和楔形塞尺检查
4	接缝平直		2	3	4	5		2	3	2	2	2	接5m线,不足5m拉通线尺量检查
5	墙裙上口平直		2	2	3			2	2				
6	接缝高底差		0.3	1	2			0.5	室外 1		0.3	0.3	直尺和楔形塞尺检查
									室内 0.5				

五、常见工程质量问题及其防治方法

1. 空鼓、脱落

(1) 产生原因 基层表面光滑,铺贴前基层未浇水湿润或湿水不透;瓷砖浸泡不够或水膜没有晾干,未晾干的湿面砖表面附水,使贴面砖时产生浮动,形成空鼓;砂浆过稀,嵌缝不密实;瓷砖质量不合格。

(2) 防治方法 认真清理基层表面,铺砖前基层应浇透水,水应透入基层 8~10mm;严格控制砂浆水灰比;瓷砖浸泡后阴干;控制砂浆粘结厚度,过厚、过薄均易引起空鼓,粘贴面砖时砂浆要饱满适量,必要时,按水泥质量的 2%~3% 掺 107 胶在砂浆中。当出现空鼓或脱落时,应取下瓷砖,铲去原有砂浆重贴;严格对原材料把关验收。

2. 接缝不平直、墙面不平整

(1) 产生原因 基层表面不平整;砖质量有问题,施工前对瓷砖尺寸和平整度检查把关不严;未进行排砖分格、弹线;没做标准块;没有及时调缝和检查。

(2) 防治方法 基层表面一定要平整、垂直;施工中应挑选优质瓷砖,校核尺寸,分类堆放;镶贴前应弹线预排,找好规矩;铺贴后立即拨缝,调直拍实。

3. 裂缝、变色或表面粘污

(1) 产生原因 瓷砖质量不合格,密实度不够;施工前浸泡不够;对砖面保管和墙面完工后的成品保护不好,粘贴后被污物污染变色;未及时清除砂浆;在运输、操作中有损伤。

(2) 防治方法 选用密实高强、吸水率低的优质瓷砖;操作前瓷砖应用洁净水浸泡 2 h 后阴干;不要用力敲击砖面,防止产生隐伤,尽量使用和易性、保水性较好的砂浆粘贴,铺贴后随时将砖面上的砂浆擦干净;运输和保管中不得雨淋和受潮,不得用草绳或有色纸包装面砖。

第三节 锦砖的镶贴

一、构造做法

锦砖又称马赛克、纸皮石,有陶瓷锦砖和玻璃锦砖两种,两者的粘贴方法基本相同。马

赛克由各种形状、片状的小块拼成各种图案贴于牛皮纸上，一般尺寸305mm×305mm为一联（张）。施工时，以整联镶贴。其饰面构造如图2-12所示。

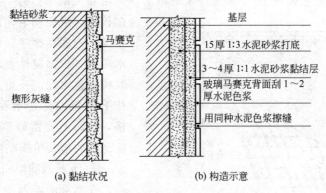

图2-12 马赛克饰面构造（单位：mm）

二、施工准备

1. 材料准备及要求

（1）锦砖 陶瓷锦砖有挂釉和不挂釉两种，质地坚硬，色泽多样；玻璃锦砖是一种浊状半透明的玻璃质饰面材料，透明光亮，性能稳定。为保证接缝平直，粘贴前要逐张对其尺寸、颜色、完整性进行挑选。

（2）粘接材料 同外墙。

2. 施工机具

需用施工机具有灰匙、胡桃钳、木板（150～300mm）、木抹子、墨斗线、钢抹子、水平尺、方尺、托线板、鬃刷、排笔、拨缝刀等。

三、施工操作程序与操作要点

1. 施工工艺流传

马赛克镶贴方法有三种：即软贴法、硬贴法和干灰洒缝湿润法。其差别在于弹线与粘贴顺序不同。其中硬贴法由于在基底上刮结合层会使找平层的弹线分格被水泥素浆遮盖，马赛克贴时无线可依，易影响粘贴效果，所以很少使用。

（1）软贴法施工工艺流程 基层处理→抹底子灰→排砖、弹线、分格→镶贴→揭纸→检查调整→闭缝刮浆→清洗→喷水养护。

（2）干灰洒缝湿润法施工操作程序 干灰洒缝湿润法是在铺贴时，在马赛克纸背面满洒1∶1细砂水泥干灰充满拼缝，然后用灰刀刮平，并洒水使缝内干灰润湿成水泥砂浆，再按软贴法的程序铺贴于墙面。

2. 施工操作要点

（1）基层处理 同外墙面砖。

（2）抹底子灰 同外墙面砖。

（3）排砖、分格、弹线 根据设计、建筑物墙面总高度、横竖装饰线条的布置、门窗洞口和马赛克品种规格定出分格缝宽，弹出若干水平线、垂直线，同时加工分格条。注意同一墙面上应采用同一种排列方式，预排中应注意阳角、窗口处必须是整砖，而且是立面压侧面。

（4）镶贴 粘贴马赛克一般自下而上进行。按已弹好的水平线安放八字尺或直靠尺，并用水平尺校正垫平。

① 软贴法一般两人协同操作，一人在前面洒水润湿墙面，先刮一道素水泥浆，随即抹上 3～4mm 厚的水泥素浆或 1∶1 水泥砂浆黏结层，并用靠尺刮平；另一人将马赛克铺在木垫板上，纸面朝下，锦砖背面朝上，先用湿布把底面擦净，用水刷一遍，再刮水泥浆，根据设计要求，也可用白水泥浆或彩色水泥。一边刮浆一边用铁抹子往下挤压，将素水泥浆挤满锦砖的缝格，砖面不要留砂浆。清理四边余灰，将刮浆的纸交给镶贴操作者进行粘贴。

② 干灰洒缝湿润法是在抹黏结层之前，在润湿的墙面上抹 1∶1 的水泥砂浆，分层抹平，同时将联锦砖铺在木垫板上（锦砖背面朝上），如图 2-13 所示。缝中灌 1∶1 干水泥砂，并用软毛刷刷

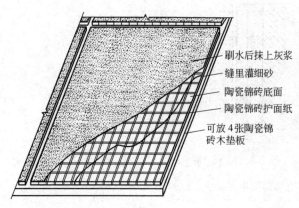

图 2-13 干灰洒缝做法示意图

净底面浮砂，再用刷子稍刷一点水，刮抹薄薄一层水泥浆（水泥和石灰膏质量比为 1∶0.3），随即进行粘贴。

到位镶贴操作时，操作者双手执在锦砖的上方，使下口与所垫直尺齐平，从下口粘贴线向上粘贴砖联，缝要对齐，并且要注意每一大张之间的距离，以保持整个墙面的缝格一致。准确附位后随之压实，并将硬木垫板放在已贴好的马赛克面上，用小木锤敲击木拍板，使其平整。

（5）揭纸、拨缝　一般地，一个单元的马赛克铺完后，在砂浆初凝前（约 20～30min）达到基本稳固时，用软毛刷刷水润透护面纸（或其他护面材料），用双手轻轻将纸揭下，揭纸宜从上往下撕，用力方向应尽量与墙面平行。

揭纸后检查缝的大小，用金属拨板（或开刀）调整弯扭的缝隙，并用黏结材料将未填实的缝隙嵌实，使之间距均匀。拨缝后再在马赛克上贴好垫板轻敲拍实一遍，以增强与墙面的黏结。

（6）闭缝刮浆、清洗墙面　待全部墙面铺贴完，黏结层终凝后，将白水泥稠浆（或与马赛克颜色近似的色浆）用橡胶刮板往缝子里刮满、刮实、刮严，再用麻丝和擦布将表面擦净。遗留在缝子里的浮砂可用干净潮湿软毛刷轻轻带出。超出的米厘条分格缝要用 1∶1 水泥砂浆勾严勾平，再用布擦净。

清洗墙面应在黏结层和勾缝砂浆终凝后进行。全面清理并擦干净后，次日喷水养护。

四、施工注意事项

（1）大面积粘贴马赛克墙面在排砖时，若窗间墙尺寸排完整联后的尾数不能被 20 整除，则意味着最后一粒马赛克排不进去，此时应利用分格缝来调整，避免出现缺料的现象。

（2）玻璃马赛克的颜色不易一致，因此不宜采用单色。

（3）玻璃马赛克表面粗糙多孔，在揭纸后应即时清洗，否则容易造成水泥浆污染墙面。

（4）玻璃马赛克呈半透明状，因此结合层及闭缝水泥浆应用白水泥调配。

五、施工质量要求及检验方法

镶贴锦砖的质量标准、允许偏差及检验方法见表 2-5 和表 2-6。

六、常见工程质量问题及其防治方法

1. 墙面不平整，分格不均匀，砖缝不平直

（1）产生原因　黏结砂浆厚度不均匀，底子灰不平整；阴阳角稍偏差，粘贴面层时就不易调整找平，产生表面不平整现象；施工前，没有分格、弹线、试排和绘制大样图，抹底子灰时，各部位拉线规矩不够，造成尺寸不准，引起分格缝不均匀；撕纸后，没有及时对砖缝进行检查，拨缝不及时。

（2）防治方法　施工前，应对照设计图纸尺寸核对结构实际偏差情况，根据排砖模数和分格要求，绘制出施工大样图，并加工好分格条，选好砖，裁好规格，编上号，便于粘贴时对号入座；抹灰打底要确保平整，阴阳角要方正，并在底子灰上弹出水平、垂直分格线，以作为粘贴陶瓷锦砖时控制的标准线；粘贴马赛克由两人一组严格按工艺规程操作；粘贴好后将拍板放在面层上，用小锤均匀满敲拍板，及时拨缝，拨缝后再用小锤拍板拍平一遍。

2. 空鼓、脱落

（1）产生原因　基层处理不好，灰尘和油污未处理干净；砂浆配合比不当；撕纸时间晚，拨缝不及时，勾缝不严。

（2）防治方法　认真处理基体；严格控制砂浆水灰比；粘贴时砂浆不宜过厚，面积不宜过大，且随抹随贴；揭纸拨缝时间应控制在1h内完成，否则砂浆收水后，再去纠偏拨缝，易造成空鼓、掉块；对取出分隔条的大缝应用1∶1水泥砂浆勾严；当玻璃马赛克出现空鼓和脱落时，应取下马赛克，铲去一部分原有粘贴水泥浆，用107胶水泥浆（107胶掺入量为水泥质量的3%）粘贴修补。

3. 墙面污染

（1）产生原因　墙面成品保护不好，操作中没有清除砂浆，造成污染；未按要求做流水坡和滴水线（槽）。

（2）防治方法　陶瓷锦砖在运输和堆放期间应注意保管，不能淋雨受潮；注意成品保护，不得在室内向外倒污水、垃圾等物；拆除脚手架时要防止碰坏墙面，采取措施保护墙面；按要求认真做流水坡和滴水线（槽）；玻璃马赛克粘贴后，如受水泥或砂浆污染，可用质量分数为10%的稀盐酸溶液自上而下洗刷，再用清水冲洗干净。

第四节　墙面贴挂石材施工

花岗石和大理石等天然石材装饰板饰面，能够有效提高建筑物及其空间环境的艺术质量与文化品位，给人以高贵典雅或凝重肃穆之感。随着建材工业的发展，人造仿天然石材饰面能克服天然石材的性能缺陷，增强石材饰面工程的使用安全性，并能达到天然石材同样的艺术效果，例如微晶玻璃仿天然石装饰板、CIMIC全玻化（陶瓷）石幕墙板等，不仅可以达到天然石材的外观效果，且质轻高强、耐久耐候、色彩丰富，尤其符合节约自然资源和实现建筑装饰装修健康环保的时代要求。

石材饰面板的镶贴、安装施工方法一般有以下几种。

（1）锚固灌浆法　也称湿作业法，主要有绑扎固定灌浆和金属件锚固灌浆两种做法。它是指先在建筑基体上固定好石材板后，再在板材饰面的背面与基层表面所形成的空腔内灌注水泥砂浆或水泥石屑浆，将天然石板整体地固定牢固的施工方法。

（2）干挂法　它是指通过墙体施工时预埋铁件或金属膨胀螺栓固定不锈钢连接扣件，再

用扣件（挂件）钩挂固定已开孔（槽）的饰面板的做法。

（3）粘贴固定法　它是指采用水泥浆、聚合物水泥浆及新型黏结材料（建筑胶黏剂，如环氧树脂胶）等将天然石材饰面板直接镶贴粘固于建筑结构基体表面。这种做法与墙面砖粘贴施工方法相同，但要求饰面镶贴高度限制在一定范围内。

（4）薄型石板的简易固定法　厚度为8.0～8.5mm的新型的天然石材装饰板产品，可以有采用螺钉固定、粘接固定、卡槽或龙骨吊挂以及磁性条复合固定等多种连接与固定的做法，其施工操作十分简易，可直接按产品使用说明进行。

一、施工准备

1. 材料准备和要求

（1）选板　由于饰面板大部分用在标准较高的工程上，因此，饰面板要按设计要求进行认真挑选。对于变色、局部污染、缺棱掉角的板块要挑出另行堆放。合格的板材按规格、品种、纹理色泽分类码放备用。每个部位的实际安装尺寸应根据板材的规格尺寸灌浆厚度及设计要求，通过实测实量确定饰面板的块数。需要进行现场切割的部位和尺寸，必须明确并保证其符合造型要求。同时，饰面板的物理力学性质应符合JC 205—92的相关要求。此外，天然石材中还含有对人体有害的放射性物质，其放射性应符合安全和环保要求。

（2）粘接材料　施工前备好普通水泥、矿渣水泥、白水泥，水泥强度等级为32.5或42.5；过筛粗砂或中砂；其他材料有铜丝或镀锌丝、U形钢钉、熟石膏、矿物性颜料、801胶和专塑料软管等。

2. 施工机具

备好冲击钻、手电钻、砂轮、切割机、手磨机、嵌缝枪、电动扳手、开刀、台钻、铁制水平尺、靠尺、底尺（3000～5000）mm×40mm×（10～15）mm、平凿、沟凿、合金钢扁錾、木抹子、铁抹子、橡皮锤、铅丝、钢丝钳、尼龙线、操作支架及一般常用工具。

二、锚固灌浆法施工

锚固灌浆法是一种传统的石材饰面施工方法，又称为钢筋网挂贴湿作业法，可用于混凝土墙、砖墙表面装饰。由于造价低，对于较大规格的重型石板饰面工程，安全可靠性能有保障，所以一直被广泛采用。它的主要缺点是：镶贴高度有限；现场湿作业污染环境；工序较为复杂，施工进度慢、工效低；对工人的技术水平要求较高；容易"泛碱"，饰面板容易发生花脸、变色、锈斑、空鼓、裂缝等；复杂的及不规则的几何体墙面不容易施工等。

为防止由于水泥砂浆在水化过程中析出的氢氧化钙泛到石板表面而产生花斑（俗称泛碱现象），影响装饰效果，在天然石材安装之前，应对石板采用"防碱背涂剂"进行背涂处理。

1. 绑扎固定灌浆法施工操作程序与操作要点

（1）构造做法　绑扎固定灌浆法构造见图2-14所示。

（2）施工工艺流程　绑扎固定灌浆法的施工工艺流程为：基层处理→绑扎钢筋网→弹线分块、预拼编号→石板钻孔、开槽→绑扎铜丝→安装饰面板→临时固定→灌浆→清理→嵌缝。

（3）施工操作要点

① 基层处理　基层应有足够的刚度和稳定性，基层表面应粗糙而清洁，以利于饰面板粘贴牢固。因此，饰面板镶贴前，必须对墙、柱等基体进行认真处理，将基层表面的灰浆、尘土、污垢及油渍等用钢丝刷刷净并用水冲洗。混凝土表面凸出的部分应剔平，光滑的基体

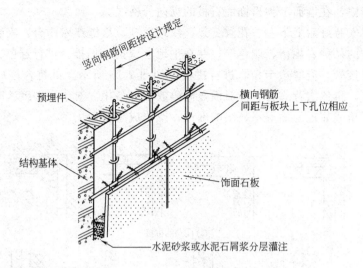

图 2-14 绑扎固定灌浆法构造示意图

表面要凿毛处理,凿毛深度一般为 5~15mm,间距不大于 3 mm。在镶贴的头一天浇水将基层湿透。

② 绑扎钢筋网 按照施工大样图要求的横竖距离焊接或绑扎安装用的骨架。

先剔凿出结构施工时墙面的预埋钢筋环或其他预设锚固件,使其外露。然后按设计要求焊接或绑扎直径 φ 为 6mm 或 8mm、间距为 600~800mm(具体尺寸按设计规定)的竖向钢筋网片,随后绑扎或焊接横向钢筋,横向钢筋必须与饰面孔网的位置一致,第一道横筋绑在第一层板材下口上面约 100mm 处,此后每道横筋均绑在比该层板块上口低 10~20mm 处,如图 2-15 所示。钢筋网必须绑扎牢固,不得有颤动和弯曲。目前,为了方便施工,在强度验算合格的前提下,可只拉横向钢筋,取消竖向钢筋。

若没有设置预埋锚固件,可在墙面上钻锚固孔,采用直径≥10mm、长度≥110mm 的金属胀锚螺栓插入固定作为锚固件,胀锚螺栓的间距为版面宽,上下两排胀锚螺栓的距离为板的高度减去 80~100mm;也可采用在结构基体上钻 φ6~8mm 孔,再向孔中打入 φ6~8mm 钢筋段,埋入深度不小于 90mm,外露不小于 50mm 并弯勾,作为锚固件,参见图 2-15。

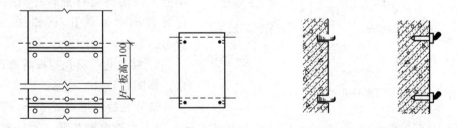

(a) 多层板钢筋网及钻孔位置　(b) 单层板钢筋网及钻孔位置　(c) 墙上埋入短钢筋　(d) 墙上埋入膨胀螺栓

图 2-15 绑扎钢筋网构造(单位:mm)

③ 弹线分块、预拼编号 按设计图和施工放样图要求,在墙面、柱面和门窗位置从上至下吊线锤,考虑板厚、灌浆层厚及钢丝网所占空间尺寸,确定饰面板看面距基面的距离,根据垂线位置,在地面顺墙面或柱面弹出饰面板外轮廓线,作为第一层饰面板镶贴的基准线。随即弹出第一排的标高线。如果有勒脚,则要先将勒脚的标高线弹好,然后再考虑板面

的实际尺寸和缝隙,在墙面上弹出饰面石板的纵向分格线。

为了使石材安装好后上下左右花纹一致,纹理通顺,接缝严密吻合,安装前要按设计要求逐块检查板材的品种、规格、颜色等,并在平地上试拼、预排,进行选色、拼花和尺寸校正。在阴阳角对接处,应磨边卡角,进行拼接,如图2-16所示。试拼合格后,将板块自下向上按顺序编号,再依次背靠背、面对面竖向码放堆好备用。对于有裂缝、暗痕等缺陷的板材,应镶贴在阴角或靠近地面等不显眼的部位,或改成小料使用。

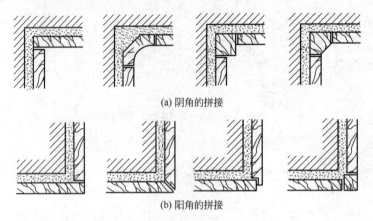

图2-16 墙面阴阳角拼接示意图

④ 钻孔、开槽挂丝 为了挂贴固定饰面板,要求在板块背面钻孔或开槽。

a. 钻直孔 在板材截面上钻孔打眼,一般孔眼直径为5mm左右,孔深为15～20mm,孔位距板材两端1/4～1/3。且位于板厚度的中线上钻孔,如板材的边长≥600mm,则应在中间加钻一孔,再在板背的直孔位置,距板边8～10mm,钻一横孔与直孔垂直,使直孔和横孔连通成"牛轭孔"。为便于挂丝,使石材拼缝严密,钻后,用合金钢錾子在板材背面与直孔正面轻轻打凿,剔出约4～5mm深的小槽。依次将板材翻转在另一侧对应位置打出"牛轭孔"。如图2-17(a)所示。

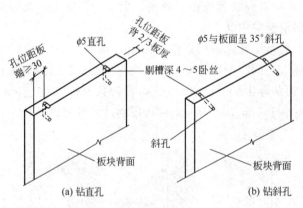

图2-17 饰面石板钻孔示意图(单位:mm)

b. 钻斜孔 斜孔与板材背面成35°角,如图2-17(b)所示。

钻好孔后,把直径3mm的不锈钢丝或直径4mm的铜丝剪成300mm长,双股穿孔挂丝,以备与钢筋网扭紧。因铁丝和镀锌铝丝易生锈断脱,故不宜作挂丝选用。

现场钻孔应设置固定板材的木架,最好是由生产厂家根据设计尺寸加工好。

c. 开槽 钻孔打眼的方法因其繁琐、工效低,且容易损坏石材而被淘汰。近年来常采用开槽扎丝的方法。开槽时,用手提式石材切割机,在板块侧距板背面10～20mm开10～15mm深度的槽,开槽位置在距板材两端1/4～1/3处,在槽的两端,板背面的边角处开两条竖槽(或斜槽,开斜槽时为三道槽),两竖槽间距为30～40mm,最后在板块背面和侧面垂直两条竖槽开二条横槽，如图 2-18 所示。开槽完毕，用长 200～300mm 不锈钢丝或铜丝，弯成 U 形后先套入板背横槽内，钢丝或铜丝的两端从两条斜槽穿出，在板块背面拧紧扎牢备用，注意不要拧断槽口。

⑤ 安装饰面板　板块安装顺序一般是自下而上进行，每层板块从中间或一端开始，柱面则先从正面开始顺时针进行。开始安装前，把经过钻孔或开槽的板块背面、侧面均清洗洁净并自然阴干。按编号将板块就位，检查并理直穿孔（或套槽）的不锈钢丝（或铜丝），根据找好的水平线和垂直线，在最下一行两头找平，拉上横线，如果地面未做好，就需用垫块把板垫高至地面标高线位置。然后使板块上口外仰，把板块背后下口不锈钢丝（或铜丝）绑在横筋上，拴牢即可，然后绑扎板块上口不锈钢丝（或铜丝），并用木楔垫稳。用靠尺板检查调整后，系紧不锈钢丝（或铜丝）。最下一层板完全定位后，再拉出水平线和垂直线来控制安装垂直度和平整度。上口水平线应待灌浆完毕后方可拆除，参见图 2-14。

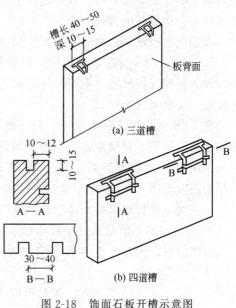

图 2-18　饰面石板开槽示意图
(单位：mm)

如发现板材尺寸有误或板材间隙不匀，应用铅皮加垫，使板材间隙均匀一致，保持第一层板块上口平直，为第二层板块的平整安装打好基础。

⑥ 临时固定　板块安装好一层后，即可进行灌浆。用高强石膏（可掺适量水泥，浅色石板可掺白水泥）调成粥状，每隔 100～150mm 贴于板块间的缝隙处。石膏固化后，不易开裂，每一个固定饼成为一个支撑点起到临时固定作用，避免灌浆时产生板块位移。粥状石膏糊还应同时将两板间其余缝隙堵严；对于设计要求尺寸较宽的饰面接缝，可在缝内填塞 15～20mm 深的麻丝或泡沫塑料条，以防漏浆，待灌浆材料凝结硬化后将堵缝材料清除。

柱面安装石材的临时固定还可用方木或小角钢做成柱箍作为夹具夹牢石板块。小截面柱可用麻绳缠裹达到临时固定的目的。

有脚手架的墙面在安装板块时，则以脚手杆为支撑点，在板面设横撑木枋，然后用斜撑木枋支顶横木予以撑牢。较大的块材以及门窗簷脸饰面板应另加支撑，为矫正视觉误差，安装门窗簷脸时应起拱 1‰。

临时固定的板块，应用角直尺随时检查板面是否平整，重点保证板与板的交接处四角平直度，发现问题，立即纠正。待石膏硬固后方可进行灌浆。

⑦ 灌浆　待堵缝石膏灰材料凝结硬化后，将基体表面及板块背面洒水湿润，即用 1：2.5 水泥砂浆（稠度在 10～15cm）或水泥石屑浆分层灌浆。注意灌注时不要碰动板材，同时要检查板块是否因灌浆而外移，一旦发现外移应拆下板块重新安装。因此，灌浆时应均匀地从几处灌入，且不得猛灌，每层灌注高度一般为 150～200mm，并应注意不得超过板材高度的 1/3。为防止空鼓，灌浆时可轻轻地插钎捣实砂浆。

待第一层灌浆后，稍停 1～2h，并经检查板块无移位后，再进行第二层灌浆，高度为 100mm 左右，即板材的 1/2 高度。第三层灌浆灌至低于板材上口 80～100mm 处为止，所留余量待上一层板块灌浆时完成，以便上下连成整体。每排板材灌浆完毕，应养护不少于24h再进行上一排板材的绑扎和分层灌浆。

安装白色或浅色板材时，灌浆应用白水泥和白石屑，以避免透底而影响美观。

⑧ 清理　第一排灌浆完毕后，待砂浆初凝后，即可清理板块上口余浆，并用棉丝擦干净，隔天再清理板材上口木楔和妨碍安装上层板材的石膏，再依次逐层、逐排向上安装并固定板材，直至完成饰面。

⑨ 嵌缝　全部板块安装完毕后，将表面清理干净，并按板材颜色调制水泥色浆嵌缝，边嵌边擦拭清洁，使缝隙密实干净，颜色一致。有一定宽度尺寸的离缝，在清除临时填、垫材料后用 1∶1 水泥细砂浆勾缝；或按设计要求在板缝内垫无黏结胶带（浅缝）或填塞聚氯乙烯塑料发泡条（深缝），于缝隙表面加注硅酮（聚硅氧烷）耐候密封胶。

如安装后的板材面层光泽受损，则应打蜡上光。

2. 金属件锚固灌浆法施工操作程序与操作要点

金属件锚固灌浆法也称U形钉锚固灌浆法，其构造做法见图 2-19 所示。

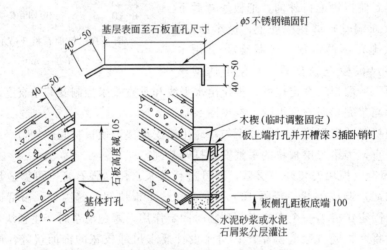

图 2-19　U形钉锚固灌浆法构造示意图（单位：mm）

(1) 施工工艺流程　基层处理→板块钻孔→弹线分块、预拼编号→基体钻斜孔→固定校正→灌浆→清理→嵌缝。

(2) 施工操作要点

① 板块钻孔及剔槽　在距板两端 1/4~1/3 处的板厚中心钻直孔，孔径 6mm，孔深 40~50mm（与U形钉折弯部分的长度尺寸一致），参见图 2-20 所示。板宽≤600mm 时钻 2 个孔，板宽>600mm 时钻 3 个孔，板宽>800mm 时钻 4 个孔。然后将板调转 90°，在板块两侧边分别各钻直孔 1 个，孔位距板下端 100mm，孔径 6mm，孔深 40~50mm。上、下直孔口至板背剔出深 5mm 的凹槽，以便于固定板块时卧入U形钉圆杆，而不影响板材饰面的严密接缝。

② 基体打孔　将钻孔剔槽后的石板按基体表面的放线分格位置临时就位，对应于板块上、下孔位，用冲击电钻在建筑基体上钻斜孔，斜孔与基体表面呈 45°角，孔径 5mm，孔深 40~50mm。

③ 固定板材　根据板材与基体之间的灌浆层厚度及U形件折弯部分的尺寸，制备好 5mm 直径的不锈钢U形钉。板材到位后将U形钉一端勾进石板直孔，另一端插入基体上

的斜孔，拉线、吊铅锤或用靠尺板等校正板块上下口及板面平整度与水平度，并注意与相临板块接缝严密，校正完成即可将U形件插入部分用小硬木楔塞紧或注入环氧树脂胶固定，同时用大木楔在石板与基体之间的空隙中塞稳。

④ 灌浆操作　与传统的绑扎固定灌浆法操作相同。

三、干挂法施工

干挂工艺是利用高强度螺栓和耐腐蚀、强度高的金属挂件（扣件、连接件）或利用

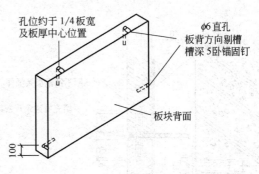

图 2-20　U形销钉钻孔示意图
（单位：mm）

金属龙骨，将饰面石板固定于建筑物的外表面的做法，石材饰面与结构之间留有 40～50mm 的空腔。此法免除了灌浆湿作业，可缩短施工周期，减轻建筑物自重，提高抗震性能，增强了石材饰面安装的灵活性和装饰质量，但工程成本较高。

干挂法安装石板的方法有数种，主要区别在于所用连接件的形式不同，常用的有销针式和板销式两种。

销针式也称钢销式。在板材上下端面打孔，插入 $\phi 5mm$ 或 $\phi 6mm$（长度宜为 20～30mm）不锈钢销，同时连接不锈钢舌板连接件，并与建筑结构基体固定。其L形连接件可与舌板为同一构件，即所谓"一次连接"法；亦可将舌板与连接件分开并设置调节螺栓，而成为能够灵活调节进出尺寸的所谓"二次连接"法，如图 2-21 所示。

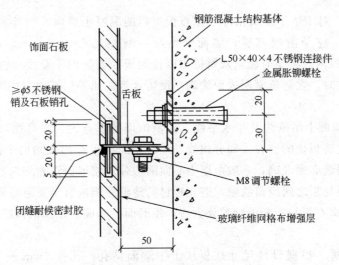

图 2-21　石板干挂销针式做法示意图（单位：mm）

板销式是将上述销针式勾挂石板的不锈钢销改为 $\geqslant 3mm$ 厚（由设计经计算确定）的不锈钢板条式挂件（扣件），施工时插入石板的预开槽内，用不锈钢连接件（或本身即呈L形的成品不锈钢挂件）与建筑结构体固定，如图 2-22 所示。

背挂式（或称"后切式"）石板幕墙施工系统技术，是石板饰面的干挂法作业的一种新的形式。是先在建筑结构基体立面安装金属龙骨，于石板背面开半孔，以特制的柱锥式锚栓托挂石板，并与龙骨骨架连接固定，即完成石板幕墙施工。如图 2-23 所示。

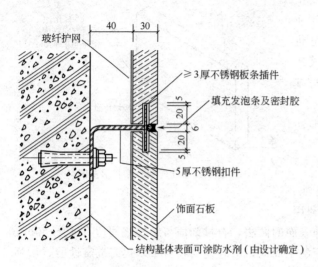
图 2-22 石板干挂板销式做法示意图（单位：mm）

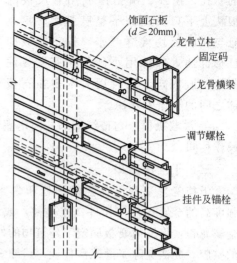
图 2-23 石板饰面的背挂式安装

干挂法施工前，应对大理石作罩面涂层和背面涂刷合成树脂胶黏剂粘贴玻璃纤维网格布作补强层，进行增强处理。

1. 不锈钢挂件安装操作程序与操作要点

（1）施工工艺流程　基面处理→弹线→打孔或开槽→固定连接件→镶装板块→嵌缝→清理。

（2）施工操作要点

① 基面处理　对于适于金属扣件干挂石板工程的混凝土墙体，当其表面有影响板材安装的凸出部位时，应予凿削修整，墙面平整度一般控制在 4mm/2m，墙面垂直偏差在 $H/1000$ 或 20mm 以内，必要时做出灰饼标志以控制板块安装的平整度。将基面清洁后进行放线。设计有要求时，在建筑基层表面涂刷一层防水剂，或采用其他方法增强外墙体的防渗漏性能。

② 弹线　在墙面上吊垂线及拉水平线，控制饰面的垂直度、水平度，根据设计要求和施工放样图弹出安装板块的位置线和分块线，最好用经纬仪打出大角两个面的竖向控制线，确保安装顺利。划线必须准确，一般由墙中心向两边弹放使墙面误差均匀地分布在板缝中。

放线时注意板与板之间应留缝隙，磨光板材的缝隙除镶嵌有金属条等装饰外，一般可留 1～2mm，火爆花岗石板与板间的缝隙要大些，粗磨面、麻面、条纹面留缝隙 5mm，天然面留缝隙 10mm。

③ 打孔或开槽　根据设计尺寸在板块上下端面钻孔，孔径 7mm 或 8mm，孔深 22～33mm，与所用不锈钢销的尺寸相适应并加适当空隙余量，打孔的平面应与钻头垂直，钻孔位置要准确无误；采用板销固定石材时，可使用手磨机开出槽位。孔槽部位的石屑和尘埃应用气动枪清理干净。

④ 固定连接件　根据施工放样图及饰面石板的钻孔位置，用冲击钻在结构对应位置上打孔，要求成孔与结构表面垂直。然后打入膨胀螺栓，同时镶装 L 形不锈钢连接件，将扣件固定后，用扳手扳紧。连接板上的孔洞均呈椭圆形，以便于调节。

⑤ 镶装板块　利用托架、垫楔或其他方法将底层石板准确就位并用夹具作临时固定，

用环氧树脂类结构胶黏剂（符合性能要求的石材干挂胶有多种选择，由设计确定）灌入下排板块上端的孔眼（或开槽），插入 $\phi \geq 5mm$ 的不锈钢销或厚度$\geq 3mm$ 的不锈钢挂件插舌，再于上排板材的下孔、槽内注入胶黏剂后对准不锈钢销或不锈钢舌板插入，然后调整面板水平和垂直度，校正板块，拧紧调节螺栓。如此自下而上逐排操作，直至完成石板干挂饰面。对于较大规格的重型板材安装，除采用此法安装外，尚需在板块中部端面开槽加设承托扣件，进一步支承板材的自重，以确保使用安全。干挂做法饰面构造，见图2-18、图2-19。

应拉水平通线控制板块上、下口的水平度。板材从最下一排的中间或一端开始，先安装好第一块石板作基准，平整度以灰饼标志块或垫块控制，垂直度应用吊线锤或用仪器检测，下一排板安装完毕后，再进行上一块板的安装。

⑥嵌缝　完成全部安装后，清理饰面，每一施工段镶装后经检查无误，即按设计要求进行嵌缝处理。对于较深的缝隙，应先向缝底填入发泡聚乙烯圆棒条，外层注入石材专用的耐候硅酮（聚硅氧烷）密封胶。一般情况下，密封胶只封平接缝表面或比板面稍凹少许即可。雨天或板材受潮时，不宜涂密封胶。

2. 背挂式安装石板幕墙

其方法竖龙骨采用固定码（连接件）与建筑结构基体固定，其水平龙骨分为主、副龙骨构件，上面附有挂件（或称挂片）用以安装挂结石板的柱锥式锚栓，同时还配有调节水平度的调节螺栓，使安装及调平校正工作简便而精确。参见图2-23。

石板的钻孔采用其特制的FZPB柱锥式钻头，并采用压力水冲洗冷却系统，配备有现场使用的移动式轻型钻具，也有大批量进行钻孔操作的钻机，可以实现规格化板材加工钻孔和现场装配施工的系统化生产。

德国慧鱼集团的慧鱼牌FZP柱锥式锚栓由锥形螺杆、扩压环、间隔套管及六角螺母组成，根据工程需要制成不同型号，见图2-24。FZP柱锥式锚栓的材质为铝合金及不锈钢，可按所用板材的规格选择锚栓。

天然石板的背面钻孔，要与其背挂式锚栓托挂石板的方式相适应，钻孔按如下方法进行（如图2-25所示）。

（1）在石材饰面板背面的上、下设定钻孔孔位，板背面上、下孔位要与龙骨横梁上的锚栓安装垂直位置一致，用FZPB特制钻头钻圆孔，孔深约为石板厚度尺寸的$1/2 \sim 2/3$。

（2）在钻孔过程中，待达到既定深度后，将FZPB钻头略作倾斜，使孔底直径得到一定扩大。

（3）退出钻头，向孔内置入FZP锚栓。

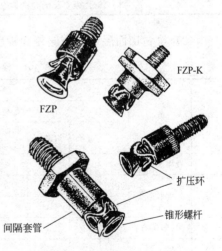

图2-24　柱锥式锚固（FZP）

（4）推进锚栓的间隔套管，锚栓的扩压环沉至孔底即行扩张与孔型密切结合。

采用这种柱锥式锚栓固定石板并与其金属龙骨系统相配套装配的石板幕墙，可做到饰面板准确就位，调节方便、固定简易，并可以消除饰面板的厚度误差。全部饰面安装完成后，可采用其配套的密封胶产品封闭板缝。

四、施工质量要求和检验方法

（1）块材饰面层质量标准和检验方法见表2-7。

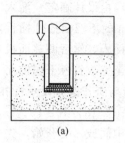 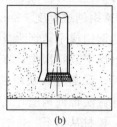 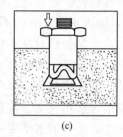 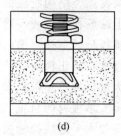

(a)　　　　　　　(b)　　　　　　　(c)　　　　　　　(d)

图 2-25　石板钻孔及锚栓的安装

表 2-7　块材饰面层质量标准和检验方法

项目	项次	质量要求	检验方法
主控项目	1	饰面板的品种、规格、颜色和性能应符合设计要求,木龙骨、木饰面板和塑料饰面板的燃烧性能等级应符合设计要求	观察;检查产品合格证书、进场验收记录和性能检测报告
	2	饰面板孔、槽的数量、位置和尺寸应符合设计要求	检查进场验收记录和施工记录
	3	饰面板安装工程的预埋件(或后置埋件)、连接的数量、规格、位置、连接方法和防腐处理必须符合设计要求;后置埋件的现场拉拔强度必须符合设计要求;饰面板安装必须牢固	手扳检查;检查进场验收记录、现场拉拔检测报告、隐蔽工程验收记录和施工记录
一般项目	4	饰面板表面应平整、洁净、色泽一致,无裂缝和缺损;石材表面应无泛碱等污染	观察
	5	饰面板嵌缝应密实、平直,宽度和深度应符合设计要求,嵌填材料色泽应一致	观察;尺量检查
	6	采用湿作业法施工的饰面板工程,石材应进行防碱背涂处理;饰面板与基体之间的灌注材料应饱满、密实	用小锤敲击检查;检查施工记录
	7	饰面板上的孔洞应套割吻合,边缘应整齐	观察
	8	饰面板安装的允许偏差和检验方法应符合表 2-8 规定	

(2) 块材饰面层的允许偏差和检验方法见表 2-8。

表 2-8　块材饰面层允许偏差和检验方法

项次	项目		允许偏差/mm							检验方法
			天然石材				人造石材	光面石材		
			光面	初磨面	麻面条纹面	天然面	人造大理石	方柱	圆柱	
1	表面平整		1	2	3	—	1	1	1	用 2m 靠尺和楔形塞尺检查
2	立面垂直	室内	2	2	3	5	2	2	2	用 2m 托线板检查
		室外	2	4	5	—	3	2	2	
3	阴、阳角方正		2	3	4	—	2	2	—	用方尺和楔形塞尺检查
4	接缝平直		2	3	4	5	2	2	2	按 5m 线(不足 5m 者拉通线)尺量检查
5	墙裙上口平直		2	3	3	3	2	—	—	
6	接缝高低差		0.3	1	2	—	0.5	0.3	0.3	用方尺和塞尺检查
7	接缝宽度		0.3	1	1	2	0.5	0.5	0.5	用塞尺检查
8	弧形表面精确度		—	—	—	—	—	—	1	用 1/4 圆周样板和楔形塞尺检查
9	柱群纵横向顺直		—	—	—	—	—	5	5	拉通线尺量检查
10	总高垂直度		—	—	—	—	$H/1000$ 或≤5			用经纬仪或吊线尺量检查

五、常见工程质量问题及其防治方法

1. 接缝不平、板面纹理不顺、色泽不匀

(1) 产生原因　板材质量不好，材质没有严格挑选；没有预拼和编号；施工操作没按要点进行。

(2) 防治方法　安装前，应将质量较差的板材剔出，并对每块石材作套方检查；根据墙面弹线找规矩进行板块试拼，使板与板之间纹理通顺、颜色协调并标号备用；施工时应按操作要点进行，每道工序要用靠尺检查调整，使板面镶贴平整。

2. 板材开裂

(1) 产生原因　板材有色纹、暗缝、隐伤等缺陷，以及由于凿孔、开槽受到应力集中而引起开裂；板材安装不严密，侵蚀气体和湿空气透入板缝，使挂网遭到锈蚀，造成外推塌落。

(2) 防治方法　选料时应剔除有缺陷的板材，加工孔洞、开槽时应仔细操作；待结构沉降稳定后再镶贴块料，并在顶部和底部安装块材时留有一定缝隙，以防结构压缩变形，导致块材直接承受重力被压开裂；灌浆应饱满，嵌缝要严密，避免腐蚀性气体锈蚀挂网损坏板面。

3. 空鼓、脱落

(1) 产生原因　结合层砂浆不饱满，灌浆不密实。

(2) 防治方法　结合层水泥砂浆应满抹满刮，厚薄均匀；灌浆应分层，插捣必须仔细。

4. 墙面碰损、污染

(1) 产生原因　主要是块材搬运、堆码的方法不正确；操作时未及时清洗板材上的砂浆等脏物以及安装好后没有认真做好成品保护。

(2) 防治方法　搬运和堆放过程中，必须直立，避免正面边角先着地或一角着地，以防正面棱角受损；浅色板材不宜用草绳捆扎，以避免板面被潮湿绳的色素污染；镶贴后的成品应用塑料薄膜遮盖，并用木板保护；如粘上砂浆，应立即擦抹干净。

第五节　艺术砖石类饰面施工

艺术砖石类饰面装饰制品主要是天然石材或人造石材，也包括一些外观效果仿制逼真的陶瓷类、薄型烧结砖类以及树脂塑料类等不同材质的产品。因为由它们贴饰的墙面富有较特殊的立体感、几何图案感、色彩感和某种天然材质美，可从中体验到历史文化积淀的凝重感及其他特别的文化氛围和情调，所以冠有艺术或文化之名。如图2-26。

图 2-26　"文化墙"饰面效果示例

所谓"艺术砖"、"文化砖"、"文化石"等制品以及由它们所镶贴装饰的"文化墙",大多用于建筑门面或显示某种装饰特色的主要立面,特别是用于室内的一些局部墙面,例如追求特殊效果的茶室、咖啡屋等内墙面、柱面及假壁炉饰面等,尤其是住宅起居间的重要立面。

一、常用文化砖、石饰面材料

1. 天然板石

装饰装修工程常用的天然石材除花岗石和大理石板材外,用于局部饰面,呈自然纹理与色彩的天然料石或块石尚有青石(石灰岩)、青条石(凝灰质砂岩)、石英石、重晶石及卵石等,其原材料产地遍及全国。可以单独作为板石饰面的产品,有统一的名称和编号。

2. 人造石板

一般的装饰装修工程可采用人造材料取代天然材料,用于建筑内、外墙面以及地面或屋面装饰的人造板(砖)材,一般均为薄型板、片、砖块类贴面产品。大致有如下几种:有机人造石饰面板、无机人造石饰面板、复合型人造石饰面板、烧结型人造石饰面板等。

二、艺术砖石类饰面施工

文化石、艺术砖类制品,可采用水泥(砂)浆进行粘贴施工。通常是在结构基体(柱体或地面及屋面基层)表面,先用1:3水泥砂浆找平(厚度约7mm),再用水泥砂浆(或水泥素浆、聚合物水泥浆、聚合物水泥砂浆)粘贴。有的人造砖石制品由于质量较轻,亦可采用配套胶黏剂进行粘贴;有的产品则备有安装配件,施工时采用干法挂板作业。下面举例介绍两种艺术砖石类饰面施工操作方法。

1. 墙身石粘贴固定法

墙身石以乳白、米黄、浅咖啡色等淡雅的色调为主,并有多种规格尺寸的砖块制品和配件砖;将其镶贴于建筑内、外墙面时,可采用与墙身石配套的黏结胶浆(胶泥)、填缝胶浆。

(1) 室内墙面镶贴工艺 将墙身石的室内制品粘贴于建筑内墙时,按下述步骤操作。

① 处理好室内墙身基体及其表面,保证饰面基层具有足够的强度和稳定性,并保持洁净、干燥;必要时,宜先用水泥砂浆打底找平。砖块到位前,先将黏结胶浆涂刮在砖块背面。

② 砖块就位,然后用力施压,直至贴紧。照此做法,按设计图案逐块进行粘贴。

③ 整体饰面或一个单元墙面镶贴完成后,即用填缝胶浆填缝。

④ 用铁铲将填缝胶浆压平并予以修整,铲除多余的胶泥,待干燥后即完成饰面。

(2) 室外墙面镶贴工艺

① 处理好外墙基层后,先用黏结胶浆镶贴墙体弯位(阳角部位)的弯位石板配件砖,然后再进行墙面的粘贴施工。应注意,需采用其配套的室外胶浆粘贴,而且应在墙体基层表面和砖块背面同时施胶。砖块到位镶贴后,要用力压紧直至粘牢。

② 根据设计要求的拼贴图案及石板(砖)品种,在墙面上顺序进行离缝镶贴;应就位准确,粘贴牢固。

③ 用填缝胶浆对砖缝进行嵌填,填缝应饱满,并用铁铲将填缝胶浆压平修整、铲除多余的胶浆,待干燥后即完成饰面。

2. 钉结固定法

深圳海得威集团引进美国生产的文化墙制品"耐力板",系由树脂塑料为基材加工而成的墙面装饰板块;板块表面呈浮雕式砖块砌筑或凹凸镶贴的组合效果,每个板块的外边缘并不齐整,而以砖块拼接效果作为图案单元,板块与板块之间可以很自然地进行组合,形成文化墙风格的饰面。该产品具有仿石、仿砖及仿杉木的材料质感和优雅的色彩，并具有耐候、防虫、抗紫外线辐射等性能。

(1) 产品的主、配件

① 文化墙板块主件　按耐力板的表面效果，分为晶白石砖、宝山灰石砖、红窑砖、浅黄石砖、宝山红石砖等。墙面耐力板的单块尺寸为 1016mm×457mm。

② 墙体外角石及修饰条配件　与耐力板主件相配套的外角石，即用于墙面阳角部位镶贴的转角板块，尺寸为 102mm×102mm×457mm。同样与板块配套的修饰条，主要用于墙面的饰面收口、封边，宽度尺寸为 45mm，长度尺寸为 813mm。

③ 饰面起步条　耐力板饰面安装时，用来固定于墙面，然后进行板块镶嵌的最底层水平边条。起步条可以采用配套的硬塑制品，亦可采用其铝合金制品。

(2) 饰面安装方法　耐力板的饰面施工采用钉结固定，安装要点如下述。

① 安装外角石及起步条　墙面阳角装饰时，应先用配件外角石与墙体阳角的基面固定，然后安装墙面耐力板起步条。为保持饰面线形的水平度，外角饰面的底部应比起步条的底面低 3mm 左右（图 2-27）。起步条安装于墙面底部，用钉件与基体固定，也就是说大面耐力板的安装要自下而上逐行（排）进行。

② 安装墙面耐力板　墙面耐力板的饰面安装，在水平方向宜自左向右逐块顺序拼装，按以下步骤操作。

a. 安装第一块耐力板时，先将板块的左端切割平齐，到位后顺墙面将下端垂直卡入起步条槽口，再顺起步条向左水平移动至板块左端靠紧已安装好的外角石边缘，然后用钉固定板块，如图 2-28 所示。

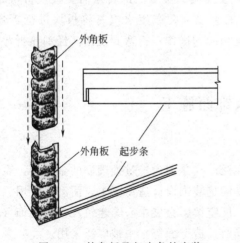

图 2-27　外角板及起步条的安装

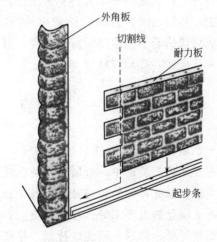

图 2-28　第一块（片）耐力板的安装

b. 安装第二块耐力板时，将板块下端插入起步条，再水平向左移动与第一块已安装的耐力板相衔接（图 2-29）。注意左右两块板的衔接处不可强压紧靠，应留有 12～13mm 宽度的缝隙。

c. 重复与上述相同的步骤，逐块安装，至同行（排）最后两块耐力板时，可根据墙面尺寸事先将两块板连接成一个长片再上墙安装。

d. 安装第二行（排）耐力板时，与第一行的做法相同。但其表面的凹凸图案要与下一行相互错开，使饰面的拼花接缝或砖缝效果交错正确。

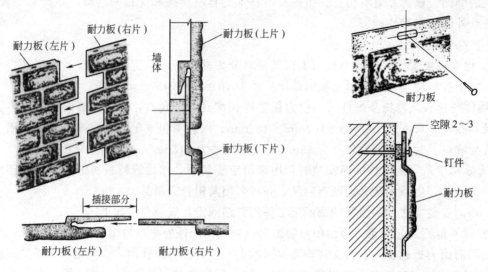

图 2-29　耐力板在水平及垂直方向的衔接　　图 2-30　耐力板的钉结固定（单位：mm）

③ 注意事项　耐力板块上设有长圆形钉孔，施钉时应注意将钉件（铝钉或不锈钢钉、镀锌钢钉）钉在预留孔的中间部位，且不可钉紧，钉头与板面可留有 2～3mm 的空隙，亦不得将钉子钉斜。另外，耐力板表面不宜使用钉子，但是对于耐力板经切割过的边端，在安装于重要部位时需加以钉固，做法是先在板上不明显处钻孔，施钉后再将钉头上涂抹修补胶（图 2-30）。

当耐力板饰面的外角部位不采用外角石配件，或其他部位墙面的转角需要板块折弯时，可使用加热器在耐力板的背面烫出约 20mm 宽度的直线，在产生水汽时将板块进行折弯。一次烫灼弯曲若不能达到所需的角度，可继续重复相同的操作至折弯到锐角。经加热折弯的耐力板，应趁其冷却前就位安装。

第六节　金属板饰面施工

一、金属饰面板概述

在现代建筑装饰中，金属饰面板的使用愈加广泛。这是因为经过处理后的金属板，表面非常美观，具有良好的装饰效果，易于成型，容易满足装饰设计造型要求，耐磨、耐用、耐腐蚀及能满足防火要求等。在宾馆饭店、歌舞厅、展览馆、会展中心等建筑及室内装饰（包括门面、门厅、雨罩、墙面、柱面、顶棚、局部隔断及造型面等）中被广泛采用。

常用的金属装饰板有：彩色涂层钢板、彩色不锈钢板、镜面不锈钢饰面板、铝合金板、塑铝板等。

1. 彩色涂层钢板

彩色涂层钢板，多以热轧钢板和镀锌钢板为原板，表面层压贴聚氯乙烯或聚丙烯酸酯、环氧树脂、醇酸树脂等薄膜，亦可涂覆有机、无机或复合涂料。具有耐腐蚀、耐磨等性能。其中塑料复合钢板可用做墙板、屋面板等。

2. 彩色不锈钢板

彩色不锈钢板，是在不锈钢板材上进行技术和艺术加工，使其成为各种彩色绚丽、光泽明亮的不锈钢板。颜色有蓝、灰、紫、红、茶色、橙、金黄、青、绿等,其色调随光照角度变化而变幻。其主要特点是:能耐200℃的温度;耐盐雾腐蚀性优于一般不锈钢板;耐磨、耐刻划性相当于薄层镀金性能;弯曲90°彩色层不损坏;彩色层经久不褪色。适用于高级建筑中的墙面装饰。

3. 镜面不锈钢饰面板

镜面不锈钢饰面板,是用不锈钢薄板经特殊抛光处理而成。该板光亮如镜,其反射率与镜面相似,并具有耐火、耐潮、耐腐蚀、不破碎等特点。适用于高级公用建筑的墙面、柱面以及门厅的装饰。

4. 铝合金板

装饰工程中常用的铝合金板,按表面处理方法分,有阳极氧化及喷涂处理;按色彩分,有银白色、古铜色、金色等;按几何尺寸分,有条形板和方形板,方形板包括正方形、长方形等。用于高层建筑的外墙板一般单块面积较大,刚度和耐久性要求较高,因而板要适当厚些。

(1) 铝合金花纹板　铝合金花纹板是用防锈铝合金等坯料,由特制的花纹轧辊轧制而成。这种板材不易磨损,耐腐蚀,易冲洗,防滑性好,通过表面处理可以得到不同的色彩。多用于建筑物的墙面装饰。

(2) 铝质浅花纹板　铝质浅花纹板的花饰精巧,色泽美观,除具有普通铝板共同的优点外,其刚度约提高20%,抗划伤、擦伤能力较强,对白光的反射率达75%~90%,热反射率达85%~95%,是中国特有的建筑金属装饰材料。

(3) 铝及铝合金波纹板　铝及铝合金波纹板既有良好的装饰效果,又有很强的反射阳光能力,其耐久性可达20年。适用于建筑物的墙面和屋面装饰。

(4) 铝及铝合金压型板　铝及铝合金压型板具有质量轻、外形美观、耐腐蚀、耐久、容易安装等优点,也可通过表面处理得到各种色彩。主要用于建筑物的外墙和屋面等,也可作成复合外墙板,用于建筑的非承重外挂板。

(5) 铝合金装饰板　铝合金装饰板具有强度高、质量轻、结构简单、拆装方便、耐燃防火、耐腐蚀等优点,可用于内外墙装饰及吊顶等。选用阳极氧化、喷塑、烤漆等方法进行表面处理,有木色、古铜、金黄、红、天蓝、奶白等颜色。

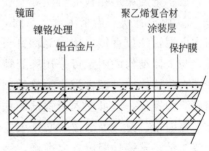

图 2-31　塑铝板基本构造

5. 塑铝板

塑铝板为当代新型高档装修材料之一,系以铝合金片与聚乙烯复合材复合加工而成。塑铝板基本上可分为镜面塑铝板、镜纹塑铝板和塑铝板(非镜面)三种,基本构造见图2-31。

6. 其他金属饰面板

其他金属饰面板如钛金板、8K镜面刻花板等。

二、施工准备与前期工作

1. 材料准备与要求

(1) 材料准备　要准备的材料有金属饰面板、骨架材料(结构构件、型钢或木材)、胶合板、厚木芯板、防水密封膏、万能胶、螺钉、螺栓等。

(2) 材料要求　面板、骨架材料和连接件材料、防水密封膏的规格、型号和颜色应符合设计要求。饰面板表面无划伤。饰面板应分类堆放，防止碰坏变形。检查产品合格证书、性能检测报告和进场验收记录。曲面板的弧度应用圆弧样板检查是否符合要求。

2. 施工工具

施工工具有电动冲击钻、手枪电钻、型材切割机、电焊机、角尺、水平尺、钢皮尺、直尺、划线铁笔、粉线袋、扳手、凿子、刮刀、截剪刀、线坠等。

3. 作业条件

(1) 主体结构预埋件设置的位置符合设计、施工要求。
(2) 主体结构的垂直度和强度符合设计要求。
(3) 水暖、电气管道安装符合设计要求。
(4) 骨架和连接件应进行防腐、防火、防锈处理。

三、金属饰面板的钉接式安装

1. 工艺流程

放线→固定骨架→安装金属饰面板→细部处理。

2. 施工要点

(1) 放线 依照装饰设计图纸和现场实测尺寸，确定金属板支撑骨架的安装位置。根据控制轴线、水平标高线，将支撑骨架安装位置准确地按设计图要求弹至主体结构上，并详细标注固定件位置。龙骨的布置方向与条形扣板的长度方向相垂直，龙骨间距尺寸按设计要求，一般竖向龙骨间距为 900 mm，横向龙骨间距 500mm。如果装修的墙面面积较大或安装金属方板，固定金属板的龙骨（构件）应横竖焊接成网架，放线时应依据网架的尺寸弹放。放线的同时应对主体结构尺寸进行校核，如发现较大误差应进行修理，使基层的平整度、垂直度满足骨架安装的平整度、垂直度要求。

查核和清理结构表面连接骨架的预埋件。

(2) 金属条形扣板的钉接式安装

① 固定骨架 当采用木龙骨时，墙面木龙骨可以是木方（30mm×50mm）或厚夹板条，用木楔螺钉法或直接采用水泥钢钉与墙体固定；当采用金属龙骨时，一般为建筑墙体轻钢龙骨，与主体结构的固定可采用膨胀螺栓或射钉（混凝土墙体）通过金属连接件等构造措施。

在砖墙体中可埋入带有螺栓的预制混凝土块或木砖。在混凝土墙体中可埋入 $\phi 8 \sim 10mm$ 钢筋套扣螺栓，也可埋入带锚筋的铁板。所有预埋件的间距应按墙筋间距埋入。

在墙角、窗口等部位，必须设龙骨，以免端部板悬空。骨架安装质量决定金属饰面板的安装质量，安装骨架位置要准确，结合要牢固。要注意保证垂直度和平整度，同时处理好变截面、沉降、变形缝处细部。

所有骨架表面应作防锈、防腐处理，连接焊缝必须涂防锈漆。

② 安装金属条形扣板 金属条形扣板的钉接安装方式如图 2-32。从墙面的一端开始，第一条板材就位，将条形扣板长度方向的一个延伸边用木螺钉固定于木龙骨上，再将下一条板的扣接延伸边卡入前一条板的延伸边凹口内，将前一条板的钉件掩盖，利用金属薄板的弹性使之自行咬接严密，再用螺钉固定该条板的另一延伸边。如此逐条板顺序到位钉固、卡装、固定，直至完成全部条形扣板饰面的安装。

如采用金属龙骨时，也可采用抽芯铆钉或自攻螺钉固定金属条形扣板；如若采用角钢（∟30mm×3mm）、槽钢（⊏25mm×12mm×14mm）及工字钢等型钢建材作骨架，固定金属饰面板时应采用螺栓连接。

(3) 金属装饰墙板的钉接式安装

① 固定骨架

a. 固定角型支座　可用预埋件与结构基体连接，或是用金属胀铆螺栓将角型支座直接锚固于建筑结构基体；支座与金属骨架的连接可按设计要求的方式进行。该支座一方面与结构基体连接，同时与幕墙骨架连接。如图2-33所示。

b. 安装金属骨架　可采用轻钢龙骨、铝合金龙骨、型钢骨架，采用铝合金及薄壁型钢C形龙骨、方通，或是采用图2-33所示的角型金属横梁，通过金属板上的挂耳固定幕墙板，同时与支座连接。骨架的安装应符合所用板材产品的具体要求，一般均规定四边固定，即要求骨架的横竖杆件均应设在板块与板块的搭接或挂耳对接边缘的中线处。骨架杆件的垂直度与水平度，应采用吊线及经纬仪贯通。

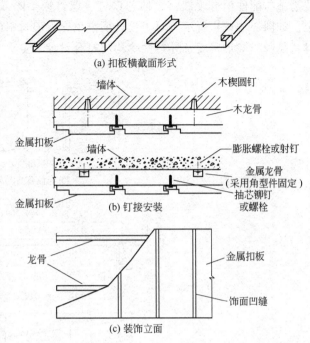

图 2-32　金属条形扣板的安装

墙面骨架立柱（或称立梃、竖龙骨）在高度方向的接长，应按有关规定设置内衬套管及胀缩缝。套管（或称芯柱）与立柱的内壁密接并滑动配合，上下立柱端头之间留出不小于15mm的间隙，芯柱总长度不小于400mm。套臂与立柱的固定，采用不锈钢贯穿螺栓。活动接头的设置部位，可与幕墙立柱同建筑结构连接的角型件相结合，即用贯穿螺栓固定下立柱的同时亦固定好角型连接件。

② 金属板固定　较大面积建筑外墙饰面的轻金属墙板，根据其应用特点和方便固定的要求，一般都将其边部折弯加工出安装边，或另行加设金属成型件作安装连接件，称为挂耳，或称"直角型铝"等，参见图2-34(a)及图2-34(b)；施工时，可采用自攻螺钉或抽芯铆钉等紧固件将板材固定于墙体金属龙骨上。

墙面骨架经检查验收合格，即按设计规定的方式将金属墙板就位。根据幕墙骨架的材质，将金属幕墙板边的挂耳、延伸卷边、蜂窝板包封边或其他安

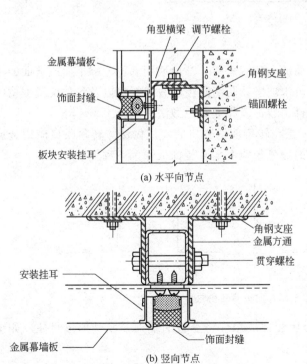

图 2-33　金属幕墙板安装示意图（一）

装措施与配件用自攻螺钉、抽芯铆钉、螺钉加垫圈或螺栓等紧固件与幕墙骨架杆件连接固定。如图 2-34(c) 所示。对于设计要求填充保温材料时，应按设计要求填塞，不留空隙，其材料品种、堆集密度及导热性等均应符合设计规定。

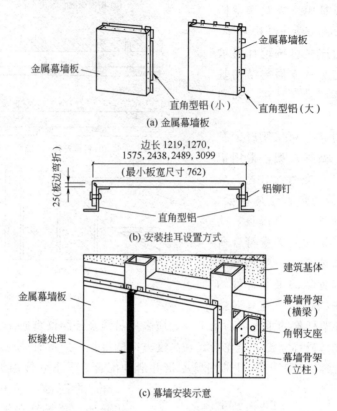

图 2-34　金属幕墙板安装示意图（二）（单位：mm）

（4）细部处理　对于金属板装饰墙面的阳角转角板、凸出墙面部位上部平面或坡面的压顶板等特殊局部处理，包括搭接方向、流水坡度、防漏防渗、收口封边以及各种留缝部位的嵌填、密闭等，均按设计要求的装饰构件、装饰线脚或其他做法进行施工。

① 转角收口处理　如图 2-35 所示，是在转角部位收口的常用做法。转角收口应用金属装饰板相同材料制作，并使收口连接板的颜色与墙面金属装饰板颜色一致。

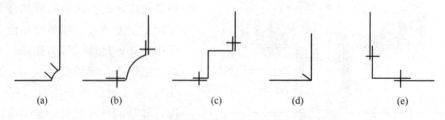

图 2-35　金属饰面板墙转角收口

② 墙面边缘部位收口处理　采用金属装饰成型板将墙板的端部及龙骨部位封住，如图 2-36。铝合金条板墙面转角如图 2-37 所示。

③ 墙面下端收口处理　用一长条特制的披水板，将板的下端封住，同时将板与墙之间的间隙盖住，防止雨水渗入室内，如图 2-38 所示。

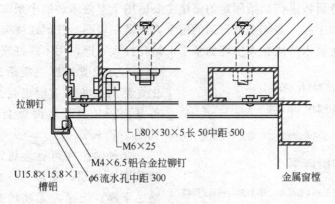

图 2-36 用成型金属板处理端头收口（单位：mm）

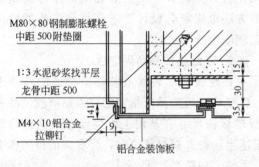

图 2-37 铝合金条板墙面转角处理（单位：mm）

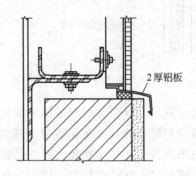

图 2-38 墙下端收口示意图（单位：mm）

④ 窗台、女儿墙上部收口处理 为能阻挡风雨浸透，窗台、女儿墙的上部应做水平盖板压顶处理，如图 2-39 所示。女儿墙上的金属盖板应做防水，即在板的接长部位用胶密封。

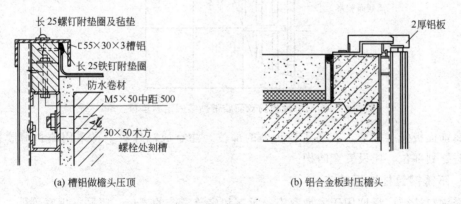

(a) 槽铝做檐头压顶　　　　　　　　(b) 铝合金板封压檐头

图 2-39 窗台、女儿墙上部收口处理示意图（单位：mm）

⑤ 变形缝的收口处理 在外墙伸缩缝、沉降缝处要进行防水处理，处理方法是在较深缝隙的底部填塞聚乙烯发泡圆棒条、较浅缝隙垫设无黏结胶带，然后使用防水耐候密封胶及硅酮结构密封胶等注胶闭缝（参见图 2-33）；也可以用压板、用螺钉顶紧。

四、金属饰面板的黏结式安装

1. 胶黏剂黏结固定法

在基层表面及板块背面满涂建筑胶黏剂或采用打梅花点胶、条形注胶或蛇形注胶等施胶的方法，将饰面金属板进行黏结固定的做法主要适用于室内墙面的小型饰画工程，特别是包覆圆柱的贴面装饰工程。多年来最常用的施工方法是在墙面、柱面或装饰造型体表面设置木龙骨，采用预埋防腐木砖或在无预埋的基层上钻孔打入木楔，用木螺钉或普通圆钢钉将木龙骨（木方龙骨或厚夹板条龙骨）固定在基层上，然后在龙骨上固定胶合板或硬质纤维板等基面板，再于基面板上粘贴金属饰面板，如图2-40所示。

此种做法亦可将金属饰面板直接粘贴于建筑墙面基层，要求基体表面必须坚固、平整、干燥、洁净，无油污和浮尘等，且基层的材质必须与胶黏剂及饰面板产品的使用要求相符合。此外，所用胶黏剂的品种及施胶的方法也应符合设计要求和具体产品的使用范围限定。

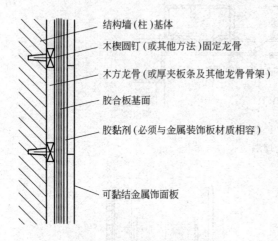

图2-40　金属饰面板的黏结固定

2. 双面胶带黏结固定法

在建筑基层表面或装饰造型体的基面上采用泡沫质地的双面黏结胶带固定金属饰面板，应按饰面板产品所指定的双面黏结胶带品种或与板材相配套的双面黏结胶带。按金属饰面板的板块尺寸在基层上纵横设置双面黏结胶带，当饰面板的规格尺寸较大时，其胶带布置需适当加密。板材就位时，要求饰面板的四个边均应落在双面黏结胶带上，以确保粘贴牢固、平整，如图2-41所示。

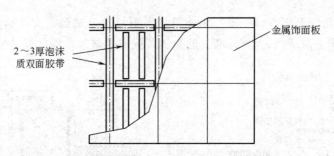

图2-41　金属饰面板的双面胶带黏结固定（单位：mm）

金属饰面板安装完毕，在易于被污染的部位，注意成品保护。可采用塑料薄膜覆盖保护；易碰、划部位，应设安全防护。

五、不锈钢包柱饰面施工

不锈钢包柱被广泛地用于大型商店、餐馆和旅游宾馆的入口、门厅、中庭等处，它对建筑空间环境起着强化、点缀、烘托的作用，作为一种现代的高级装饰，要求不锈钢包圆柱的形状要准确、表面平整、接缝要光洁、平直，不锈钢圆柱要求不锈钢板滚圆。

不锈钢包柱分为圆柱形不锈钢包柱和方形（或长方形）不锈钢包柱，后者的施工工艺比较简单，前者一般为方柱改装成圆柱，基本构造如图2-42所示。下面重点介绍其具体做法。

1. 施工工艺流程

放线→制作、安装骨架→安装衬板→安装不锈钢饰面板→板缝处理→抛光。

2. 施工要点

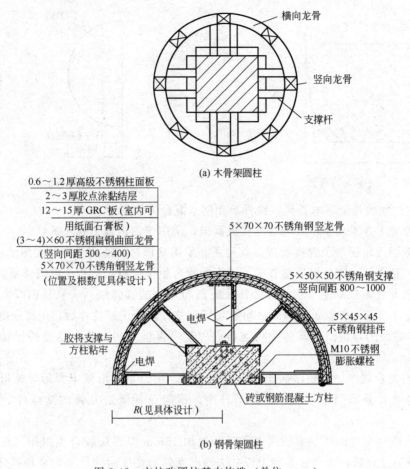

图 2-42　方柱改圆柱基本构造（单位：mm）

(1) 放线　在拟装修的柱上弹放所需要的标高线（地面标高、顶棚标高）和位置线（方柱或圆柱）。放线前应检查结构柱位置、标高是否准确，并根据现场情况，通过剔凿或调整轴线消除结构施工中产生的尺寸误差。方柱装饰成圆柱一般用切圆法放线。

① 确立方柱基准底框　测量方柱的底边尺寸，找出最长的一条边；以该边为边长，用直角尺在方柱底画出一个正方形。该正方形即基准方框，如图 2-43 所示，并标出正方形各边中点。

② 制作圆弧样板　在一张三合板上，以设计的装饰圆柱的半径画一个半圆，再以基准底框边长的 1/2 为长度，画一条平行于半圆直径的平行线，然后沿这条"平行线"和半圆弧裁割，得到的圆弧板，就是装饰圆柱的圆弧样板，如图 2-44 示。标出圆弧样板的弦边中点。

③ 画装饰柱圆周线　以圆弧样板的弦边，分别靠住方柱基准底框的四条边，将样板弦边的中点对准基准方框边的中心，沿样板的圆弧边画线，依次画完基准底框的四边，得到装饰圆柱的圆周外形——底圆。顶面的圆用同样的方法绘制，绘制时应用吊垂线法来确保上下圆弧线在同一个垂直的圆柱面内。

(2) 制作、安装骨架　不锈钢饰面柱的柱体骨架结构的制作工序：竖向龙骨定位固定→横向龙骨与竖向龙骨连接组框→骨架与结构柱连接固定→骨架形体校正。

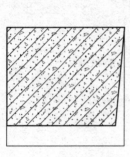
图 2-43 方柱基准底框

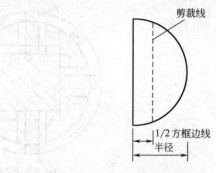
图 2-44 圆弧样板示意图

不锈钢柱面的骨架有木骨架、铁骨架和钢木混合骨架三种。

a. 木骨架用方木和多层胶合板连接成框架，适用于室内体量较小的柱。

b. 铁骨架用角钢加工焊接而成，其衬底亦采用钢板衬，适用于室外大体量柱。

c. 钢木混合骨架用角钢焊接骨架，用原木胶合板作衬板，适用于室内体量较大的柱。

① 竖向龙骨定位固定　在画好装饰柱底圆与顶面的圆弧线后，从顶面线向底面线吊垂线，以垂线为基准，在顶面与地面之间竖起竖向龙骨，校正好位置后，用膨胀螺栓或射钉分别在顶面和底面的建筑结构基体上将连接件固定，再将竖向龙骨与连接件焊接或用螺钉固定，如图 2-45 所示。

② 横向龙骨制作　需制作横向龙骨的装饰柱，主要是圆形或半圆形等弧形柱，方形柱主要根据竖龙骨分档间距下料。在弧形柱中，横向龙骨既是龙骨的支撑件，又起着造型作用。

a. 木质横向龙骨制作　木质横向龙骨一般用 15mm 厚多层胶合板制作。在胶合板上按所需的圆弧半径画弧，在圆弧半径上以减去横向龙骨的宽度后的尺寸为半径画弧，如图 2-46 所示。然后用电动直线锯按线锯割出横向龙骨。为节省材料，可在一张多层胶合板上，排列画出若干横向龙骨后，再锯割。横向龙骨的厚度一般为 45~60mm，可用若干个横向龙骨叠加而成。

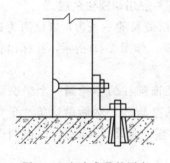
图 2-45 竖向龙骨的固定

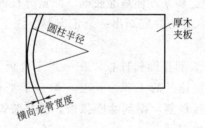
图 2-46 圆弧形横向龙骨的制作

b. 铁制横向龙骨制作　在铁骨架中，横向龙骨可用扁铁制作。将扁铁比照模具弯曲加工、成型即可。

③ 横向龙骨与竖向龙骨连接

a. 木质龙骨架　连接前在装饰柱的柱顶与地面布置拉、吊若干控制装饰柱形体的垂线和水平线，以控制圆柱圆度和垂直度。依据控制线将横向龙骨置于两竖向龙骨间，横向龙骨之间的间隔距离通常为300mm或400mm左右。连接方法有对接钉接法和槽口钉接法。图2-47所示。对接钉接是用铁钉斜向钉入对接好的横向龙骨与竖向龙骨。槽口钉接是在横向、竖向龙骨上分别开出半槽，两龙骨在槽口处对槽加钉。

b. 钢龙骨架　竖向龙骨与横向龙骨的连接为焊接，焊点与焊缝不得在柱体框架的外表面，否则将影响柱体表面安装的平整性。

c. 混合龙骨架　竖向龙骨同钢龙骨架一样，采用角钢焊接组成。柱体边长或直径小于300mm，高度小于3000mm，可选用（∟30mm×30mm×3mm）～（∟50mm×50mm×5mm）的角钢；高于3000mm的柱体采用角钢的规格尺寸应适当加大。横向龙骨若采用角钢，规格尺寸比竖向角钢可小些。焊接好钢骨架后，采用方木作钢木的衔接体，方木的断面一般为30mm×30mm。将四面刨平的方木紧贴角钢的边，用手电钻钻出 $\phi 6.5mm$ 的孔，钻孔时一并将木方连同角钢同时钻通，然后用M6的平头长螺栓把方木固定在角钢上。紧固的同时，应校正方木安装的精确性。

④ 骨架与柱体连接　通常用支撑杆件（方木或角钢制作）将柱体骨架与结构柱体固定和连接，支撑件的一端用膨胀螺栓或射钉与结构固定，另一端与柱体骨架钉接或焊接，支撑件的层间距为800～1000mm，如图2-48所示。

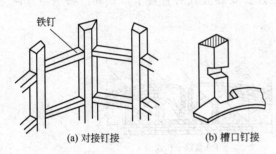

图2-47　对接钉接法和槽口钉接法

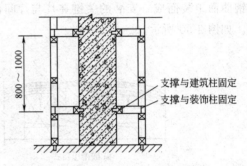

图2-48　支撑杆的连接固定方式（单位：mm）

支撑件的一端骨架结构采用钢骨架时，竖向龙骨可用角钢或槽钢，横向龙骨采用扁钢加工，横向龙骨与竖向龙骨之间焊接，注意其焊点和焊缝均不能在柱体框架的外表面。

⑤ 骨架形体校正　柱体骨架与结构固定之后，为保证安装质量，应对柱体框架的歪斜度、不圆度、不方度和龙骨之间的平整度进行检查，不平的地方要进行修边处理。

a. 歪斜度检查　用吊垂线方法检查修正柱体垂直度，每根柱至少垂吊四个点。柱高3000mm以下，允许偏差在3mm以内；柱高3000mm以上，允许偏差在6mm以内。

b. 不圆度检查　用吊垂线方法检查柱体骨架的不圆度。将圆柱上下边用垂线相连，用尺测量柱体骨架表面与垂线的缝隙宽度来判定柱体骨架是否凸肚或内凹，其允许偏差为±3mm。

c. 不方度检查　用直角铁尺测量检查方柱的四角，允许偏差不大于3mm。

d. 平整修边　对柱体骨架连接部位和龙骨本身的不平处进行修平处理，便于保证铺装衬板的质量。对于曲面柱体中竖向龙骨要修边，使之成为曲面的一部分。

(3) 安装衬板

① 木胶合板衬板安装　常用厚木胶合板做衬板，安装方法有两种：一种是直接钉接在骨架的木方上；另一种是安装在角钢骨架上。

直接将厚木胶合板用螺栓固定在钢骨架上的做法：切割好厚胶合板（一般为12mm

厚），将胶合板紧贴在钢骨架上，用手电钻将对好位置的胶合板与角钢一并钻通，用等于螺栓头直径的钻头在厚胶合板上刻窝，在孔内穿入螺栓固定。固定时，螺栓头必须沉入板面以下 2～3mm。常用螺栓为 M4～M6。

② 钢板衬板的安装　体量较大的不锈钢圆柱的衬板，应用钢板做衬板才有足够的刚度。钢衬板一般用厚为 2mm 的钢板在车间轧制。轧制前应根据圆柱的直径和高度经计算后，将衬板分为若干段和 1/2 或 1/3 或 1/4 的圆弧，再加工，柱状弧形钢板轧制好以后，体积量大的还应安装连接销，然后运到现场组装，并焊接在钢骨架上。

(4) 安装不锈钢饰面板

① 方柱面（墙面）上安装不锈钢板　在胶合板基层面上用万能胶把不锈钢板面粘贴在胶合板基层上，在转角处用不锈钢型材封边，并用硅酮胶封口。如图 2-49 所示。

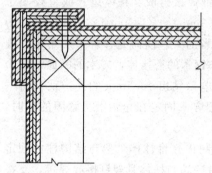

图 2-49　方柱面不锈钢板安装

② 圆柱面上安装不锈钢板　通常是将不锈钢板按设计要求加工成曲面。一个圆柱面一般由两片或三片不锈钢曲面组装而成。安装的关键在片与片间衔接处。安装方式有直接卡口式和嵌槽压口式两种。如图 2-50 所示。

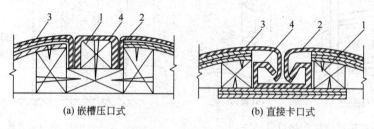

(a) 嵌槽压口式　　　　(b) 直接卡口式

图 2-50　圆柱面不锈钢板安装

1—垫木；2—不锈钢板；3—木夹板；4—不锈钢槽条

(5) 板缝处理

① 不锈钢嵌槽压口　将不锈钢板在对口处的凹部用螺钉或铁钉固定，再用一条宽度小于凹槽的木衬条固定在凹槽中间，两边空出的间隙相等，宽度约 1mm 左右。在木衬条上涂胶黏剂，不锈钢槽条内面也涂薄薄一层胶液，待胶面不粘手时，将不锈钢槽条嵌入木条，如图 2-50(a) 所示。木衬条尺寸的准确和安装位置的精确，将直接影响镜面不锈钢柱面的质量。木衬条安装前，应先与不锈钢槽条试配，应配合松紧适度，形状准确。木衬条的高度一般不大于不锈钢槽内深度加 0.5mm。

② 不锈钢直接卡口　在两片不锈钢板对口处的凹部，安装一个不锈钢卡口槽，卡口槽固定在龙骨架上，然后在木夹板基层上涂刷万能胶，将不锈钢板一端的弯钩钩入卡口槽内，再用力按板的另一端，利用金属板本身的弹性，将其卡入卡口槽内，如图 2-50(b) 所示。最后用手轻轻将不锈钢板压向柱基层，使紧贴在基层上。安装时切忌用铁锤敲打不锈钢饰面，以免造成凹痕，影响装饰效果。

(6) 柱面抛光　不锈钢饰面板安装完毕后，将保护层掀掉，并用绒轮抛光机对饰面进行抛光，直至光彩照人为止。

六、金属饰面板安装质量要求

1. 一般质量要求

（1）木质装饰墙面、柱面所用材料品种及构造做法应符合设计要求。

（2）接触砖、石砌体或混凝土的木龙骨架、木楔或预埋木砖及木装饰线（板），应做防腐处理。

（3）钉胶合板、木装饰线的钉头应没入其表面。对于与板面齐平的钉子、木螺钉应镀锌，金属连接件、锚固件应做防锈处理。

（4）如采用油毡、油纸等材料做木墙身、木墙裙的防潮层时，应铺设平整，接触严密，不得有皱褶、裂缝和透孔等。

（5）门、窗框或筒子板应与罩面的装饰面板齐平，并用贴脸板或封边线覆盖接缝。

（6）隐蔽在墙内的各种设备底座，设备管线应提前安装到位，并装嵌牢固，其表面应与罩面的装饰板底面齐平。

（7）木质装饰墙、柱面的下端若采用木踢脚板，其罩面装饰板应离地面20～30mm；如果采用大理石、花岗石等石材踢脚板时，其罩面装饰板下端应与踢脚板上口齐平，接缝严密。在粘贴石材踢脚板时，不得污染罩面装饰板。

2. 质量验收标准

（1）主控项目

① 金属饰面板的品种、规格、颜色和性能应符合设计要求，木龙骨的燃烧性能等级应符合设计要求。

② 金属饰面板孔、槽的数量、位置和尺寸应符合设计要求。

③ 金属饰面板安装工程的预埋件（或后置埋件）、连接件的数量、规格、位置、连接方法和防腐处理必须符合设计要求。后置埋件的现场拉拔强度必须符合设计要求，饰面板安装必须牢固。

（2）一般项目

① 金属饰面板表面应平整、洁净、色泽一致，无裂痕和缺损。

② 金属饰面板嵌缝应密实平直，宽度和深度应符合设计要求，嵌填材料色泽应一致。

③ 金属饰面板上的孔洞应套割吻合，边缘应整齐。

④ 金属饰面板安装的允许偏差和检验方法见表2-9。

⑤ 不锈钢包柱施工允许偏差及检验方法见表2-10。

表2-9　金属饰面板安装的允许偏差和检验方法

项次	项目	允许偏差/mm	检验方法
1	立面垂直度	2	用2m垂直检测尺检查
2	表面平整度	3	用2m靠尺和塞尺检查
3	阴、阳角方正	3	用直角检测尺检查
4	接缝直线度	1	拉5m线，不足5m拉通线，用钢直尺检查
5	墙裙、勒脚上口直线度	2	拉5m线，不足5m拉通线，用钢直尺检查
6	接缝高低差	1	用钢直尺和塞尺检查
7	接缝宽度	1	用钢直尺检查

表 2-10 不锈钢包柱施工工程允许偏差及检验方法

序号	项目	允许偏差	检验方法或要求
1	表面光洁平整	—	不得有明显划痕和凹凸不平现象
2	接缝垂直	—	目测
3	不圆度	±3mm	吊垂线检查
4	歪斜度	3mm	一圆周设四点,吊垂线检查

七、金属饰面板安装质量的通病与防治

1. 纸面石膏板墙体板面开裂、鼓胀

(1) 产生原因 安装时,纵、横碰头缝未拉开。

(2) 防治措施 安装时,纵、横碰头缝应拉开 5~8mm,嵌腻子填平。

2. 抽芯铝铆钉间距过大

(1) 产生原因 抽芯铝铆钉未按规范控制。

(2) 防治措施 抽芯铝铆钉中间应垫橡胶垫圈,间距控制在 100~150mm 范围内。

3. 板材透缝,压槎渗漏

(1) 产生原因 拼缝未按规范要求施工;压槎不符合风向要求。

(2) 防治措施 板缝必须采取搭接;其搭接宽度应符合设计要求,严禁对缝相接;压槎必须按主导风向安装,严禁逆向安装。

4. 不锈钢包柱饰面常见问题及防治

不锈钢包柱饰面常见工程质量问题及其防治方法见表 2-11。

表 2-11 常见工程质量问题及其防治方法

常见工程质量问题	防治方法
柱体凹肚或凸肚	检查并调整骨架的不圆度
板面有缺陷	确保基体表面平整;避免用锤大力敲击
钢板局部脱落	确保曲面板的弧度符合要求;黏结时保证施工质量

第七节 裱糊饰面工程施工

将壁纸、墙布等粘贴于墙面、柱面及顶棚的工程称为裱糊工程,具有色彩丰富、质感明显、施工方便等特点。裱糊工程分壁纸裱糊和墙布裱糊。

壁纸的种类繁多,有普通壁纸、塑料(PVC)壁纸、复合纸质壁纸、纺织纤维壁纸、金属壁纸、木片壁纸等;墙布有玻璃纤维墙布、无纺墙布、棉质装饰墙布、化纤装饰墙布、织锦墙布、装饰墙毡等。

一、施工准备与前期工作

1. 材料准备与要求

(1) 材料准备 壁纸、墙布、胶黏剂、底层涂料。

(2) 材料要求 裱糊面材的品种、规格、图案符合建筑装饰设计要求。

胶黏剂、嵌缝腻子应根据设计和基层的设计需要备齐,并满足建筑物的防火要求。

胶黏剂有成品配套胶黏剂和自配胶黏剂。壁纸自配胶黏剂配比为 $m(108胶):m[$羧甲基纤维素溶液$(1\%~2\%)]:m(水)=100:(20~30):(60~80)$;或 $m(108胶):m($聚醋酸乙

烯乳液)：m(水)$=100:20:50$；或 m(聚醋酸乙烯乳液)：m[羧甲基纤维素溶液($1\%\sim2\%$)]：m(水)$=100:(20\sim30)$：适量。墙布自配胶黏剂配比为 m[聚醋酸乙烯乳液(含量50%)]：m[羧甲基纤维素(2.5%水溶液)]$=60:40$。

2. 施工工具

需用施工工具有：工作台（用于裁纸刷胶）、活动美工刀、刮板、羊毛滚、2m直尺、钢卷尺、水平尺、剪刀、开刀、鬃刷、排笔、毛巾、塑料或搪瓷桶、小台秤、线袋（弹线用）、梯子、高凳等。

3. 作业条件

（1）混凝土和墙面抹灰已完成，经过干燥，含水率不大于8%；木材基层的含水率不得大于12%。新建混凝土或抹灰墙面在刮腻子前应涂刷抗碱封闭底漆；旧墙面在裱糊前应清除疏松的旧装修层，并涂刷抗碱封闭底漆。

（2）水电及设备、顶墙上预留预埋件已完。门窗油漆已完成。

（3）房间地面工程、木护墙和细木装修底板已完，经检验符合设计要求。

（4）大面积施工前，应事先做样板间，经业主或监理部门检查鉴定合格后，方可组织班组进行大面积施工。

二、施工操作程序与操作要点

1. 工艺流程

基层处理→吊直、套方、找规矩、弹线→计算用料、裁纸→刷胶→裱贴→修整。

2. 施工要点

（1）基层处理　根据基层的不同材质，采用不同的处理方法。

① 混凝土及抹灰基层　基层是混凝土面、抹灰面（如水泥砂浆、水泥混合砂浆、石灰砂浆等），要满刮腻子一遍打磨砂纸。如混凝土面、抹灰面有气孔、麻点、凸凹不平时，为保证质量，应增加满刮腻子和磨砂纸遍数。

刮腻子时，先将混凝土或抹灰面清扫干净，使用胶皮刮板满刮一遍。刮时要有规律，要一板排一板，两板中间顺一板。既要刮严，又不得有明显接槎和凸痕。做到凸处薄刮，凹处厚刮，大面积找平。腻子干固后，打磨砂纸并扫净。需增加满刮腻子遍数的基层表面，应先将表面裂缝及凹面部分刮平，然后打磨砂纸、扫净，再满刮一遍后打磨砂纸，处理好的底层应平整光滑，阴、阳角线通畅、顺直，无裂痕、崩角，无砂眼麻点。

② 木质基层处理　木基层要求接缝不显接槎，接缝、钉眼应用腻子补平，并满刮油性腻子一遍（第一遍），用砂纸磨平。木夹板的不平整主要是钉接造成，在钉接处木夹板往往下凹，非钉接处向外凸。因此，第一遍满刮腻子主要是找平大面，第二遍可用石膏腻子找平，腻子的厚度应减薄，可在该腻子五六成干时，用塑料刮板有规律地压光，最后用干净的抹布轻轻将表面灰粒擦净。

对要贴金属壁纸的木基面处理，第二遍腻子应采用石膏粉调配猪血料的腻子，其配比为$10:3$（质量比）。金属壁纸对基面的平整度要求很高，稍有不平处或粉尘，都会在金属壁纸裱贴后凸显。因此，金属壁纸的木基面处理，应与木家具打底方法基本相同，批抹腻子的遍数要求在3遍以上。批抹最后一遍腻子并打平后，用软布擦净。

③ 石膏板基层处理　纸面石膏板批抹腻子，主要是在对缝处和螺钉孔位处。对缝批抹腻子后，需用棉纸带贴缝，防止对缝处的开裂。在无纸面石膏板上，应用腻子满刮一遍，找平大面，然后用第二遍腻子进行修整。

④ 不同基层对接处的处理　不同基层材料的相接处，如石膏板与木夹板、水泥或抹灰基面与木夹板、水泥基面与石膏板之间的对缝，应用棉纸带或穿孔纸带粘贴封口，防止裱糊后的壁纸面层被拉裂撕开。

⑤ 涂刷防潮底漆和底胶　为防止壁纸受潮脱胶，一般对要裱糊塑料壁纸、壁布、纸基塑料壁纸、金属壁纸的墙面涂刷防潮底漆。防潮底漆用酚醛清漆与汽油或松节油来调配，配比为 $m(清漆):m[汽油(或松节油)]=1:3$。底漆可涂刷，也可喷刷，漆液不宜厚，要均匀一致。

涂刷底胶是为了增加黏结力，防止处理好的基层受潮弄污。吸水性特别大的基层，如纸面石膏板等，需涂刷两遍。配合比为 $m(108胶):m(水):m(甲基纤维素)=1:1:0.2$。底胶可涂刷，也可喷刷。

在涂刷防潮底漆和底胶时，室内应无灰尘，防止灰尘和杂物混入底漆或底胶中。底胶一般是一遍成活，不能漏刷、漏喷。

若面层贴波音软片，基层处理最后要做到硬、平、光。要在做完通常基层处理后，还需增加打磨与两遍清漆或虫胶漆。

⑥ 基层处理中的底灰腻子有乳胶腻子与油性腻子之分。腻子配合比如下。

a. 乳胶腻子　$m[白乳胶(聚醋酸乙烯乳液)]:m(滑石粉):m[甲醛纤维素(2\%溶液)]=1:10:2.5$，或 $m(白乳胶):m(石膏粉):m[甲醛纤维素(2\%溶液)]=1:6:0.6$。

b. 油性腻子　$m(石膏粉):m(熟桐油):m(清漆)=10:1:2$，或 $m[老粉(富粉)]:m(熟桐油):m(松节油)=10:2:1$。

(2) 吊直、套方、找规矩、弹线　在底胶干燥后弹划出水平、垂直线，做好操作时的依据，以保证壁纸裱糊后横平竖直，图案端正。

① 顶棚　应先将顶子的对称中心线通过吊直、套方、找规矩的办法弹出中心线，以便从中间向两边对称控制。墙顶交接处的处理原则是：凡有挂镜线的按挂镜线弹线，没有挂镜线则按设计要求弹线。

② 墙面　应先将房间四角的阴、阳角通过吊垂直、套方、找规矩，并确定从哪个阴角开始按照壁纸的尺寸进行分块弹线控制（习惯做法是进门左阴角处开始铺贴第一张），有挂镜线，按挂镜线弹线，没有挂镜线的，按设计要求弹线控制。

③ 具体操作方法

a. 按壁纸的标准宽度找规矩，每个墙面的第一条纸都要弹线找垂直，作为裱糊时的准线。非整条的裁切纸的安排在墙的阴角等视觉不起眼、次要部位处。

b. 在第一条壁纸位置的墙顶处敲进一枚墙钉，将有粉锤线系上，铅锤下吊到踢脚上缘处，锤线静止不动后，一只手握紧锤头，按垂线的位置用铅笔在墙面划一条短线，再松开铅锤头查看锤线是否与铅笔短线重合。如果重合，就用一只手将锤线按在铅笔短线上，另一只手把锤线往外拉，放手后使其弹回，便可得到墙面的基准垂线。弹出的基准垂线越细越好。

每个墙面的第一条垂线，应该定在距墙角距离小于壁纸幅宽 50~80mm 处。墙面上有门窗口的应增加门窗两边的垂直线，如图 2-51 所示。

对于无门窗口的墙面，可挑一个近窗台的角落，在距墙角距离比壁纸幅宽短 50mm 处弹垂线。如果壁纸的花纹

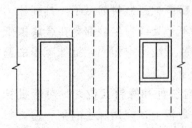

图 2-51　门窗洞口的划线

在裱糊时要考虑拼贴对花，使其对称，则宜在窗口弹出中心控制线，再往两边分线；如果窗口不在墙面中间，为保证窗间墙的阳角花饰对称，则宜在窗间墙弹中心线，由中心线向两侧再分格弹垂线。

(3) 裁纸　按基层实际尺寸进行测量计算所需用量，并在每边增加 20～30mm 作为裁纸量。一般地，量出墙顶（或挂镜线）到墙脚（踢脚线上口）的高度，考虑修剪的量，剪出第一段壁纸。

裁剪在工作台上进行。对有图案的材料，特别是主题图形较大的，应将图形自墙的上部开始对花，无论是顶棚还是墙面均应从粘贴的第一张开始对花。边裁边编顺序号，以便按顺序粘贴。

裁纸下刀前应复核尺寸有无出入，确认以后，尺子压紧壁纸后不得再移动，刀刃紧贴尺边，一气呵成，中途不得停顿或变换持刀角度。裁好的壁纸要卷起平放，不得立放。

(4) 刷胶　由于现在的壁纸一般质量较好，所以不必进行润水。对于待裱贴的壁纸，若不了解其遇水膨胀的情况，可取其一小条试贴，隔日观察接缝效果及纵、横向收缩情况，然后大面积粘贴。

施工前将 2～3 块壁纸进行刷胶，达到湿润、软化的作用，塑料纸基背面和墙面都应涂刷胶黏剂，刷胶应厚薄均匀，从刷胶到最后上墙的时间一般控制在 5～7min。

刷胶时，基层表面刷胶的宽度要比壁纸宽约 30mm。刷胶要全面、均匀、不裹边、不起堆，以防溢出，弄脏壁纸。但也不能刷得过少，甚至刷不到位，以免壁纸粘贴不牢。一般抹灰墙面用胶量为 $0.15kg/m^2$ 左右，纸面为 $0.12kg/m^2$ 左右。壁纸背面刷胶后，应是胶面与胶面反复对叠，如图 2-52 所示，以避免胶干得太快，也便于上墙，并使裱糊的墙面整洁平整。

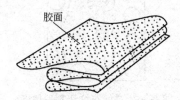　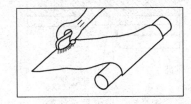

图 2-52　壁纸胶面反复对叠　　　　图 2-53　金属壁纸刷胶

金属壁纸的胶液应是专用的壁纸粉胶。刷胶时，准备一卷未开封的发泡壁纸或长度大于壁纸宽的圆筒，一边在裁剪好的金属壁纸背面刷胶，一边将刷过胶的部分向上卷在发泡壁纸卷上，如图 2-53 所示。

(5) 裱贴

① 吊顶裱贴　在吊顶面上裱贴壁纸，第一段通常要贴近主窗，与墙壁平行。长度过短时（小于 2m），则可跟窗户成直角贴。

在裱贴第一段前，须先弹出一条直线。方法是：在距吊顶面两端的主窗墙角 10mm 处用铅笔做两个记号，在其中的一个记号处敲一枚钉子，按照前述方法在吊顶上弹出一道与主窗墙面平行的粉线。

按前述方法裁纸、浸水、刷胶后，将整条壁纸反复折叠。然后用一卷未开封的壁纸卷或长刷撑起折叠好的一段壁纸，将壁纸端头边缘靠齐弹线，用排笔敷平一段，再依次展开，沿着弹线敷平，直到整截贴好为止。剪齐两端多余的部分，如有必要，应沿着墙顶线和墙角修剪整齐。

② 墙面裱贴　裱贴壁纸时，应先要垂直，后对花纹拼缝，再用刮板用力抹压平整。原则：先垂直面后水平面，先细部后大面。贴垂直面时，先上后下；贴水平面时，先高后低。

先将上过胶的壁纸下半截向上折一半，握住顶端的两角，在四脚梯或凳上站稳后，展开上半截，凑近墙壁，使边缘靠着垂线成一直线，轻轻压平，由中间向外用刷子将上半截敷平，在壁纸顶端作出记号，然后用剪刀修齐或用壁纸刀将多余之壁纸割去。剪刀和长刷可放在围裙袋中或手边。再按上法同样处理下半截，修齐踢脚板与墙壁间的角落。用海绵擦掉沾在踢脚板上的胶糊。壁纸基本贴平后，3～5h内用小滚轮（中间微起拱）均匀用力滚压接缝处。

③ 拼缝　一般500mm左右幅宽的壁纸，其图案一直到纸边缘，未再留纸边，因此裱贴时采用拼缝贴法。拼贴时先对图案，后拼缝。从上至下图案吻合后，再用刮板斜向刮胶，将拼缝处撑密实，揩干净赶出缝的胶液，用湿毛巾擦干净。一般无花纹的壁纸可采取重叠20mm，用钢直尺压在重叠处中间，用壁纸刀自上而下沿钢尺将重叠壁纸切开，将切下的余纸清除，然后将两张壁纸沿刀口拼缝贴牢，如图2-54所示。

拼缝时，用刀要匀，既要一刀切割两层纸，不要留下毛槎、丝头，又不要用力过猛切破基层，使裱糊后出现刀痕。

对于有花纹的壁纸，应将两幅壁纸花纹重叠，对好花，用钢尺在重叠处拍实，从壁纸搭边中间用壁纸刀沿钢尺自上而下切割。除去切下的余纸后，用刮板刮平，如图2-55所示。

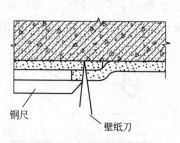

图2-54　壁纸重叠切割

图2-55　对好花纹切割后拼缝

发泡壁纸、复合壁纸禁止使用刮板赶压，只可用毛巾或板刷赶压，以免赶平花型或出现死褶。

④ 阴、阳角处理　阴、阳角不可拼缝，应搭接。阴角壁纸搭缝应先裱压在里面转角的壁纸，再贴非转角的壁纸。搭接面应根据阴角垂直度而定，一般搭接宽度不小于2～3mm。并且要保持垂直无毛边。如图2-56所示。壁纸裹过阳角的宽度不小于20mm。

⑤ 裱糊前应尽可能卸下墙上物件，在卸下墙上电灯等开关时，先要切断电源，用火柴棒或细木棒插入螺钉孔内，以便在裱糊时识别，以及在裱糊后切割留位。不易拆下来的配件，采取从中心切"×"字口，然后用手按出开关体的轮廓位置，慢慢拉起多余壁纸，沿边割去，贴牢，如图2-57所示。

⑥ 除了常规的直式裱贴外，还有斜式裱贴。若设计要求斜式裱贴，则在裱贴前的找规矩中应增加找斜贴基准线这一工序。要点是：先在一面墙两上墙角间的中心墙顶处标明一点，由这点往下在墙面上弹上一条垂直的粉笔灰线。从这条线的底部，沿着墙底，测出与墙高相等的距离。由这一点再和墙顶中心点连接，弹出另一条粉笔灰线。这条线即斜贴基准线。斜式裱贴壁纸比较浪费材料。在估计数量时，应预先考虑到这一点。

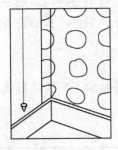  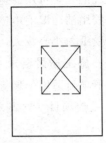

图 2-56　阴角搭接　　　　　　　　图 2-57　开关插座等处的裱贴

⑦ 当墙面的墙纸完成 40m² 左右或自裱贴施工开始 40～60min 时，需安排一人用辊子，从第一张墙纸开始滚压，直至将已完成的墙纸面滚压一遍。使墙纸与基面更好贴合，对缝处的缝口更加密合。

⑧ 部分特殊裱贴面材，因其材料特征，在裱贴时，有部分特殊的工艺要求。

a. 金属壁纸的裱贴　金属壁纸的收缩量很小，裱贴时，可采用对缝裱，也可用搭缝裱。

金属壁纸对缝时，都有对花纹拼缝的要求。裱贴时，先从顶面开始对花纹拼缝，操作需两个人同时配合，一个负责对花纹拼缝，另一个人负责手托金属壁纸卷，逐渐放展。一边对缝一边用橡胶刮子刮平金属壁纸，刮时由纸的中部往两边压刮，使胶液向两边滑动而粘贴均匀，刮平时用力要均匀适中，刮子面要放平，不可用刮子的尖端来刮金属壁纸，以防刮伤纸面。若两幅间有小缝，则应用刮子在刚粘的这幅壁纸面上，向先粘好的壁纸这边刮，直到无缝为止。裱贴操作的其他要求与普通壁纸相同。

b. 锦缎的裱贴　因锦缎柔软光滑，极易变形，难以直接裱糊在木质基层面上。裱糊时，应先在锦缎背后上浆，并裱糊一层宣纸，使锦缎挺括，便于裁剪和裱贴上墙。

浆液由面粉、防虫涂料和水配制，配比（质量比）为 5∶40∶20，调配成稀而薄的浆液。上浆时，把锦缎正面平铺在大而平的桌面上或平滑的大木夹板上，并在两边压紧锦缎，用排刷沾上浆液从中间开始向两边刷，使浆液均匀地涂刷在锦缎背面，浆液不要过多，以打湿背面为准。

在另一张大平面桌子（桌面一定要光滑）上平铺一张幅宽大于锦缎幅宽的宣纸，并用水将宣纸打湿，使纸平贴在桌面上。用水量要适当，以刚好打湿为好。

将上好浆液的锦缎从桌面上抬起来，将有浆液的一面向下，把锦缎粘贴在打湿的宣纸上，并用塑料刮片从锦缎的中间开始向四边刮压，以便使锦缎与宣纸粘贴均匀。待打湿的宣纸干后，便可从桌面取下，锦缎即与宣纸贴合在一起。

锦缎裱贴前要根据其幅宽和花纹认真裁剪，并将每个裁剪好的开片编号，裱贴时对号进行。裱贴的方法同金属壁纸。

c. 波音软片的裱贴　波音软片是一种自粘性饰面材料，基面做到硬、平、光后，不必刷胶。裱贴时，只要将波音软片的自粘底纸层撕开一条口。在墙壁面的裱贴中，首先对好垂直线，然后将撕开一条口的波音软片粘贴在饰面的上沿口。自上而下，一边撕开底纸层，一面用木块或有机玻璃刮片将波音软片压贴在基面上。如表面不平，可用吹风加热，以干净布在加热的表面处摩擦，即可恢复平整。也可用电熨斗加热，但要调到中低挡温度。

(6) 修整　壁纸裱糊后，应进行全面检查修补。表面的胶水、斑污应及时擦净，各处翘角、翘边应进行补胶，并用辊子压实；发现空鼓，可用壁纸刀切开，补涂胶液重新压复贴牢;有气泡处,可用注射针头排气,然后注入胶液,重新粘牢修整的壁面均需随手将溢出表面的余胶用洁净湿毛巾擦干净;如表面有皱褶时,可趁胶液未干时轻刮。最后将各处的多余部分用壁纸刀小心裁去。

三、施工质量要求

以下项目适用于聚氯乙烯塑料壁纸、复合纸质壁纸、墙布等裱糊工程的质量验收。

1. 主控项目(见表2-12)

表2-12 裱糊工程主控项目

项次	项 目	检 验 方 法
1	壁纸、墙布的种类、规格、图案、颜色和燃烧性能等级必须符合设计要求及国家现行标准的有关规定	观察;检查产品合格证书、进场验收记录和性能检测报告
2	裱糊工程基层处理质量应符合本节"验收要求"第(4)条的要求	观察;手摸检查;检查施工记录
3	裱糊后各幅拼接应横平竖直,拼接处花纹、图案应吻合,不离缝,不搭接,不显拼缝	观察;拼缝检查距离墙面1.5m处正视
4	壁纸、墙布应粘贴牢固,不得有漏贴、补贴、脱层、空鼓和翘边	观察;手摸检查

2. 一般项目(见表2-13)

表2-13 裱糊工程一般项目

项次	项 目	检 验 方 法
1	裱糊后的壁纸、墙布表面应平整,色泽应一致,不得有波纹起伏、气泡、裂缝、皱褶及斑污,斜视时应无胶痕	观察;手摸检查
2	复合压花壁纸的压痕及发泡壁纸的发泡层应无损坏	观察
3	壁纸、墙布与各种装饰线、设备线盒应交接严密	观察
4	壁纸、墙布边缘应平直整齐,不得有纸毛、飞刺	观察
5	壁纸、墙布阴角处搭接应顺光,阳角处应无接缝	观察

3. 裱糊工程的验收要求

(1) 裱糊工程验收时应检查下列文件和记录:
① 裱糊工程的施工图、设计说明及其他设计文件;
② 饰面材料的样板及确认文件;
③ 材料的产品合格证书、性能检测报告、进场验收记录和复验报告;
④ 施工记录。

(2) 各分项工程的检验批应按下列规定划分:同一品种的裱糊工程每50间(大面积房间和走廊按施工面积30m^2为一间)应划分为一个检验批,不足50间也应划分为一个检验批。

(3) 检查数量应符合规定:裱糊工程每个检验批应至少抽查10%,并不得少于3间,不足3间时应全数检查。

(4) 裱糊前,基层处理质量应达到下列要求:
① 新建筑物的混凝土或抹灰基层墙面在刮腻子前应涂刷抗碱封闭底漆;
② 旧墙面在裱糊前应清除疏松的旧装修层,并涂刷界面剂;
③ 混凝土或抹灰基层含水率不得大于8%,木材基层的含水率不得大于12%;
④ 基层腻子应平整、坚实、牢固、无粉化、起皮和裂缝,腻子的黏结强度应符合《建

筑室内用腻子》(JG/T 3049) N 型的规定；

⑤ 基层表面平整度、立面垂直度及阴阳角方正应达到《建筑装饰装修工程质量验收规范》(GB 50210) 第 4 条、第 2 条、第 11 条高级抹灰的要求；

⑥ 基层表面颜色应一致；

⑦ 裱糊前应用封闭底胶涂刷基层。

四、裱糊工程质量的通病与防治

1. 腻子翻皮

（1）产生原因　腻子胶性小或稠度大；基层的表面有灰尘、隔离剂、油污等；基层表面太光滑，表面温度较高的情况下刮腻子；基层干爆，腻子刮得太厚。

（2）防治措施　调制腻子时可以加入适量的胶液，稠度合适，以使用方便为准；基层表面的灰尘、隔离剂、油污等必须清除干净；在光滑的基层表面或清除油污后，要涂刷一层胶黏剂（如乳胶等），再刮腻子；每遍刮腻子不宜过厚，不可在有冰霜、潮湿和高温的基层表面上刮腻子；翻皮的腻子应铲除干净，找出产生翻皮的原因，经采取措施后再重新刮腻子。

2. 腻子裂纹

（1）产生原因　腻子胶性小，稠度较大，失水快，腻子面层出现裂纹；凹陷坑洼处的灰尘、杂物未清理干净，干缩的脱落；凹陷洞孔较大时，刮抹的腻子有半眼、蒙头等缺陷，造成腻子不生根或一次刮抹腻子太厚，形成干缩裂纹。

（2）防治措施　在调制腻子时，稠度要适中，胶液应略多些；基层表面特别是孔洞凹陷处，应将灰尘、浮土等清除干净，并涂刷一遍黏结液，增加腻子附着力。当洞孔较大时，腻子胶性要略大些，并分层进行，反复刮抹平整、坚实、牢固；对裂纹较大且已脱离基层的腻子，要铲除干净，待基层处理后，再重新刮一遍腻子。洞口处的半眼、蒙头腻子必须挖出，处理后再分层刮腻子直至平整。

3. 表面粗糙、有疙瘩

（1）产生原因　基层表面的污物未清除干净；凸起部分未处理平整；砂纸打磨不够或漏磨；使用的工具未清理干净，有杂物混入材料中；操作现场周围有灰尘飞扬或污物落在刚粉刷的表面上。

（2）防治措施　基层表面污物应清除干净，特别是混凝土流坠的灰浆或接槎棱印，需用铁铲或电动砂轮磨光。腻子疤等凸起部分要用砂纸震荡机打磨平整；使用材料要保持洁净，所用工具和操作现场也应清洁，防止污物混入腻子或浆液中；对表面粗糙的粉饰，可以用细砂浆轻轻打磨光滑，或用铲刀将小疙瘩铲除平整，并上底油。

4. 透底、咬色

（1）产生原因　基层表面太光滑或有油污等，浆膜难以覆盖严实而露出底色或个别处颜色改变；基层表面或上道粉饰颜色较深，表面刷浅色浆时覆盖不住，使底色显露；底层预埋铁件等物未处理或未刷防锈漆及白厚漆覆盖。

（2）防治措施　基层表面油污要清除干净；表面太光滑时可以先喷一遍清胶液；表面颜色太深，可先涂刷一遍浆液；如原粉饰颜色较深，应用细砂纸打磨或刷水起底色，再做刮腻子刷底油；底层如有裸露的铁件，凡能挖除的一定要挖除，如不能挖掉，必须刷防锈漆和白厚漆覆盖；对有透底或咬色弊病的粉刷工程，要进行局部修补，再喷 1~2 遍面浆覆盖即可。

5. 裱贴不垂直

（1）产生原因　裱糊壁纸前未吊垂线，第一张贴得不垂直，依次继续裱糊多张壁纸后，偏离更厉害,有花饰的壁纸问题更严重;壁纸本身的花饰与纸边不平行,未经处理就进行裱贴;基层表面阴阳角抹灰垂直偏差较大,影响壁纸裱贴的接缝和花饰的垂直;搭缝裱贴的花饰壁纸,对花不准确,重叠对裁后,花饰与纸边不平行。

(2) 防治措施　壁纸裱贴前,应先在贴纸的墙面上吊一条垂直线,并弹上粉线,裱贴的第一张壁纸纸边必须紧靠此线边缘,检查垂直无偏差后方可裱贴第二张壁纸;采用接缝法裱贴花饰壁纸时,应先检查壁纸的花饰与纸边是否平行,如不平行,应将斜移的多余纸边裁割平整,然后才裱贴;采用搭接法裱糊第二张壁纸时,对一般无花饰的壁纸,拼缝处只须重叠2～3cm;对有花饰的壁纸,可将两张壁纸的纸边相对花饰重叠,对花准确后,在拼缝处用钢直尺将重叠处压实,由上而下一刀裁割到底,将切断的余纸撕掉,然后将拼缝敷平压实;裱贴壁纸的基层裱贴前应先作检查,阴阳角必须垂直、平整、无凹凸。对不符合要求之处,必须修整后才能施工;裱糊壁纸的每一墙面都必须弹出垂直线,越细越好,防止贴斜。最好裱贴2～3张壁纸后,就用线锤在接缝处检查垂直度,及时纠正偏差;对于裱贴不垂直的壁纸应撕掉,把基层处理平整后,再重新裱贴壁纸。

6. 离缝或亏纸

(1) 产生原因　裁割壁纸未按照量好的尺寸,裁割尺寸偏小,裱贴后不是上亏纸,便是下亏纸;搭缝裱糊壁纸裁割时,接缝处不是一刀裁割到底,而是变换多次刀刃的方向或钢直尺偏移,使壁纸忽胀忽亏,裱糊后亏损部分就造成离缝;裱贴的第二张壁纸与第一张壁纸拼缝时,未连接准确就压实,或因赶压底层胶液推力过大而使壁纸伸张,在干燥过程中产生回缩,造成离缝或亏纸。

(2) 防治措施　下刀裁壁纸前应复核裱糊墙面实际尺寸,尺压紧纸边后刀刃紧贴尺边,一气呵成,手劲均匀,不得中间停顿或变换持刀角度。尤其裁割已裱贴在墙上的壁纸,更不能用力太猛或刀刃变换手势,影响裁割质量;壁纸裁割一般以上口为准,上、下口可比实际尺寸略长2～3cm;花饰壁纸应将上口的花饰全部统一成一种形状,壁纸裱糊后,在上口线和踢脚线上口压尺,分别裁割掉多余的壁纸;裱糊的每一张壁纸都必须与前一张靠紧,争取无缝隙,在赶压胶液时,由拼缝处横向往外赶压胶液和气泡,不准斜向来回赶压或由两侧向中间推挤,应使壁纸对好缝后不再移动,如果出现位移要及时赶回原来位置;对于离缝或亏纸轻微的壁纸饰面,可用同壁纸颜色相同的乳胶漆点描在缝隙内,漆膜干燥后可以掩盖。对于较严重的部位,可用相同的壁纸补贴或撕掉重贴。

7. 花饰不对称

(1) 产生原因　裱糊壁纸前没有区分无花饰和花饰壁纸的特点,盲目裁割壁纸;在同一张纸上印有正花和反花、阴花与阳花饰,裱糊时未仔细区别,造成相邻壁纸花饰相同;对要裱糊壁纸的房间未进行周密地观察研究,门窗口的两边、室内对称的柱子、两面对称的墙,裱糊的壁纸花饰不对称。

(2) 防治措施　壁纸裁割前对于有花饰的壁纸经认真区别后,将上口的花饰全部统一成一种形状,按照实际尺寸留有余量统一裁纸;在同一张壁纸上印有正花与反花、阴花与阳花饰时,仔细分辨,最好采用搭缝法进行裱贴,以避免由于花饰略有差别而误贴。如采用接缝法施工,已裱贴的壁纸边花饰如为正花,必须将第二张壁纸边正花饰裁割掉;对准备裱糊壁纸的房间应观察有无对称部位。若有,应认真设计排列壁纸花饰,应先裱贴对称部位。如房间只有中间一个窗户,裱贴在窗户取中心线,并弹好粉线,向两边分贴壁纸,这样壁纸花饰就能对称。如窗户不在中间,为使窗间墙阳角花饰对称,也可以先弹中心线向两侧裱糊;对花饰明显不对称的壁纸饰面,应将裱糊的壁纸全部铲除干净,修补好基层,重新裱贴。

8. 搭缝

(1) 产生原因　未将两张壁纸连接缝推压分开,造成重叠。

(2) 防治措施　在裁割壁纸时,应保证壁纸边直而光洁,不出现突出和毛边。对塑料层较厚的壁纸更应注意。如果裁割时只将塑料层割掉而留有纸基,会给搭缝弊病带来隐患;裱糊无收缩性的壁纸,不准搭接。对于收缩性较大的壁纸,粘贴时可适当多搭接一些,以便收缩后正好合缝。壁纸裱糊前应先试贴,掌握壁纸的性能,方可取得良好的效果;有搭缝弊病的壁纸工程,一般可用钢尺压紧在搭缝处,用刀沿尺边割边搭接的壁纸,处理平整,再将面层壁纸粘贴好。

9. 翘边(张嘴)

(1) 产生原因　基层有灰尘、油污等,基层表面粗糙、干燥或潮湿,使胶液与基层粘贴不牢,壁纸卷翘起来;胶黏剂胶性小,造成纸边翘起,特别是阴角处,第二张壁纸粘贴在第一张壁纸的塑料面上,更易出现翘起;阳角处裹过阳角的壁纸少于2cm,未能克服壁纸的表面张力,也易起翘;涂胶不均匀,或胶液过早干燥。

(2) 防治措施　基层表面的灰尘、油污等必须清除干净,含水率不得超过20%。若表面凹凸不平,必须用腻子刮抹平整;根据不同的壁纸选择不同的黏结胶液;阴角壁纸搭缝时,应先裱贴压在里面的壁纸,再用黏性较大的胶液粘贴面层壁纸。搭接宽度一般不大于3mm,纸边搭在阴角处,并且保持垂直无毛边;严禁在阴角处甩缝,壁纸裹过阳角应不小于2cm,包角壁纸必须使用黏性较强的胶液,要压实,不能有空鼓和气泡,上、下必须垂直,不能倾斜。有花饰的壁纸更应注意花纹与阳角直线的关系;将翘边壁纸翻起来,检查产生原因,属于基层有污物的,待清理后,补刷胶液粘牢;属于胶黏剂胶性小的,应换用胶性较大的胶黏剂粘贴;如果壁纸翘边已坚硬,除了应使用较强的胶黏剂粘贴外,还应加压,待粘牢平整后,才能去掉压力。

10. 空鼓(气泡)

(1) 产生原因　周边墙纸过早压实、空气不易排出;或赶压无顺序;或持纸上墙时未从上往下按顺序敷平,带进空气而又未排出;往返挤压胶液次数过多,胶液干结失去黏结作用;或挤压时用力过重,胶液被赶挤过薄,墙纸黏结不牢;或用力过轻,胶液过厚,长期难以干结,形成胶囊状;或胶液涂刷厚薄不匀,并有漏刷;基层过分干燥或含水率超过要求;或基层面不洁净;裱糊作业时,有局部阳光直射或通风不均,使墙纸粘贴胶液干固时间不一;石膏板或木板面及不同材料基层接头处嵌缝不密实,糊条粘贴不牢,或石膏板面纸基起泡、脱落;或木板面有较大节疤及油脂未经处理;白灰面或其他基层面强度低而又疏松,本身有裂纹空鼓;或洞孔、凹陷处未用腻子分遍刮抹修补平整,存在未干透或不紧密弊病。

(2) 防治措施　墙纸上墙时应从上而下按顺序紧贴基层面敷平,并注意先从中间向两边轻轻而有顺序的一板接一板(或用毛巾等)使墙纸附着于基层上,不使空气积存于墙纸与基层间,不得先将墙纸周边先压实,再压中间;赶压胶液时用力应均匀并按顺序;当接缝对好以后,应从接缝一边向另一边并稍朝下一板接一板地将胶液赶压至厚薄均匀;基层过分干燥时,应先刷一遍底油或底胶或涂料,不得喷水湿润基层面。如基层含水率过高,应采取措施(如加强通风,安装空调机、吸湿机,或喷吹热风等)使其含水率降至不超过规定时,才可开始施工;应避免在阳光直射或穿堂风劲吹,以及室内温度、湿度差异过大条件下作业;石膏板或木板面及不同材料基层面接头处嵌缝必须密实,糊条必须粘贴牢固和平整;如石膏板面纸基起泡脱落，必须铲除干净，重新补贴；如木材面有较大节疤及油脂，可用棉纱蘸酒精消除油脂，再刮腻子修补平整；基层洞孔和凹陷不平过大处，必须分遍塞腻子或刮腻子，第一遍干燥后再塞刮第二遍，直至平整密实干燥止，切忌一遍成活，如基层疏松、裂缝、空鼓，必须进行彻底处理至符合要求为止；如墙纸面空鼓，应用医疗用注射器穿过墙纸、挤出空气，如空鼓原因还有基层潮湿，应待其干燥后，再用注射器按原针孔将胶液注入空鼓部位，先用手指盖住针孔使胶液不流出、同时用手将胶液往针孔四周外压挤，使胶液附着整个空鼓面，以后再将多余胶液从针孔处挤出并及时擦抹干净，至赶压平整粘贴牢固止。

11. 皱褶、波纹

(1) 产生原因 墙纸材质不良，厚薄及膨胀收缩不一；墙纸保管不善，平放时墙纸被转折受压过久，形成死褶；基层干湿不一，或胶液涂刷厚薄不匀，或施工作业环境差异过大，墙纸同时处于干结、膨胀、收缩状态，造成皱褶和波纹。

(2) 防治措施 选用材质优良、湿胀干缩均匀、厚薄一致的墙纸。墙纸浸水润湿程度也必须均匀一致；墙纸应卷成筒平放（发泡和复合墙纸等应竖放），不能打折受压存放；基层应控制干湿一致，胶液厚薄均匀，施工环境应相同，使墙纸膨胀收缩和干结时间相同；墙纸裱糊时必须注意先敷平整后，才能开始按顺序用力均匀地赶压。如墙纸已出现皱褶和波纹，应将墙纸轻轻揭开，用手或橡胶刮板等慢慢地敷平，必要时可用中低温电熨斗熨平整后再补胶重新裱糊。如果墙纸已干结，则应将墙纸铲除干净，基层重新处理后返工再贴。

12. 墙纸表面起光、质感不一

(1) 产生原因 墙纸表面胶液未及时清除干净，形成胶膜后反光；带花饰、发泡或较厚墙纸，裱糊时滚压过多，力量过大或滚压不匀，将花饰或厚塑料表层压偏，使表面光滑反光、质感不一。

(2) 防治措施 发现胶液沾染纸面应马上用干净毛巾或棉纱擦抹干净，不可用力过度，预防擦破或擦毛纸面，如难以擦干净，可视情况用湿毛巾或蘸水擦抹干净；应掌握墙纸性能，赶压墙纸内部胶液和空气或滚压墙纸平整时，压力不应超过墙纸弹性极限，用力应均匀，赶压或滚压遍数应适当；墙纸表面胶膜如已干结，可用热湿布平敷在胶膜处，使其软化，再轻轻地将其揭除，并继续用热湿毛巾将其擦抹干净。如起光质感不一的面积较大，应将墙纸铲除重新返工裱糊墙纸。

13. 墙纸颜色不一

(1) 产生原因 墙纸材质不良、本身颜色不匀；或墙纸吸水受潮褪色；基层干湿程度不一，或部分墙纸受日光暴晒，使墙纸泛白、色彩变浅；墙纸较薄，混凝土或水泥砂浆的深色映透到墙纸表面；或基层泛碱；墙纸表面因外来因素（如烟熏、飘雨打湿等）被污染变色。

(2) 防治措施 应选用材质可靠、较厚、不易褪色的墙纸；基层颜色深浅不一时，应先刷一层白色胶浆（如1∶5的乳胶漆胶水浆液）盖底，并应选用较厚、颜色较深、花饰较大墙纸。基层如有泛碱现象，应先使用质量分数为9%稀醋酸中和清洗，并待干燥后才能裱糊墙纸；基层干湿程度应一致，其含水率不得超过允许范围；施工过程中不得使墙纸雨淋受潮、日光暴晒、和受烟熏等有害物质污染；如墙纸褪色严重、颜色不一时，在保持墙纸色调一致的条件下，应将其铲除重新裱糊墙纸。

14. 壁纸表面不干净

(1) 产生原因 主要是拼缝处的胶痕将壁纸表面局部弄脏，而又没有及时擦干净所致；非拼缝处的胶痕，主要是操作者手沾有胶，存留在表面。

（2）防治措施　操作者应人手一条毛巾，提倡毛巾随擦随用水洗干净，最好不要合用一条毛巾，否则越擦越脏，使墙面的整体装饰效果受到影响；若手上有胶，应及时擦干净。

第八节　木质饰面板施工及橱柜制作与安装

木质饰面是建筑装饰的常用做法。由于具有木材的天然纹理和质感、良好的装饰效果，广泛用于墙、柱饰面及家具等。橱柜在建筑装饰设计中是重要的陈设品。

一、施工准备与前期工作

1. 材料准备和要求

（1）材料准备　木质饰面板、木装饰线、龙骨材料、胶合剂、铁钉、枪钉、防火涂料等。

木质饰面板有薄实木木板、人工合成木制品两类。两种类型的板材在工程中应用都比较广泛。主要有薄实木板、胶合板、薄木贴面装饰板、宝丽板、印刷木纹人造板、防火装饰板、细木工板、大漆建筑装饰板等。

龙骨材料一般采用木料或厚的夹板，规格 25mm×30mm。

胶合剂有白乳胶、脲醛树脂胶或骨胶等。

（2）材料要求　饰面板的品种、规格和性能应符合建筑装饰设计要求。木龙骨、木饰面板的燃烧性能等级应符合设计要求。饰面板表面应平整洁净、色泽一致、无裂缝、缺损等缺陷。木装饰线的品种、规格及外形应符合建筑装饰设计要求。检查产品合格证书、性能检测报告和进场验收记录。

2. 施工工具

施工工具有：冲击钻、气钉枪、锯子、刨子、凿子、平铲、水平尺、线坠、墨斗、平尺、锤子、角尺、花色刨、冲头、圆盘锯、机刨、刷子、美工刀、毛巾等。

3. 作业条件

隐蔽在墙内的各种设备管线、设备底座提前安装到位，装嵌牢固，其表面应与罩面的装饰板底面齐平，经检验符合设计要求。

室内木装修必须符合防火规范，其木结构墙身需进行防火处理，应在成品木龙骨或现场加工的木筋上以及所采用的木质墙板背面涂刷防火涂料（漆）不少于3道。目前常用的木构件防火涂料有膨胀型乳胶防火涂料、A60-1改性氨基膨胀防火涂料和YZL-858发泡型防火涂料等。

室内吊顶的龙骨架业已吊装完毕。

二、木护墙板施工

1. 工艺流程

弹线分格→拼装木龙骨架→墙体钻孔、塞木楔→墙面防潮→固定龙骨架→铺钉罩面板→收口处理。

2. 施工要点

（1）弹线分格　依据设计图、轴线在墙上弹出木龙骨的分档、分格线。竖向木龙骨的间距应与胶合板等块材的宽度相适应，板缝应在竖向木龙骨上。饰面的端部必须设置龙骨。

（2）拼装木龙骨架　木墙身的结构通常使用25mm×30mm的方木，按分档加工出凹槽榫，在地面进行拼装，制成木龙骨架。在开凹槽榫之前应先将方木料拼放在一起，刷防腐涂料，待防腐涂料干后，再加工凹槽榫。

拼装木龙骨架的方格网规格通常是 300mm×300mm 或 400mm×400mm（方木中心线距离）。

对于面积不大的木墙身，可一次拼成木骨架后，安装上墙。对于面积较大的木墙身，可分做几片拼装上墙。

木龙骨架做好后应涂刷 3 遍防火涂料（漆）。

（3）墙体钻孔、塞木楔　用 $\phi16\sim20$mm 的冲击钻头，在墙面上弹线的交叉点位置钻孔，钻孔深度不小于 60mm，钻好孔后，随即打入经过防腐处理的木楔。

（4）墙面防潮　在木龙骨与墙之间要刷一道热沥青，并干铺一层油毡，以防湿气进入而使木墙裙、木墙面变形。

（5）固定龙骨架　立起木龙骨靠在墙面上，用吊垂线或水准尺找垂直度，确保木墙身垂直。用水平直线法检查木龙骨架的平整度。待垂直度、平整度都达到后，即可用圆钉将其钉固在木楔上。钉圆钉时配合校正垂直度、平整度，在木龙骨架下凹的地方加垫木块，垫平整后再钉钉。

木龙骨与板的接触面必须表面平整，钉木龙骨时背面要垫实，与墙的连接要牢固。

（6）铺钉罩面板

① 罩面板应进行挑选，分出不同色泽和残次件，然后按设计尺寸裁割、刨边（倒角）加工。

② 用 15mm 枪钉将胶合板固定在木龙骨架上。如果用钢钉则应使钉头砸扁埋入板内 1mm。要求布钉均匀，钉距 100mm 左右。

③ 企口板护墙板根据要求进行拼接嵌装，龙骨形式及排布视设计要求作相应处理，新型的木质企口板材，可进行企口嵌装，依靠异型板卡或带槽口压条进行连接，减少了面板上的钉固工艺，饰面平整美观。

（7）收口处理

① 罩面板的端部、连接处应做收口细部处理。如图 2-58 所示。

② 木护墙用薄实木板、胶合板等板材铺钉，其用木板条和装饰线按分格布置钉成压条，称为：冒头、腰带、立条。

③ 木护墙板顶部收口可钉冒头处理或与顶棚连接用装饰线收口。

钉冒头时应拉线找平，压顶木线规格尺寸要一致，木纹、颜色近似地钉在一起。压条接头应做暗榫，线条需一致，割角应严密。

压顶木线样式较多，如图 2-59 所示。

④ 用胶合板做护墙板不设腰带和立条时，应考虑并缝的处理方式。一般有 3 种方式：平缝、八字缝、装饰压线条压缝，如图 2-60 所示。当用实木板做护墙板时，也可采用图 2-61 所示的拼缝形式。

⑤ 木踢脚线　踢脚线具有保护墙面、分隔墙面和地面的作用，使整个房间上、中、下层次分明。实木踢脚板用圆钉钉于木龙骨上，钉帽砸扁，顺木纹钉入木踢脚板面 3mm。当采用原木胶合板踢脚板时，用圆钉将胶合板钉在木龙骨上，然后再在其上用枪钉将薄木装饰板钉牢。木护墙板与踢脚板交接如图 2-62 所示。亦可在踢脚板顶面钉上木线。

⑥ 在木墙裙、木墙面的上、下部位应有 $\phi12$mm 的通气孔；在木龙骨上也要留出竖向的通气孔，使内部水汽排出，避免木墙面受潮变形。

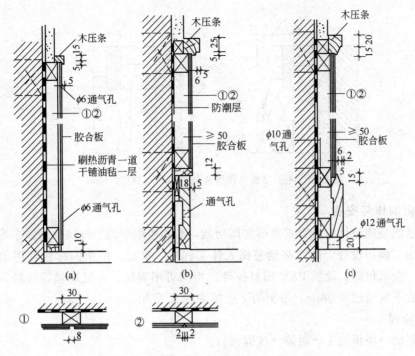

图 2-58 木护墙收口细部处理（单位：mm）

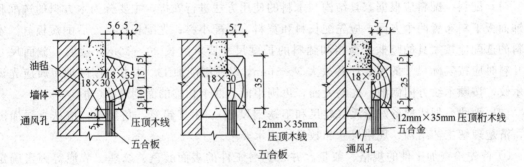

图 2-59 压顶木线处理形式（单位：mm）

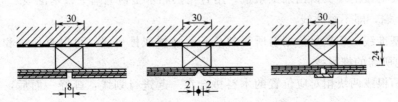

图 2-60 胶合板护墙拼缝形式（单位：mm）

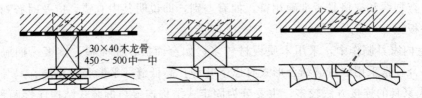

图 2-61 实木板护墙拼缝形式（单位：mm）

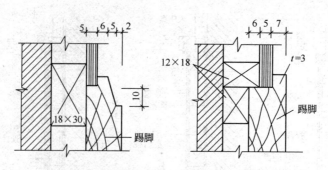

图 2-62 木护墙板与踢脚板处理形式（单位：mm）

三、橱柜制作与安装

橱柜在建筑装饰设计中具有重要的实用功能，有着组织空间、分隔空间、丰富空间、美化空间的作用。橱柜设计、施工必须遵循人体工程学。壁橱、吊柜的材料常用木材、胶合板、纤维板、金属包箱、硬质 PVC 塑料板等。柜门可用玻璃、有机玻璃等材料。壁橱、吊柜的深度一般不宜超过 650mm，吊柜的下皮标高应大于 2000mm。

1. 工艺流程

配料→划线→拼板施工→组装→线脚收口。

2. 施工要点

（1）配料 配料应根据家具结构与木料的使用方法进行安排，主要分为木方料的选配和木饰面板下料布置两个方面。应先配长料和宽料，后配小料；先配长板材，后配短板材。木方料的选配应按家具的竖框、横档和腿料的长度尺寸要求放长 30~50mm 截取，截面尺寸在开料时应按实际尺寸的宽、厚各放大 3~5mm，以便刨削加工。木方料刨削加工时应先识别木纹，按顺木纹方向刨削，先刨大面，再刨小面，两个相邻的面刨成 90°角。

（2）划线 划线前备好量尺（卷尺和不锈钢尺等）、木工铅笔、角尺等，应认真看懂图纸，清楚理解工艺结构、规格尺寸和数量等技术要求。

① 首先检查加工件的规格、数量、并根据各工件的表面颜色、纹理、节疤等因素确定其正反面，并做好临时标记。

② 在需要对接的端头留出加工余量，用直角尺和木工铅笔画一条基准线。若端头平直，又属作开榫一端，即不画此线。

③ 根据基准线，用量尺量划出所需的总长尺寸线或榫肩线。再以总长线和榫肩线为基准，完成其他所需的榫眼线。

④ 可将两根或两块相对应位置的木料拼合在一起进行划线，画好一面后，用直角尺把线引向侧面。

⑤ 所画线条必须准确、清楚。划线之后，应将空格相等的两根或两块木料颠倒并列进行校对，检查划线和空格是否准确相符，如有差别，即说明其中有错，应及时查对校正。

（3）拼板施工

① 在室内家具制作中，采用木质板材较多，如台面板、橱面板、搁板、抽屉板等，都需要拼缝结合。常采用的拼缝结合形式有以下几种：高低缝、平缝、拉拼缝、马牙缝。

② 板式家具的连接方法较多，主要分为固定式结构连接与拆装式结构连接两种。

③ 榫的种类主要分为木方连接榫和木板连接榫两大类，但其具体形式较多，分别适用

于木方和木质板材的不同构件连接。如：木方中榫、木方边榫、燕尾榫、扣合榫、大小榫、双头榫等。

（4）组装　木家具组装分为部件组装和整体组装。

组装前，应将所有需刨光的结构件用细刨刨光，然后按顺序逐渐进行装配，装配时注意构件的部位和正反面。衔接部位需涂胶时，应刷涂均匀并及时擦净挤出的胶液。锤击装拼时，应将锤击部位垫上木板，不可猛击；如有拼合不严处，应查找原因并采取补救措施，不可硬敲硬装就位。各种五金配件的安装位置应定位准确、安装严密、方正牢靠，结合处不得崩槎、歪扭、松动，不得缺件、漏钉和漏装。

（5）面板的安装　如家具的表面做油漆涂饰，其框架的外封板一般即同时是面板；如家具的表面是使用装饰贴面板进行饰面，或是用塑料板做贴面，那么家具框架外封板就是其饰面的基层板。饰面板与基层板之间多是采用胶粘贴合。

饰面板与基层黏合后，需在其侧边使用封边木条、木线、塑料条等材料进行封边收口，其原则是：凡直观的边部，都应封堵严密和美观。

（6）线脚收口　采用木质、塑料或金属线脚（线条）对家具进行装饰并统一室内整体装饰风格的做法是当前应用比较广泛的一种装饰方式，其线脚的排布与图案造型形式可以灵活多变，但也不宜过于烦琐。

边缘线脚装饰于家具、固定配置的台面边缘及家具具体与底脚交界处等部位，作为封边、收口和分界的装饰线条形式，使室内陈设的外观美观，尤其用较好的封边收口，可使板件内部不易受到外界的温度、湿度的较大影响而保持一定的稳定性。常用的材料有实木条、塑料条、铝合金条、薄木单片等。

a. 实木封边收口常用钉胶结合的方法，黏结剂可用立时得、白乳胶、木胶粉等。

b. 塑料条封边收口一般是采用嵌槽加胶的方法进行固定。

c. 铝合金条封边收口，铝合金封口条有L形和槽形两种，可用钉或木螺丝直接固定。

d. 薄木单片和塑料带封边收口，先用砂纸磨除封边处的木渣、胶迹等并清理干净，在封口边刷一道稀甲醛作填缝封闭层，然后在封边薄木片或塑料带上涂万能胶，对齐边口贴放。用干净抹布擦净胶迹后再用烫斗烫压，固化后切除毛边和多余处即可。

对于微薄木封边条，也可直接用白乳胶粘贴；对于硬质封边木片也可采用镶装或加胶加钉安装的方法。

四、施工质量要求

1. 木饰面板安装工程

（1）一般质量要求

① 木质装饰墙面、柱面所用材料品种及构造作法应符合设计要求。

② 接触砖、石砌体或混凝土的木龙骨架、木楔或预埋木砖及木装饰线（板），应做防腐处理。

③ 钉胶合板、木装饰线的钉头应没入其表面。对于与板面齐平的钉子、木螺钉应镀锌，金属连接件、锚固件应做防锈处理。

④ 如采用油毡、油纸等材料做木墙身、木墙裙的防潮层时，应铺设平整，接触严密，不得有皱褶、裂缝和透孔等。

⑤ 门、窗框或筒子板应与罩面的装饰面板齐平，并用贴脸板或封边线覆盖接缝。

⑥ 隐蔽在墙内的各种设备底座，设备管线应提前安装到位，并装嵌牢固，其表面应与

罩面的装饰板底面齐平。

⑦ 木质装饰墙、柱面的下端若采用木踢脚板，其罩面装饰板应离地面 20～30mm；如果采用大理石、花岗石等石材踢脚板时，其罩面装饰板下端应与踢脚板上口齐平，接缝严密。在粘贴石材踢脚板时，不得污染罩面装饰板。

（2）质量验收标准　以下项目适用于内墙面木饰面板安装工程和高度不大于 24m、抗震设防烈度不大于 7 度的外墙面木饰面板安装工程的验收。

① 主控项目验收见表 2-14。

表 2-14　木饰面板安装工程主控项目

项次	项目	检验方法
1	木质饰面板的品种、规格、颜色和性能应符合设计要求；木龙骨、木饰面板的燃烧性能等级应符合设计要求	观察；检查产品合格证书、进场验收记录和性能检测报告
2	饰面板孔、槽的数量、位置和尺寸应符合设计要求	检查进场验收记录和施工记录
3	饰面板安装工程的预埋件（或后置埋件）、连接件的数量、规格、位置、连接方法和防腐处理必须符合设计要求。饰面板安装必须牢固	手扳检查；检查进场验收记录、隐蔽工程验收记录和施工记录

② 一般项目验收见表 2-15。

表 2-15　木饰面板安装工程一般项目

项次	项目	检验方法
1	木饰面板表面应平整、洁净、色泽一致，无裂痕和缺损	观察
2	木饰面板嵌缝应密实平直，宽度和深度应符合设计要求，嵌填材料色泽应一致	观察；尺量检查
3	木饰面板上的孔洞应套割吻合，边缘应整齐	观察
4	木饰面板安装的允许偏差	见表 2-16

③ 木饰面板安装的允许偏差和检验方法见表 2-16。

表 2-16　木饰面板安装的允许偏差和检验方法

项次	项目	允许偏差/mm	检验方法
1	立面垂直度	1.5	用 2m 垂直检测尺检查
2	表面平整度	1	用 2m 靠尺和塞尺检查
3	阴、阳角方正	1.5	用直角检测尺检查
4	接缝直线度	1	拉 5m 线，不足 5m 拉通线，用钢直尺检查
5	墙裙、勒脚上口直线度	2	拉 5m 线，不足 5m 拉通线，用钢直尺检查
6	接缝高低差	0.5	用钢直尺和塞尺检查
7	接缝宽度	1	用钢直尺检查

2. 橱柜制作与安装工程

适用于位置固定的壁橱、吊柜等橱柜制作与安装工程的质量验收。

（1）检查数量应符合规定：每个检验批至少抽查 3 间（处），不足 3 间（处）时应全数检查。

（2）质量验收标准

① 主控项目质量验收标准见表 2-17。

表 2-17 橱柜制作与安装工程主控项目

项次	项 目	检 验 方 法
1	橱柜制作与安装所用材料的材质和规格、木材的燃烧性能等级和含水率、花岗石的放射性及人造木板的甲醛含量应符合设计要求及国家现行标准的有关规定	观察;检查产品合格证书、进场验收记录、性能检测报告和复检报告
2	橱柜安装预埋件或后置埋件的数量、规格、位置应符合设计要求	检查隐蔽工程验收记录和施工记录
3	橱柜的造型、尺寸、安装位置、制作和固定方法应符合设计要求。橱柜安装必须牢固	观察;尺量检查;手扳检查
4	橱柜配件的品种、规格应符合设计要求。配件应齐全,安装应牢固	观察;手扳检查;检查进场验收记录
5	橱柜的抽屉和柜门应开关灵活、回位正确	观察;开启和关闭检查

② 一般项目质量验收标准见表 2-18。

表 2-18 橱柜制作与安装工程一般项目

项次	项 目	检 验 方 法
1	橱柜表面应平整、洁净、色泽一致,不得有裂缝、翘曲及损坏	观察
2	橱柜裁口应顺直、拼缝应严密	观察
3	橱柜安装的允许偏差	见表 2-19

③ 橱柜安装的允许偏差和检验方法见表 2-19。

表 2-19 橱柜安装的允许偏差和检验方法

项次	项 目	允许偏差/mm	检 验 方 法
1	外形尺寸	3	用钢尺检查
2	立面垂直度	2	用1m垂直检测尺检查
3	门与框架的平行度	2	用钢尺检查

五、木饰面板安装工程质量的通病与防治

1. 墙面与接缝不平

(1) 产生原因 龙骨料含水率过大,干燥后易变形;成品保护措施不严格,因水管跑水、漏水使墙体木质材料受潮变形;未严格按工艺标准加工,龙骨钉板的一面未刨光,钉板顺序不当,拼接不严或组装不规格,钉钉时钉距过大。

(2) 防治措施 严格选料,含水率不大于 12%,并做防腐处理,罩面装饰板应选用同一品牌、同一批号产品;木龙骨钉板一面应刨光,龙骨断面尺寸一致,组装后找方找直,交接处要平整,固定在墙上要牢固;面板应从下面角上逐块铺钉,并以竖向装钉为好,板与板接头宜做成坡楞,拼缝应在木龙骨上;用枪钉钉面板时,注意将枪嘴压在板面上后再扣动扳机打钉,保证钉头射入板内;布钉要均匀,钉距 100mm 左右;如用圆钉钉,钉头要砸扁,顺木纹钉入板内 1mm 左右,钉子长度为板厚的 3 倍,钉距一般为 150mm;严格按工序按标准施工,加强成品保护。

2. 对头缝拼接花纹不顺,颜色不一

(1) 产生原因 全护墙板的面层选用材料不认真;拼接时,大花纹对着小花纹,有时木纹倒用。

（2）防治措施　应认真选择护墙板，对缝花纹应选用一致，切片板的树芯一致；护墙板面板颜色应近似，颜色浅的木板应安装在光线较暗的墙面上，颜色深的安装在光线较强的墙面上，或者在一个墙面上安装的面板由浅颜色逐渐加深，使整个房间的颜色差异接近。

3. 板面粗糙有小黑纹

（1）产生原因　护墙板面层板表面不光滑，未加工净面；表面粗糙，接头不严密。

（2）防治措施　面层板表面不光滑的，要加工净面，做到光滑洁净；接头缝要严密，缝背后不得太虚，装钉时，要将缝内余胶挤出，避免油漆后出现黑纹。

4. 拼缝露出龙骨和钉帽

（1）产生原因　钉帽预先未打扁；板与板之间接头缝过宽。

（2）防治措施　清漆硬木分块护墙板，在松木龙骨上应垫一硬木条，将小钉帽打扁，顺木纹向里打；从设计上考虑，增设条薄金属条，盖住松木龙骨。

5. 表面钉眼过大

（1）产生原因　钉帽未顺木纹向里冲；铁冲子较粗。

（2）防治措施　所有护墙板的明钉，均应打扁，顺木纹冲入；铁冲子不得太粗，应磨成扁圆形或钉帽一样粗细。

6. 压顶木线条粗细不一致，颜色不一致，接头不严密，钉裂

（1）产生原因　木线条选材不当；施工过于马虎、粗糙，做工不精细。

（2）防治措施　局部护墙板压顶木线粗细应一致，颜色要加以选择；木质较硬的压顶木线，应用木钻先行钻透眼，然后再用钉子钉牢，以免劈裂。

第九节　软包工程施工

软包饰面具有柔软、温馨、消声的特点，用于多功能厅、KTV间、餐厅、剧院、会议厅（室）等，属高级装饰饰面。

一、施工准备与前期工作

1. 材料准备与要求

（1）材料准备　需准备龙骨材料、底板材料、芯材、面材、饰面金属压条及木线、防潮材料、胶黏剂、铁钉、电化铝帽头钉等材料。

① 芯材　软质聚氯乙烯泡沫塑料板，具有质轻、导热系数低、不吸水、不燃烧、耐酸碱、耐油及良好的保温、隔热、吸声、防振等性能。矿渣棉俗称矿棉，是利用工业废料矿渣为主要原料制成的棉丝状无机纤维，具有质轻、导热系数低、不燃、防蛀、价廉、耐腐蚀、化学稳定性强、吸声性能好等特点。

② 面材　软包的饰面材料的种类繁多，有纯棉装饰墙布，有人造纤维和人造纤维与棉、麻混纺经一定处理后而得到功能不同、外观各异的装饰布，如平绒、灯芯绒、提花、呢绒、织锦缎等。纯棉装饰墙布有强度大、静电小、蠕变性小、无毒、无味，对施工和用户无害的特点。用于歌舞厅等公共场所需进行阻燃处理。人造纤维装饰布及混纺装饰布具有质轻、美观、无毒无味、透气、易清洗、耐用、强度大、耐酸碱腐蚀等特点。但有的面料因人造纤维本身的特性而易起静电吸灰，本身不具有防火难燃性能的人造纤维织物和混纺织物需进行难燃处理。人造革（皮革）可因需要加工出各种厚薄和色彩的制品，其柔韧而富有弹性，触感

快适、耐火性、耐擦洗清洁性较好。

③ 防潮材料　防止潮气使木基层面板翘曲、织物发霉，有底子油、一毡二油。

（2）材料要求

① 龙骨一般用白松烘干料，含水率不大于12%，厚度应根据设计要求，不得有腐朽、节疤、劈裂、扭曲等疵病，并预先经防腐处理。软包墙面木框、龙骨、底板、面板等木材的树种、规格、等级、含水率和防腐处理必须符合设计图纸要求。

② 芯材、边框及面材的材质、颜色、图案、燃烧性能等级应符合设计要求及国家现行标准的有关规定，具有防火检测报告。普通布料需进行两次防火处理，并检测合格。

芯材通常采用阻燃型泡沫塑料或矿渣棉，面材通常采用装饰织物、皮革或人造革。

③ 胶黏剂一般采用立时得粘贴，不同部位采用不同胶黏剂。

2. 施工工具

施工工具有手电钻、冲击电钻、刮刀、裁织物布和皮革工作台、钢板尺（1m长）、卷尺、水平尺、方尺、托线板、线坠、铅笔、裁刀、刮板、毛刷、排笔、长卷尺、锤子等。

3. 作业条件

（1）结构工程已完工，并通过验收。

（2）室内已弹好+50cm水平线和室内顶棚标高已确定。

（3）墙内的电器管线及设备底座等隐蔽物件已安装好，并通过检验。

（4）室内消防喷淋、空调冷冻水等系统已安装好，且通过打压试验合格。

（5）室内的抹灰工程已经完成。

二、施工操作程序与操作要点

1. 工艺流程

弹线、分格→钻孔、打木楔→墙面防潮→装钉木龙骨→铺钉木基层→铺装芯材、面材→线条压边。

2. 施工要点

软包墙面的做法有预制板组装和现场安装等。预制板组装是先预制软包拼装块，再拼装到墙上的；现场安装是直接在木基层上做芯材和面材的安装。

（1）弹线、分格　依据软包面积、设计要求、铺钉的木基层胶合板尺寸，用吊垂线法、拉水平线及尺量的办法，借助+50cm水平线确定软包墙的厚度、高度及打眼位置。分格大小为300～600mm见方。

（2）钻孔、打木楔　孔眼位置在墙上弹线的交叉点，孔深60mm，用ϕ16～20mm冲击钻头钻孔。木楔经防腐处理后，打入孔中，塞实塞牢。

（3）墙面防潮　在抹灰墙面涂刷冷底子油或在砌体墙面、混凝土墙面铺油毡或油纸做防潮层。涂刷冷底子油要满涂、刷匀，不漏涂；铺油毡、油纸要满铺、铺平，不留缝。

（4）装钉木龙骨　将预制好的木龙骨架靠墙直立，用水准尺找平、找垂直，用钢钉钉在木楔上，边钉边找平、找垂直。凹陷较大处应用木楔垫平钉牢。

木龙骨大小为（20～50）mm×（40～50）mm，龙骨方木采用凹槽榫工艺，制作成龙骨框架。做成的木龙骨架应刷涂防火漆。木龙骨架的大小可根据实际情况加工成一片或几片拼装到墙上。

（5）铺钉木基层　木龙骨架与胶合板接触的一面应平整，不平的要刨光。用气钉枪将三合板钉在木龙骨上。钉固时从板中向两边固定，接缝应在木龙骨上且钉头没入板内，使其牢固、平整。三合板在铺钉前应先在其板背涂刷防火涂料，涂满、涂匀。

（6）铺装芯材、面材

① 预制板组装法的铺装施工　预制板组装法是按设计图先制作好一块块的软包块，然后拼装到木基层墙面的指定位置。所用主要材料有：九厘板、泡沫塑料块或矿渣棉块、织物。如图 2-63 所示。

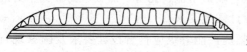

图 2-63　预制软包块

a. 制作软包块　按软包分块尺寸裁九厘板，并将四条边用刨刨出斜面，刨平。

以规格尺寸大于九厘板 50～80mm 的织物面料和泡沫塑料块置于九厘板上，将织物面料和泡沫塑料沿九厘板斜边卷到板背，在展平顺后用钉固定。定好一边，再展平铺顺拉紧织物面料，将其余三边都卷到板背固定，为了使织物面料经纬线有序，固定时宜用码钉枪打码钉，码钉间距不大于 30mm，备用。

b. 安装软包预制块　在木基层上按设计图划线，标明软包预制块及装饰木线（板）的位置。将软包预制块用塑料薄膜包好（成品保护用），镶钉在软包预制块的位置，用气枪钉钉牢。每钉一颗钉用手抚一抚织物面料，使软包面既无凹陷、起皱现象，又无钉头挡手的感觉。连续铺钉的软包块，接缝要紧密，下凹的缝应宽窄均匀一致且顺直。塑料薄膜待工程交工时撕掉。

② 现场安装法的铺装施工

a. 在木基层上铺钉九厘板　依据设计图在木基层上划出墙、柱面上软包的外框及造型尺寸线，并按此尺寸线锯割九厘板拼装到木基层上，九厘板围出来的部分为准备做软包的部分。钉装造型九厘板的方法同钉三合板一样。

b. 按九厘板围出的软包的尺寸，裁出所需的芯材，并用建筑胶粘贴于围出的部分。

c. 从上往下用面材包覆芯材块　先裁剪面材和压角木线，木线长度尺寸按软包边框裁制，在 90°角处按 45°割角对缝，面材应比芯材块周边宽 50～80mm。将裁好的面材连同作保护层用的塑料薄膜覆盖在芯材上，用压角木线压住面材的上边缘，展平、展顺面材以后，用气枪钉钉牢木线。然后拉捋展平面材，钉面材下边缘木线。用同样的方法钉左右两边的木线。压角木线要压紧、钉牢，面材面应展平不起皱。最后用裁刀沿木线的外缘（与九厘板接缝处）裁下多余的面材与塑料薄膜。如图 2-64 所示。

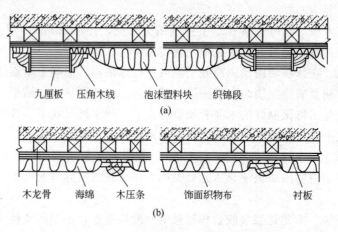

图 2-64　直接在木基层上做软包示意图

③ 其他铺装施工方法 以下是不用三合板、九厘板，直接用五合板外包芯材、面材的软包做法。

a. 按设计要求尺寸裁割五合板，将板边用刨刨平，并将沿一个方向的两条边刨出斜面（木墙筋的间距应按此尺寸固定于墙上）。

b. 以规格尺寸大于纵横向木墙筋中距 50～80mm 的面材包芯材于五合板上。

c. 用刨斜的边压入面材，压长在 20～30mm，用气枪钉钉于木墙筋上。

d. 拉撑面材的另一端，使其平伏在五合板及芯材上，紧贴木墙筋，用相邻的一块包有芯材和面材的五合板将其压紧，同时压紧自身的软包面料，一起用气枪钉钉固于木墙筋上。以这种方法铺装整个软包墙面，最后一块的另一侧面材拉平后，连同盖压木装饰线钉牢于木墙筋上。如图 2-65 所示。

e. 在暗钉钉完以后用电化铝帽头钉钉于软包分格的交叉点上。

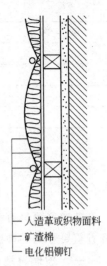

图 2-65 用五合板外包芯材、面材的软包做法

(7) 线条压边 在墙面软包部分的四周进行木、金属压线条，盖缝条及饰面板等镶钉处理。

三、施工质量要求

1. 主控项目（见表 2-20）

表 2-20 软包工程主控项目

项次	项 目	检 验 方 法
1	软包面料、内衬材料及边框的材质、颜色、图案、燃烧性能等级和木材的含水率应符合设计要求及国家现行标准的有关规定	观察；检查产品合格证书、进场验收记录和性能检测报告
2	软包工程的安装位置及构造做法应符合设计要求	观察；尺量检查；检查施工记录
3	软包工程的龙骨、衬板、边框应安装牢固，无翘曲，拼缝应平直	观察；手扳检查
4	单块软包面料不应有接缝，四周应绷压严密	观察；手摸检查

2. 一般项目（见表 2-21）

表 2-21 软包工程一般项目

项次	项 目	检 验 方 法
1	软包工程表面应平整、洁净，无凹凸不平及皱折；图案应清晰、无色差，整体应协调美观	观察
2	软包边框应平整、顺直、接缝吻合。其表面涂饰质量应符合涂饰工程的有关规定	观察；手摸检查
3	清漆涂饰木制边框的颜色、木纹应协调一致	观察
4	软包工程安装的允许偏差和检验方法	见表 2-22

3. 软包工程安装的允许偏差和检验方法（见表 2-22）

表 2-22 软包工程安装的允许偏差和检验方法

项次	项目	允许偏差/mm	检验方法
1	垂直度	3	用 1m 垂直检测尺检查
2	边框宽度、高度	0;—2	用钢尺检查
3	对角线长度差	3	用钢尺检查
4	裁口、线条接缝高低差	1	用钢直尺和塞尺检查

第十节 玻璃幕墙工程施工

玻璃幕墙具有强烈的质感、形式造型性强和建筑艺术效果好的特点,是现代建筑装饰中有着重要影响的饰面。

一、玻璃幕墙的类型

1. 型钢骨架体系

主要构造是以型钢做玻璃幕墙的骨架,玻璃装嵌在铝合金框内,然后再将铝合金框与骨架固定。

型钢骨架体系结构具有钢结构强度高、比其他金属价格便宜的特点。可使固定骨架的铆固点间距增大,能够适宜于较开敞的空间,如门厅、大堂的外立面等部位。型钢骨架多用成型铝合金薄板进行外包装饰,铝合金板表面经阳极氧化和电解着色,其色彩与铝合金窗框相同。如果幕墙的单块玻璃面积较小,也可只用方钢管做竖向杆件(立柱),将铝合金窗直接固定在竖向杆件上。竖向杆件为幕墙骨架的主要受力杆件,通过连结件固定于主体结构。

2. 铝合金型材骨架体系

主要构造是以特殊断面的铝合金型材作为玻璃幕墙的骨架,将玻璃镶嵌于骨架的凹槽内。骨架型材本身兼有固定玻璃的凹槽,而不用另行安装其他配件。幕墙安装大为简化,是目前应用最多的一种玻璃幕墙结构形式。

铝合金骨架型材一般分为立柱(或称立梃、竖框、竖向杆件)和横档(横向杆件)。断面尺寸有多种规格,可根据使用要求进行选择。目前,其主要组装形式大致有三种,即竖框式,横框式和框格式。

(1)竖框式 玻璃幕墙立面形式为竖线条的装饰效果,如图 2-66 所示。幕墙竖框外露并主要受力,在竖框之间镶嵌窗框和窗下墙。

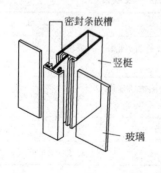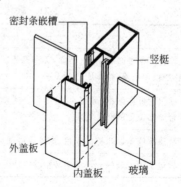

图 2-66 竖框式玻璃幕墙

（2）横框式　玻璃幕墙的立面形式为横线条的装饰效果，如图 2-67 所示。幕墙横框外露并主要受力，窗与窗下墙是水平连续的。

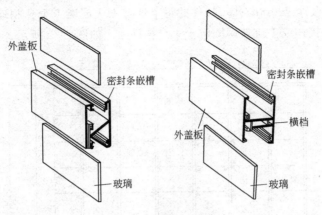

图 2-67　横框式玻璃幕墙

（3）框格式　幕墙竖框与横框全部外露，形成格子状，形成设计的玻璃装饰饰面，如图 2-68 所示。

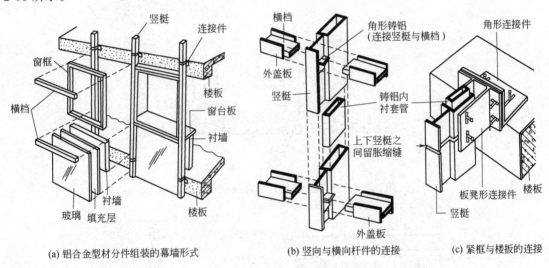

(a) 铝合金型材分件组装的幕墙形式　　(b) 竖向与横向杆件的连接　　(c) 紧框与楼扳的连接

图 2-68　框格式玻璃幕墙

3. 不露骨架（隐框）结构体系

主要构造是玻璃直接与骨架连结，幕墙饰面外不露骨架，也不见窗框。外观新颖、简洁，是目前较为新式的一种，如图 2-69 所示。

采用硅氧合成橡胶密封剂等将玻璃粘贴到铝合金的封框上，封框在玻璃的背后，从立面上看不到封框。深圳特区发展中心大厦在中国首次使用这种幕墙，玻璃幕墙的安装技术及加工技术走上了一个新的高度。幕墙的骨架所使用的材料，既可以用铝合金型材，也可以用型钢，根据使用要求、装饰效果和经济造价等因素综合考虑。

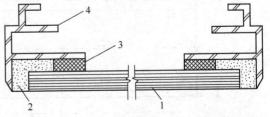

图 2-69　隐框玻璃幕墙的玻璃固定部分断面构造
1—幕墙玻璃；2—硅氧合成橡胶密封剂；
3—聚乙烯泡沫；4—铝包封框

4. 挂架结构体系

又名点支撑玻璃幕墙，主要构造是采用四爪式不锈钢挂件与立柱或楼层结构相焊接，每块玻璃四角加工钻 4 个 ϕ20mm 孔，挂件的每个爪与 1 块玻璃 1 个孔相连接，即 1 个挂件同时与 4 块玻璃相连接，或 1 块玻璃固定于 4 个挂件上，如图 2-70 所示。

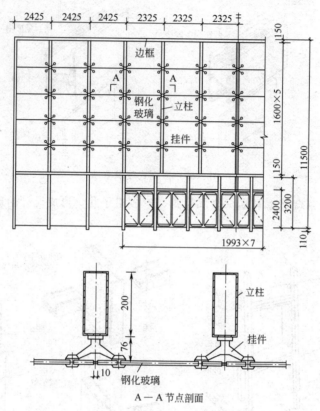

图 2-70 挂架玻璃幕墙立面及剖面（单位：mm）

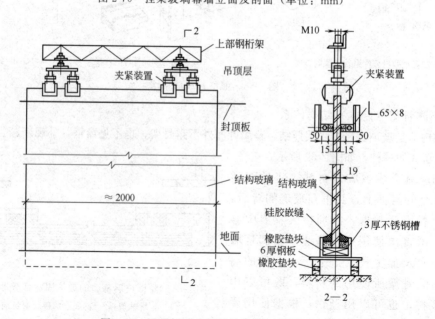

图 2-71 无骨架玻璃幕墙的构造（单位：mm）

5. 无骨架玻璃幕墙体系

无骨架玻璃幕墙不使用上述各种骨架安装构造，幕墙玻璃本身既是饰面构件，又是承受水平荷载的承重构件。整个玻璃幕墙采用通长的大块玻璃，通透感更强，视线更加开阔，立面更为简洁。一般使用于高层建筑的裙房外围，或是建筑物首层部位。大玻璃的高度一般是接近建筑物的层高，厚度多采用10～19mm。幕墙玻璃的固定方法可采用吊钩悬吊固定、特殊型材固定或采用金属框固定等形式，如图2-71所示。

无骨架玻璃幕墙的构造主要有两种：一种是设有玻璃肋的构造；另一种是不设玻璃肋的构造。

（1）设置玻璃肋的玻璃幕墙　幕墙除了大面积的饰面玻璃之外，还加设与饰面玻璃呈垂直布置的玻璃，称为玻璃肋。饰面玻璃与玻璃肋的连接处理有三种构造：一种是玻璃肋布置在饰面玻璃的两侧；另一种是玻璃肋布置在饰面玻璃的单侧；第三种是玻璃肋穿过饰面玻璃，玻璃肋呈一整块而设在两侧。如图2-72所示。

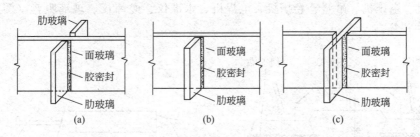

图2-72　饰面玻璃与玻璃肋的连接处理构造

所用的玻璃品种可以是平板玻璃、钢化玻璃、夹层钢化玻璃等，玻璃的厚度及种类应根据幕墙的高度、风压大小，以及分块尺寸等要求进行选定。

面玻璃与肋玻璃相交部位，宜留出一定间隙，用密封胶注满。

（2）不设玻璃肋的玻璃幕墙　不设玻璃肋的无骨架玻璃幕墙一般做法是将大块玻璃的两端嵌入金属框内，用硅酮胶嵌缝固定，如图2-73所示。当整块玻璃的高度在5m以上时，除在玻璃底部设置必要的支撑以外，还同时需要在玻璃顶部增设吊钩进行悬吊，以减少底部支撑压力。

二、玻璃幕墙安装配件

玻璃幕墙除了骨架型材、幕墙玻璃等主要材料外，还有铝合金门窗五金件、预埋件、连接件、紧固件、定位垫块、填充材料、嵌缝橡胶条、密封胶、低发泡间隔双面胶带等配件。

三、施工准备与前期工作

1. 材料准备与要求

（1）材料准备　需要准备铝合金材料、钢材及配件、玻璃［安全玻璃（包括钢化和夹层玻璃）、中空玻璃、热反射镀膜玻璃、吸热玻璃、浮法玻璃、夹丝

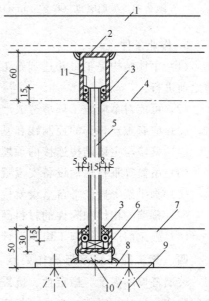

图2-73　大块玻璃幕墙节点构造
（单位：mm）

1—顶部角铁吊架；2—5mm厚钢顶框；3—硅胶嵌缝；4—平顶面；5—15mm厚玻璃；6—5mm厚钢底框；7—地平面；8—6mm厚铁板；9—M12胀铆螺栓；10—垫铁；11—氯丁橡胶条

玻璃和防火玻璃等]、密封材料、低发泡间隔双面胶带、填充材料等。

(2) 材料要求

① 幕墙材料应符合现行国家标准和行业标准，并应有出厂合格证。

② 幕墙材料应有足够的耐气候性，金属材料和零附件除不锈钢外，钢材应进行表面热浸镀锌处理；铝合金材料应进行表面阳极氧化处理。

③ 幕墙材料应采用不燃性和难燃性材料。

④ 结构硅酮密封胶，应有与接触材料相容性试验合格报告，并应有物理耐用年限和保险年限的质量证书。

⑤ 密封胶条品质和物理性能差，五金配件质量变异大，达不到标准要求不得使用。

2. 施工工具

施工工具有双头切割机、单头切割机、冲床、铣床、钻床、锣榫机、组角机、拉铆枪、玻璃磨边机、空压机、吊篮、卷扬机、电焊机、水准仪、经纬仪、玻璃吸盘（图 2-74）、胶枪（图 2-75）等。

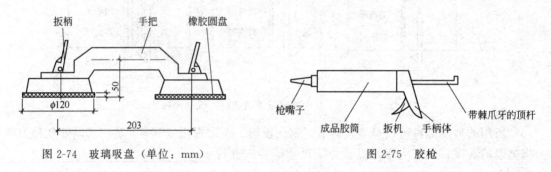

图 2-74 玻璃吸盘（单位：mm）　　　图 2-75 胶枪

3. 作业条件

(1) 主体结构完工，并达到施工验收规范的要求，现场清理干净，幕墙安装应在二次装修之前进行。

(2) 可能对幕墙施工环境造成严重污染的分项工程应安排在幕墙施工前进行。

(3) 应有土建移交的控制线和基准线。

(4) 幕墙与主体结构连接的预埋件，应在主体结构施工时按设计要求埋设。

(5) 吊篮等垂直运输设备安设就位。

(6) 脚手架等操作平台搭设就位。

(7) 幕墙的构件和附件的材料品种、规格、色泽和性能应符合设计要求。

(8) 施工前应编制施工组织设计。

四、施工操作程序与操作要点

玻璃幕墙的强度、稳定性、抗震、防火、防水、隔声、避雷等技术要求非常高。玻璃幕墙的制作、设计、安装，必须由相应资质的施工单位进行。

玻璃幕墙的安装形式有散装式和单元式两种。

1. 散装式安装

散装式安装又称分件式安装或元件式组装，是在施工现场将玻璃幕墙各散装的构件——铝合金框材、玻璃、填充层和内衬墙等按一定顺序进行分件组装成幕墙的施工方式。

(1) 明框玻璃幕墙安装

① 工艺流程　测量放线→横梁、立柱装配→楼层紧固件安装→安装立柱并抄平、调整→安装横梁→安装保温镀锌钢板→在镀锌钢板上焊铆螺钉→安装层间保温矿棉→安装楼层封闭镀锌板→安装单层玻璃窗密封条、卡→安装单层玻璃→安装双层中空玻璃密封条、卡→安装双层中空玻璃→安装侧压力板→镶嵌密封条→安装玻璃幕墙铝盖条→清扫→验收、交工。

② 施工要点

a. 测量放线　首先对主体结构的质量（如垂直度、水平度、平整度及预留孔洞、埋件等）进行检查，做好记录，如有问题应提前进行剔凿处理。根据检查的结果，调整幕墙与主体结构的间隔距离。

校核建筑物的轴线和标高，依据幕墙设计施工图纸，弹出玻璃幕墙安装位置线。

在工作层上放出 x、y 轴线，用激光经纬仪依次向上定出轴线。再根据各层轴线定出楼板预埋件的中心线，并用经纬仪垂直逐层校核，再定各层连接件的外边线，以便与立柱连接。如果主体结构为钢结构，由于弹性钢结构有一定挠度，应在低风时测量定位（一般在早8点，风力在 1~2 级以下时）为宜，且要多测几次，并与原结构轴线复核、调整。

放线结束，必须建立自检、互检与专业人员复验制度，确保位置准确。

b. 立柱、横梁装配　主要是装配好立柱紧固件之间的连接件、横梁的连接件、安装镀锌钢板、立柱之间接头的内套管、外套管以及防水胶等。装配好横梁与立柱连接的配件及密封橡胶垫等。这项工作可在室内进行。

c. 安装立柱、横梁　立柱先与连接件连接，然后连接件再与主体结构埋件连接，立柱安装就位、调整后应及时紧固。横梁（即次龙骨）两端的连接件以及弹性橡胶垫，要求安装牢固，接缝严密，应准确安装在立柱的预定位置。同一楼层横梁应由下而上安装，安装完一层时应及时检查、调整、固定。安装偏差应符合规定。

幕墙安装的临时螺栓等在构件安装、就位、调整、紧固后应及时拆除。现场焊接或高强螺栓紧固的构件固定后，应及时进行防锈处理。幕墙中与铝合金接触的螺栓及金属配件应采用不锈钢或轻金属制品。不同金属的接触面应采用垫片作隔离处理。

立柱常用的固定办法有两种：一种是将立柱型钢连接件与预埋铁件依弹线位置焊牢；另一种是将立柱型钢连接件与主体结构上的膨胀螺栓锚固。

预埋铁件在主体结构施工埋置后产生的偏差，必须在连接件焊接时进行接长处理。连接件与预埋件连接时，必须保证焊接质量。

采用膨胀螺栓时，钻孔应避开钢筋，螺栓埋入深度应能保证满足规定的抗拔能力。

连接件一般为型钢，形状随幕墙结构立柱形式变化和埋置部位变化而不同。连接件安装后，可进行立柱的连接。

立柱一般每2层1根，通过紧固件与每层楼板连接。如图 2-76、图 2-77 所示。立柱安装完一根，即用水平仪调平、固定。将立柱全部安装完毕，并复验其间距、垂直度后，即可安装横梁。

横梁杆件型材的安装，如果是型钢，可焊接，亦可用螺栓连接。焊接时，因幕墙面积较大，焊点多，要排定一个焊接顺序，防止幕墙骨架的热变形。固定横梁的另一种办法是：用一穿插件将横梁穿担在穿插件上，然后将横梁两端与穿插担件固定，并保证横梁、立柱间有一个微小间隙便于温度变化伸缩。穿插件用螺栓与立柱固定。在采用铝合金横立柱型材时，两者间的固定多用角钢或角铝作为连接件，如图 2-78 所示。

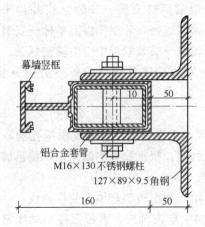

图 2-76　幕墙立柱固定（单位：mm）

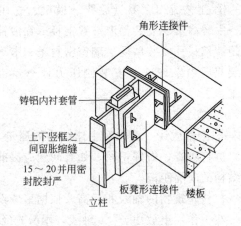

图 2-77　连接件的连接（单位：mm）

如横梁两端套有防水橡胶垫，则套上胶垫后的长度较横杆位置长度稍有增加（约 4mm）。安装时，可用木撑将立柱撑开，装入横梁，拿掉支撑，则将横梁胶垫压缩，这样有较好的防水效果。

d. 玻璃幕墙其他主要附件安装　有热工要求的幕墙，保温部分宜从内向外安装。当采用内衬板时，四周应套装弹性橡胶密封条，内衬板与构件接缝应严密；内衬板就位后，应进行密封处理。

固定防火保温材料应锚钉牢固，防火保温层应平整，拼接处不应留缝隙。

冷凝水排出管及附件应与水平构件预留孔连接严密，与内衬板出水孔连接处应设橡胶密封条。其他通气留槽孔及雨水排出口等应按设计施工，不得遗漏。

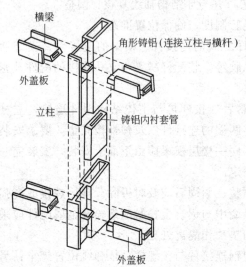

图 2-78　横梁与立柱通过角铝连接

e. 玻璃安装　幕墙玻璃骨架结构的类型不同，玻璃的固定方法也有差异。

型钢骨架，因型钢没有镶嵌玻璃的凹槽，一般要用窗框过渡。可先将玻璃安装在铝合金窗框上，而后再将窗框与型钢骨架连接。

铝合金型材骨架已将玻璃固定的凹槽同整个截面一次挤压成型。玻璃安装工艺与铝合金窗框安装一样。注意立柱和横梁玻璃安装构造的处理。

立柱安装玻璃时，先在内侧安上铝合金压条，然后将玻璃放入凹槽内，再用密封材料密封。如图 2-79 所示。

横梁装配玻璃与立柱在构造上不同，横梁支承玻璃的部分呈倾斜，要排除因密封不严流入凹槽内的雨水，外侧须用一条盖板封住。如图 2-80 所示。

玻璃幕墙玻璃安装的要求：热反射玻璃安装应将镀膜面朝向室内，非镀膜面朝向室外；玻璃安装前应将表面尘土和污物擦拭干净；玻璃与构件不得直接接触；玻璃四周与构件凹槽底应保持一定空隙，每块玻璃下部应设不少于 2 块弹性定位垫块；垫块的宽度与槽口宽度应相同，长度不应小于 100mm；玻璃两边嵌入量及空隙应符合设计要求；玻璃四周橡胶条应

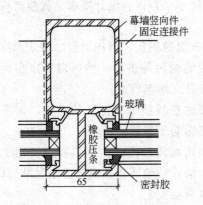

图 2-79 立柱玻璃的安装（单位：mm）

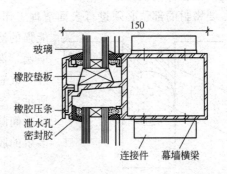

图 2-80 横梁玻璃的安装（单位：mm）

按规定型号选用，镶嵌应平整，橡胶条长度宜比边框内槽口长 1.5‰～2‰，其断口应留在四角；斜面断开后应拼成预定的设计角度，并应用胶黏剂粘贴牢固后嵌入槽内。

玻璃幕墙四周与主体结构之间的缝隙，应采用防火的保温材料填塞；内外表面应采用密封胶连续封闭，接缝应严密不漏水。

铝合金装饰压板应符合设计要求，表面应平整，色彩应一致，不得有肉眼可见的变形、波纹和凸凹不平，接缝应均匀严密。

(2) 隐框玻璃幕墙安装

① 工艺流程　测量放线→固定支座的安装→立柱、横杆的安装→玻璃组件的安装→玻璃组件间的密封及周边收口处理→防火隔层处理→清洁。

② 施工要点

a. 玻璃组件的安装　隐框玻璃幕墙的玻璃安装及其间的密封，与明框玻璃幕墙不同。玻璃通过玻璃组件安装于幕墙骨架，如图 2-81 所示。玻璃的硅酮结构胶注胶工作应在工厂进行。

安装玻璃组件前，要对组件结构进行认真地检查，结构胶固化后的尺寸要符合设计要求，同时要求胶缝饱满平整，连续光滑，玻璃表面不应有超标准的损伤及脏物。

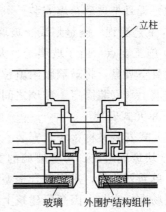

图 2-81 隐框玻璃幕墙玻璃的安装

在玻璃组件放置到主梁框架后，在固定件固定前要逐块调整好组件相互间的齐平及间隙的一致。板间表面的齐平采用刚性的直尺或铝方通料来进行测定，不平整的部分应调整固定块的位置或加入垫块。板间间隙的一致，可采用半硬材料制成标准尺寸的模块，插入两板间的间隙，确保间隙一致。在组件固定后取走插入的模块，以保证板间有足够的位移空间。在幕墙整幅沿高度或宽度方向尺寸较大时，注意安装过程中的积累误差，适时进行调整。

b. 玻璃组件间的密封及周边收口处理　玻璃组件间的密封是确保隐框幕墙密封性能的关键，密封胶表面处理是隐框幕墙外观质量的主要衡量标准。必须正确放置好组件位置和防止密封胶污染玻璃。

逐层实施组件间的密封工序前，检查衬垫材料的尺寸是否符合设计要求。衬垫材料多为闭孔的聚乙烯发泡体。

要密封的部位必须进行表面清理工作。先要清除表面的积灰，再用类似二甲苯等挥发性能强的溶剂擦除表面的油污等脏物，然后用干净布再清擦一遍，保证表面干净并无溶剂存在。

放置衬垫时，要注意衬垫放置位置的正确，如图2-82所示，过深或过浅都影响工程的质量。

间隙间的密封采用耐候胶灌注，注完胶后要用工具将多余的胶压平刮去，清除玻璃或铝板面的多余黏结胶。

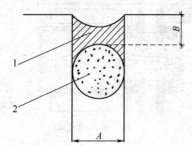

图 2-82　衬垫及密封处理
1—耐候密封胶；2—衬垫材料
$A：B=2：1；B>3.5mm$

(3) 挂架式玻璃幕墙安装

① 工艺流程　测量放线→固定支座的安装→立柱安装→焊装挂件→玻璃安装→玻璃密封及周边收口处理→清洁。

② 施工要点

a. 立柱安装　全部幕墙只有立柱，所有玻璃通过挂件挂于立柱上，如图2-70所示，或者通过挂件直接挂于楼层结构上。

自幕墙中心向两边做立柱和边框，并保证其垂直及间距。

b. 焊装挂件　用与玻璃同尺寸同孔的模具，校正每个挂件的位置，以确保准确无误。

c. 玻璃安装　采用吊架自上而下地安装玻璃，并用挂件固定。

d. 玻璃密封　用硅胶进行每块玻璃之间的缝隙密封处理，及时清理余胶。

(4) 无骨架玻璃幕墙安装

① 工艺流程　测量划线→玻璃支座的固定→玻璃安装→周边收口处理→清洁。

② 施工要点　由于玻璃长、大、重，施工时一般采用机械化施工方法，即在叉车上安装电动真空吸盘，将玻璃吸附就位，操作人员站在玻璃上端两侧搭设的脚手架上，用夹紧装置将玻璃上端安装固定。玻璃之间用硅胶嵌缝密实。

2. 单元式安装

单元式安装又称板块式安装。一般是根据玻璃幕墙的结构形式进行单元划分，每一单元有3~8块玻璃组成，每块玻璃的宽度不宜超过1.5m，高度不宜超过3~3.5m，如图2-83所示。单元划分后，进行铝合金型材加工、框架组合、到玻璃组装在车间内进行完毕，最后运到现场进行安装。因高层建筑上空风速大，透气窗、风景窗不宜做平开窗，大多数用上悬窗和推拉窗。

(1) 工艺流程　测量放线→检查预埋T形槽位置→穿入螺钉→固定牛腿并找正→牛腿精确找正→焊接牛腿→将V形和W形胶带大致挂好→起吊幕墙并垫减振胶垫→紧固螺丝→调整幕墙平直→塞入和热压接防风带→安设室内窗台板、内扣板→填塞与梁、柱间的防火、保温材料。

(2) 施工要点

① 牛腿安装　测量放线后，在建筑物上固定幕墙，首先要安装好牛腿铁件。在土建结构施工时应按设计要求将固定牛腿铁件的T形槽预埋在每层楼板（梁、柱）的边缘或墙面上。当主体结构为钢结构时，连接件可直接焊接或用螺栓固定在主体结构上；当主体结构为钢筋混凝土结构时，如施工能保证预埋件位置的精度，可采用在结构上

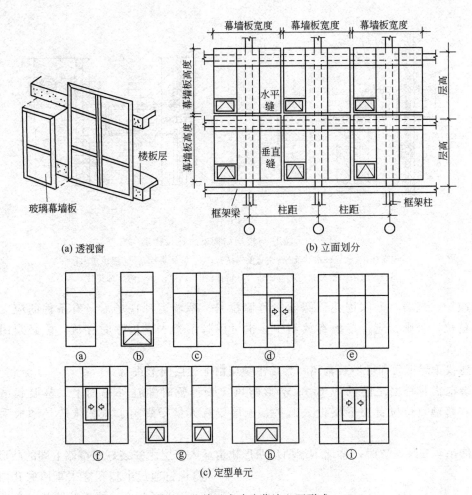

图 2-83 单元式玻璃幕墙立面形式

预埋铁件或 T 形槽来固定连接件，否则应采用在结构上钻孔安装金属膨胀螺栓来固定连接件。

连接件上所有的螺栓孔应为长圆形孔，使板块式玻璃幕墙的安装位置能在 x、y、z 三个方向进行调整。

牛腿安装前，用螺钉先穿入 T 形槽内，再将铁件初次就位，就位后进行精确找正。牛腿找正是幕墙施工中重要的一环，它的准确与否将直接影响幕墙安装质量。

水平找正时可用 $(1\sim4)\text{mm}\times40\text{mm}\times300\text{mm}$ 的镀锌钢板条垫在牛腿与混凝土表面进行调平。当牛腿初步就位时，要将两个螺丝稍加紧固，待一层全部找正后再将其完全紧固，并将牛腿与 T 形槽接触部分焊接，如图 2-84 所示。牛腿各零件间也要进行局部焊接，防止位移。凡焊接部位均应补刷防锈油漆。

牛腿的找正和幕墙安装要采取"四四法"，即当找正八层牛腿时，只能吊装 4 层幕墙。切不可找正多少层牛腿，随即安装多少层幕墙，那样则无法依据已找正的牛腿，作为其他牛腿找正的基准。

② 幕墙的吊装和调整　幕墙由工厂整榀组装后，经质检人员检验合格后，方可运往现场。幕墙必须采取立运，切勿平放，应用专用车辆进行运输。幕墙与车架接触面要垫

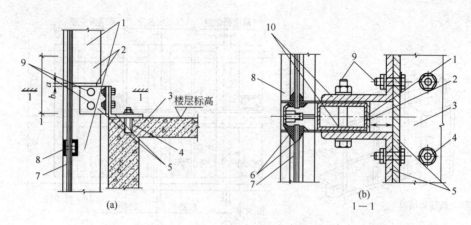

图 2-84 立柱与楼层结构支承连接构造
1—立柱；2—立柱滑动支座；3—楼层结构；4—膨胀螺栓；5—连接角钢；
6—橡胶条和密封胶；7—玻璃；8—横杆；9—螺栓；10—防腐蚀垫片

好毛毡减振、减磨，上部用花篮螺丝将幕墙拉紧。幕墙运到现场后，有条件的应立即进行安装就位，否则，应将幕墙存放箱中，也可用脚手架木支搭临时存放，但必须用苦布遮盖。

牛腿找正焊牢后即可吊装幕墙，幕墙吊装应由下逐层向上进行。

吊装前需将幕墙之间的 V 形和 W 形防风橡胶带暂时铺挂外墙面上。幕墙起吊就位时，应在幕墙就位位置的下层设人监护，上层要有人携带螺钉、减振橡胶垫和扳手等准备紧固。

幕墙吊至安装位置时，幕墙下端两块凹形轨道插入下层已安装好的幕墙上端的凸形轨道内，将螺钉通过牛腿孔穿入幕墙螺孔内，螺钉中间要垫好两块减振橡胶圆垫。幕墙上方的方管梁上焊接的两块定位块，坐落在牛腿悬挑出的长方形橡胶块上，用两个六角螺栓固定，如图 2-85 所示。

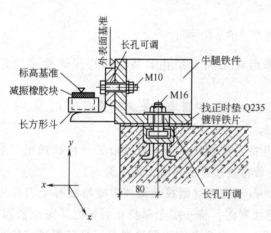

图 2-85 牛腿三维测量定位示意（单位：mm）

幕墙吊装就位后，通过紧固螺栓、加垫等方法进行水平、垂直、横向三个方向调整，使幕墙横平竖直，外表一致。

③ 塞焊胶带　幕墙与幕墙之间的间隙用 V 形和 W 形橡胶带（图 2-86）封闭，胶带两侧的圆形槽内，用一条 $\phi 6mm$ 圆胶棍将胶带与铝框固定。胶带遇有垂直和水平接口时，可用专用热压胶带电炉将胶带加热后压为一体。

④ 填塞保温、防火材料　幕墙内表面与建筑物的梁柱间，四周均有约 200mm 间隙，间隙应按防火要求进行收口处理，用轻质防火材料充塞严实。空隙上封铝合金装饰板，下封大于 0.8mm 厚的镀锌钢板，并宜在幕墙后面粘贴黑色非燃织品，如图 2-87 所示。

施工时，必须使轻质耐火材料与幕墙内侧锡箔纸接触部位粘贴严实，不得有间隙，不得

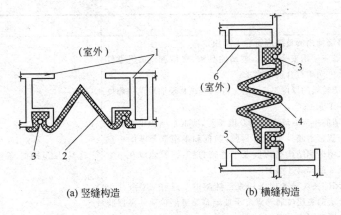

(a) 竖缝构造　　　　　(b) 横缝构造

图 2-86　低发泡间隔双面胶带的使用

1—左右单元；2—V 形胶带；3—橡胶棍；4—W 形胶带；5—下单元；6—上单元

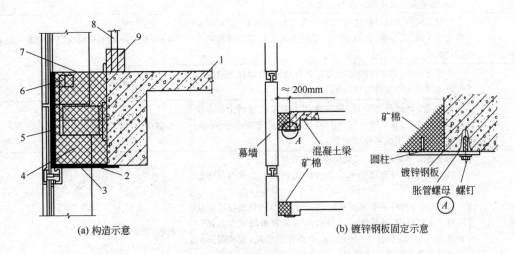

(a) 构造示意　　　　　(b) 镀锌钢板固定示意

图 2-87　间隙的防火处理

1—楼层结构；2—镀锌钢板；3—铁丝网；4—轻质耐火材料；5—黑色非燃织品；6—上封板支承；
7—上部铝合金板；8—室内栏杆；9—踢脚

松动，否则将达不到防火和保温要求。

五、玻璃幕墙施工质量要求

适用于建筑高度不大于 150m、抗震设防烈度不大于 8 度的隐框玻璃幕墙、半隐框玻璃幕墙、明框玻璃幕墙、全玻璃幕墙及点支承玻璃幕墙工程的质量验收。

1. 主控项目（见表 2-23）

表 2-23　玻璃幕墙主控项目

项次	项　目	检　验　方　法
1	玻璃幕墙工程所使用的各种材料、构件和组件的质量，应符合设计要求及国家现行产品标准和工程技术规范的规定	检查材料、构件、组件的产品合格证书、进场验收记录、性能检测报告和材料的复验报告
2	玻璃幕墙的造型和立面分格应符合设计要求	观察；尺量检查

续表

项次	项 目	检验方法
3	玻璃幕墙使用的玻璃应符合下列规定： (1)幕墙应使用安全玻璃，玻璃的品种、规格、颜色、光学性能及安装方向应符合设计要求； (2)幕墙玻璃的厚度不应小于6mm，全玻幕墙肋玻璃的厚度不应小于12mm； (3)幕墙的中空玻璃应采用双道密封，明框幕墙的中空玻璃应采用聚硫密封胶及丁基密封胶；隐框和半隐框幕墙的中空玻璃应采用硅酮结构密封胶及丁基密封胶；镀膜面应在中空玻璃的第2面或第3面上； (4)幕墙的夹层玻璃应采用聚乙烯醇缩丁醛(PVB)胶片干法加工合成的夹层玻璃。点支承玻璃幕墙夹层玻璃的夹层胶片(PVB)厚度不应小于0.76mm； (5)钢化玻璃表面不得有损伤；8mm以下的钢化玻璃应进行引爆处理； (6)所有幕墙玻璃均应进行边缘处理	观察；尺量检查；检查施工记录
4	玻璃幕墙与主体结构连接的各种预埋件、连接件、紧固件必须安装牢固，其数量、规格、位置、连接方法和防腐处理应符合设计要求	观察；检查隐蔽工程验收记录和施工记录
5	各种连接件、紧固件的螺栓应有防松动措施；焊接连接应符合设计要求和焊接规范的规定	观察；检查隐蔽工程验收记录和施工记录
6	隐框或半隐框玻璃幕墙，每块玻璃下端应设置两个铝合金或不锈钢托条，其长度不应小于100mm，厚度不应小于2mm，托条外端应低于玻璃外表面2mm	观察；检查施工记录
7	明框玻璃幕墙的玻璃安装应符合下列规定： (1)玻璃槽口与玻璃的配合尺寸应符合设计要求和技术标准的规定； (2)玻璃与构件不得直接接触，玻璃四周与构件凹槽底部应保持一定的空隙，每块玻璃下部应至少放置两块宽度与槽口宽度相同、长度不小于100mm的弹性定位垫块；玻璃两边嵌入量及空隙应符合设计要求； (3)玻璃四周橡胶条的材质、型号应符合设计要求，镶嵌应平整，橡胶条长度应比边框内槽长1.5%～2.0%，橡胶条在转角处应斜面断开，并应用胶黏剂粘贴牢固后嵌入槽内	观察；检查施工记录
8	高度超过4m的全玻幕墙应吊挂在主体结构上，吊夹具应符合设计要求，玻璃与玻璃、玻璃与玻璃肋之间的缝隙，应采用硅酮结构密封胶填嵌严密	观察；检查隐蔽工程验收记录和施工记录
9	点支承玻璃幕墙应采用带万向头的活动不锈钢爪，其钢爪间的中心距离应大于250mm	观察；尺量检查
10	玻璃幕墙四周、玻璃幕墙内表面与主体结构之间的连接节点、各种变形缝、墙角的连接节点应符合设计要求和技术标准的规定	观察；检查隐蔽工程验收记录和施工记录
11	玻璃幕墙应无渗漏	在易渗漏部位进行淋水检查
12	玻璃幕墙结构胶和密封胶的打注应饱满、密实、连续、均匀、无气泡，宽度和厚度应符合设计要求和技术标准的规定	观察；尺量检查；检查施工记录
13	玻璃幕墙开启窗的配件应齐全，安装应牢固，安装位置和开启方向、角度应正确；开启应灵活，关闭应严密	观察；手扳检查；开启和关闭检查
14	玻璃幕墙的防雷装置必须与主体结构的防雷装置可靠连接	观察；检查隐蔽工程验收记录和施工记录

2. 一般项目（见表 2-24～表 2-28）

表 2-24　玻璃幕墙一般项目

项次	项目	检验方法
1	玻璃幕墙表面应平整、洁净；整幅玻璃的色泽应均匀一致；不得有污染和镀膜损坏	观察
2	每平方米玻璃的表面质量和检验方法应符合表 2-25 的规定	见表 2-25
3	一个分格铝合金型材的表面质量和检验方法应符合表 2-26 的规定	见表 2-26
4	明框玻璃幕墙的外露框或压条应横平竖直，颜色、规格应符合设计要求，压条安装应牢固。单元玻璃幕墙的单元拼缝或隐框玻璃幕墙的分格玻璃拼缝应横平竖直、均匀一致	观察；手扳检查；检查进场验收记录
5	玻璃幕墙的密封胶缝应横平竖直、深浅一致、宽窄均匀、光滑顺直	观察；手摸检查
6	防火、保温材料填充应饱满、均匀，表面应密实、平整	检查隐蔽工程验收记录
7	玻璃幕墙隐蔽节点的遮封装修应牢固、整齐、美观	观察；手扳检查
8	明框玻璃幕墙安装的允许偏差和检验方法应符合表 2-27 的规定	见表 2-27
9	隐框、半隐框玻璃幕墙安装的允许偏差和检验方法应符合表 2-28 的规定	见表 2-28

表 2-25　每平方米玻璃的表面质量和检验方法

项次	项目	质量要求	检验方法
1	明显划伤和长度＞100mm 的轻微划伤	不允许	观察
2	长度≤100mm 的轻微划伤	≤8 条	用钢尺检查
3	擦伤总面积	≤500mm²	用钢尺检查

表 2-26　一个分格铝合金型材的表面质量和检验方法

项次	项目	质量要求	检验方法
1	明显划伤和长度＞100mm 的轻微划伤	不允许	观察
2	长度≤100mm 的轻微划伤	≤2 条	用钢尺检查
3	擦伤总面积	≤500mm²	用钢尺检查

表 2-27　明框玻璃幕墙安装的允许偏差和检验方法

项次	项目		允许偏差/mm	检验方法
1	幕墙垂直度	幕墙高度≤30m	10	用经纬仪检查
		30m＜幕墙高度≤60m	15	
		60m＜幕墙高度≤90m	20	
		幕墙高度＞90m	25	
2	幕墙水平度	幕墙幅度≤35m	5	用水平仪检查
		幕墙幅度＞35m	7	
3	构件直线度		2	用 2m 靠尺和塞尺检查

续表

项次	项目		允许偏差/mm	检验方法
4	构件水平度	构件长度≤2m	2	用水平仪检查
		构件长度>2m	3	
5	相邻构件错位		1	用钢直尺检查
6	分格框对角线长度差	对角线长度≤2m	3	用钢尺检查
		对角线长度>2m	4	

表 2-28　隐框、半隐框玻璃幕墙安装的允许偏差和检验方法

项次	项目		允许偏差/mm	检验方法
1	幕墙垂直度	幕墙高度≤30m	10	用经纬仪检查
		30m<幕墙高度≤60m	15	
		60m<幕墙高度≤90m	20	
		幕墙高度>90m	25	
2	幕墙水平度	层高≤3m	3	用水平仪检查
		层高>3m	5	
3	幕墙表面平整度		2	用2m靠尺和塞尺检查
4	板材立面垂直度		2	用垂直检测尺检查
5	板材上沿水平度		2	用1m水平尺和钢直尺检查
6	相邻板材板角错位		1	用钢直尺检查
7	阳角方正		2	用直角检测尺检查
8	接缝直线度		3	拉5m线,不足5m拉通线,用钢直尺检查
9	接缝高低差		1	用钢直尺和塞尺检查
10	接缝宽度		1	用钢直尺检查

六、玻璃幕墙施工质量的通病与防治

1. 支座节点安装

（1）预埋件

① 通病现象　预埋钢板位置、标高、前后偏差大，支座钢板连接处理不当，影响结点受力和幕墙的安全。

② 产生原因　设置预埋件时，基准位置不准；设置预埋件时，控制不严；设置预埋件时，钢筋捆扎不牢或不当，混凝土模板支护不当，混凝土捣固时，发生胀模、偏模；混凝土捣固后预埋件变位。

③ 防治措施　按标准线进行复核找准基准线，标定永久坐标点，以便检查测量时参照使用；预埋件固定后，按基准标高线、中心线对分格尺寸进行复查，按规定基准位置支设预埋件；加强钢筋捆扎检查，在浇筑混凝土时应经常观察及测量预埋件情况，当发生变形时立即停止浇灌，进行调整、排除；为了防止预埋件的尺寸、位置出现位移或偏差过大，土建施工单位与幕墙安装单位在预埋件放线定位时密切配合，共同控制各自正确尺寸，否则预埋件的质量不符合设计或规范要求，将直接影响安装质量及工程进度；对已产生偏差的预埋件，

要订出合理的施工方案进行处理，详细处理方案见规范（GB 50210—2001）3.1.2中"预埋件尺寸偏差处理"。

（2）预埋件钢板锚固、焊接

① 通病现象　预埋件钢板锚固中的钢板厚度及锚筋长度、直径不符合规范要求；焊缝质量差，不符合规范要求。

② 产生原因　设计、加工不符合规范要求；焊接不符合规范要求。

③ 防治措施　按《玻璃幕墙工程技术规范》（JGJ 102）有关章节内容执行。其钢材锚板要求为Q235钢，锚板厚度应大于锚筋直径的0.6倍；锚筋采用Ⅰ级或Ⅱ级钢筋，不得采用冷加工钢筋，受力锚筋不宜少于4根，直径不宜小于8mm，其长度在任何情况下不得小于250mm；焊接时应执行国家《钢结构设计规范》（GDJ 17）的规定，直钢筋与锚板应采用T形焊。锚筋直径不大于20mm时，宜采用压力埋弧焊，手工焊缝不宜小6mm及0.5d（Ⅰ级钢筋）或0.6d（Ⅱ级钢筋）。

（3）支座结点三维微调设计

① 通病现象　支座节点未考虑三维方向微调位置，使安装过程中主梁无法调整，满足不了规范的要求。

② 产生原因　设计时未考虑此项要求。

③ 防治措施　在建筑施工中，国家对建筑物偏差有一定要求，在设计中可参照国家有关规范。在一般情况下，其三维微调尺寸可考虑水平调整在±20mm、进出位调整在±50mm、中心位偏差±30mm内进行设计，以适应建筑结构在国家标准中允许偏差内变动的要求；在设计支座时，应充分考虑建筑物允许的最大偏差数据，以满足幕墙的施工要求。因主体变动一般是不大可能的，只有在幕墙设计中的三维调整来满足工程的要求。

（4）支座焊接防腐

① 通病现象　支座各连接点在主梁调整后施焊，破坏了原镀锌防腐而未加处理，施工不符合设计及规范要求，导致玻璃幕墙留下隐患，影响幕墙的安全使用。

② 产生原因　施工中未能做好安全技术交底，施工人员对图纸规范未能领会；未按图纸要求施工；施工中未按国家有关规范要求进行施工。

③ 防治措施　施工前认真做好施工安全技术交底和记录，并且落实到各级施工人员；所有钢件必须热镀锌处理；认真落实执行有关规范，并且做好隐蔽工程验收和记录，对不合格产品返工重修；在钢支座焊接质量检查评定并符合标准规范后，方可实施涂漆工序，且除锈、涂防腐漆及面漆亦应符合规范要求。

（5）支座节点紧固

① 通病现象　节点有松动或过紧现象，在外力作用下或温度变化大时产生异常响声。

② 产生原因　幕墙支座节点调整后未进行焊接，引起支点处螺栓松动；或多点连接支点上螺栓上得太紧及芯套太紧。

③ 防治措施　在幕墙主梁安装调整完后，对所有的螺栓必须拧紧，按图纸要求采取不可拆的永久防松，对有关节点进行焊接，避免幕墙在三维方面可调尺寸内松动，其焊接要求按钢结构焊接要求执行；主梁芯套与主梁的配合必须为动配合，并符合铝材高精级尺寸配合要求，不能硬敲芯套入主梁内。

（6）测量放线定位

① 通病现象　安装后玻璃幕墙与施工图所规定位置尺寸不符且超差过大。

② 产生原因　测量放线时放基准线有误差；测量放线时未消除尺寸累计误差。

③ 防治措施　在测量放线时，按制定的放线方案，取好永久坐标点，以备施工过程中随时参照使用；放线测量时，注意消除累积误差，避免累积误差过大；在主梁安装调整后先不要将支点固定，要用测量仪器对调整完后的主梁进行测量检查，在满足国家规范要求后才能将支点固定。

（7）螺栓锚定　采用普通膨胀螺栓锚定而不做抗拔力检测，会对安全使用性留下隐患。在施工中，要求施工人员一定要按设计和厂家要求控制好钻孔直径和深度。

2. 玻璃板块组件制作及注胶

（1）玻璃及铝框

① 通病现象　下料、加工后的零件几何尺寸出现偏大或偏小，达不到设计规定尺寸要求，超出国家行业标准的尺寸规定。

② 产生原因　原材料质量不符合要求；设备和量具达不到加工精度；下料、加工前未进行设备和量具校正调整；下料、加工过程中，各道工序没有做好自检工作。

③ 防治措施　严格执行原材料质量检验标准，禁用不合格的材料；认真看图纸，按要求下料、加工。每道工序都必须进行自检。

（2）注胶质量

① 通病现象　不按操作要求注胶，技术差操作马虎，注胶不密实饱满，有气泡。

② 产生原因　没有严格执行注胶操作规定要求；操作不娴熟，甚至未培训上岗；在更换碰凹变形的胶桶时，在倒胶过程中混入空气；注胶机出现故障。

③ 防治措施　严格注胶操作规定要求；严禁未培训人员上岗操作，操作时应均匀缓慢移动注胶枪嘴；放净含有气泡的胶后再进行构件的注胶；加强注胶机的维护和保养。

（3）胶缝质量

① 通病现象　胶缝宽不均匀，缝面不平滑、不清洁，胶缝内部有孔隙。

② 产生原因　玻璃边凹凸不平；双面胶条粘贴不平直；注胶不饱满；胶缝修整不平滑，不清洁。

③ 防治措施　玻璃裁割后必须进行倒棱、倒角处理；双面胶条粘贴应规范、平直；注胶时应均匀缓慢移动枪嘴，确保填充饱满；缝口外溢出的胶应用力向缝面压实，并刮平整，清除多余的胶渍。

注胶前要采用合格的清洁剂清洗，如二甲苯、丙酮等彻底将打胶构件表面清除干净。注胶后，平置固化时间控制要严格，避免固化保养期内的构件经常挪动，确保有足够时间进行固化保养。

（4）玻璃在铝框上的位置不正

① 通病现象　玻璃放置在铝框上的位置不正，产生偏移或歪斜。

② 产生原因　玻璃、铝框尺寸与设计尺寸不符；操作不当引起双面胶条粘贴错位；组装后铝框变形，玻璃下料不方；装配人员责任心不强，技术不精，装配好的构件未做最后检验和校正。

③ 防治措施　按图施工，加强工序管理；组装后，应检查校正变形的铝框；严格执行操作规程，杜绝蛮干的工作态度。

3. 立柱、横梁制作安装

（1）横梁

① 通病现象　横梁加工未留出伸缩间隙或间隙过大。

② 产生原因　设计时未考虑温差变化和装配误差因素；加工时存在尺寸误差。

③ 防治措施　设计时考虑温差变化因素及装配误差，留好伸缩间隙；严格按图纸加工和检验，不合格品不出厂、不施工。

(2) 柔性垫片

① 通病现象　横梁与立柱接触面未设柔性垫片，温差变化或风力作用下产生噪声。

② 产生原因　设计时未考虑温差及风力因素；未严格按要求施工。

③ 防治措施　设计时要考虑温差变化及风力作用可能产生的摩擦噪声，横梁与立柱接触面设柔性垫片；严格按图施工。

(3) 横梁、窗框排水、泄水

① 通病现象　横梁、窗框排水、泄水做法不当；不符合"等压原理"。有积水或渗漏现象。

② 产生原因　设计不当，不符合"等压原理"；施工时未做密封处理或密封处理不当。

③ 防治措施　按"等压原理"进行结构设计；加强施工管理，易渗漏部分做好密封处理；对易产生冷凝水的部位应设置冷凝水排水管道；开启部分设置滴水线及挡水板，用适当的密封材料进行密封处理。

(4) 严格按标准选用钻头，锁紧紧固件

4. 玻璃板块组件

(1) 对缝不平齐，墙面不平整，超标

① 通病现象　在施工完毕的幕墙，对缝不平齐，幕面不平整，影响外观效果。

② 产生原因　主梁变形量大，超出国家铝材验收标准；玻璃切割尺寸超差；组框生产时，对角线超标；安装主梁时其垂直度达不到标准要求；组框和主横梁结构及材料选用有问题。

③ 防治措施　严格控制进料关，特别是主梁的检查应严格按国家标准进行检验，不合格退货；加强玻璃裁割尺寸检验和控制，其尺寸如有超差则退货处理；在注胶生产中，严格控制组框尺寸，特别要检查和控制好对角线尺寸；主梁安装时，调整好尺寸后再行固定、焊接；组框和主梁结构的选料要合适。

(2) 勾块（压块）部位

① 通病现象　选用勾块（压块）固定玻璃组件时，可能产生固定不良，或者勾块（压块）数量、间距与设计不符。在一定风压下，表面变形，甚至玻璃组件脱落。

② 产生原因　设计时考虑不细，在有条件不用压块固定时仍采用了压块式固定；施工人员未做好安全技术交底，现场管理不到位；现场检验、控制不完善；螺纹底孔直径不合适。

③ 防治措施　加强设计工作，在有条件的情况下，尽量少采用压块式固定方法固定玻璃组件；认真做好安全技术交底工作，使施工人员树立质量意识，认真按图施工；严格"三检"制，在上一工序施工完后，经过质检人员检查合格后，才能进入下一工序；在攻钻底孔前要按标准要求进行选配钻头，而在有条件的情况下，采用自攻螺丝既节约时间又能满足要求。

(3) 活动窗的安装

① 通病现象　活动窗扇不灵活，缝隙不严密，有漏水、漏气现象。

② 产生原因　铰链质量不好；安装调整不当；密封胶条材质不好。

③ 防治措施　选择质量好的铰链；铰链按要求进行安装及调整，做到开关灵活，密封性能好；按设计材质要求选购优质胶条。在开启窗的设计上，要考虑扇上避水结构，如在扇上设高滴水或内排水结构，防止水直接进入到防水胶条上。

(4) 隐框下托块

① 通病现象　隐框幕墙或竖明横隐幕墙下口不装或漏装下托块，其托块位置固定不牢，或和玻璃接触处未放胶垫块形成硬接触。

② 产生原因　设计图要求不明确；施工人员未能领会图纸；管理不当。

③ 防治措施　设计上要认真落实规范的要求，图纸上注明托块的位置尺寸；加强对施工人员的安全技术交底，领会图纸，认真落实；加强管理，严格按图纸施工。

(5) 横梁施工

① 通病现象　横梁支承块固定不牢，安装时土建湿作业未完又未加防护造成污染，安装玻璃时不清理。

② 产生原因　技术交底未做好，现场施工人员对要求不清楚；现场管理未到位；未按顺序要求安装横梁，在湿作业未完时，横梁已就位施工。

③ 防治措施　认真做好技术交底工作，并落实到现场施工所有人员；加强现场管理，每完成一层都要对其进行检查、调正、校正、固定，使其符合质量要求；安装横梁一般要在土建湿作业完工后进行，在其施工顺序上，就整栋而言，应从上到下，而每一层安装应从下至上。

(6) 耐候胶的填塞

① 通病现象　采用聚乙烯发泡材料填缝时位置深浅不一，耐候胶厚度不符合要求，缝内注胶不密实，胶缝不平直、不光滑，玻璃表面不清洁，有污染。

② 产生原因　不按图纸要求施工；未按施工工艺要求操作；在注胶前未进行清洁工作。

③ 防治措施　施工人员必须认真按技术交底要求，严格按图纸施工；严格按工艺要求操作，表面注胶应按如下程序进行：填聚乙烯发泡材料→缝内清洁（用二甲苯或天那水）→玻璃表面贴防止污染胶纸→注填耐候胶→压剂填充耐候胶，使胶表面平滑光顺→将纸胶带撕开；注意施工中的清洁，玻璃注胶过程中严禁将剩余胶或含胶物粘在玻璃表面，在拆架之前用中性清洁剂清洁表面。

5. 防火防雷措施

(1) 防火保温

① 通病现象　防火层托板位置不在横梁上或与玻璃接触；同层防火区间隔未作竖向处理；防火层铺填有空隙，不严实（如用散棉）；防火托板固定不牢；保温材料铺设不规范，未留空气层。

② 产生原因　由于外观设计要求或其他原因，使大玻璃分格跨越两个防火区；横梁标高与建筑楼层标高不一致；同层两防火分区隔墙中心线与幕墙立柱分格中心线不重合；竖向处理责任方不明确；施工不细致，防火层托板和防火岩棉切割外形与欲填充空间外形相差大；防火层托板固定点太少，固定点相隔距离过大。

③ 防治措施　设计时按规范作防火分区处理，尽量避免一大块玻璃跨越楼层上下两个防火区，如果因外观分格需要使横梁与楼层结构标高相距较远时，应采用镀锌钢板（δ为 1.3~2.0mm）或铝板（$\delta \geqslant 2$mm）以及其他防火装饰材料与横梁连接，形成防火分区；同

层防火分区间隔处理，应明确施工责任方，应用不燃烧材料隔开两区间；采用符合防火规范要求的材料，控制加工质量。板边缘缝隙应＜3mm，防火岩棉应填充密实，无缝隙；托板四周应根据被连接件材质不同选用合适的紧固件固定牢，两固定点之间间距以 350～450mm 为宜；保温材料与玻璃间留出宽度 $A \geqslant 50mm$ 的空气层，保温材料与室内空间也应采用隔气层隔开。

特别提示：防火设计的出发点在于防火分区的概念，而防火措施的采用从结构上、材料上保证防火区间的建立，以达到阻止火势、烟向其他区间蔓延的目的。

(2) 防雷

① 通病现象　幕墙防雷措施不完善，幕墙顶部有超出大楼雷闪器保护范围的部分；均压及均压环与建筑防雷网的连接引下线布置间距过大；均压与设均压环层的幕墙立柱间未导通；未设均压环楼层的幕墙立柱与固定在设均压环楼层的立柱间未连通；位于均压环处立柱上的横梁与立柱间未连通；接地电阻值过大，达不到规范要求；均压及引下线的焊接方法不对。

② 产生原因　未按建筑物防雷设计规范要求布置防雷设施；立柱与钢支座之间的防腐垫片、横梁两端的弹性橡胶垫的绝缘作用；上、下立柱之间通过芯套相接连通不畅；导电材料横截面积不够大，如所用钢材未经表面处理年久锈蚀，减少了对电流的导通面积；防雷装置用钢材之间焊接时没采用对面焊的方式，或搭接长度不够。

③ 防治措施　幕墙防雷框架的装置，距地 30m 以上的建筑部分，每隔三层设置一圈均压环，均压环每隔 15m（一类防雷幕墙）、18m（二类、三类防雷幕墙）和建筑物防雷网接通；30m 以下部分每隔 3～5m 与建筑物防雷系统引下线接通，幕墙顶部女儿墙的盖板（封顶），应置于避雷带保护角之下，或设计成直接接受雷击的接闪器每隔 12m（一类）、15m（二类）、18m（三类）与建筑物防雷网连接；增加连接可靠性方面，不妨采用旁路导通的方法来连接设均压环层的立柱和预埋件钢件，以及未设均压环层的立柱和设置均压层的立柱；同时设均压环处的立柱上的横梁两端不装弹性橡胶垫；防雷装置所用材料应符合规范。圆钢直径 $d=12mm$（一类）、$d=8mm$（二类、三类），扁钢厚度 $t \geqslant 4mm$，截面积 $S=240mm^2$（一类）、$S=150mm^2$（一类），尽量采用热镀锌件，或刷两道防锈漆；防雷装置焊接时，焊缝的搭接长度，圆钢不少于 $6d$，扁钢不少于 $2b$（b 为宽度）；检测时，冲击阻应分别达到小于 5Ω（一类）、10Ω（二类、三类）的要求。

特别提示：防雷设计中关键措施是有效接地网络的形成，有两个方面的意义：建筑物防雷接地装置和金属幕墙防雷接地装置完整性；上述两者连接的可靠性。

6. 封边、封顶处理

(1) 封边

① 通病现象　封边板直接与水泥砂浆接触，造成腐蚀；封边金属板处理不当，密封不好、漏水；封边构件固定不可靠，有松动。

② 产生原因　封边板未作防腐处理；封边板与封边板之间连接采用简单搭接，没作密封防水处理；封边板与外墙材料的结合部未打胶，或注胶不连续；封边板与墙直接打钉固定，墙体不平，铝板因变形浮出，或固定点间距太大。

③ 防治措施　参照铝门窗标准，全埋入水泥砂浆层内的铝封边板应涂防腐涂料（如沥青油），外露的作保护涂层处理或贴保护胶纸；封板连接处设置沟槽，注胶密封；封板与外

墙材料间留沟槽或形成倾角；注胶饱满、连续；对封板固定处墙体应找平装面，还可用先装胶塞再植入螺钉的方法固定封板。

(2) 封顶

① 通病现象　封顶处理不严密，造成顶部漏水；封顶铝板跨度过大，无骨架、有变形、平直度差；伸出封顶的金属栏杆及避雷带的接口注胶密封处理差，漏水且不美观。

② 产生原因　封顶板之间接缝处理不当；板上贴有保护胶纸，铝板和密封胶间形成缝隙；注胶面的脏物或水蒸气造成密封不严；设计不当或偷工省料，女儿墙顶未全覆盖；封顶板设计不合理，内部没加筋增加强度；土建墙体不平，出入大，而封板的连接无相应调整措施；吊篮作业时绳索压迫封顶板导致变形；伸出压顶的栏杆或避雷带竖杆位置不成直线，距离不定；安装压顶的工人作业不细致，开口过大或过小。

③ 防治措施　封顶板制成单元件，两两接口处留缝注胶，采用连续封板的，接缝处应加搭连接片，留缝注胶密封，外露连接铆钉也应涂胶处理；注胶面应清理干净，无水滴。女儿墙顶应用封顶板全部覆盖，如一级封顶不够宽，可采用二级；应合理设计封顶板跨度，根据强度要求设计内衬框架；考虑到有些作业会在其上面进行，应做铝材或钢材龙骨；铝封板与墙体固定连接处增设可供调节进出位的构件，必要时另做龙骨找平安装面；与做女儿墙顶栏杆或避雷带的承建商协商好安装顺序，先做竖杆，并尽可能有序安装。封顶安装工人应对杆件位置认真测量，准确定位，所加工孔径比钢杆杆径大 5~10mm。避雷线出线也可从女儿墙后稍低位置引出，绕过封顶板。

复习思考题

一、思考题

1. 不同材料的墙面抹灰前，如何进行基层处理？
2. 做灰饼、标筋有何作用？简述抹灰施工工艺流程和操作要点。
3. 简述内、外墙镶贴瓷砖施工的工艺流程和操作要点。
4. 在施工过程中，如何防治镶贴瓷砖饰面的质量通病？
5. 简述镶贴陶瓷锦砖施工的工艺流程和操作要点。
6. 石材饰面板有哪几种施工工艺？简述各自的施工工艺流程。
7. 分别简述湿作业法、干挂法安装墙面石材板块的操作要点。
8. 墙面安装石材板块质量要求有哪些？其质量通病主要有哪些？如何防治？
9. 简述铝合金板饰面施工的工艺流程及施工要点。
10. 简述不锈钢包柱饰面施工的工艺流程及施工要点。
11. 简述裱糊饰面施工的工艺流程及施工要点。
12. 裱糊饰面局部发生离缝、搭缝、翘边、空鼓、皱褶的原因和防治措施有哪些？
13. 简述木护墙板饰面施工的工艺流程及施工要点。
14. 简述橱柜制作与安装的工艺流程及施工要点。
15. 简述软包饰面施工的工艺流程。
16. 简述软包墙面的预制板组装和现场安装两种做法的施工要点。
17. 简述玻璃幕墙的类型和安装形式。
18. 简述明框玻璃幕墙安装、隐框玻璃幕墙安装、挂架式玻璃幕墙安装、无骨架玻璃幕墙安装的施工要点。

二、实训题

1. 一般抹灰的现场操作。
2. 镶贴瓷砖的现场操作。
3. 参观石材饰面安装的施工现场。
4. 参观不锈钢饰面柱的施工现场。
5. 软包墙面的现场安装。
6. 木护墙板饰面现场操作。

第三章 隔墙、隔断装饰工程

隔墙、隔断，都能起到分隔空间的作用，但产生的效果大不相同。隔墙是直接做到顶，完全封闭式的分隔；隔断是半封闭的留有通透的空间，既联系又分隔的空间，它们本身均不承受外来荷载。根据其隔墙（隔断）材料和构造方法的不同，可分为立筋式隔墙、板材类隔墙和块材类隔墙等几种主要类型。

第一节 立筋式隔墙施工

立筋式隔墙多以木方和型钢作为骨架材料，在龙骨上按照设计要求安装各种轻质装饰罩面板材。

一、木龙骨隔墙施工

1. 构造做法

木龙骨轻质罩面板隔墙构造如图 3-1 所示。

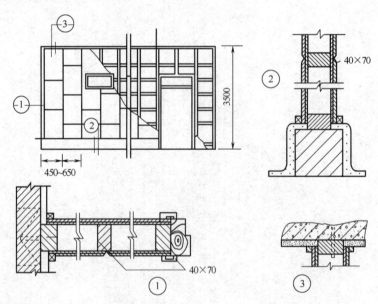

图 3-1 木龙骨轻质罩面板隔墙构造（单位：mm）

2. 施工准备与前期工作

（1）材料准备和要求

① 骨架 一般可选用松木或杉木，含水率不超过规定的允许值，并经过防腐、防虫、防火处理。

② 面材 胶合板、纤维板、刨花板、细木工板、企口板。

③ 紧固材料 圆钉、木螺丝、射钉、膨胀螺丝。

(2) 施工工具准备 需准备工具有电动锯、小台刨、手电钻、电动气泵、冲击钻、木刨、扫槽刨、线刨、锯、斧、锤、螺丝刀、摇钻、钉枪、线坠、靠尺、直尺等。

(3) 作业条件准备

① 主体结构已验收，屋面已完成防水层，吊顶龙骨架安装完毕。

② 室内弹出＋50cm 标高线。

③ 熟悉图纸。

④ 主体结构为砖结构墙、柱时，按 100cm 间距预埋防腐木砖。

3. 施工操作程序与操作要点

(1) 施工操作工艺流程 弹线分格→刷防火涂料→拼装木龙骨架→木骨架在墙、地、顶上的固定→电器底座安装→轻质罩面板安装。

(2) 操作要点

① 弹线分格 在地面和墙面上弹出墙体位置宽度线和高度线，找出施工的基准点和基准线，使工人在施工中有所依据。

② 刷防火涂料 室内装饰中的木结构墙身均需防火处理，应在制作墙身木龙骨上与木夹板的背面涂刷 3 遍防火漆。

③ 拼装木龙骨架 通常用 50mm×80mm 或 50mm×100mm 的大木方制作主框架，如图 3-2 所示，框体的规格为 500mm×500mm 左右的方框架或 500mm×800mm 左右的长方框架。对于面积不大的墙身，可一次拼成木骨架后，再安装固定在墙面上。对于大面积的墙身，可将拼成的木龙骨架分片安装固定。木龙骨架的拼装方法与吊顶木龙骨架相同。

④ 木骨架在墙、地、顶上的固定 先检查墙身的平整度与垂直度，以保证木骨架的平整度和垂直度。在木龙骨架上画线，标出固定点的位置，间距一般为 300～400mm。利用木楔圆钉或膨胀螺栓固定沿地沿顶龙骨。

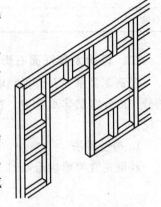

图 3-2 木方结构骨架

⑤ 轻质罩面板安装 立筋间距应与板材规格配合，以减少浪费。一般间距取 40～60cm。然后在墙筋的一面或两面钉板。

用胶合板罩面时，钉长为 25～35mm，钉距 80～150mm，钉帽应打扁，并钉入板面 0.5～1mm，钉眼应用油性腻子抹平，以防止板面空鼓、翘曲、钉帽生锈。

4. 施工质量要求

木质隔墙施工质量基本项目和允许偏差见表 3-1、表 3-2。

表 3-1 木质隔墙施工质量基本项目

项 目 内 容	检 验 方 法
1. 隔断的制作尺寸正确,材料规格一致	观察、尺量检查
2. 隔断制作平直方正、光滑、线条清秀、拐角方正交接严密，无污染等缺陷	观察、尺量检查
3. 沿弹线固定沿顶、沿地龙骨及边框龙骨，各自交接后的龙骨应牢固，且保持平直	观察 2m 靠尺和手扳检查
4. 罩面板横向接缝处，如不在沿地、沿顶龙骨上，应加横撑龙骨固定板缝	观察检查
5. 罩面板安装,若用纸面石膏板，应符合轻钢龙骨纸面石膏板墙体安装规定。若采用胶合板应符合胶合板和纤维板罩面安装之规定	观察、尺量检查
6. 罩面板安装好后，表面应平整，不得有污染、折裂、缺棱、掉角、锤伤等缺陷;粘贴罩面板不得脱层;胶合板不得有刨透之处	观察、尺量检查

表 3-2 木质隔墙施工质量允许偏差

项次	项目	允许偏差/mm 胶合板	允许偏差/mm 纤维板	检验方法
1	表面平整	2	3	用 2m 直尺和塞尺检查
2	立面垂直	3	4	用 2m 托线板检查
3	接缝平直	3	3	拉 5m 线检查,不足 5m 拉通线检查和尺量检查
4	接缝高低	0.5	1	用直尺和塞尺检查

5. 常见工程质量问题及其防治方法

常见工程质量问题及其防治方法见表 3-3。

表 3-3 常见工程质量问题及其防治方法

常见工程质量问题	防治方法
墙面不平或局部有波浪	将木龙骨的含水率控制在 12% 以下;保证龙骨在同一平面上
墙面倾斜	上下固定点应吊垂直,确保在同一平面上
板缝开裂	板缝处粘贴棉布带或贴缝条

二、轻钢龙骨纸面石膏板隔墙施工

轻钢龙骨纸面石膏板隔墙,是以轻钢龙骨为骨架,以纸面石膏板为罩面板,在现场组装的分户或分室的非承重墙。它具有自重轻、强度高、防腐好等优点,在建筑装饰中应用非常广泛。

1. 构造做法

轻钢龙骨隔墙构造如图 3-3 所示。

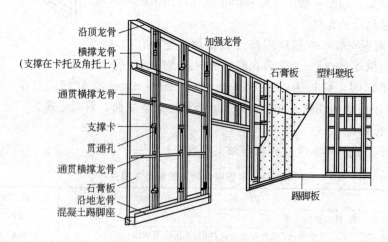

图 3-3 轻钢龙骨隔墙安装示意图

2. 施工准备与前期工作

(1) 材料准备和要求

① 墙体龙骨 主件主要有 Q50,Q75,Q100,Q150 四种系列,其形状尺寸见表 3-4,配件见表 3-5,龙骨及配置选用应符合设计要求,产品应有质量合格证。

表 3-4　墙体轻钢龙骨主件的规格和形式　　　　　　　　　　　　　　　　　　　/mm

名称	类型	断面	Q50 A	Q50 B	Q50 t	Q75 A	Q75 B	Q75 t	Q100 A	Q100 B	Q100 t	Q150 A	Q150 B	Q150 t	备注
横龙骨	U形		50(52)	40	0.8	75(77)	40	0.8	100(102)	40	0.8	150(152)	40	0.8	墙体与竖龙骨及建筑结构的连接构件
竖龙骨	C形		50	45(50)	0.8	75	45(50)	0.8	100	45(50)	0.8	150	45(50)	0.8	墙体的主要受力构件
通贯龙骨	U形		20	12	1.2	38	12	1.2	38	12	1.2	38	12	1.2	竖龙骨的中间连接构件
加强龙骨	C形		47.8	35(40)	1.5	62	35(40)	1.5	72.8(75)	35(40)	1.5	97.8	35	1.5	特殊构造中墙体的主要受力构件
沿顶(地)龙骨	U形		52	40	0.8	76.5	40	0.8	102	40	0.8	152	40	0.8	墙体与建筑结构楼、地面连接构件

注：龙骨断面厚度(t)为 0.8mm，1.2mm，1.5mm。

表 3-5　墙体轻钢龙骨配件的规格

名称	断面	断面尺寸 t/mm	备注
支撑卡		0.8	设置在竖龙骨开口一侧，用来保证竖龙骨平直和增强刚度
卡托		0.8	设置在竖龙骨开口的一侧，用以与通贯龙骨相连接
角托		0.8	用作竖龙骨背面与通贯龙骨相连接
通贯横撑连接件		1	用于通贯龙骨的加长连接

② 紧固材料　射钉、膨胀螺丝、镀锌自攻螺丝及木螺丝，选用应符合设计要求。

③ 填充材料　玻璃棉、矿棉板、岩棉板等。

④ 罩面板　纸面石膏板。

⑤ 接缝材料　WKF接缝腻子、白衬布、803胶。

(2) 施工工具准备　需准备的工具有板锯、电动剪、电动无齿锯、手电钻、射钉枪、直流电焊机、刮刀、线坠、靠尺等。

(3) 作业条件准备

① 主体结构已验收，屋面已做完防水层，室内弹出＋50cm标高线。

② 主体结构为砖砌体时,应在隔墙交接处,每1m高预埋防腐木砖。
③ 大面积施工前,先做好样板墙,样板墙应得到质检合格证。

3. 施工操作程序和操作要点

(1) 施工操作工艺流程　弹线、分档→固定龙骨→安装竖向龙骨→安装横撑龙骨和通贯龙骨→电线及附墙设备安装→安装罩面板。

(2) 操作要点

① 弹线、分档　按设计要求,在隔墙与上、下两侧基体相接处,弹出龙骨宽度的位置线,并按罩面板长宽分档,以确定竖向龙骨、横撑及附加龙骨的位置。

② 固定龙骨

a. 先固定沿顶、沿地龙骨　沿弹线位置用射钉或膨胀螺栓固定,龙骨对接应平直,一般固定点间距不大于60cm,在龙骨与基层之间,应铺橡胶条或沥青泡沫塑料条,使其结合良好。

b. 固定边框龙骨　按弹线固定,龙骨边线应与弹线重合,龙骨端部、固定点用射钉或膨胀螺栓固定,固定点间距不大于100cm,见图3-4。

竖向龙骨间距按设计要求确定,设计无要求时,可按板宽确定,例如选用90cm、120cm板宽时,间距可定为45cm、60cm。竖向龙骨与沿地、沿顶龙骨采用拉铆钉方法固定,见图3-5。

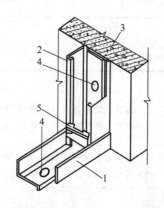

图3-4　沿地、沿墙龙骨与墙、地固定
1—沿地龙骨;2—竖向龙骨;3—墙或柱;4—射钉及垫圈;5—支撑卡

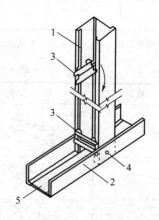

图3-5　竖向龙骨与沿地龙骨固定
1—竖向龙骨;2—沿地龙骨;3—支撑卡;4—铆孔;5—橡皮条

c. 安装横撑龙骨和通贯龙骨　在竖向龙骨上安装支撑卡与通贯龙骨连接;在竖向龙骨开口面安装卡托与横撑连接;通贯龙骨的接长使用其龙骨接长件,如图3-6、图3-7、图3-8所示。

d. 电气铺管,安装附墙设备　按图纸要求施工,安装电气管线不应切断横、竖向龙骨,也应避免沿墙下端走线。附墙设备在安装时,应进行局部措施,使固定牢固,配电箱和开关盒的构造如图3-9所示。

e. 安装罩面板　罩面板长边接缝应落在竖龙骨上,龙骨两侧的罩面板及两层罩面板应错缝排列,使接缝不落在同一根龙骨上。石膏板用自攻螺钉固定。沿石膏板周边螺钉间距不应大于200mm,中间部分螺钉间距不应大于300mm,螺钉与板边缘的距离应为10~16mm。

安装石膏板时,应从板的中部向板的四边固定,钉头略埋入板内,钉眼应用石膏腻子抹平。

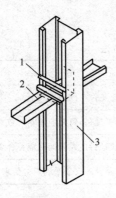

图 3-6 通贯龙骨与竖龙骨的连接
1—贯通孔；2—通贯龙骨；
3—通贯龙骨连接件

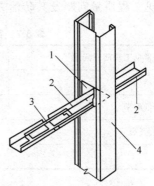

图 3-7 通贯龙骨的接长
1—贯通孔；2—通贯龙骨；3—通贯龙骨
连接件；4—竖龙骨（或加强龙骨）

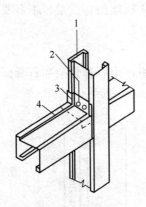

图 3-8 竖龙骨与横龙骨或加强龙骨的连接
1—竖龙骨（或加强龙骨）；2—拉铆钉；
3—角托；4—横龙骨或加强龙骨

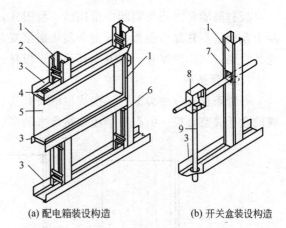

(a) 配电箱装设构造　　(b) 开关盒装设构造

图 3-9 配电箱和开关盒的构造示意图
1—竖龙骨；2—支承卡；3—沿地龙骨；
4—穿管开洞；5—配电箱；6—卡托；
7—贯通孔；8—开关盒；9—电线管

石膏板宜使用整板，如需对接时，应紧靠，但不得强压就位。隔墙端部的石膏板与周围的墙或柱应留有3mm的槽口。施工时，先在槽口处加注嵌缝膏，然后铺板，挤压嵌缝膏使其和邻近表层紧密接触。

4. 质量要求

隔墙龙骨及罩面板安装允许偏差见表3-6。

表3-6 隔墙龙骨及罩面板安装允许偏差

项次	项目	允许偏差/mm		检验方法
		石膏板	胶合板	
1	表面平整	3	2	用2m直尺和塞尺检查
2	立面垂直	3	3	用2m托线板检查
3	接缝平直	—	3	拉5m线检查，不足5m拉通线检查和尺量检查
4	接缝高低	0.5	0.5	用直尺和塞尺检查
5	阴阳角方正	2	2	用300mm方尺和塞尺检查

5. 常见工程质量问题及其防治方法（见表3-7）。

表 3-7　常见工程质量问题及其防治方法

常见工程质量问题	防治方法
墙体倾斜	确保沿顶沿地龙骨在同一直线上
接缝处高低不平	控制板材质量,统一规格,钉距应基本一致
板材起鼓、开裂	钉板材时,应从中间向四周钉;龙骨间距应符合要求
板缝开裂	切割边对接处横撑龙骨的安装是否符合要求

第二节　板材隔墙、隔断施工

板材隔墙是隔墙与隔断中常用的一种形式，常用的条板材料有：石膏空心条板、加气混凝土条板、石膏复合条板、压型金属板面层复合板等。板式隔墙的特点是：不需要设置墙体龙骨骨架，采用高度等于室内净高的条形板材进行拼装。

1. 石膏条板

石膏条板有三种类型：一次成型的石膏实心板或空心板；由石膏骨架和石膏面板粘贴而成的盒子式空心板；由石膏平板贴结起来的多层板。如图3-10所示。

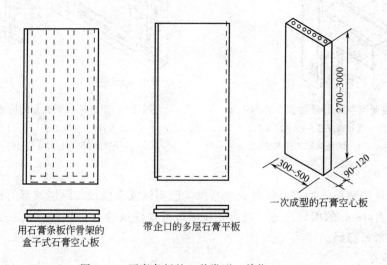

图 3-10　石膏条板的三种类型（单位：mm）

2. 加气混凝土条板

加气混凝土是由水泥、石灰、砂、矿渣、粉煤灰等，加发气剂铝粉，经过原料处理、配料、浇注、切割及蒸压养护等工序制成的多孔轻质墙板。其质量密度仅为 500kg/m^3。具有可钉、锯、刨及保温性能良好及施工方便等优点。

3. 石膏板复合墙板

石膏面层的复合墙板，一般是指用两层纸面石膏板或纤维石膏板和一定断面的石膏龙骨或木龙骨、轻钢龙骨，经黏结、干燥而制成的轻质复合板材。常用石膏板复合墙板，如图3-11所示。

4. 彩色压型钢板复合墙板

彩色压型钢板复合墙板，是以波形彩色压型钢板为面层板，以轻质保温材料为芯层，经复合而制成的轻质保温墙板。它具有重量较轻、保温性能好、耐久性好、抗蚀性强、立面美观、施工速度快等优点。

一、施工准备与前期工作

1. 材料准备和要求

（1）条板。

（2）1:2水泥砂浆或石混凝土，用于板下嵌缝。

（3）腻子：一般采用石膏腻子，用于板面嵌缝。

2. 施工工具准备

需准备的工具有电动式台钻、锋钢锯和普通手锯、电动慢速钻配以扩孔钻、直孔钻。

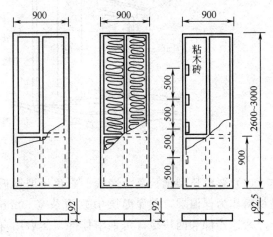

图 3-11 常用石膏板复合墙板示意图（单位：mm）

3. 作业条件准备

（1）屋面防水层及结构已验收，墙面弹出+50cm标高线。

（2）样板墙施工、验收合格。

二、板材隔墙的安装

1. 做好楼地面及放线

墙位放线应弹线清楚，位置准确。按放线位置将地面凿毛，清扫干净，洒水润湿。对于吸水性强的条板，应先在板顶及侧边浇水，然后在上面涂刷黏结剂，调整好条板的位置，用撬棍将板从下面撬起，使条板的顶面与梁或楼板的底面挤紧。再从撬起的缝隙两侧打入木楔，并用细石混凝土浇缝。

2. 条板的安装及塞缝

（1）石膏空心条板隔墙　安装前在板的顶面和侧面刷803胶水泥砂浆，先推紧侧面，再顶牢顶面，板下两侧1/3处垫两组木楔并用靠尺检查。板缝一般采用不留明缝的做法，其具体做法是：在涂刷防潮涂料之前，先刷水湿润两遍，再抹石膏腻子，进行勾缝、填实、刮平，如图3-12所示。

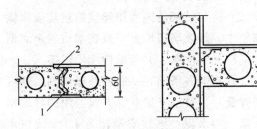

图 3-12 墙板与墙板的连接
1—803胶水砂浆黏结；2—石膏腻子嵌缝

（2）加气混凝土板隔墙　隔墙板之间可用水玻璃矿渣黏结砂浆（水玻璃：磨细矿渣:砂=1:1:2）或803胶聚合水泥砂浆（1:3水泥砂浆加入适量803胶）黏结，灰缝力求饱满均匀，灰缝宽度控制在2~3mm。条板隔墙安装示意，如图3-13所示。

（3）石膏板复合墙板　在复合板安装时，在板的顶面、侧面和门窗口外侧面，应清除浮土后均匀涂刷胶黏剂成"八"状，安装时侧面要严密，上下要顶紧，接缝内胶黏剂要饱满（要凹进板面5mm左右）。接缝宽度为35mm，板底空隙不大于25mm，板下所塞木楔上下接触面应涂抹胶黏剂。为保证位置和美观，木楔一般不撤除，但不得外露于墙面。

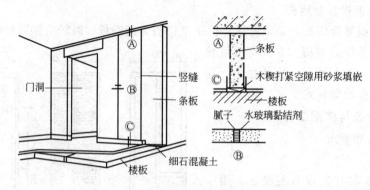

图 3-13 条板隔墙

(4) 彩色压型钢板复合墙板　彩色压型钢板复合墙板是用两层压型钢板中间填放轻质保温材料作为保温层，在保温层中放两条宽 50mm 的带钢筋箍，在保温层的两端各放三块槽形冷弯连接件和两块冷弯角钢串挂件，然后用自攻螺丝把压型板与连接件固定，钉距一般为 100～200mm。

第三节　玻璃砌块隔墙施工

玻璃砖有实心砖与空心砖之分，玻璃砖隔断常用于公共建筑之中。在近年来的家庭装潢中，玻璃砖隔断在客厅中也得到越来越多地采用。

一、构造做法

玻璃砖墙的构造如图 3-14 所示。

二、玻璃砖的安装

(1) 根据需要砌筑的玻璃砖墙尺寸，计算玻璃砖的数量和排列，两玻璃砖对缝砌筑的留缝间距为 5～10mm，根据排砖作出基础底脚，它应略小于玻璃砖墙的厚度。

(2) 将与玻璃砖隔墙相连接的建筑墙面侧边修整平。如玻璃砖墙是砌筑在木质或金属框中，则应先作框架，并与结构牢固连接。

(3) 将镶嵌条铺在基底或外框周围，然后放置弹簧片，按上下层对缝方式，用调好的水泥砂浆（白水泥、细砂质量比为 1∶1 或白水泥、803 胶质量比为 100∶7）砌筑玻璃砖。按设计要求，在需要处加增强钢筋。每砌完一层，应用湿布将砖面上的水泥浆擦拭干净。

(4) 砌筑完毕应进行表面勾缝，先勾水平缝，再勾垂直缝，缝面应平滑，深度应一致，表面擦拭干净。

(5) 玻璃砖墙若无外框，应作饰边，饰边

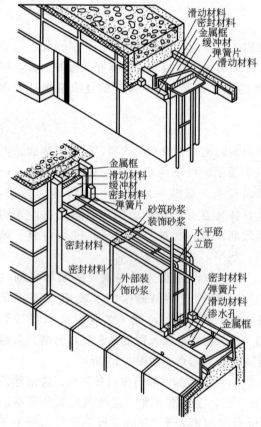

图 3-14 玻璃砖墙构造

通常有木饰边和不锈钢饰边，木饰边可做成各种线条型，参见图3-15所示。不锈钢饰边有单柱饰边、双（多）柱饰边、不锈钢板槽饰边等，参见图3-16。

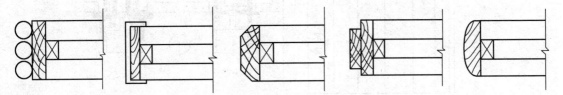

图3-15　玻璃砖墙常见的木外框型式　　　　图3-16　不锈钢饰边常见型式

（6）安装完成后，表面应洁净，不得留有油灰、浆灰、密封膏、涂料等斑污。

三、玻璃砖墙施工的注意事项

（1）玻璃砖品种、嵌条、定位垫块、填充材料、密封条等材料应符合设计要求。

（2）施工中，当进行焊接、切割等作业时易损坏玻璃，操作时应采取措施加以保护。

（3）墙面、顶棚、隔断镶嵌玻璃砖的骨架应与结构连接牢固。

（4）玻璃砖应排列均匀整齐，表面平整，嵌缝的油灰或密封膏应饱满密实。玻璃砖不得移位、翘曲和松动，其接缝应均匀、平直。

第四节　其他轻质隔断施工

一、拼装式隔断

它是由若干独立的隔扇拼装而成。原则上左右移动，一般不设导轨和滑轮。隔扇要逐扇装拆。

此类隔断的隔扇本身多用木框架，两侧贴有木质纤维板或胶合板，有的还贴上一层塑料贴面或人造革。隔音要求较高的隔断，可在两层面板之间加设隔音层，并将隔扇的两个垂直边做成企口缝，以便与相邻的隔断能紧密的咬合在一起，达到隔音的目的。

二、直滑式隔断

直滑式隔断是由轨道、滑轮和隔扇构成。隔扇可以是铝合金框夹铝合金板制成，也可以用木框架，两侧各贴一层木质纤维板，两层板中间可夹隔声材料做成隔声的隔扇，板外覆盖聚乙烯饰面层。隔扇的两个垂直边可镶铝合金框架。框边做成凹槽，在凹槽内嵌隔声的泡沫聚乙烯密封条。

隔扇与墙的连接，如图3-17所示。边缘的半扇隔扇与边缘构件用铰链连接，中间各扇隔扇则是单独的，当隔扇关闭时，前面的隔扇自然地嵌入槽形构件内。

三、折叠式隔断

折叠式隔断有双向和单向两种形式。按隔扇材料可分为硬质折叠式隔扇和软质折叠式隔扇。图3-18所示为硬质单向折叠式隔扇；图3-19所示为软质双向折叠式隔扇。

四、屏风式隔断

屏风式隔断的主要作用是在一定程度上限定空间及遮挡视线，其类型很多，依安装架立方法可分为固定式、独立式和联立式等。

1. 固定式屏风

固定在楼地面上的屏风隔断，实际上就是半截轻质隔墙。高度在1.5m左右，在上面还可以镶嵌玻璃饰品。

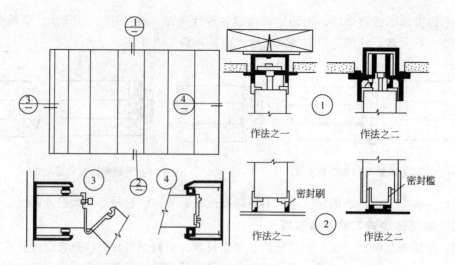

图 3-17 直滑式隔断的立面图与节点图

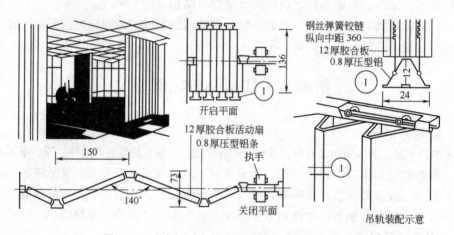

图 3-18 胶合板隔扇折叠活动隔断（单位：mm）

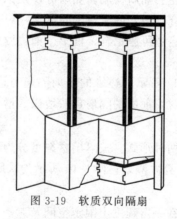

图 3-19 软质双向隔扇

固定的方法是依靠制作好的铁、木等支座支在楼地面上，屏风底部与楼地面有100mm左右的间隙。

2. 独立式屏风

传统的独立式屏风是由木材制成的，表面雕刻或被贴书法、绘画等，下部设支架独立。

现代的独立式大屏风多采用金属骨架或木骨架。骨架两侧钉有硬纸板或纤维板，中层夹泡沫塑料，表面覆盖尼龙布或人造革。屏风的四周可直接利用织物作缝边，也可以另钉木边或铝合金边。屏风的支承方法很多，最简单的方法是在屏风扇下面安装金属支架。支架可以直接放置在楼地面上，为使用方便，也可在屏扇下安装橡胶滚轮或滑动轮。

3. 联立式屏风

联立式屏风的屏风扇与独立式的屏风扇在构造上无多大区别，主要不同之处是联立式屏风扇没有支架，而是靠扇与扇之间的连接而站立。传统的方法是在相邻两扇的框边上装铰链，现代化的联立屏风都在顶部安有特殊的连接件。这种连接件可以随时将联立着的屏风拆成单独的屏风扇。采用这种连接件，不仅方便美观，还能同时连接几个屏风扇，并能使各屏风扇间按需要构成大小不同的角度。

五、玻璃隔断

这种隔断光洁明亮，具有一定的透光性，可选用彩色绘画玻璃、雕刻玻璃、仿镶嵌玻璃等艺术玻璃。也可用平板玻璃自制成磨砂玻璃、银光玻璃、套色刻花玻璃等，再配以木框、金属框或磨边直接安装成屏风。如图 3-20 所示。

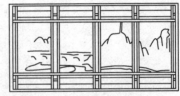

(a) 刻花玻璃隔断花格样式

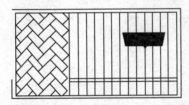

(b) 彩色玻璃隔断花格样式

(c) 夹花玻璃隔断花格样式

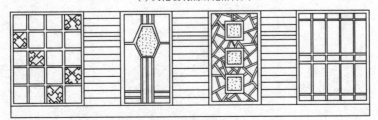

(d) 磨砂玻璃隔断花格样式

图 3-20　玻璃隔断花格样式

平板玻璃可加工成磨砂玻璃、银光刻花玻璃、套色刻花玻璃等。经过处理后的玻璃，安装在木框或金属框中，框架与墙槛和梁的固定可用铁钉连接或用螺栓连接，木框上可裁口或挖凹槽，其上镶嵌玻璃，玻璃四周常用木压条固定。

复习思考题

一、思考题

1. 简述木龙骨隔墙的安装顺序及施工方法。
2. 简述轻钢龙骨纸面石膏板隔墙的安装顺序及施工方法。
3. 在隔墙中常见的条板隔墙有哪些？
4. 简述玻璃砌块隔墙的施工方法。

二、实训题

1. 参观立筋式隔墙施工现场，观察其构造和施工要点。
2. 观察各类隔墙用条板，比较其材料性能及特点。
3. 观察常见的轻质隔断的类型、特点及安装方法。

第四章

吊顶装饰工程

第一节 概 述

顶棚，也称作天棚、天花板，位于室内空间的最上部，顶棚的装饰是室内装饰工程的重要组成部分。顶棚在装饰的形式、造型、材质等方面的不同能够体现出不同的装饰风格，也可以实现不同的使用功能。在工程中通常可以根据室内标高、使用要求等情况来选择采用直接式顶棚和吊顶两种不同的装饰构造形式。

一、顶棚的装饰构造形式

1. 直接式顶棚

直接式顶棚是在楼板的底面直接进行抹灰、喷浆或者粘贴饰面材料。该形式构造简单，施工方便，造价较低。直接式顶棚一般用于室内标高较低，装饰性要求不高，无空调通风和消防系统等各种管线布置的顶棚，例如教室、普通办公室等。

2. 吊顶

吊顶是指顶棚面层与楼板结构层底部有一定的距离，通过悬吊构件连接顶棚饰面层与楼板。吊顶可以遮盖楼板下部的空调通风设备、消防系统、照明线路等各种管线和设备，所以广泛用于管线设备较多的公共建筑装饰工程中。吊顶装饰工程可以通过对顶棚的高低、造型、色彩、照明及细部进行处理，改善室内装饰效果，此外吊顶还可以实现保温、隔热、吸声等作用。

吊顶主要由吊杆（也称吊筋）、龙骨架和饰面板（也称罩面板）三部分组成。吊杆在吊顶中起到承上启下的作用，连接楼板和龙骨架；龙骨架在吊顶中起到承重和固定饰面板的作用；饰面板增加了室内的装饰效果。吊顶按结构形式可以分为活动式吊顶，固定式吊顶和开敞式吊顶三种类型。

（1）活动式吊顶 活动式吊顶是将饰面板直接搁置在龙骨上，通常与T形铝合金龙骨或轻钢龙骨配套使用。龙骨表面可以是外露的，也可以是半露的。这种结构形式不仅拆装方便，而且由于饰面板是活动的，吊顶以上的各种设备检修也十分方便。

（2）固定式吊顶 固定式吊顶又称为隐蔽式吊顶，其龙骨是隐蔽的、不外露，饰面板通过螺钉等固结材料固定在龙骨上。

（3）开敞式吊顶 开敞式吊顶的饰面是敞开的，一般有金属构件式、木质构件式等，可以制作成各种造型，装饰效果较好。

二、吊顶龙骨架

龙骨架由主龙骨（也称大龙骨、承载龙骨）、次龙骨（也称中龙骨、副龙骨、覆面龙骨）、横撑龙骨（也称为覆面龙骨）及其配件组成。主龙骨是吊顶骨架结构中主要的受力构件，它承担饰面部分和次龙骨等的荷载并通过吊杆传到楼板的结构层。次龙骨和横撑龙骨的主要作用是固定饰面板。

龙骨按材质可以分为木龙骨、轻钢龙骨和铝合金龙骨。其中轻钢龙骨和铝合金龙骨可以统称为金属龙骨。

1. 木龙骨

木龙骨是中国传统的吊顶龙骨材料，制作方法是将木材加工成方形或长方形条状。一般采用50mm×70mm或60mm×100mm断面尺寸的木方做主龙骨，次龙骨采用50mm×50mm或40mm×40mm的木方。

由于木龙骨易燃、耗费木材较多、难以适应工业化的要求，所以大型公共建筑应尽量减少使用。在金属龙骨无法做出的异形吊顶可以少量采用木龙骨，注意在使用前要做防火处理。此外，接触砖石、混凝土的木龙骨需经防腐处理。

2. 轻钢龙骨

轻钢龙骨是用薄壁镀锌钢带、冷轧钢带或彩色喷塑钢带经机械压制而成，其钢带厚度为0.5~1.5mm。具有自重轻、刚度大、防火性能好、安装简便等优点，便于装配化施工。

轻钢龙骨按照龙骨的断面形状可以分为U形和T形。U形轻钢龙骨架是由主龙骨、次龙骨、横撑龙骨、边龙骨和各种配件组装而成（也有少数吊顶用到小龙骨）。U形轻钢龙骨按照主龙骨的规格可以分为U38、U50、U60三个系列。

U38系列：适于不上人吊顶。

U50系列：用于上人吊顶，主龙骨可以承受80kg的检修荷载。

U60系列：用于上人吊顶，主龙骨可以承受100kg的检修荷载，参见表4-1。

T形轻钢龙骨架的构造与铝合金龙骨相同。

表4-1 U60系列龙骨及其配件　　　　　　　　　　　　　　/mm

名称	主件	配件		
	龙骨	吊挂件	接插件	挂插件
主龙骨	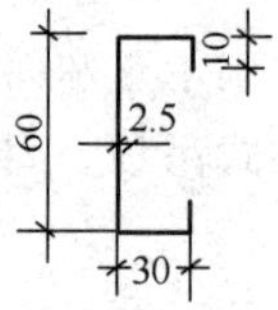	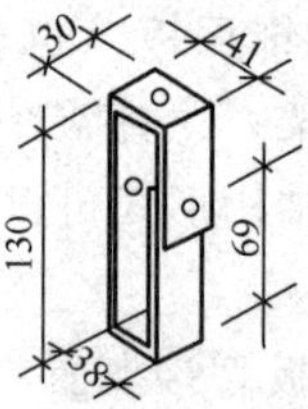	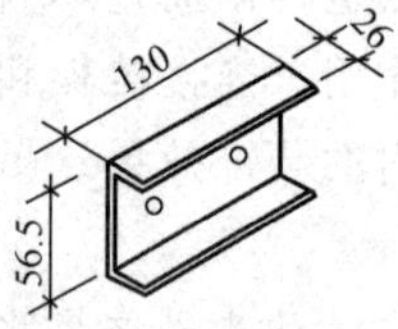	
次龙骨	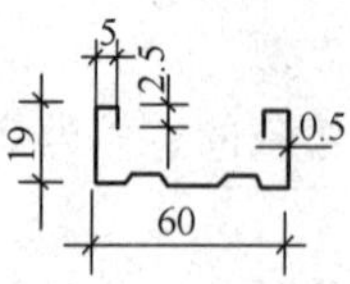	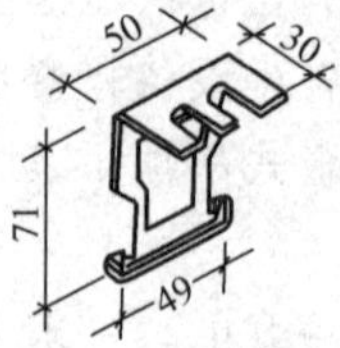	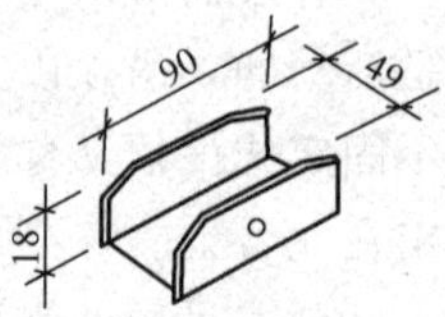	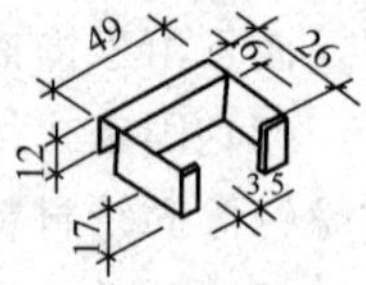
小龙骨	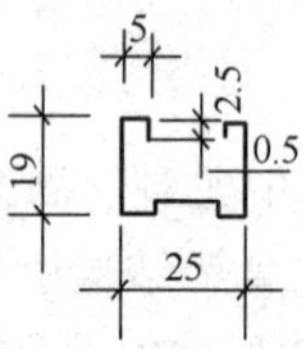	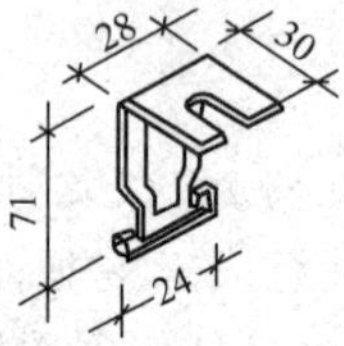	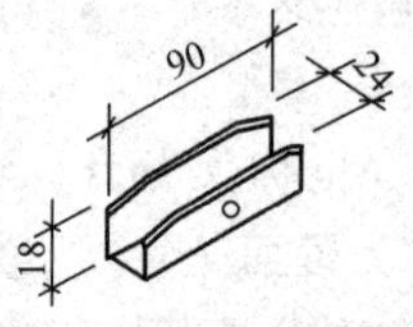	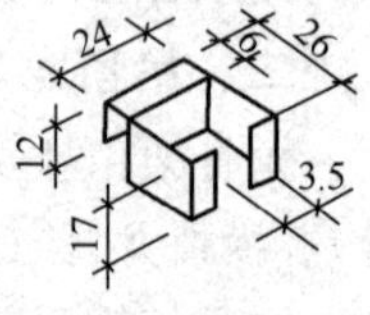

3. 铝合金龙骨

铝合金龙骨的型材表面经阳极氧化或氟碳漆喷涂处理后，有较好的装饰效果和耐腐蚀性能，而且它还具有自重轻、加工方便、安装简单等优点。铝合金龙骨一般常用的为 T 形（参见图 4-1），根据罩面板安装方式的不同，分为龙骨底面外露和不外露两种。

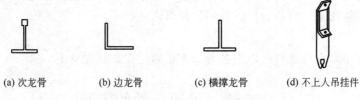

(a) 次龙骨　　(b) 边龙骨　　(c) 横撑龙骨　　(d) 不上人吊挂件

图 4-1　T 形铝合金龙骨示意图

三、吊顶饰面板

吊顶饰面板是固定在吊顶龙骨架下面的饰面板材。

1. 胶合板

胶合板是将三层或多层木质单板，将纤维方向相互垂直胶合压制而成，俗称三合板、五合板。吊顶工程一般采用 5mm 厚的胶合板，如有吸声要求，还可以根据设计图样加工成不同图案的穿孔胶合板。

2. 石膏板

以建筑石膏为主要原料，加入纤维、黏结剂、缓凝剂、发泡剂等混炼压制、干燥而成。具有防火、隔声、隔热、质轻、强度较高、耐腐蚀等优点。此外其可加工性能好，可钉、锯、刨、粘等。在吊顶中常用的有纸面石膏板和装饰石膏板。

其中应用最为广泛的是纸面石膏板，配以轻钢龙骨，防火性能很好。普通纸面石膏板长度有 2400mm、2500mm、2700mm、3000mm 等，厚度有 9mm、12mm、15mm、18mm，宽度有 900mm、1200mm。

3. 矿棉装饰吸声板

以矿棉或岩棉为主要原料，加入适量黏结剂，经加压、烘干、贴面而成。具有质轻、防火、隔热、保温、施工简便、吸声效果好等特点，适用于影剧院、音乐厅、会堂、商场、会议室等场所，但房间内湿度大时不宜安装矿棉板。矿棉装饰吸声板的规格如表 4-2 所示。

表 4-2　矿棉装饰吸声板的规格　　　　　　　　　　/mm

长度	宽度	厚度	长度	宽度	厚度
596	596	12、15	500	500	12、15
596	596	18	300	600	12、15
496	496	12、15	600	1200	12、15

4. 金属装饰板

金属装饰板是以不锈钢板、铝合金板等作为基板经加工处理而成的，具有质量轻、强度高、耐腐蚀、防火防潮、化学稳定性好等特点。

四、固结材料

1. 水泥钉

可以直接钉入混凝土、砖墙等基体的手工固结材料。

2. 射钉

是利用射钉枪击发射钉弹，使射钉弹内火药燃烧迅速释放大量能量，将射钉直接打入钢铁、混凝土砌体等硬质基体中。射钉的种类有普通射钉、螺纹射钉和带孔射钉。

3. 膨胀螺栓

也称胀锚螺栓，按材质的不同可以分为金属膨胀螺栓和塑料膨胀螺栓两种，目前在装饰工程中金属膨胀螺栓是使用最为广泛的固结材料之一。

4. 自攻螺钉

在吊顶工程中，自攻螺钉可以把各种饰面板固定在金属龙骨上。

第二节 吊顶龙骨的安装

一、木龙骨的安装

木龙骨吊顶是以木质龙骨为基本骨架，配以胶合板、纤维板等作为饰面材料组合而成的吊顶体系。具有加工方便、造型能力强等优点，但是不适用于大面积吊顶。

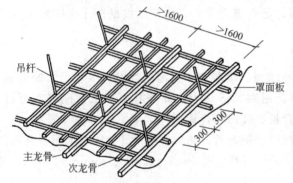

图 4-2 木龙骨吊顶的构造示意（单位：mm）

1. 木龙骨吊顶的构造

木龙骨吊顶的构造如图 4-2 所示。

2. 施工准备

（1）吊顶施工前，顶棚上部的空调、消防、照明等设备和管线应安装就位并基本调试完毕。从顶棚经墙体布设下来的各种电气开关、插座线路也要安装就绪。

（2）木龙骨处理

① 防火处理：木龙骨在使用前要涂刷防火涂料以满足防火规范要求，防火涂料涂刷要不少于 3 遍，而且每遍涂刷的防火涂料要采用不同的颜色以便于验收。

② 防腐处理：按设计要求进行防腐处理。

3. 施工工艺流程

放线→固定沿墙边龙骨→安装吊点紧固件及吊杆→拼接木龙骨架→吊装龙骨架→吊顶骨架的整体调整。

4. 操作要点

（1）放线 包括弹出吊顶标高线、吊顶造型位置线、吊点位置线、大中型灯具位置线。

① 吊顶标高线：根据室内墙上的+50cm 水平线，用尺量至顶棚的设计标高，沿墙四周按标高弹一道水平墨线，这条线便是吊顶的标高线，吊顶标高线的水平偏差不能大于±5mm，这种放线方法为测量法。此外还可以采用水柱法，即用一条透明塑料软管灌满水后，将其一端的水平面对准墙面上的设计标高点，再将软管的另外一端水平面在同侧墙面找出另一点，当软管内的水面静止时，画下该点的水平面位置，再将这两点连线，即为吊顶标高线。

② 造型位置线：对于规则的室内空间，其吊顶造型位置线可以先根据一个墙面量出吊顶造型位置的距离，并画出直线，再用相同方法依据另三个墙面画出直线，即得到造型位置

外框线，再根据该外框线逐点画出造型的各个局部。对于不规则的空间其吊顶造型线宜采用找点法，即根据施工图纸量出造型边缘距墙面的距离，再在实际的顶棚上量出各墙面距造型边线的各点距离，将各点连线形成吊顶造型线。

③ 吊点位置线：平顶吊顶的吊点一般是按每平方米一个布置，要求均匀分布；有叠级造型的吊顶应在叠级交界处设置吊点，吊点间距通常为800～1200mm。上人吊顶的吊点要按设计要求加密。吊点在布置时不应与吊顶内的管道或电气设备位置产生矛盾。较大的灯具，要专门设置吊点。

(2) 固定沿墙边龙骨　传统的固定边龙骨方法是采用木楔铁钉法。其做法是沿标高线以上10mm处在墙面上钻孔，在孔内打入木楔，然后将沿墙木龙骨钉于墙内木楔上。这种方法由于施工不便现在已经很少采用。目前固定边龙骨主要采用射钉固定，间距为300～500mm。边龙骨的固定应保证牢固可靠，其底面必须与吊顶标高线保持齐平。

(3) 安装吊点紧固件及吊杆　吊顶吊点的固定在多数情况下采用射钉将木方（截面一般为40mm×50mm）直接固定在楼板底面作为与吊杆的连接件。也可以采用膨胀螺栓固定角钢块作为吊点紧固件，但由于施工麻烦，在工程中用的较少。

木龙骨吊顶的吊杆采用的有木吊杆、角钢吊杆和扁铁吊杆，其中木吊杆应用较多。吊杆的固定方法如图4-3所示。

图4-3　木龙骨吊顶吊杆的固定

(4) 拼接木龙骨　先在地面进行分片拼接，考虑便于吊装，拼接的木龙骨架每片不宜过大，最大组合片应不大于10m²。自制的木骨架要按分格尺寸开半槽，市售成品木龙骨备有凹槽可以省略此工序。按凹槽对凹槽的咬口方式将龙骨纵横拼接。槽内先涂胶，再用小铁钉钉牢，如图4-4所示。

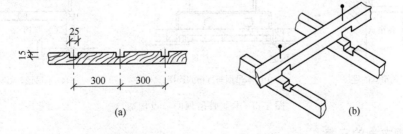

图4-4　木龙骨的拼接（单位：mm）

(5) 吊装龙骨架

① 分片吊装：将拼接好的单元骨架或者分片龙骨框架托起至吊顶标高位置，先做临时

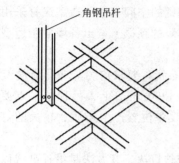

图 4-5　角钢吊杆与木骨架的固定

固定。临时固定的做法：对于安装高度在 3.2m 以下的可以采用高度定位杆做临时支撑；安装高度较高设置临时支撑有困难时，可以用铁丝在吊点处做临时悬吊绑扎固定。

② 龙骨架与吊杆固定：龙骨架与吊杆可以采用木螺丝固定（如图 4-5）。吊杆的下部不得伸出木龙骨底面。

③ 龙骨架分片间的连接：当两个分片骨架在同一平面对接时，骨架的端头要对正，然后用短木方进行加固（如图4-6）。对于一些重要部位或有附加荷载的吊顶，骨架分片间的连接加固应选用铁件。对于变标高的叠级吊顶骨架，可以先用一根木方将上下两平面的龙骨架斜拉就位，再将上下平面的龙骨用垂直的木方条连接固定（如图 4-7）。

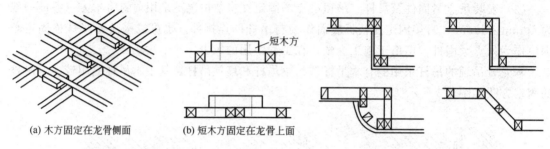

图 4-6　分片龙骨架的连接　　　　　图 4-7　木骨架叠级构造

（6）吊顶骨架的整体调整　各分片木龙骨架连接固定后，在整个吊顶面的下面拉十字交叉线，以检查吊顶龙骨架的整体平整度。吊顶龙骨架如有不平整，则应再调整吊杆与龙骨架的距离。

对于一些面积较大的木骨架吊顶，为有利于平衡饰面的重力以及减少视觉上的下坠感，通常需要起拱。一般情况下，吊顶面的起拱可以按照其中间部分的起拱高度尺寸略大于房间短向跨度的 1/200 即可。

5. 木龙骨吊顶的节点构造

木龙骨吊顶的节点包括：吊顶与灯具的连接、吊顶与灯槽的连接、吊顶与窗帘盒的连接，如图 4-8 所示。

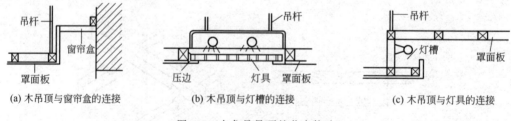

图 4-8　木龙骨吊顶的节点构造

二、轻钢龙骨的安装

轻钢龙骨吊顶是以轻钢龙骨作为吊顶的基本骨架，以轻型装饰板材作为饰面层的吊顶体系，常用的饰面板有纸面石膏板、矿棉装饰吸声板、装饰石膏板等。轻钢龙骨吊顶质轻、高强、拆装方便、防火性能好，广泛地用于大型公共建筑及商业建筑的吊顶。

在这里以为U形轻钢龙骨例，介绍轻钢龙骨吊顶的安装。U形轻钢龙骨属于固定式吊顶。T形轻钢龙骨的安装方法与铝合金龙骨的安装方法相同，所以并入到铝合金龙骨安装方法里面讲述。

1. U形轻钢龙骨吊顶的构造

U形轻钢龙骨吊顶的构造如图4-9所示。

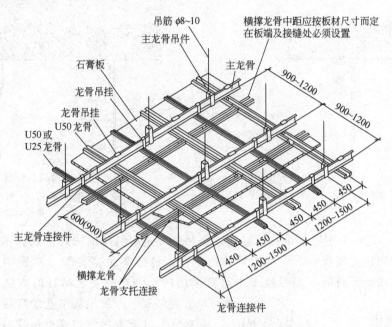

图4-9 U形轻钢龙骨吊顶的构造示意（单位：mm）

2. 施工准备

（1）绘制组装平面图 根据施工房间的平面尺寸和饰面板材的种类、规格，按设计要求合理布局，排列出各种龙骨的位置，绘制出组装平面图。

（2）备料 以组装平面图为依据，统计并提出各种龙骨、吊杆、吊挂件及其他各种配件的数量。

（3）检查结构及设备施工情况 复核结构尺寸是否与设计图纸相符，设备管道是否安装完毕。

3. 工艺流程

放线→固定边龙骨→安装吊杆→安装主龙骨并调平→安装次龙骨→安装横撑龙骨。

4. 操作要点

（1）放线 放线包括吊顶标高线、造型位置线、吊点位置线等，其中吊顶标高线和造型位置线的确定方法与木龙骨吊顶相同。

吊点的间距要根据龙骨的断面以及使用的荷载综合决定。龙骨断面大、刚性好，吊点间距可以大一些，反之则小些。一般上人的主龙骨中距不应大于1200mm，吊点距离为900～1200mm；不上人的主龙骨中距为1200mm左右，吊点距离1000～1500mm。在主龙骨端部和接长部位要增设吊点。吊点应距主龙骨端部不大于300mm，以免主龙骨下坠。一些大面积的吊顶（比如舞厅、音乐厅等），龙骨和吊点的间距应进行单独设计和计算。对有叠级造型的吊顶应在不同平面的交界处布置吊点。特大灯具也应设吊点。

(2) 固定边龙骨　边龙骨采用 U 形轻钢龙骨的次龙骨,用间距 900～1000mm 的射钉固定在墙面上,边龙骨底面与吊顶标高线齐平。

(3) 安装吊杆

① 上人吊顶:采用射钉或膨胀螺栓固定角钢块,吊杆与角钢焊接。吊杆与角钢都需要涂刷防锈漆(如图 4-10)。

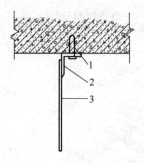 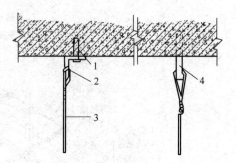

图 4-10　上人吊顶吊杆的固定
1—射钉(膨胀螺栓);2—角钢;3—吊杆

图 4-11　不上人吊顶吊杆的固定
1—射钉(膨胀螺栓);2—角钢;
3—φ4 吊杆;4—带孔射钉

② 不上人吊顶:采用尾部带孔的射钉,将吊杆穿过射钉尾部的孔,或者采用射钉、膨胀螺栓将角钢固定在楼板上,角钢的另一边穿孔,将吊杆穿过该孔(如图4-11)。以上所述是传统的做法,而目前在工程施工中通常采用的一种新的安装吊杆的方法是直接在楼板底部安装一种尾部带孔的膨胀螺栓,市面有售与其配套的镀锌螺纹吊杆与膨胀螺栓拧紧,这样可以省掉角钢连接件,施工起来比较方便。

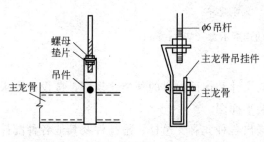

图 4-12　主龙骨连接(单位:mm)

(4) 安装主龙骨并调平　主龙骨的安装是用主龙骨吊挂件将主龙骨连接在吊杆上(如图 4-12 所示),拧紧螺丝卡牢,然后以一个房间为单位将主龙骨调平。

调平的方法可以采用 60mm×60mm 的木方按主龙骨间距钉圆钉,将龙骨卡住做临时固定,按十字和对角拉线,拧动吊杆上的螺母进行升降调整(如图 4-13)。调平时需注意,主龙骨的中间部分应略有起拱,起拱高度略大于房间短向跨度的 1/200。

主龙骨的接长一般采用与主龙骨配套的接插件接长。

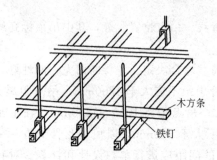 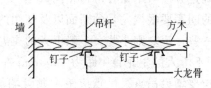

图 4-13　主龙骨的调平

(5)安装次龙骨　次龙骨应紧贴主龙骨垂直安装,一般应按板的尺寸在主龙骨的底部弹线,用挂件固定,挂件上端搭在主龙骨上,挂件U形腿用钳子卧入主龙骨内如图4-14所示。为防止主龙骨向一边倾斜,吊挂件的安装方向应交错进行。

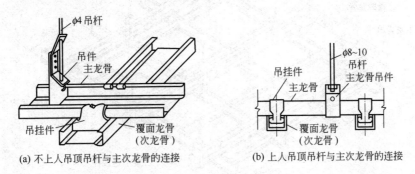

图 4-14　次龙骨与主龙骨的连接（单位：mm）

次龙骨的间距由饰面板规格而定,要求饰面板端部必须落在次龙骨上,一般情况采用的间距是400mm,最大间距不得超过600mm。

(6)安装横撑龙骨　横撑龙骨一般由次龙骨截取。安装时将截取的次龙骨端头插入挂插件,垂直于次龙骨扣在次龙骨上,并用钳子将挂搭弯入次龙骨内。组装好后,次龙骨和横撑龙骨底面（即饰面板背面）要齐平。横撑龙骨的间距根据饰面板的规格尺寸而定,要求饰面板端部必须落在横撑龙骨上,一般情况下间距为600mm。

5. 轻钢龙骨安装注意事项

(1)龙骨在运输安装过程中,不得扔摔、碰撞,宜放在室内平整的地面上,并采取措施防止龙骨变形或生锈。

(2)吊顶施工前,顶棚内所有管线,如空调管道、消防管道、供水管道等必须全部安装就位并基本调试完毕。

(3)吊筋、膨胀螺栓应做防锈处理。

(4)龙骨在安装时应留好空调口、灯具等电气设备的位置和尺寸。

(5)龙骨接长的接头应错位安装,相邻三排龙骨的接头不应接在同一直线上。

(6)各种连接件与龙骨的连接应紧密,不允许有过大的缝隙和松动现象。上人龙骨安装后其刚度应符合设计要求。

(7)顶棚内的轻型灯具可吊装在主龙骨或附加龙骨上,重型灯具或电扇则不得与吊顶龙骨连接,而应与结构层相连。

三、铝合金龙骨的安装

铝合金龙骨吊顶属于轻型活动式吊顶,其饰面板用搁置、卡接、粘接等方法固定在铝合金龙骨上。外观装饰效果好,具有良好的防火性能,在大型公共建筑室内吊顶应用较多。

铝合金龙骨一般常用的为T形,与T形轻钢龙骨的构造及安装方法相同。

1. 铝合金龙骨吊顶的构造

(1)由U形轻钢龙骨作主龙骨与T形铝合金龙骨组成的龙骨架,它可以承受附加荷载。如图4-15所示。

(2)T形铝合金龙骨组装的轻型吊顶龙骨架构造如图4-16所示。

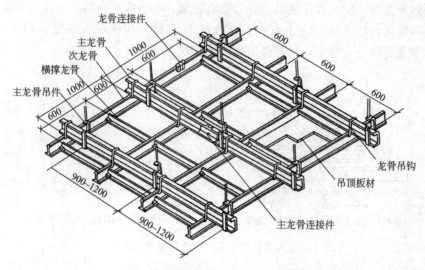

图 4-15 以 U 形轻钢龙骨为主龙骨的铝合金龙骨构造示意图（单位：mm）

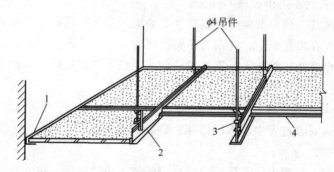

图 4-16 T 形铝合金龙骨构造示意图（单位：mm）
1—边龙骨；2—次龙骨；3—T 形吊挂件；4—横撑龙骨

2. 施工准备

（1）根据设计要求提前备料，材料各项指标均应符合要求。

（2）根据选用的罩面板规格尺寸，灯具口及其他设施（如空调口、烟感器、自动喷淋头及上人孔等）位置等情况，绘制吊顶施工平面布置图。一般应以顶棚中心线为准，将罩面板对称排列。小型设施应位于某块罩面板中间，大灯槽等设施应占据整块或相连数块板位置，均以排列整齐美观为原则。

（3）吊顶以上所有水、电、空调等安装工程应已安装并调试完毕。

3. 工艺流程

放线→安装边龙骨→固定吊杆→安装主龙骨并调平→安装次龙骨与横撑龙骨。

4. 操作要点

（1）放线 确定龙骨的标高线和吊点位置线。其标高线的弹设方法与木龙骨的标高线弹设方法相同，其水平偏差也不允许超过±5mm。吊点的位置根据吊顶的平面布置图来确定，一般情况下吊点距离为 900～1200mm，注意吊杆距主龙骨端部的距离不得超过 300mm，否则应增设吊杆。

（2）安装边龙骨 铝合金龙骨的边龙骨为 L 形，沿墙面或柱面四周弹设的水平标高线固定，边龙骨的底面要与标高线齐平，采用射钉或水泥钉固定，间距 900～1000mm。

(3) 固定吊杆　吊杆要根据吊顶的龙骨架是否上人来选择固定方式，其固定方法与U形轻钢龙骨的吊杆固定相同。

(4) 安装主龙骨并调平　主龙骨是采用相应的主龙骨吊挂件与吊杆固定，其固定方法和调平方法与U形轻钢龙骨相同。主龙骨的间距为1000mm左右。如果是不上人吊顶，该步骤可以省略。

(5) 安装次龙骨与横撑龙骨　如果是上人吊顶，采用专门配套的铝合金龙骨的次龙骨吊挂件，上端挂在主龙骨上，挂件腿卧入T形次龙骨的相应孔内。如果是不上人吊顶，在不安装主龙骨的情况下，可以直接选用图4-1所示的T形吊挂件将吊杆与次龙骨连接。

横撑龙骨与次龙骨的固定方法比较简单，横撑龙骨的端部都带有相配套的连接耳可以直接插接在次龙骨的相应孔内。要注意检查其分格尺寸是否正确，交角是否方正，纵横龙骨交接处是否平齐。次龙骨与横撑龙骨的间距要根据吊顶饰面板的规格而定。

5. 铝合金龙骨安装注意事项

(1) 施工时用力不能过大，防止龙骨产生弯曲变形，影响使用和美观。吊顶的平整度应符合要求。

(2) 吊顶与柱面、墙面、电气设备的交接处，应按设计节点大样的要求施工，并使节点处具有较好的装饰性。

(3) 轻型灯具应吊在主龙骨或附加龙骨上，重型灯具或其他重型吊挂物不得与吊顶龙骨连接，应另设悬吊构造。

第三节　吊顶饰面板的安装

一、胶合板的安装

胶合板幅面大而平整光洁、不易翘曲变形，可锯切，加工十分方便。胶合板多安装在木骨架上，一般用铁钉、木螺钉、木压条固定。需要注意的是胶合板顶棚的应用是有防火要求的，面积超过$50m^2$的顶棚不允许使用胶合板饰面。

1. 工艺流程

板材处理→铺钉胶合板→钉眼处理。

2. 操作要点

(1) 板材处理

① 板材表面弹线　板面需要弹设的线主要是钉位线，按照吊顶龙骨的分格情况，以骨架中心线尺寸，在胶合板正面弹出钉位线，以保证板材安装时缝隙顺直，同时能将面板准确地固定在木龙骨上。

② 板块切割　如果设计要求胶合板分格分块铺钉，就按设计尺寸切割胶合板。方形板块应注意找方，保证四角为直角；当设计要求钻孔并形成图案时，应先做样板，再按样板制作。

③ 修边倒角　在胶合板块正面四周，用手工细刨或电动刨刨出45°倒角，宽度2~3mm，以利于通过嵌缝处理，使板缝严密并减小以后的缝隙变形。

④ 防火处理　对有防火要求的木龙骨吊顶，其面板在以上工序完毕后应进行防火处理。通常做法是在面板的反面涂刷或喷涂3遍防火涂料，晾干备用。

(2) 铺钉胶合板

① 板材预排　在铺钉板材前需要预先对板材进行排列布置，将整板居中铺大面，非整块板布置在周边上，以使饰面效果美观。

② 预留设备安装位置　在吊顶顶棚上的各种设备，例如空调送风口、灯具口等，应根据设计图纸，在吊顶面板上预先开出。也可以将设备的洞口位置先在吊顶面板上画出，待板材就位后再将其开出。

③ 铺钉板材　将胶合板正面朝下托起至预定位置，然后从板面中间向四周开始铺钉。铺钉采用 25～35mm 长的圆钉，并事先将钉帽打扁。钉位依照预先弹好的线，钉距 80～150mm，钉帽进入板面 0.5～1.0mm。也可以使用电动或气动打钉枪来固定胶合板，枪钉长度为 15～20mm。

(3) 钉眼处理　如果使用打钉枪打钉时，由于其钉帽可以直接打入板面所以无需再处理钉眼。如果用普通圆钉钉板，则钉眼需要用油性腻子抹平。

3. 安装注意事项

(1) 在铺钉胶合板时，严禁明火作业。

(2) 顶棚四周应钉压缝条，以避免面层板与墙面交接处形成的缝隙不均匀、不顺直，影响装饰效果。

(3) 胶合板面如果涂刷清漆时，相邻板面的木纹和颜色应该相近。

二、纸面石膏板的安装

普通纸面石膏板大多数情况下是做 U 形轻钢龙骨吊顶的饰面板。在安装饰面板之前要先复核轻钢龙骨架底面是否平整，如果不平整需要调平。

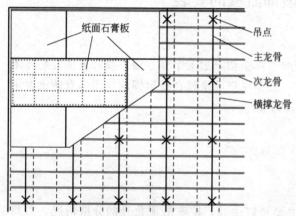

图 4-17　纸面石膏板的铺设示意图

1. 纸面石膏板的饰面构造

纸面石膏板的饰面构造如图 4-17 所示。

2. 操作要点

(1) 板材应在自由状态下就位进行固定。

(2) 纸面石膏板的长边（即包封边）应沿次龙骨铺设。

(3) 纸面石膏板用自攻螺钉（$\phi 3.5mm \times 25mm$）固定在轻钢龙骨架的次龙骨和横撑龙骨上。钉距为 150～170mm，螺钉应与板面垂直。如出现弯曲、变形的自攻螺钉，应剔除，并在相隔 50mm 的部位另增设钉固点。自攻螺钉与纸面石膏板边的距离：板材包封边为 10～15mm；切割边为 15～20mm。

(4) 安装双层石膏板时，面层板与基层板的接缝应错开，不得在同一根龙骨上接缝，接缝至少错开 300mm。

(5) 铺钉纸面石膏板时，应从每块板的中间向板的四边顺序固定，不得多点同时作业。

(6) 钉眼处理：自攻螺钉头应埋入板面 0.5～1mm，但不能使板材纸面破损；钉眼涂刷防锈漆，并用石膏腻子抹平。

(7) 板缝处理：先将石膏腻子均匀地嵌入板缝，并且在板缝外刮涂大约 60mm 宽、1mm

厚的腻子，随即贴上穿孔纸带或玻璃纤维网格带，用刮刀顺穿孔纸带的方向刮压，将多余腻子挤出并刮平、刮实，不可以留有气泡，再在板缝表面刮一遍约 150mm 宽的腻子。

3. 安装注意事项

（1）石膏腻子是以精细的半水石膏粉加入一定量的缓凝剂等加工而成，主要用于纸面石膏板的板缝处理及钉眼填平等处。

（2）空气湿度对纸面石膏板的膨胀和收缩影响比较大，为了保证装修质量，在湿度特大的环境下一般不宜嵌缝。

（3）拌制石膏腻子，必须用清洁的水和容器。

三、金属装饰板的安装

金属装饰板吊顶质轻、安装方便、施工速度快、吸声、防火、表面光泽美观、装饰效果好。常用的金属装饰板主要有两种类型：一类是条形板；另一类是方形板或矩形板。板的类型如图 4-18 所示。

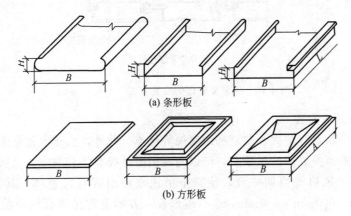

图 4-18 金属装饰板形式

1. 金属装饰条板安装

金属装饰条板吊顶龙骨的吊杆根据吊顶承受荷载的不同可以采用 U 形轻钢龙骨的配套吊杆，也可以采用 T 形龙骨吊杆吊件。龙骨可以采用轻钢龙骨也可以采用铝合金龙骨。

（1）条板式吊顶的龙骨可以设 U 形轻钢主龙骨，主龙骨通过挂件与和条板配套的特制槽形龙骨连接，也可以将吊杆直接与槽形龙骨连接。槽形龙骨顶面和侧面都开有间距相等的孔眼，用以与吊杆吊件的插挂。如果采用配套的吊杆吊件，可以将吊件直接钩挂在相应的槽形龙骨孔眼中即可。

（2）安装前应检查复核龙骨是否调平调直，在龙骨调平的基础上，才能安装条板，以保证板面平整。

（3）条形板安装应该从一个方向依次进行安装。

（4）金属条板与龙骨的固定有嵌卡固定和螺钉固定两种方式。金属条板板厚为 0.8mm 以下、板宽在 100mm 以下的，采用嵌卡固定方式。安装时将板条托起后，先将板条的一端用力压入槽形龙骨的卡脚，再顺势将另一端压入龙骨卡脚内。由于条板较薄，弹性好，所以可以采用嵌卡的安装方法依靠板的弹性与配套槽形龙骨卡接。对于板厚超过 1mm、板宽超过 100mm 的金属条形板，采用螺钉固定方式，一般采用自攻螺钉或抽芯铆钉将条板与龙骨连接固定，如图 4-19 所示。

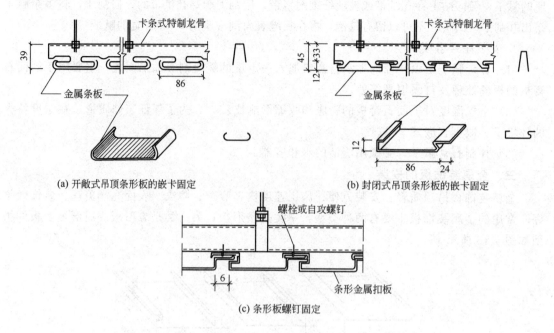

图 4-19 条形金属板的安装方式（单位：mm）

2. 金属装饰方板安装

金属方形板吊顶具有防火、防潮和耐腐蚀等优点。此外，由于大多是采用卡装施工，所以拆装方便，如需调换或清洁吊顶时，可以随时用磁性吸盘将其取下。金属方板吊顶易于与表面设置的灯具、风口等协调一致，使整个吊顶表面组成有机整体。其板材的规格多为500mm×500mm、600mm×600mm，也有矩形板。方形金属吊顶板的安装，可以适应各种次龙骨，常用的是与T形轻钢龙骨和铝合金龙骨的安装，或者采用与金属方板配套的龙骨及其配件（如图 4-20 所示）。根据铝合金方板的尺寸规格，合理确定龙骨位置、结构尺寸，使金属饰面板块组合的图案完整。

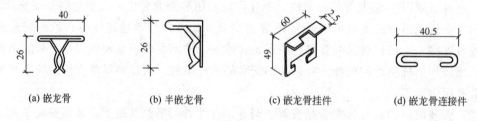

图 4-20 方形金属吊顶板专用的龙骨及配件（单位：mm）

金属饰面方板的安装有两种方法：搁置式安装和嵌入式安装。

（1）搁置式安装　是将金属方板的四边直接搁置在T形轻钢龙骨或铝合金龙骨的次龙骨及横撑龙骨的翼缘上即可，搁置后的吊顶面呈格子式离缝效果（如图 4-21 所示）。

（2）嵌入式安装　是采用带夹簧的嵌龙骨吊顶骨架（见图 4-20），可以使吊顶饰面金属方板很方便地卡入。金属方板的卷边向上，呈缺口式的盒子形，一般的方板边部在加工时轧出凸起的卡口，可以很精确地卡入嵌龙骨夹簧中，包括其边龙骨（半嵌龙骨）同样如此（如图 4-22 所示）。

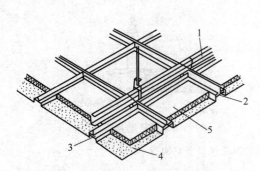 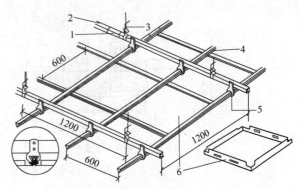

图 4-21 方形金属吊顶板搁置式安装
1—U形主龙骨;2—T形次龙骨;3—T形横撑龙骨;
4—金属方板;5—吸声材料(根据设计要求定)

图 4-22 方形金属板嵌入式安装(单位:mm)
1—连接件;2—U形主龙骨;3—吊杆;
4—嵌龙骨;5—挂件;6—金属方板

3. 节点构造及处理方法

(1) 金属板与墙柱边部的连接处理　金属板与墙柱面之间可以离缝平接,也可以采用L形边龙骨或半嵌龙骨同平面搁置搭接或高低错落搭接(如图4-23所示)。

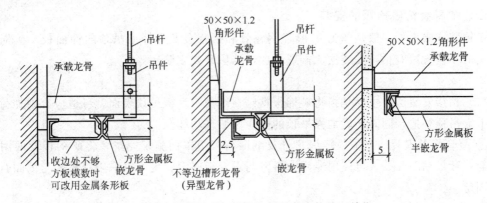

图 4-23　方形金属板吊顶与墙柱边部的节点构造(单位:mm)

(2) 变标高处连接处理　可以参照图4-24所示处理,要注意根据变标高的高度设置相应地竖立龙骨,该竖立龙骨须分别与不同标高的主龙骨连接可靠(每节点不少于两个自攻螺钉或抽芯铆钉或小螺栓连接)。在主龙骨和竖立龙骨上安装相应的次龙骨及条形金属板。

(3) 窗帘盒及风口等构造处理　图4-25所示是对方形金属板与窗帘盒及送风口的连接的构造处理。当采用长条形金属板时,换上相应的龙骨即可。

(4) 吸声或隔热材料的布置　当金属板为穿孔板时,先在穿孔板上铺壁毡,再将吸声隔热材料铺在上面。当金属板无孔时,可将隔热材料直接满铺在金属板上。应当一边安装金属板一边铺吸声隔热材料,最后一块则先将吸声隔热材料铺在金属板上再安装。

4. 安装注意事项

(1) 龙骨框格必须方正、平整,框格尺寸必须与罩面板实际尺寸相吻合。当采用普通T形龙骨直接搁置时,龙骨框格中心尺寸应比方形板或矩形板外形尺寸稍大,一般

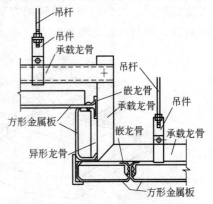

图 4-24　方形金属板吊顶
变标高处节点构造

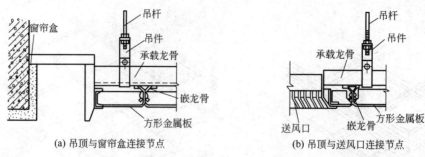

图 4-25 方形金属板吊顶与窗帘盒及送风口节点构造

每边要留有 2mm 空隙；当采用专用特制嵌龙骨时，龙骨框格中心尺寸即为方形板或矩形板外形尺寸，不应再留空隙。无论何种龙骨均应先试装一块板，最后确定龙骨安装尺寸。

（2）龙骨弯曲变形者不得使用，特别是专用特制嵌龙骨的嵌口弹性不好、弯曲变形不直时不得使用。

（3）纵横龙骨十字交叉处必须连接牢固、平整、交角方正。

（4）金属板在安装时应轻拿轻放，保护板面不受碰伤或刮伤。

四、矿棉装饰吸声板的安装

矿棉装饰吸声板一般是作为 T 形轻钢龙骨和铝合金龙骨轻型吊顶的饰面板。矿棉装饰吸声板的安装方法有粘接安装法、搁置平放法、嵌装式安装法等。

1. 安装方法

（1）粘接安装法　主要是指将矿棉板粘贴在纸面石膏板吊顶表面，可适应有附加荷载要求的上人吊顶构造，同时还能增强吊顶的吸声和装饰功能。

① 复合平贴安装　当吊顶轻钢龙骨及纸面石膏板罩面施工完毕，将矿棉板背面用双面胶带与石膏板粘贴几处，再使用专用涂料钉与石膏板固定，也可以采用胶黏剂与纸面石膏板粘贴固定。

② 复合插贴安装　一般采用企口棱边的矿棉板做插接。轻钢龙骨纸面石膏板吊顶安装后，将矿棉装饰吸声板背面用双面胶带粘贴几个点与石膏板表面临时固定，再用打钉器将 U 形钉钉在矿棉板的开榫处与石膏板面固定。

（2）搁置平放法　是指直接将矿棉板搁置在由 T 形纵横龙骨组成的网格内。这种安装方法是轻型吊顶中应用最普遍的方法，其构造简单、拆装容易，吊顶龙骨底面外露，形成纵横网格，可与灯饰造型相配合（如图 4-26 所示）。

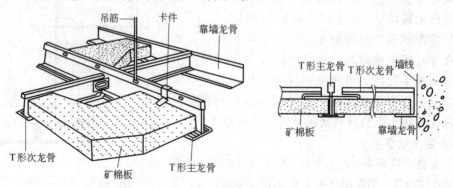

图 4-26　矿棉装饰吸声板搁置平放安装

(3) 嵌装式安装法　此种安装方法是由饰面板的构造所决定的，板材四周带有企口，有的四边加厚，安装时，T形龙骨的两条边直接插入饰面板企口内，吊顶表面不露龙骨（如图 4-27 所示）。

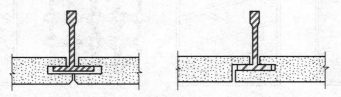

图 4-27　矿棉企口装饰吸声板嵌装式安装

2. 节点构造及处理方法

(1) 与墙柱边部连接处理　一般在墙柱安装 L 形边龙骨，将罩面板搁在 L 形龙骨上。

(2) 灯具、各种孔口等设施的安装　灯具、送风口、上人孔、窗帘盒等设施的安装，一般来说较大设施（如大灯槽、上人孔等）安装在一个标准框格或数个相连框格内；较小设施（如送风口、烟感器及喷淋头等）应按照其大小尽量布置在罩面板中心，另加框边或托盘与龙骨连接固定，四边加铝合金或不锈钢镶边封口。窗帘盒安装应设单独支撑，与顶棚只是面层连接。所有部件总的安装原则是安装要牢固，与罩面板接触处要吻合。

3. 安装注意事项

(1) 矿棉装饰吸声板在运输、存放和安装过程中，严禁雨淋受潮，在搬动码放时必须轻拿轻放，以免破损。

(2) 粘贴法要求石膏板基层非常平整，否则表面将出现错台、不平整等质量问题。在粘贴时注意：胶黏剂未完全固化前，板材不得有强烈震动，并要保持好室内通风。

(3) 采用搁置法安装时，应留有板材安装缝，每边缝隙不宜大于 1mm。

(4) 安装时，吸声板上不得放置其他材料，防止板材受压变形。

第四节　开敞式吊顶施工

开敞式吊顶是将具有特定形状的单元体或单元体的组合悬吊在结构层下面的一种吊顶形式。单元体或单元体的组合是上下通透的，有利于室内通风及声学处理。吊顶饰面是开敞的，适用于大厅或大堂。

一、开敞式吊顶的构造形式及其单元构件

开敞式吊顶的构造有两种形式：一种是将单体构件固定在骨架上；另一种是将单体构件直接用吊杆与结构相连，不用龙骨支撑，单体构件既是装饰构件，同时也能承受自重。

开敞式吊顶的单元体常采用木质、金属等材料制作。金属单元体构件的材质有铝合金、镀锌钢板等多种，铝合金单体构件质轻、耐用、防火防潮，比较常用。单体构件如图 4-28 所示。

二、开敞式吊顶施工操作程序与操作要点

在吊顶施工前，吊顶以上的各种设备和管线必须安装就位，并基本调试完毕。开敞式吊顶的吊顶以上部分可以涂刷黑漆处理，以从视觉上弱化吊顶以上的各种管线和设备，或者按设计要求的色彩进行涂刷处理。

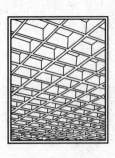 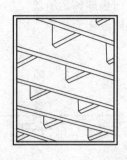 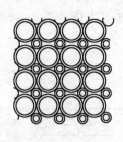 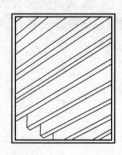

图 4-28 开敞式吊顶单体构件

1. 工艺流程

放线→拼装单元体→固定吊杆→单元体构件吊装→整体调整→饰面处理。

2. 操作要点

（1）放线　放线主要包括标高线、吊点布置线和分片布置线。标高线和吊点布置线的弹设方法与前面所讲相同。吊点的位置要根据分片布置线来确定，以使吊顶的各分片材料受力均匀。分片布置线是根据吊顶的结构形式和单体构件分片的大小和位置所弹的线。

（2）拼装单元体

① 木质单元体拼接　木质单元体的结构形式较多，常见的有单板方框式、骨架单板方框式、单条板式、单条板与方板组合式等拼装方式。

单板方框式拼装，通常用9～15mm厚，120～200mm宽的胶合板条，在板条上按设计的方框尺寸间距开板条宽度一半的槽。然后将纵横向板条槽口相对卡接，其拼接形状如图4-29(a)所示。

骨架单板方框式拼装，是用木方按设计分格尺寸制作成方框骨架。用9～15mm厚的胶合板，按骨架方框的尺寸锯成短板块，将短板块用圆钉固定在木骨架上，短板块在对缝处涂胶用钉固定，如图4-29(b)所示。

单条板式拼装，用实木或厚胶合板按要求的宽度锯切成长条板，并根据设计的间隔在条板上开出方孔或长方孔。再用实木或厚胶合板加工出截面尺寸与长条板上开孔尺寸相同的方料或板条，如图4-29(c)所示。拼装时，将单条板逐个穿在支承龙骨上，且按设计间隔固定。

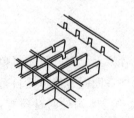 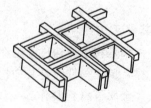 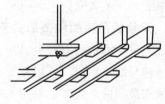

(a) 单板方框式构件拼装　　(b) 骨架单板方框式构件拼装　　(c) 单条板式构件拼装

图 4-29 木质单元体构件拼装

拼接时每个单体要求尺寸一致、角度准确，组合拼接牢固。

② 金属单元体拼接　包括格片型金属板单体构件拼装和格栅型金属板单体拼装。它们的构造较简单，大多数采用配套的格片龙骨与连接件直接卡接。如图4-30、图4-31为两种常见的拼装方式。

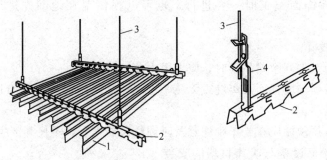

图 4-30　格片型金属板单体构件拼装
1—格片式金属板；2—格片龙骨；3—吊杆；4—吊挂件

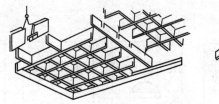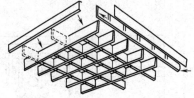

图 4-31　铝合金格栅型吊顶构件拼装

（3）固定吊杆　吊杆的固定方法同第二节所述。

（4）单元体构件吊装　开敞式吊顶的构件吊装有直接固定和间接固定两种方法。

① 直接固定法　将构件直接用吊杆吊挂在结构上（如图 4-32 所示）。此种吊装方式，吊顶构件自身应具有承受本身质量的刚度和强度。

② 间接固定法　将构件固定在骨架上，再用吊杆将骨架悬吊在结构上（如图 4-33 所示）。这种吊装一般是考虑构件本身的刚度不好，如果直接吊装构件容易变形，需布置较多的吊点，造成费工费料。

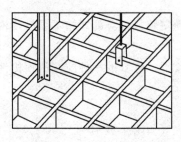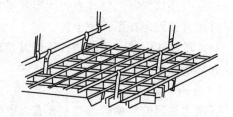

图 4-32　直接固定法　　　　　　　图 4-33　间接固定法

通常室内吊顶面大于 50m²，采用间接固定吊装；吊顶面小于 50m²，则用直接固定吊装。吊装操作时从一个墙角开始，分片起吊，高度略高于标高线并临时固定该分片吊顶架，再按标高基准线分片调平，最后将各分片连接处对齐，用连接件固定。

（5）整体调整　沿标高线拉出多条平行或垂直的基准线，根据基准线进行吊顶面的整体调整，注意检查吊顶的起拱量是否正确（一般为 3/400 左右），修正单体构件因安装而产生的变形，检查各连接部位的固定件是否可靠，对一些受力集中的部位进行加固。

（6）饰面处理　铝合金单体构件加工时表面已经作了处理。木质单体构件饰面方式主要有油漆、贴壁纸、喷涂喷塑、镶贴不锈钢和玻璃镜面等工艺。喷涂饰面和贴壁纸饰面，可以与墙体饰面施工时一并进行，也可以视情况在地面先进行饰面处理，然后再行吊装。

3. 施工注意事项

（1）当设计为上人开敞式吊顶时，应设置主龙骨。

（2）开敞式吊顶与墙柱面可离缝或无缝，每个墙面及柱面均必须与顶棚分别连接三点，以防止整个吊顶晃动。

（3）开敞式吊顶顶棚应在施工中注意及时调整尺寸偏差，不使其产生积累误差。

三、开敞式吊顶设备与吸声材料的安装

1. 灯具的安装

开敞式吊顶如何与照明结合，对吊顶的装饰效果影响较大。一般灯具的布置与安装有以下几种形式（如图4-34所示）。

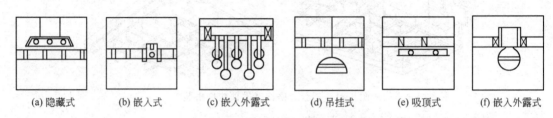

图 4-34 灯具的安装形式

（1）隐蔽式安装 将灯具布置在开敞式吊顶的上部，并与吊顶表面留有一定的距离，灯光透过格栅照射下来。这种灯具安装的方式是在构件吊装前将灯具吊挂在楼板结构层上，然后再吊装吊顶构件。

（2）嵌入式安装 将灯具按设计图纸的位置嵌入单体构件的网格内，灯具底面可与吊顶面齐平，或灯具的照明发光部分伸出吊顶平面，灯座部分嵌入构件网格内。这种安装方式，是在吊装后进行。

（3）吸顶式安装 灯具直接固定在吊顶面上。此种安装，灯具的规格不受吊顶构件的限制，灯座直接固定在吊顶面上。

（4）吊挂式安装 用吊挂件将灯具悬吊在吊顶面以下，灯具的吊件应在吊顶构件吊装前固定在楼板底面上。

2. 空调管道口的布置

开敞式吊顶的空调管道口主要有以下两种布置方法（如图4-35所示）。

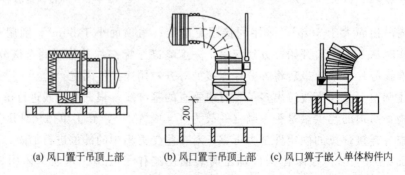

图 4-35 空调管道口的布置（单位：mm）

(1) 空调管道口布置在开敞式吊顶的上部，与吊顶保持一定的距离。这种布置方法的管道口比较隐蔽，可以降低风口箅子的材质标准，安装施工也比较简单。

(2) 将空调管道口嵌入单体构件内，风口箅子与单体构件表面保持水平。这种布置方法的风口箅子是明露的，要求其造型、材质、色彩与吊顶的装饰效果尽可能相协调。

3. 吸声材料的布置

开敞式吊顶的吸声材料主要有以下四种布置方法。

(1) 在单体构件内装填吸声材料，组成吸声体吊顶。

(2) 在开敞式吊顶的上面平铺吸声材料。

(3) 在吊顶与结构层之间悬吊吸声材料。为此，应先将吸声材料加工成平板式吸声体，然后将其逐块悬吊。

(4) 用吸声材料做成开敞式吊顶的单元体。

第五节 吊顶装饰工程的质量要求及通病防治

一、工程质量要求

吊顶工程从材料到施工应严格按照国家标准、行业标准的规定，工程质量满足以下验收规范的要求。

1. 一般规定

用于暗龙骨吊顶、明龙骨吊顶等分项工程的质量验收的一般规定。

(1) 吊顶工程验收时应检查下列文件和记录：

① 吊顶工程的施工图、设计说明及其他设计文件；

② 材料的产品合格证书、性能检测报告、进场验收记录和复验报告；

③ 隐蔽工程验收记录；

④ 施工记录。

(2) 吊顶工程应对人造木板的甲醛含量进行复验。

(3) 吊顶工程应对下列隐蔽工程项目进行验收：

① 吊顶内管道、设备的安装及水管试压；

② 木龙骨防火、防腐处理；

③ 预埋件或拉结筋；

④ 吊杆安装；

⑤ 龙骨安装；

⑥ 填充材料的设置。

说明：为了既保证吊顶工程的使用安全，又做到竣工验收时不破坏饰面，吊顶工程的隐蔽工程验收非常重要，以上所列各款均应提供由监理工程师签名的隐蔽工程验收记录。

(4) 各分项工程的检验批应按下列规定划分：同一品种的吊顶工程每50间（大面积房间和走廊按吊顶面积 $30m^2$ 为一间）应划分为一个检验批，不足50间也应划分为一个检验批。

(5) 检查数量应符合下列规定：每个检验批应至少抽查10%，并不得少于3间；不足3间时应全数检查。

(6) 安装龙骨前，应按设计要求对房间净高、洞口标高和吊顶内管道、设备及其支架的标高进行交接检验。

(7) 吊顶工程的木吊杆、木龙骨和木饰面板必须进行防火处理，并应符合有关设计防火规范的规定。

说明：由于发生火灾时，火焰和热空气迅速向上蔓延，防火问题对吊顶工程是至关重要的，使用木质材料装饰装修顶棚时应慎重。《建筑内部装修设计防火规范》(GB 50222—1995)规定顶棚装饰装修材料的燃烧性能必须达到 A 级或 B1 级，未经防火处理的木质材料的燃烧性能达不到这个要求。

(8) 吊顶工程中的预埋件、钢筋吊杆和型钢吊杆应进行防锈处理。

(9) 安装饰面板前应完成吊顶内管道和设备的调试及验收。

(10) 吊杆距主龙骨端部距离不得大于 300mm，当大于 300mm 时，应增加吊杆。当吊杆长度大于 1500mm 时，应设置反支撑。当吊杆与设备相遇时，应调整并增设吊杆。

(11) 重型灯具、电扇及其他重型设备严禁安装在吊顶工程的龙骨上。

说明：龙骨的设置主要是为了固定饰面材料，一些轻型设备如小型灯具、烟感器、喷淋头、风口算子等也可以固定在饰面材料上。但如果把电扇和大型吊灯固定在龙骨上，可能会造成脱落伤人事故。为了保证吊顶工程的使用安全，特制定本条并作为强制性条文。

2. 暗龙骨吊顶工程

用于以轻钢龙骨、铝合金龙骨、木龙骨等为骨架，以石膏板、金属板、矿棉板、木板、塑料板或格栅等为饰面材料的暗龙骨吊顶工程的质量验收。

(1) 主控项目

① 吊顶标高、尺寸、起拱和造型应符合设计要求。

检验方法：观察；尺量检查。

② 饰面材料的材质、品种、规格、图案和颜色应符合设计要求。

检验方法：观察；检查产品合格证书、性能检测报告、进场验收记录和复验报告。

③ 暗龙骨吊顶工程的吊杆、龙骨和饰面材料的安装必须牢固。

检验方法：观察；手扳检查；检查隐蔽工程验收记录和施工记录。

④ 吊杆、龙骨的材质、规格、安装间距及连接方式应符合设计要求。金属吊杆、龙骨应经过表面防腐处理；木吊杆、龙骨应进行防腐、防火处理。

检验方法：观察；尺量检查；检查产品合格证书、性能检测报告、进场验收记录和隐蔽工程验收记录。

⑤ 石膏板的接缝应按其施工工艺标准进行板缝防裂处理。安装双层石膏板时，面层板与基层板的接缝应错开，并不得在同一根龙骨上接缝。

检验方法：观察。

(2) 一般项目

① 饰面材料表面应洁净、色泽一致，不得有翘曲、裂缝及缺损。压条应平直、宽窄一致。

检验方法：观察；尺量检查。

② 饰面板上的灯具、烟感器、喷淋头、风口算子等设备的位置应合理、美观，与饰面板的交接应吻合、严密。

检验方法：观察。

③ 金属吊杆、龙骨的接缝应均匀一致，角缝应吻合，表面应平整，无翘曲、锤印。木质吊杆、龙骨应顺直，无劈裂、变形。

检验方法：检查隐蔽工程验收记录和施工记录。

④ 吊顶内填充吸声材料的品种和铺设厚度应符合设计要求，并应有防散落措施。

检验方法：检查隐蔽工程验收记录和施工记录。

⑤ 暗龙骨吊顶工程安装的允许偏差和检验方法应符合表4-3的规定。

表4-3 暗龙骨吊顶工程安装的允许偏差和检验方法

项次	项目	允许偏差/mm				检验方法
		纸面石膏板	金属板	矿棉板	木板、塑料板、格栅	
1	表面平整度	3	2	2	2	用2m靠尺和塞尺检查
2	接缝直线度	3	1.5	3	3	拉5m线,不足5m拉通线,用钢直尺检查
3	接缝高低差	1	1	1.5	1	用钢直尺和塞尺检查

3. 明龙骨吊顶工程

用于以轻钢龙骨、铝合金龙骨、木龙骨等为骨架，以石膏板、金属板、矿棉板、塑料板、玻璃板或格栅等为饰面材料的明龙骨吊顶工程的质量验收。

(1) 主控项目

① 吊顶标高、尺寸、起拱和造型应符合设计要求。

检验方法：观察；尺量检查。

② 饰面材料的材质、品种、规格、图案和颜色应符合设计要求。当饰面材料为玻璃板时，应使用安全玻璃或采取可靠的安全措施。

检验方法：观察；检查产品合格证书、性能检测报告和进场验收记录。

③ 饰面材料的安装应稳固严密。饰面材料与龙骨的搭接宽度应大于龙骨受力面宽度的2/3。

检验方法：观察；手扳检查；尺量检查。

④ 吊杆、龙骨的材质、规格、安装间距及连接方式应符合设计要求。金属吊杆、龙骨应进行表面防腐处理；木龙骨应进行防腐、防火处理。

检验方法：观察；尺量检查；检查产品合格证书、进场验收记录和隐蔽工程验收记录。

⑤ 明龙骨吊顶工程的吊杆和龙骨安装必须牢固。

检验方法：手扳检查；检查隐蔽工程验收记录和施工记录。

(2) 一般项目

① 饰面材料表面应洁净、色泽一致，不得有翘曲、裂缝及缺损。饰面板与明龙骨的搭接应平整、吻合，压条应平直、宽窄一致。

检验方法：观察；尺量检查。

② 饰面板上的灯具、烟感器、喷淋头、风口箅子等设备的位置应合理、美观，与饰面板的交接应吻合、严密。

检验方法：观察。

③ 金属龙骨的接缝应平整、吻合、颜色一致，不得有划伤、擦伤等表面缺陷。木质龙骨应平整、顺直，无劈裂。

检验方法：观察。

④ 吊顶内填充吸声材料的品种和铺设厚度应符合设计要求，并应有防散落措施。

检验方法：检查隐蔽工程验收记录和施工记录。

⑤ 明龙骨吊顶工程安装的允许偏差和检验方法应符合表4-4的规定。

表 4-4 明龙骨吊顶工程安装的允许偏差和检验方法

项次	项目	允许偏差/mm				检验方法
		石膏板	金属板	矿棉板	塑料板、玻璃板	
1	表面平整度	3	2	3	2	用2m靠尺和塞尺检查
2	接缝直线度	3	2	3	3	拉5m线,不足5m拉通线,用钢直尺检查
3	接缝高低差	1	1	2	1	用钢直尺和塞尺检查

二、常见工程质量问题及其防治方法

1. 龙骨的纵横方向线条不平直

龙骨安装后,在纵横方向上不平直,出现扭曲歪斜现象,或者高低错位、起拱不均匀、凹凸变形等,其原因和相应的防治办法见表4-5。

表 4-5 龙骨的纵横方向线条不平直的产生原因和防治办法

产 生 原 因	防 治 方 法
(1)龙骨受扭折发生变形	(1)凡是受到扭折的龙骨不采用
(2)吊杆的位置不正确,牵拉力不均匀	(2)严格按照设计要求弹线确定龙骨吊点的位置;主龙骨端部或者接长部位增设吊点,吊点间距不宜大于1200mm
(3)未拉十字通线全面调整主、次龙骨的高低位置	(3)拉十字通线,逐条调整龙骨的高低和线条平直
(4)控制吊顶的水平标高线误差超出允许范围,龙骨起拱度不符合规定	(4)墙面的水平标高线应弹设正确,吊顶中间部分按照要求起拱

2. 纸面石膏板吊顶表面不平整

纸面石膏板吊顶表面不平整,其原因和相应的防治办法见表4-6。

表 4-6 纸面石膏板吊顶表面不平整的产生原因和防治办法

产 生 原 因	防 治 方 法
(1)水平标高线控制不好,误差过大	(1)在墙面上准确地弹好吊顶的水平标高线,误差不得大于±5mm。对跨度较大的房间,还应加设标高控制点,在一个断面内,应拉通线控制,线要拉直,不得下沉
(2)龙骨没调平就安装饰面板	(2)龙骨必须调整平直,将各紧固件紧固稳妥后,方能安装饰面板
(3)在龙骨上悬吊设备或大型灯具等重物	(3)不得在龙骨上悬吊设备,应该将设备直接固定在结构上
(4)吊杆安装不牢,引起局部下沉	(4)安装龙骨前要做吊杆的隐检记录,关键部位要做拉拔试验
(5)吊杆间距不均匀,造成龙骨受力不均	(5)根据设计要求弹出吊点位置,保证吊杆间距均匀,在墙边或设备开口处,应根据需要增设吊杆
(6)次龙骨间距偏大,导致挠度过大	(6)严格按照设计要求设置次龙骨间距

3. 纸面石膏板吊顶接缝处不平整

纸面石膏板吊顶接缝处不平整,其原因和相应的防治方法见表4-7。

表 4-7 纸面石膏板吊顶接缝处不平整的产生原因和防治办法

产 生 原 因	防 治 方 法
(1)主、次龙骨未调平	(1)安装主、次龙骨后,拉通线检查其是否正确平整,然后边安装纸面石膏板边调平,满足板面平整度要求
(2)选用材料不配套,或板材加工不符合标准	(2)应使用专用机具和选用配套材料,加工板材尺寸应保证符合标准,减少原始误差和装配误差,以保证拼板处平整

4. 金属板吊顶表面不平整

金属板吊顶表面不平整,其原因和相应的防治方法见表 4-8。

表 4-8 金属板吊顶表面不平整的产生原因和防治办法

产 生 原 因	防 治 方 法
(1)吊顶的水平标高线控制不好,误差过大	(1)对于吊顶四周的标高线,应准确地弹到墙上,其误差不能大于±5mm
(2)龙骨未调平就进行金属条板的安装,然后再进行调平,使板条受力不均匀而产生波浪形状	(2)安装金属条板前,应先将龙骨调直调平
(3)在龙骨上直接悬吊重物,承受不住而发生局部变形。这种现象多发生在龙骨兼卡具的吊顶形式	(3)应同时考虑设备安装。对于较重的设备,不能直接悬吊在吊顶上,应另设吊杆,直接与结构固定
(4)吊杆安装不牢,引起局部下沉。例如吊杆本身固定不好,松动或脱落;或吊杆不直,受力后拉直变长	(4)如果采用膨胀螺栓固定吊杆,应做好隐检工作,例如膨胀螺栓埋入深度、间距等,关键部位还要做膨胀螺栓的抗拔试验
(5)金属条板自身变形,未加矫正而安装,产生吊顶不平	(5)安装前要先检查金属条板的平直情况,发现不符合标准者,应进行调整

5. 吊顶与设备衔接不好

吊顶与设备衔接不好,其原因和相应的防治方法见表 4-9。

表 4-9 吊顶与设备衔接不好的产生原因和防治办法

产 生 原 因	防 治 方 法
(1)装饰工种与设备工种没有协调好,设备工种的管道甩楂预留尺寸不准	(1)施工前做好图纸会审,以装饰工种为主导,协调各专业工种的施工进度,各工种施工中发现有差错应及时改正
(2)孔洞位置开得不准,或大小尺寸不符	(2)对于大孔洞,应先将其位置画准确,吊顶在此部位断开。也可以先安装设备,然后吊顶再封口。如遇回风口等较大的孔洞,可以先将回风算子固定,这样既保证位置准确,也容易收口。对于小孔洞,如吊顶的嵌入式灯口,宜在顶部开洞,开洞时先拉通长中心线,位置定准后,再开洞

复习思考题

一、思考题

1. 吊顶由哪几部分构成?各部分有何作用?
2. 轻钢龙骨纸面石膏板吊顶的安装方法是怎样的?
3. 矿棉装饰吸声板有哪几种安装方法,如何进行安装?
4. 金属装饰条板和方板如何安装?
5. 简述开敞式吊顶的施工方法。

二、实训题

1. 观察 U 形轻钢龙骨的组件,并进行龙骨与接插件的装配练习。
2. 观察 T 形铝合金龙骨的组件,并进行龙骨与接插件的装配练习。
3. 观察各类常用的饰面板材料,了解它们的特点和辨别方法。
4. 参观一个吊顶装饰施工现场,观察吊顶的类型、构造和施工方法,画出吊顶的构造图。

第五章

涂料装饰工程

第一节 涂料装饰工程概述

建筑涂料，系指涂敷于建筑物或构件表面，并能与表面材料很好地黏结，形成完整涂膜的材料。由于早期使用的涂料其主要原料是天然油脂和天然树脂，如桐油、亚麻仁油、松香和生漆等，故称为油漆。但随着石油化工和有机合成工业的发展，许多涂料不再使用油脂，主要使用合成树脂及其乳液、无机硅酸盐和硅溶胶，故称为涂料工程，油漆仅是涂料的一个分支。目前上市的许多涂料亦以"漆"命名。

建筑涂料具有装饰效果好、施工方便、造价经济、经久耐用等优点，涂料涂饰是当今建筑室内外饰面最为广泛采用的一种方式。

一、建筑涂料的功能、组成和分类

1. 建筑装饰涂料的功能

（1）美化建筑物或室内空间　建筑装饰涂料色彩丰富，颜色可以按需调配，采用喷、滚、抹、弹、刷涂的方法，使建筑物外观美观，或室内空间富美感，而且可以做出装饰图案，增加质感，起到美化城市、渲染环境艺术效果的作用。

（2）保护墙体　由于建筑物的墙体材料多种多样，选用适当的建筑装饰涂料，对墙面起到一定的保护作用，一旦涂膜遭受破坏，可以重新涂饰。

（3）多功能作用　装饰涂料品种多样。建筑装饰涂料涂饰在主体结构表面，有的可以起到保色、隔声、吸声等作用。特殊涂料，可起到防水、隔热、防火、防腐、防霉、防锈、防静电和保健等作用。

2. 建筑装饰涂料的组成

一般来说，涂料的成分有主要成膜物质、次要成膜物质和辅助成膜物质等。"成膜"是组成涂料各种成分的核心。

主要成膜物质，也称黏结剂，分为油脂、树脂和无机胶凝材料三种；次要成膜物质主要有颜料、填充料等；辅助成膜物质主要有溶剂和助剂两大类。

3. 建筑装饰涂料的分类

按材质（成膜物质）分为有机涂料、无机涂料和复合型涂料。其中有机涂料又分为水溶性涂料、乳液涂料、溶剂型涂料等。

按涂膜的厚度和质感分为薄质涂料、厚质涂料、复层涂料、多彩涂料等。

按使用部位分为外墙涂料、内墙涂料、地面（或地板）涂料、顶棚涂料、屋面涂料、木材饰面油漆、金属饰面油漆等。

二、涂料施涂技术

建筑涂料可以采用滚涂、刷涂、喷涂、抹涂和弹涂等方法，以取得不同的表面质感和装饰效果。使用时，应依据建筑装饰设计要求，根据装饰标准、装饰部位、基层的状况以及装饰对象所处的环境和施工季节，在充分了解建筑装饰涂料性能的基础上，合理选用。

1. 刷涂

刷涂是用漆刷、排笔等工具在装饰表面涂饰涂料的一种操作方法。

（1）施工工艺　刷涂顺序一般为先左后右、先上后下、先难后易、先边后面。

在大面积木材面上刷油时可采用"开油→横油→斜油→竖油→理油"的操作方法。

开油　将刷子蘸上涂料，首先在被涂面上直刷几道（木面应顺木纤维方向），每道间距为5~6cm，把一定面积需要涂刷的涂料在表面上摊成几条。

横油、斜油　不再蘸涂料，将开好的油料横向、斜向涂刷均匀。

竖油　看着木纹方向竖刷，以刷涂接痕。

理油　待大面积刷匀刷齐后，将漆刷上的剩余涂料在料桶边上刮净，用漆刷的毛尖轻轻地在涂料面上顺木纹理顺，并且刷匀物面（构件）边缘和棱角上的流漆。

（2）刷涂施工质量要求　涂膜厚薄一致、平整光滑、色泽均匀。操作中不应出现流挂、皱纹、漏底刷花、起泡和刷痕等缺陷。

（3）建筑装饰涂料的施工要点

① 涂刷时，涂刷方向和行程长短均应一致。

② 如果涂料干燥快，应勤蘸短刷，接槎最好在分格缝处。

③ 涂刷层次一般不少于两度，在前一度涂层表干后才能进行后一度涂刷。前后两次涂刷的相隔时间与施工现场的温度、湿度有密切关系，通常不少于2~4h。

2. 滚涂

滚涂是利用涂料辊子进行涂饰的一种操作方法。

（1）施工要点

① 将涂料搅匀，调至施工黏度，取出少许倒入平漆盘中摊开。

② 用辊筒在盘中蘸取涂料，滚动辊筒，使所蘸涂料均匀适量附着于辊筒上。滚涂操作应根据涂料的品种、要求的花饰确定辊子的种类。

③ 在墙面涂饰时，先使辊筒按W形运动，将涂料大致涂在墙面上，然后用不蘸取涂料的毛辊紧贴基层上下、左右平稳地来回滚动，让涂料在基层上均匀展开，最后用蘸取涂料的毛辊按一定方向满滚一遍，完成大面。

④ 阴角、上下口采用漆刷、排笔刷涂找齐。

⑤ 滚涂至接槎部位或达到一定段落时，应使用不沾涂料的空辊子滚压一遍，以免接槎部位不匀而露明显痕迹。

（2）滚涂施工质量要求　涂膜厚薄均匀，平整光滑，不流挂、不漏底。饰面式样、花纹图案完整清晰、匀称一致，颜色协调。

3. 喷涂

喷涂是利用压力或压缩空气将涂料涂布于物面、墙面的机械化施工方法。

（1）喷涂施工要点

① 控制好空压机施工喷涂压力，按涂料产品使用说明调好压力。一般在0.4~0.8MPa范围内。

② 涂料稠度必须适中，太稠，不便施工；太稀，影响涂层厚度，也容易流淌。

③ 喷涂作业时，手握喷枪要稳，涂料出口应与被涂面垂直，喷枪（喷斗）移动时应与

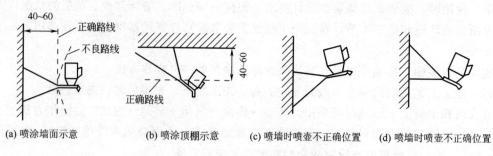

(a) 喷涂墙面示意　　(b) 喷涂顶棚示意　　(c) 喷墙时喷壶不正确位置　　(d) 喷墙时喷壶不正确位置

图 5-1　喷涂示意图（单位：cm）

喷涂面保持平行（如图 5-1）。

④ 喷涂时，喷嘴与被涂面距离控制在 40～60cm。

⑤ 喷枪（或喷斗）的运行速度适当且保持一致，一般为 40～60cm/min。

⑥ 一般直线喷涂 70～80cm 后，拐弯 180°反向喷涂下一行。两行重叠宽度控制在喷涂宽的 1/3～1/2。喷涂行走路线如图 5-2 所示。尽量连续作业，争取到分格缝处停歇。

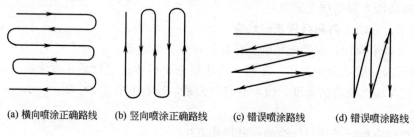

(a) 横向喷涂正确路线　　(b) 竖向喷涂正确路线　　(c) 错误喷涂路线　　(d) 错误喷涂路线

图 5-2　喷涂行走路线示意

⑦ 室内喷涂一般先喷顶后喷墙，外墙喷涂一般为两遍，高级的饰面为三遍，间隔时间约 2h。

(2) 喷涂施工质量要求　涂膜应厚度均匀，颜色一致，平整光滑，不应有露底、皱纹、流挂、针孔、气泡、失光、发花等缺陷。

4. 抹涂

抹涂是将纤维涂料抹涂成薄层涂料饰面。特点是硬度很高，类似汉白玉、大理石等天然石材饰面的装饰效果。

(1) 抹涂施工要点　抹涂施工一般包括涂饰底层涂料和抹涂饰面涂料两个过程。

① 涂饰底层涂料操作方法用刷涂或滚涂，达到质量要求即可。当底层质量较差时，可增加刮涂一遍找平。

② 涂抹面层在底层涂料完成后过 24h 进行。使用工具应为不锈钢制品，如不锈钢抹子。

③ 涂抹面层一遍成活，不能过多反复抹压。内墙抹涂厚为 1.5～2mm，外墙抹涂厚 2～3mm。

④ 抹完后，间隔 1h 左右，用不锈钢抹子拍抹饰面并压光，使涂料中的胶黏剂在表面形成一层光亮膜。

(2) 抹涂施工质量要求

① 饰面涂层应表面平整、光滑、石粒清晰色泽一致，无缺损、抹痕及接槎痕迹。

② 饰面涂层与基层结合牢固、无空鼓、无开裂现象。

③ 阴、阳角方正、垂直，分格条方正平直，宽度一致，无错缝及缺棱少角现象。

5. 刮涂

刮涂是用刮板将涂料厚浆料均匀地批刮于饰涂面上，形成厚度为1~2mm的厚涂层的施涂方法，多用于地面涂饰。

(1) 刮涂施工要点

① 用刮刀（或牛角刀、油灰刀、橡皮刮刀、钢皮刮刀等）与饰涂面成60°角进行刮涂。

② 孔眼较大的饰面应用腻子嵌实，并打磨平整。每刮一遍腻子或涂料，都应待其干燥后打磨平整。

③ 刮涂时只能来回刮1~2次，不能往返多刮，否则会出现"皮干里不干"现象。

④ 批刮一次厚度不应超过0.5mm。待批刮完成的腻子或厚浆料全部干燥后，再涂刷涂料。

(2) 刮涂施工质量要求　刮涂应膜层不卷边，不漏刮，经打磨后表面平整光滑，无明显白点。

第二节　涂料施涂的前期工作

一、前期准备工作

1. 材料准备和要求

(1) 备好腻子及底、中、面层涂料等。涂饰工程应优先采用绿色环保产品。涂料的品种、颜色应符合设计要求，并应有产品性能检测报告和产品合格证书。

(2) 涂饰工程所用腻子的黏结强度应符合国家现行标准的有关规定。

(3) 涂料在使用前应搅拌均匀，并应在规定的时间内用完。

2. 工具准备

(1) 涂刷工具　主要有排笔、棕刷、料桶等。

(2) 喷涂工具　主要有空气压缩机、高压无气喷涂机、手持喷斗、挡板或塑料布（供遮挡门窗等用）、棕刷、半截大桶、小提桶、料勺和软质乳胶手套等。

(3) 滚涂工具　主要有长毛绒辊、泡沫塑料辊、橡胶辊及压花和印花辊、硬质塑料辊及料筒等。

(4) 弹涂工具　主要有弹涂器等。

(5) 喷笔　供在绘画、彩绘、着色、雕刻等工序中，喷涂颜料或银浆等用。

(6) 其他工具　刮铲、锉刀、钢丝刷、砂纸（布）、尖头锤、钢针除锈机、圆盘打磨机等。

3. 作业条件

(1) 涂饰工程应在抹灰、吊顶、细部、地面及电气工程等已完成并验收合格后进行。

(2) 施工现场环境温度宜在5~35℃之间，并应注意通风换气和防尘。

(3) 混凝土或抹灰基层涂刷溶剂型涂料时，其含水率不得大于8%；涂刷水性涂料和乳液涂料时，其含水率不得大于10%；木质基层含水率不得大于12%。

二、基层处理

1. 基层处理的要求

(1) 新建筑物的混凝土或抹灰基层在涂饰涂料前应涂刷抗碱封闭底漆。

(2) 旧墙面在涂饰涂料前应清除疏松的旧装修层,并涂刷界面剂。
(3) 基层腻子应平整、坚实、牢固,无粉化、起皮和裂缝。
(4) 厨房、卫生间墙面必须使用耐水腻子。
(5) 混凝土及水泥砂浆抹灰基层:应满刮腻子、砂纸打光,表面应平整光滑、线角顺直。
(6) 纸面石膏板基层:应按设计要求对板缝、钉眼进行处理后,满刮腻子、砂纸打光。
(7) 清漆木质基层:表面应平整光滑、颜色协调一致、表面无污染、裂缝、残缺等缺陷。
(8) 调和漆木质基层:表面应平整、无严重污染。
(9) 金属基层:表面应进行除锈和防锈处理。

2. 涂饰基层的清理

清理基层的目的在于去除基层表面的粘附物,使基层洁净,有利于涂料与基层的牢固粘贴。常见的粘附物及清理方法有以下几种。

(1) 表面硬化不良或分离脱壳:全部铲除脱壳分离部分,并用钢丝刷除去浮渣。
(2) 粉末状黏附物:用毛刷、扫帚及电吸尘器清理去除。
(3) 电焊喷溅物、砂浆溅物:用刮刀、钢丝刷及打磨机去除。
(4) 油脂、脱模剂、密封胶等黏附物:用有机溶剂或化学洗涤剂清除。
(5) 锈斑:用化学除锈剂清除。
(6) 霉斑:用化学去霉剂清洗。
(7) 泛碱、析盐的基层:应先用3%的草酸溶液清洗,然后用清水冲刷干净或在基层上满刷一遍耐碱底漆,待其干后刮腻子,再涂刷面层涂料。

3. 基层缺陷的修补

在清理基层后,应及时对其缺陷进行修补。常见基层缺陷及其修补方法有以下几种。

(1) 混凝土施工缝等造成的表面不平整 清扫混凝土表面,用聚合物水泥砂浆分层抹平,每遍厚度不大于9mm,总厚度25mm,表面用木抹子搓平,养护。
(2) 混凝土尺寸不准或设计变更等原因造成的找平层厚度增加过大 在混凝土表面固定焊敷金属网,将找平层砂浆抹在金属网上。
(3) 水泥砂浆基层空鼓分离而不能铲除者 用电钻钻孔(孔径ϕ5~10mm),采用不致使砂浆层分离扩大的压力,将低黏度环氧树脂注入分离空隙内,使之固结。表面裂缝用合成树脂或聚合物水泥腻子嵌平并打磨平整。
(4) 基层表面较大裂缝 将裂缝切成V形,填充防水密封材料;表面裂缝用合成树脂或聚合物水泥砂浆腻子嵌平并打磨平整。
(5) 细小裂缝 用基底封闭材料或防水腻子沿裂缝嵌平并打磨平整;预制混凝土板小裂缝可用低黏度环氧树脂或聚合物水泥浆进行压力灌浆压入缝中,表面打磨平整。
(6) 气泡砂孔 孔眼ϕ3mm以上者用树脂砂浆或聚合物水泥砂浆嵌填;孔眼ϕ3mm以下者可用同种涂料腻子批嵌,表面打磨平整。
(7) 表面凹凸 凸出部分用磨光机研磨,凹入部分填充树脂或聚合物水泥砂浆,硬化后再行打磨平整。
(8) 表面麻点过大 用同饰面涂料相同的涂料腻子分次刮抹平整。
(9) 基层露出钢筋 清除铁锈作防锈处理;或将混凝土做少量剔凿,对钢筋作防锈处理后用聚合物水泥砂浆补抹平整。

第三节 内墙涂料

一、合成树脂乳液内墙涂料涂饰施工

合成树脂乳液内墙涂料，俗称内墙乳胶漆，是以合成树脂乳胶为基料，与颜料、填料研磨分散后，加入各种助剂配制而成的涂料。具有色彩丰富、施工方便、与基层附着良好、易于翻新、干燥快、耐擦洗、安全无毒等特点。国内外广泛应用于建筑物的内墙装饰。

1. 涂饰工艺流程

基层处理→填缝、局部刮腻子→磨平→第一遍满刮腻子→磨平→第二遍满刮腻子→磨平→第一遍涂料→复补腻子→磨光→第二遍涂料。

2. 施工要点

(1) 基层处理　先将装饰表面的灰尘、浮渣等杂物清除干净，如表面有油污，应用清洗剂和清水洗净，干燥后再用棕刷将表面灰尘清扫干净。

(2) 填缝、局部刮腻子　用腻子将墙面麻面、蜂窝、洞眼等缺残补好。

(3) 磨平　等腻子干透后，用开刀将凸起的腻子铲开，用粗砂纸磨平。

(4) 第一遍满刮腻子　先用胶皮刮板满刮第一遍腻子，要求横向刮抹平整、均匀、光滑、密实，线角及边棱整齐。满刮时，不漏刮，接头不留槎。不沾污门窗框及其他部位，沾污部位及时清理。腻子干透后用粗砂纸打磨平整。

(5) 第二遍满刮腻子　与第一遍方向垂直，方法相同，干透后用细砂纸打磨平整、光滑。

(6) 涂刷乳胶　涂刷前用手提电动搅拌枪将涂料搅拌均匀，如稠度较大，可加清水稀释，但稠度应控制，不得稀稠不匀。滚涂不到的阴角处，需用毛刷补齐，不得漏涂。要随时剔除墙上的滚子毛。一面墙面要一气呵成，避免出现接槎刷迹重叠，沾污到其他部位的乳胶要及时清洗干净。

(7) 磨光　第一遍滚涂乳胶结束 4h 后，用细砂纸磨光，若天气潮湿，4h 后未干，应延长间隔时间，待干后再磨。

(8) 涂刷乳胶一般为两遍，普通和高级涂饰依情况加减遍数。每遍涂刷应厚薄一致，充分盖底，表面均匀。最后清理预先覆盖在踢脚板、水、暖、电、卫设备及门窗等部位的遮挡物。

除手工滚涂外，还可喷涂。喷涂顺序一般为墙→柱→顶→门窗，也可根据现场需要变更，以不增加重复遮挡和不影响已完成饰面为原则来安排操作顺序。两遍喷涂之间应有足够间隔时间，以让第一遍乳胶漆干燥，间隔时间约为 6h，一般喷两遍即可，亦可按质量要求适当增加遍数。

二、多彩花纹内墙涂料涂饰施工

多彩花纹内墙涂料属于水包油型涂料，具有立体质感的彩色花纹、色调美观、典雅豪华、优异的耐水洗擦性、耐水、耐碱性、高耐沾污和耐污渍性、抗菌防霉、低挥发性有机化合物（VOC）、施工方便等特点。饰面由底、中、面层涂料复合组成，可使用于混凝土、抹灰面及石膏板面的内墙与顶棚。

1. 涂饰工艺流程

基层处理→填缝、局部刮腻子→磨平→第一遍满刮腻子→磨平→第二遍满刮腻子→磨

光→除尘→涂刷底漆→中涂→喷彩片→辊压→清理浮片→涂刷透明面漆。

2. 施工要点

（1）基层处理　施工基层应清洁并充分干燥、结实，无油污、浮灰和疏松等现象。如为新粉墙面，要求夏天养护 10d 以上，冬天养护 20d 以上方可施工。如为老墙面，必须彻底清除原墙面上的油污、石灰或油漆与涂料，并彻底铲除疏松空鼓层。

（2）满刮腻子　在经清理后的墙面上满批腻子，第一遍干后（约 5h 后）进行粗打磨，然后再批刮第二遍腻子，再经 5h 后，精细打磨，完成后即可进行涂料施工。如遇潮湿天气，应相应延长干燥时间。

（3）涂刷底漆　底漆涂刷一道即可，涂刷前应先将底漆搅拌均匀，涂刷时采用中长毛辊筒自上而下，自左而右进行，涂刷必须均匀，不准漏涂，尤其是阴阳角部位必须用漆刷补到位。

（4）中涂　待底漆完全干燥后（约 2~3h），用无气喷枪或中长毛辊筒涂专用中涂一道即可，应先将中涂搅拌均匀，喷或涂应自左而右进行，必须均匀，不准漏喷，尤其阴阳角部位必须用漆刷补到位。

（5）喷涂彩片

① 通常专用中涂涂刷完一面墙后，应立即（在 10min 内）喷彩片，否则专用中涂干燥后将丧失黏结力，致使彩片无法黏结其上。因此，特别要注意的是在高温低湿环境下或施工较大面积的墙面时，可采取二人涂刷专用中涂（一人用辊筒刷大面，一人用漆刷刷边角部位），另一人喷彩片的方法，三人一组同时进行。

② 在需喷涂的墙面下方预先铺上塑料薄膜，用于接收洒落的彩片。

③ 接通空压机电源，开动空压机并接好喷枪。调节空压机的压力，并稳定到 392.3kPa 左右。

④ 将彩片倒入桶内，并混匀弄松，用背带将桶斜挎在身上。调节背带至合适长度以方便吸取桶内彩片。

⑤ 左手握喷枪吸料管的吸入端，使吸入端浮于且平贴彩片表面，中指和食指挡住进料口以控制进料量，喷彩片时左手带动吸料端在桶内移动；右手握喷枪，先对着收集薄膜进行试喷，然后再喷墙面。喷彩片时喷枪与墙面保持垂直，喷枪距墙面 50~80cm，同时以手腕带动喷枪作小幅度划圈，并以手臂带动喷枪自上而下，自左而右移动。喷彩片时注意控制出料量适中，出料速度稳定及喷片均匀。

⑥ 在彩片喷完后 1~2h 之间，用专用橡胶辊筒辊压一遍，以使彩片牢固粘贴。如需半球面点状造型的，可不进行滚压工序。

⑦ 洒落的彩片不能单独使用，如欲降低彩片损耗，则必须与本批剩余彩片混匀后方能使用。

（6）涂刷面漆

① 彩片喷完干燥 24h 后，必须用专用毛刷轻轻刷除涂层上未粘牢的彩片，方可涂刷透明面漆。

② 涂刷透明面漆前先将面漆搅拌均匀，涂刷要求一道即可，涂刷时应自上而下，自左而右进行，涂刷方向与行程均应一致，涂刷应均匀，不能有气泡，不得漏涂。

3. 注意事项

① 若换喷另一种色号的彩片，必须先将喷枪空喷数分钟，清除喷枪及吸料管内可能残

余的其他彩片，以免造成混色。

② 涂刷专用中涂及喷彩片之前，应先关闭门窗，施工人员必须严格按要求进行施工。

③ 腻子、底漆、专用中涂及面漆的施工温度必须在5℃以上、湿度小于85%，并不得掺入其他有机溶剂，以免破坏涂料成分。低温时注意防冻，贮存适宜温度为0~40℃。腻子、底漆、专用中涂及面漆的保质期为2年。

三、聚氨酯仿瓷涂料涂饰施工

聚氨酯涂料是以聚氨酯-丙烯酸树脂溶液为基料，配以优质钛白粉、助剂等而成的双组分固化型涂料。涂膜外观呈瓷质状，其耐沾污性、耐酸碱性、耐水性及耐候性等性能均较优异。可以涂刷在木质装饰面层、水泥砂浆面层及混凝土表面，也可作丙烯酸酯、环氧树脂、聚合物水泥等不同中间层覆涂的罩面涂料，具有优良的保护与装饰效果。有的品种的底涂料为溶剂型，中层涂料为厚质水乳型并带凹凸花纹，可做建筑物的高级外墙饰面。

1. 涂饰工艺流程

基层处理→填缝、局部刮腻子→磨平→第一遍满刮腻子→磨平→第二遍满刮腻子→磨平→施涂封底涂料→施涂主层涂料→滚压→第一遍面层涂料→第二遍面层涂料。

2. 施工要点

聚氨酯覆层涂料的施工，应按照各厂家的产品说明书进行操作。基本原则是覆层涂饰一般为三层，即底涂、中涂和面涂。

(1) 基层处理：各类基层表面应平整、坚实、干燥、洁净，表面的蜂窝、麻面和裂缝等缺陷应采用相应的腻子嵌平。金属材料表面应除锈，有油渍斑污者，可用汽油、二甲苯等溶剂清理。处理基层的腻子，一般要求用801胶水调制，也可用环氧树脂，但严禁与其他油漆混合使用。

(2) 对于新抹水泥砂浆面层，其常温龄期应大于10d，普通混凝土的常温龄期应大于20d，一般应待墙体含水率小于10%，方可进行墙面施工。

(3) 施涂封底涂料：对于底涂的要求，各种产品不一。有的甚至不要求底涂，并可以直接作为丙烯酸酯、环氧树脂及聚合物水泥等中间层的罩面装饰层；有的产品则包括底涂料，其底涂料与面涂料（Ⅰ）、面涂料（Ⅱ）为配套供应（如表5-1）。可以采用刷、辊、喷等方法进行底漆。

表5-1 仿瓷釉涂料的分层涂装

分层涂料	材料	用料量/(kg/m²)	涂装遍数
底涂料	水乳型底涂料	0.13~0.15	1
面涂料（Ⅰ）	仿瓷釉涂料（A、B色）	0.1~0.6	1
面涂料（Ⅱ）	仿瓷釉清漆	0.4~0.7	1

(4) 施涂主层涂料：中涂施工一般均要求采用喷涂。喷涂压力应依照材料使用说明，一般为0.3~0.4MPa或0.6~0.7MPa；喷嘴口径也应按有关要求选择，一般为ϕ4mm。根据不同品种，将其甲乙组分进行混合调制或直接采用套配中层涂料均匀喷涂，如果涂料太稠时，可加入配套溶剂或醋酸丁酯进行稀释，有的则无需加入稀释剂。

(5) 第一遍面层涂料：罩面涂施，一般可用喷涂、滚涂和刷涂随意选择，涂层施工的间隔时间视涂料品种而定，一般都在2~4h。对于现场以甲乙组分配制的混合涂料，一般要求在规定的时间内用完，不得存放后再用。无论采用何种产品的仿瓷涂料，其涂装施工时的环境温度均不得低于5℃，环境的相对湿度不得大于85%。

(6) 成品保护：根据产品说明，其面层涂装一道或二道后，应注意成品保护，一般要求保养3～5d。

第四节 外墙涂料

建筑涂料是比瓷砖性能更好的外墙装饰材料，经过科学配制，可得到耐久性高、无污染、色彩丰富、装饰效果优良的建筑涂料。建筑涂料质量轻、安全性好、色彩鲜艳、且不会脱落伤人，是一种比较理想的外墙装饰材料。

目前中国建筑业使用涂料作外墙饰面的比例，与国际水平相比尚有不小差距。日本1997年前外墙主要采用瓷砖、锦砖、石材、玻璃为饰面材料，而1997年至1998年底新建房屋外墙已近60%采用涂料装饰，高层建筑外墙则80%用涂料。在欧美等发达国家建筑物外墙采用高级涂料装饰已占到90%。新加坡、马来西亚等国家规定不允许在高层建筑外墙粘贴瓷砖。而中国建筑外墙使用涂料则不足10%。究其原因，主要是外墙涂料存在着污染环境、耐久性差和需要重涂等问题。但是随着绿色建筑涂料、高耐久性建筑涂料的推广和国内立法对瓷砖使用的限制，建筑涂料会越来越受到人们的青睐，今后建筑涂料将成为外墙装饰的主流。

一、外墙薄质类涂料工程

薄质涂料，质感细腻，用料较省；也可用于内墙装饰，包括平面涂料、砂壁状、云母状涂料。大部分彩色丙烯酸有光乳胶漆，均系薄质涂料，它是以有机高分子材料苯乙烯丙烯酸酯乳为主要成膜物，加上不同的颜料、填料和骨料而制成的薄涂料。使用哪一种薄质涂料，应按装饰设计要求选定。

1. 涂饰工艺流程

修补→清扫→填缝、局部刮腻子→磨平→第一遍涂料→第二遍涂料。

2. 施工要点

(1) 修补：基体的空鼓必须剔除，连同蜂窝、孔洞等提前2～3d用聚合物水泥腻子修补完整。腻子配合比为：m(水泥) : m(107胶) : m[纤维素（2%浓度）] : m(水) = 1 : 0.2 : 适量 : 适量。水电及设备预留、预埋件已完成。门窗安装已完成并已施涂一遍底子油（干性油、防锈涂料）。

(2) 清扫：施工前，必须将基层表面的灰浆、浮灰、附着物等清除干净，用水冲洗更好。油污、铁锈、隔离剂等必须用洗涤剂洗净，并用水冲洗干净。基层要有足够的强度，无酥松、脱皮、起砂、粉化等现象。

(3) 涂饰：

① 新抹水泥砂浆湿度、碱度均高，对涂膜质量有影响。因此，抹灰后需间隔3d以上再行涂饰。混凝土和墙面抹混合砂浆已完成，且经过干燥，表面施涂溶剂型涂料时，其含水率不得大于8%；表面施涂水性和浮液涂料时，其含水率不得大于10%。

雨前4～8h内不得施工，避免涂饰面淋雨。风力4级以上时不宜施工。

② 基层表面应平整，纹路质感应均匀一致，否则因为光影作用，造成颜色深浅不一，影响装饰效果。如采用机械喷涂料时，应将不喷涂的部位遮盖，以防污染。

③ 涂料使用前，将涂料搅匀，以获得一致的色彩。大面积施工前，应先做样板，经鉴

定合格后，方可组织班组施工。

④ 涂料所含水分应按比例调整，使用中不宜加水稀释。涂料中不能掺加其他填料、颜料，也不能与其他品种涂料混合，否则会引起涂料变质。如稠度过大而不易施工确需稀释时，可采用自来水调至合适黏度，一般加水量为10%。

⑤ 刷涂时，先清洁墙面，一般涂刷两次。如涂料干燥很快，注意涂刷摆幅放小，以求均匀一致。

⑥ 滚涂时，先将涂料按刷涂作法的要求刷在基层上，随即滚涂，滚筒上必须沾少量涂料，滚压方向要一致，操作应迅速。

⑦ 机械喷涂可不受涂料遍数的限制，以达到质量要求为准。采用喷涂施工，空气压缩机压力需保持在 0.4~0.7MPa，排气量 $0.63m^3/s$ 以上，将涂料喷成雾状为准，喷口直径一般为：

a. 如果喷涂砂粒状，保持在 4.0~4.5mm；

b. 如果喷云母片状，保持在 5~6mm；

c. 如果喷涂细粉状，保持在 2~3mm。

喷料要垂直墙面，不可上、下做料，以免出现虚喷发花，不能漏喷、挂流。漏喷及时补上，挂流及时清除。喷涂厚度以盖底后最薄为佳，不宜过厚。

⑧ 如施涂第二遍涂料后装饰效果仍不理想时，可增加1~2遍涂料。

二、外墙混凝土及抹灰面复层涂料工程

不同涂层种类和不同施工做法的复合涂层涂饰，耐久性和耐污染性较好，保护墙体功能好，具有新颖而丰富的装饰形象，外观美观豪华，能创造出较高品味的涂料装饰艺术效果。

覆层涂料有混凝土及抹灰外墙合成树脂乳液覆层涂料、硅溶胶类覆层涂料、水泥系复层涂料以及反应固化型覆层涂料。

1. 涂饰工艺流程

修补→清扫→填缝、局部刮腻子→磨平→施涂封底涂料→施涂主层涂料→滚压→第一遍罩面涂料→第二遍罩面涂料。

2. 施工要点

(1) 修补 用1:3水泥砂浆将基层缺棱掉角处修补好。

(2) 清扫 将混凝土或水泥混合砂浆抹灰面表面上的灰尘、污垢、溅沫和砂浆流痕等清除干净。

(3) 填缝、局部刮腻子 表面麻面及缝隙应用聚醋酸乙烯乳液、水泥、水质量比为1:5:1调和成的腻子填补齐平，并进行局部刮腻子，腻子干后，用砂纸磨平。

(4) 施涂封底涂料 采用喷涂或刷涂方法进行。

如设计分格缝，应吊垂直、套方、找规矩、弹分格缝。必须严格按标高控制，以分格缝、墙的明角处或水落管等为分界线和施工缝，缝格必须是平直、光滑、粗细一致。

(5) 喷涂主层涂料 封底涂料干燥后，再喷涂主层涂料。喷涂时，主层涂料点状大小和疏密程度应均匀一致，不得连成片状。点状大小一般为5~25mm。涂层的接槎应留在分格缝处。门窗以及不喷涂料的部位，应认真遮挡。

(6) 滚压 如需半球形点状造型时，可不进行滚压工序。如需压平，则在喷后适时用塑料或橡胶辊蘸汽油或二甲苯压平。

(7) 施涂罩面涂料 主层涂料干燥后再喷涂饰面层涂料。水泥系主层涂料喷涂后，应先

干燥12h，然后洒水养护24h，再干燥12h，才能施涂罩面涂料。罩面涂料采用喷涂的方法进行，待第一遍罩面涂料干燥后，再喷涂第二遍罩面涂料。

施涂罩面涂料时，不得有漏涂和流坠现象。发现有"漏涂"、"透底"、"流坠"等弊病，应立即修整和处理，保证工程质量。

三、外墙彩砂类涂料

彩砂类涂料，是粗骨料涂料的一种，它是以一定粒度配比的彩釉砂和普通硅砂为骨料，用合成树脂乳液作胶黏剂，添加适当助剂组成的一种建筑饰面材料。色彩新颖，晶莹绚丽，质感丰富，可以取得类似天然石料的丰富色彩与质感。具有优异的耐候性、耐水性、耐碱性和保色性。

1. 涂饰工艺流程

清理基层→修补填缝、局部刮腻子→施涂封底涂料→搅拌涂料→喷涂彩砂涂料→喷涂找补。

2. 施工要点

（1）清理基层 用铲刀、钢丝刷清除表面浮土、脱模剂等污物。油污用质量分数为10%的火碱水洗刷掉，再用清水冲净，阴干后打底抹灰。

（2）修补填缝、局部刮腻子 用聚合物水泥腻子修补缺棱短角及孔洞、裂缝、麻面，要求基层含水率≤10%，pH值<9。聚合物水泥腻子配比为$m(108胶):m(水泥):m(水)=1:5:$适量。

（3）施涂封底涂料 在清理后的基层上涂刷一遍108胶稀溶液或乳胶溶液（胶、水质量比为1:3）。

（4）搅拌涂料 涂料浆可预先配制，也可在施工时临时配制，涂料浆的稠度，以喷出后呈雾化状、喷在墙上不流动为原则。涂料搅拌应均匀。

（5）喷涂彩砂涂料 基层封闭乳液干燥后，即可喷黏结涂料。胶厚度在1.5mm左右，要喷匀，过薄则干得快，影响粘接力，遮盖能力低；过厚会造成流坠。接槎处的涂料要厚薄一致，否则也会造成颜色不均匀。

喷枪口径一般为5~8mm，涂层厚度为2~3mm，压力为0.6~0.8MPa，喷涂时喷枪与墙面保持垂直，距离为50cm，各行要重叠1/3~1/2。

施涂罩面须在涂层固化后进行。要防止将涂料喷到不需喷涂处，否则立即清除。

白天墙基面温度在5℃以上，夜间在0℃以上，以防固化不好和冰冻；风力4级以上不要施工，施工后12h内避免淋雨。

第五节 特种涂料

特种涂料除具有保护和装饰的作用外，还有一些特殊功能。如防霉涂料、防腐涂料、防潮涂料、防水涂料、防火涂料、耐热涂料、杀虫灭蚊的卫生涂料、文物保护涂料、航标及桥梁的定向反光涂料、防静电涂料、防电波干扰涂料、防射线涂料等。

一、防水类特种涂料涂饰施工

防水涂料，是以橡胶、沥青或聚氨酯等为主要成分，主要用于需要防水的屋面、墙面、地面。有的产品主要用于基层施涂，有的产品也可作为面层使用。

防水施工宜采用涂膜防水。涂膜类防水涂料主要指聚氨酯等涂膜防水材料，产品特点是拉伸强度、断裂伸长率均高于氯丁乳沥青防水材料，施工后干燥快。由于有许多新产品不断面市，各种防水涂料的调和方法，使用要求都有所不同，因此，在施工时应严格按照产品说明操作。以JM-811防水涂料示例介绍。

JM-811防水涂料，是以聚醚型聚酯为主体，用于卫生间等防水装饰的新型涂料。作为防水地面，有较好的抗渗性、黏结性、耐化学腐蚀性、弹性和装饰性，对基层的变形适应性较强。涂料常温固化，施工简单。地面没有接缝，不易产生渗漏，防水性好。

1. 涂饰工艺流程

基层清理→填孔补洞→涂施防水底涂→涂施防水中层→涂施防水面层。

2. 施工要点及注意事项

（1）基层清理　基层的浮灰、油渍、杂质必须清除干净。基层表面应平整，不得有松动、空鼓、起沙、开裂等缺陷，含水率应小于9%。基层表面如有凹凸不平、松动、空鼓、起沙、开裂等缺陷，将直接影响防水工程质量。

（2）填孔补洞　地面垫层中各预埋管线已完成，穿过楼层的立管已立好，管洞已堵塞，地面泛水已完成，泛水坡度应符合设计要求。

门框已立好，墙顶面抹灰已完成。

防水工程应在地面、墙面隐蔽工程完毕并经检查验收后进行。

（3）防水附加层　地漏、套管、卫生洁具根部、阴阳角等部位，是渗漏的多发部位，在做大面积防水施工前先做好局部防水附加层。

防水层应从地面延伸到墙面，高出地面100mm；浴室墙面的防水层不得低于1800mm。

（4）涂施防水底涂　将聚氨酯甲料、乙料加稀释剂拌匀，再用漆刷涂刷在基层表面，24h固化后，进行下一工序。

防水材料的性能应符合国家现行有关标准的规定，并应有产品合格证书。

（5）涂施防水中层　将聚氨酯甲料、乙料按1:1.5比例配合，用电动搅拌器强力搅匀。先用漆刷将该混合料均匀涂刷在墙裙和阴、阳角等部位，再用塑料或橡胶刮板按顺序均匀地涂刷在底漆面上，其厚度以2~3mm为宜，要求涂层平整，颜色一致。

与基层相连的管子根部、卫生设备阴、阳角等部位要仔细涂刷，涂层可厚些，以确保防水质量。

（6）涂施防水面层　将聚氨酯罩面漆与固化剂按100:(3~5)的比例混合拌匀，即可均匀涂刷在干净的防水涂层面上。罩面漆要固化24h以上，经验收合格方可交付使用。

中层固化1~2d后方可涂刷罩面漆。

（7）涂刷应均匀一致，不得漏刷。总厚度应符合产品技术性能要求。

（8）施工时应设置安全照明，并保持通风。

（9）施工环境温度应符合防水材料的技术要求，并宜在5℃以上。

（10）防水工程应做两次蓄水试验。

二、防火类特种涂料涂饰施工

防火涂料是以蛭石骨料、珍珠岩和胶黏剂为主要成分，或以人工合成材料（氧杂环、丙乳酸乳液等）为主要成分组成的涂料。国家对建筑防火的要求是以规范强制性要求，防火涂料的应用已较为普及。

防火涂料的选择应依据建筑装饰设计、基材的要求等考虑。对木质装饰装修材料进行防火涂料涂布前，应对其表面进行清洁。涂布至少分两次进行，且第二次涂布应在第一次涂布的涂层表干后进行，涂布量应不小于 $500g/m^2$。对装饰织物进行阻燃处理时，应使其被阻燃剂浸透，阻燃剂的干含量应符合产品说明书的要求。防火涂料涂施以 STL-A 型钢结构防火涂料示例介绍。

STL-A 型钢结构防火涂料是以无机胶黏剂和蛭石骨料组成的新型防火涂料。

1. 工艺流程

钢构件预处理→涂料配制→第一遍涂料→第二遍涂料→抹光。

2. 施工要点

（1）钢构件预处理　钢结构施工已结束并经过验收，施涂所需的脚手架已完成；将钢件表面处理干净；固定六角孔铅丝网或以底胶水（底胶、水质量比为 1∶5.7）喷于基面。

（2）涂料配合　涂料、水（质量比为 1∶1）在搅拌机搅拌 5～10min 后，即可使用。

（3）涂料　在底胶成膜干燥后进行第一遍喷涂（或刷涂）。大面积施工前应做样板施工，并得到鉴定合格。第一遍厚度控制在 1.5cm，待干后方可喷涂第二遍涂料。涂料固化快，随用随配制，施工时以 15～35℃为好，4℃以下不宜施工。喷（刷）施涂。

（4）抹光　最后一遍达到设计要求厚度时，即可手工抹光表面。

第六节　油　　漆

油漆饰面是最传统的饰面工艺之一。油漆饰面可应用于木材、各种木质材料、石材、塑料、混凝土、砖体、金属等各种材料表面，很少受基层材料因素的限制。在家庭装饰工程中主要用于处理木墙面、木装饰线、木家具、木联体家具、门窗套、门扇、窗帘箱、木地板等。油漆的施工方法多，可刷、辊、喷，施工简便，工效较高。早期油漆的主要原料是天然油脂和天然树脂，当代大量使用合成树脂及乳液，无机硅酸盐和硅溶液等。随着新材料和新工艺的使用，应用范围越来越广。

一、前期准备工作

1. 材料准备和要求

（1）油漆　清油、光油、铅油、漆片、熟桐油、汽油、水胶等、调和漆（磁性调和漆、油性调和漆）、防锈漆（如红丹防锈漆、铁红防锈漆）、清漆等。清漆以树脂为主要成膜物质，在木家具油漆中广泛使用，下面对常用的清漆介绍如下。

① 酯胶清漆　又称耐水清漆，它是用干性油和甘油松香为胶黏剂制成的。这种清漆漆膜光亮、耐水性较好，但光泽不持久，干燥性较差，适用于木制家具、门窗、板壁等的涂刷及金属表面罩光。

② 酚醛清漆　俗称永明漆，是用干性油和改性酚醛树脂为胶黏剂而制成的。它干燥快、漆膜坚韧耐久、光泽好、并耐热、耐水、耐弱酸碱，缺点是涂膜容易泛黄。一般用于室内外木器和金属面涂饰。

③ 醇酸清漆　又称三门漆，是用干性油和改性醇酸树脂溶于溶剂中而制成的。这种漆的附着力、光泽度、耐久性强于酯胶清漆和酚醛清漆，漆膜干燥快、硬度高、电绝缘性好、可抛光、打磨、色泽亮光。但膜脆、耐热、抗大气性较差。醇酸清漆主要用于涂刷室内门窗、木地面、家具等，不宜室外用。

④ 虫胶清漆　又名泡立水，酒精凡立水，简称漆片。它是虫胶片（干切片）用酒精（纯度 95°以上）溶解而得的溶液，这种漆使用方便、干燥快，漆膜坚硬光亮。缺点是耐水

性和耐候性差，日光暴晒会失光，热水浸烫会泛白，一般用于室内刷底涂饰。

⑤ 硝基清漆　称清喷漆，简称腊克。它是以硝化纤维素为基料，加入其他树脂、增塑剂而制成。具有干燥快、坚硬、光亮、耐磨、耐久等优点。它是一种高级涂料，适用于木材和金属表面的涂饰。

⑥ 环氧树脂漆　它是一种新型合成树脂涂料，具有突出的耐化学药品性，极佳的附着力，很高的耐磨性，很好的弹性与抗张力。可用于金属及水泥混凝土表面涂饰。

⑦ 聚氨酯漆　俗称"685"，为含有氨甲基酸酯的高分子化合物。聚氨酯漆大致可分为聚氨酯改性油、湿固化型、封闭型、羟基固化型与催化固化型五种。家具应用的主要是羟基固化型聚氨酯漆。具有耐磨、耐水、耐久性强、附着力强、干燥快、坚硬等优点，是一种高级涂料，适用于所有的木、金属油漆。

⑧ 聚酯漆　它是以聚酯树脂为基础的一类涂料。在一定条件下（如在引发剂或热作用下）能与苯乙烯发生聚合反应而形成体型结构的聚酯树脂，即性能优异的不饱和聚酯漆的漆膜。分为含蜡型和不含蜡型两种，现在大多数都是含蜡型，且为多组分漆，主要用于高级家具的油漆。

以上几大类的清漆，都是以主要成膜物质的树脂来分类的，每大类又因其合成的工艺不同，所配的原料不同，或其用途不同可以分成无数种品牌，而且每种品牌可加不同着色颜料、体质颜料等组成各种各样的彩色涂料，如调和漆、磁漆、色漆等，主要用于不透明涂饰。

(2) 防潮剂　又称防白剂，它由沸点较高的溶剂（如酯类，酮类等）配成。将它加到硝基漆、过氯乙烯漆等挥发性漆中，可以防止漆膜泛白或发生针孔等弊病。防潮剂另一作用是还可以代替部分稀释剂来调节漆液黏度。防潮剂与稀释剂配合使用，一般可在稀释剂中加入10%~20%左右。

(3) 填充料　用于打底。石膏、大白粉（老粉）、立德粉、色粉、双飞粉、地板黄、红土子、黑烟子等。

(4) 稀释剂　稀释油漆的稠度，便于施工，增加油漆的渗透能力，改善黏结性能，节约油漆，但掺量过多会降低漆膜的强度和耐久性。常用的溶剂有香蕉水、松节油、松香水、酒精、汽油、煤油、苯、丙酮、乙醚等。

(5) 催干剂　作用主要是促进油漆干燥，一般用钴催干剂等。

(6) 上光材料　上光蜡、砂蜡等。

(7) 着色材料　主要作用是着色和遮盖物体表面，并能提高涂膜的耐久性、耐候性和耐磨性。主要为矿物颜料，颜色有红、黄、白、黑和金属色等。

所选用油漆材料的品种、型号、颜色和性能应符合设计要求。检查产品合格证书、性能检测报告和进场验收记录。

2. 施工工具

需用施工工具有：油刷、油滚、排笔、油画笔、毛笔、粉线画笔、粉线包、配色板、小锤子、开刀、麻斯刀、钻子、锉、掏子、砂纸、砂布、擦布、钢皮刮板、橡皮刮板、硬胶皮、牛角板、腻子板、拌和腻子槽子、小油桶、半截大桶、水桶、油勺、棉丝、麻丝、竹签、铜丝箩、钢丝钳子、钢丝刷、钢梳、漏花板、高凳、脚手板、安全带、小笤帚等。

需用机械有：空压机、除锈机、砂纸打磨机、电动砂轮机、油漆搅拌机、喷枪等。

3. 作业条件

① 在室外或室内高于3.6m处作业时，应事先搭设好脚手架，以不妨碍操作为准。

② 对饰面材质、外形进行检查，不合格者应拆换。

③ 木基层表面含水率不得大于12%。

④ 大面积施工前，应事先做样板间，经业主或监理部门检查鉴定合格后，方可组织班组进行大面积施工。

⑤ 抹灰工程、地面工程、木装修工程、水暖电气工程等全部完工。操作前应认真进行工序交接检查工作，并对遗留问题进行妥善处理。不符合规范要求的，不准进行油漆施工。

⑥ 施工温度宜保持均衡，不得突然有较大的变化，且通风良好，环境比较干燥。一般油漆工程施工时的环境温度不宜低于10℃，相对湿度不大于60%。冬期施工室内油漆工程，应在采暖条件下进行，室温保持均衡。

二、木饰面清漆施涂

木基层施涂清漆适用于门、窗、木制家具、板壁表面的清色油漆工程，可选用脂胶清漆、酚醛清漆等。

1. 涂施工艺流程

基层处理→润色油粉→满刮油腻子→刷油色→刷第一遍清漆→修补腻子→修色→磨砂纸→安装玻璃→刷第二遍清漆→刷第三遍清漆。

2. 施工要点

（1）基层处理 先用刮刀或碎玻璃片将基层面上的灰尘、胶迹、污斑点等刮干净，注意不要刮出毛刺。不要刮破抹灰墙面。木门窗基层有小块活翘皮时，可用小刀撕掉。重皮的地方应用小钉子钉牢固，如重皮较大或有烤糊印疤，应由木工修补。

用1号以上砂纸顺木纹打磨，先磨线角，后磨四口平面，将基层打磨光滑。

（2）润色油粉 用棉线蘸油粉在木料表面反复擦涂，将油粉擦进木料鬃眼内，然后用麻布或木丝擦净，线角上的余粉用竹片剔除。注意墙面及五金上不得沾染油粉。待油粉干后，用1号砂纸轻轻顺木纹打磨，打到光滑为止。注意保护棱角，不要将鬃眼内油粉磨掉。磨完后，用潮布将磨下的粉末、灰尘擦净。

色油粉配制：用大白粉、松香水、熟桐油质量比为24：16：2等材料混合，搅拌成色油粉（颜色同样板颜色），盛在小油桶内。

（3）满刮油腻子 用开刀将腻子刮入钉孔、裂纹、鬃眼内。刮抹时，要横抹竖起，如遇接缝或节疤较大时，应用开刀、牛角板将腻子挤入缝内，然后抹平。腻子要刮光，不留野腻子。待腻子干透后，用1号砂纸轻轻顺纹打磨，先磨线角、裁口，后磨四口平面，注意保护棱角，磨至光滑为止。磨完后用潮布擦净粉末。

腻子的配合比：m(石膏粉)：m(熟桐油)：m(水)＝20：73：50，并加颜料调成油色腻子（颜色浅于样板1～2成）。腻子油性大小适宜，如油性大，刷时不易浸入木质内；如油性小，则易钻入木质内，这样刷的油色不易均匀，颜色不能一致。

（4）刷油色 将铅油（或调和漆）、汽油、光油、清油等混合在一起过罗（颜色同样板颜色），然后倒在小油桶内，使用时经常搅拌，以免沉淀造成颜色不一致。

刷油色时，应从外至内、从左至右、从上至下进行，顺着木纹涂刷。刷到接头处要轻飘，达到颜色一致；因油色干燥较快，刷油色时，动作应敏捷，收刷、理油时都要轻快。要求无缕无节，横平竖直，刷油时，刷子要轻飘，避免出刷绺。

刷木窗时，刷好框子上部后再刷亮子；亮子全部刷完后，将铤钩钩住，再刷窗扇；如为双扇窗，应先刷左扇后刷右扇；三扇窗最后刷中间扇；纱窗扇先刷外面后刷里面。

刷木门时，先刷亮子后刷门框、门扇背面，刷完后，用木楔将门扇固定，最后刷门扇正面；全部刷好后，检查是否有漏刷。

小五金上沾染的油色要及时擦净。刷门窗框时，不得污染墙面。

油色涂刷后，要求木材色泽一致而又不盖住木纹，所以每个刷面要一次刷好，不可留有接头，两个刷面交接棱口不要互相沾油，沾油后要及时擦掉，达到颜色一致。

(5) 刷第一遍清漆　刷法与刷油色相同，但刷第一遍用的清漆应略加一些稀料，便于消光和快干。因清漆黏性较大，最好使用已磨出口的旧刷子，刷时要注意不流、不坠，涂刷均匀。待清漆完全干透后，用1号或旧砂纸彻底打磨一遍，将头遍清漆面上的光亮基本打磨掉，再用潮布将粉尘擦干净。

(6) 修补腻子　一般要求刷油色后不抹腻子，特殊情况下，可以使用油性略大的带色石膏腻子修补残缺不全之处。操作时，必须使用牛角板刮抹，不得损伤漆膜，腻子要收刮干净、平滑，无腻子疤痕（有腻子疤痕，必须点漆片处理）。

(7) 修色　木料表面上的黑斑、节疤、腻子疤及材色不一致处，应用漆片、酒精加色调配（颜色同样板颜色），或用由浅到深清漆调和漆和稀释剂调配，进行修色；材色深的应修浅、浅的应提深，深浅色的木料拼成一色，并绘出木纹。

(8) 磨砂纸　使用细砂纸轻轻往返打磨，再用潮布擦净粉末。

(9) 刷第二、第三遍清漆　周围环境要整洁，刷油操作同前，但刷油动作要敏捷，多刷多理，涂刷饱满、不流不坠，光亮均匀。刷涂后一道油漆前应打磨消光。刷完后再仔细检查一遍，有毛病之处要及时纠正。

三、木饰面混色油漆施涂

适用于木制家具、门窗及木饰表面中的中、高级木饰表面的施涂混色油漆工程。常用混色油漆有磁性调和漆、油性调和漆。

1. 涂施工艺流程

基层处理→刷底子油→抹腻子→打砂纸→刷第一遍油漆→刷第二遍油漆→刷第三遍清漆→清理。

2. 施工要点

(1) 基层处理　除去表面灰尘、油污胶迹、木毛刺等，对缺陷部位进行填补、磨光、脱色处理。清扫、起钉子、除油污、刮灰土，刮时不要刮出木毛并防止刮坏抹灰面层；铲去脂囊，将脂迹刮净，流松香的节疤挖掉，较大的脂囊应用木纹相同的材料用胶镶嵌；磨砂纸，先磨线角后磨四口平面，顺木纹打磨，有小活翘皮用小刀撕掉，有重皮的地方用小钉子钉牢固；点漆片，在木节疤和油迹处，用酒精漆片点刷。

(2) 刷底子油　严格按涂刷次序涂刷，做到刷到刷匀。

操清油一遍：清油用汽油、光油配制，略加一些红土子（避免漏刷不好区分），先从框上部左边开始，顺木纹涂刷，框边涂油不得碰到墙面上，厚薄要均匀，框上部刷好后，再刷亮子。

刷窗扇时，如为两扇窗，应先刷左扇后刷右扇；三扇窗应最后刷中间一扇。窗扇外面全部刷完后，用挺钩钩住，不可关闭，然后再刷里面。

刷门时，先刷亮子，再刷门框，门扇的背面刷完后，用木楔将门扇固定，最后刷门扇的正面。全部刷完后，检查有无遗漏，并注意里外门窗油漆分色是否正确，并将小五金等处沾染的油漆擦净，此道工序亦可在框或扇安装前完成。

(3) 抹腻子　清油干透后，将钉孔、裂缝、节疤以及边棱残缺处，用石膏油腻子嵌批平整，腻子要横抹竖起，将腻子刮入钉孔裂纹内。如接缝或裂纹较宽、孔洞较大时，可用开刀将腻子挤入缝洞内，使腻子嵌入后刮平、收净，表面上的腻子要刮光，无野腻子、残渣。上下冒头、榫头等处均应批刮到。

腻子的配合比：$m(石膏):m(熟桐油):m(松香水):m(水)=16:5:1:6$。

(4) 磨砂纸　腻子干透后，用1号砂纸打磨，磨法与底层磨砂纸相同，不要磨穿油膜，保护好棱角，不留松散腻子痕迹。磨完后，应打扫干净，并用潮布将散落的粉尘擦净。

(5) 刷第一遍混色漆　刷铅油，先将色铅油、光油、清油、汽油、煤油等（冬季可加入适量催干剂）混合在一起搅拌过箩，其配合比为铅油、光油、清油、汽油、煤油质量比为50:10:8:20:10；可使用红、黄、蓝、白、黑铅油调配成各种所需颜色的铅油涂料。其稠度以达到盖底、不流淌、不显刷痕为准。厚薄要均匀。一扇门或窗刷完后，应上下左右观察检查一下，有无漏刷、流坠、裹楞及透底，最后将窗扇打开钩上挺钩；木门窗下口要用木楔固定。

调和漆黏度较大，要多刷、多理，盖过油灰0.5～1.0mm，以起到密封作用。

待第一遍油漆干透后，对底腻子收缩处或有残缺处，再用石膏腻子批刮一次，做法同前。

(6) 打砂纸　等腻子干透后，用1号以下的砂纸打磨，做法同前，磨好后用潮布将粉尘擦干净。然后安装玻璃。

(7) 刷第二遍油漆　刷铅油，做法同前。

用潮布或废报纸将玻璃内外擦干净，注意不得损伤油灰表面和八字角（如打玻璃胶应待胶干透）。然后用1号砂纸或旧细砂纸轻磨一遍。方法同前，不要把底油磨穿，要保护好棱角。磨好后用潮布将粉尘擦干净。

(8) 刷最后一遍油漆　要注意刷油饱满，不流不坠，光亮均匀，色泽一致。油灰（玻璃胶）要干透。刷完油漆后，要仔细检查一遍，发现有毛病之处，应及时修整。最后用挺钩或木楔子将门窗固定好。注意成品保护。

四、金属基层混色油漆施涂

适用于建筑装饰中的金属面的中、高级混色油漆工程。可选用油漆有：混色油漆（磁性调和漆、油性调和漆）、清漆、醇酸清漆、醇酸磁漆、防锈漆（红丹防锈漆、铁红防锈漆）等。

1. 涂施工艺流程

基层处理→涂防锈漆→刮腻子→磨砂纸→刷第一遍油漆→抹腻子→磨砂纸→刷第二遍油漆→磨砂纸→刷第三遍清漆。

以上是高级金属面的油漆，如是中级油漆工程，则少刷一遍油漆、不满刮腻子。

2. 施工要点

(1) 基层处理　清扫、除锈、磨砂纸。将钢门窗和金属表面上浮土、灰浆等打扫干净。已刷防锈漆但出现锈斑的金属表面，须用铲刀铲除底层防锈漆后，再用钢丝刷和砂布彻底打磨干净，补刷一道防锈漆。

金属表面的处理，除去除油脂、污垢、锈蚀外，最重要的是表面氧化皮的清除，常用的办法有三种，即机械和手工清除、火焰清除、喷砂清除。

(2) 涂防锈漆　根据不同基层要彻底除锈、满刷（或喷）防锈漆1~2道。

对安装过程的焊点、防锈漆磨损处，进行清除焊渣、除锈，补1~2道防锈漆。防锈漆干透后，将金属表面的砂眼、凹坑、缺棱拼缝等处找补腻子，做到基本平整。

金属表面腻子的质量配合比：m(石膏粉)：m(熟桐油)：m(油性腻子或醇酸腻子)：m(底漆)=20：5：10：7，水适量。腻子要调成不软、不硬、不出蜂窝、挑丝不倒为宜。腻子干透后，用1号砂纸打磨，磨完砂纸后用潮布将表面上的粉尘擦净。

(3) 刮腻子　用开刀或胶皮刮板满刮一遍石膏或原子灰腻子，要刮得薄，收得干净，均匀平整，无飞刺。

(4) 磨砂纸　用1号砂纸轻轻打磨，将多余腻子打掉，并清理干净灰尘。注意保护棱角，达到表面平整光滑，线角平直，整齐一致。

(5) 刷第一道油漆　要厚薄均匀，线角处要薄一些但要盖底，不出现流淌，不显刷痕。

刷铅油（或醇酸无光调和漆）：铅油用色铅油、光油、清油和汽油配制而成，配合比同前，经过搅拌后过箩，冬季宜加适量催干剂。油的稠度以达到盖底、不流沿、不显刷痕为宜，铅油的颜色要符合样板的色泽。刷铅油时，先从框上部左边开始涂刷，框边刷油时，不得刷到墙上，要注意内外分色，厚薄要均匀一致，上部刷完再刷框子下部。刷窗扇时，如两扇窗，应先刷左扇后刷右扇；三扇窗者，最后刷中间一扇。窗扇外面全部刷完后，用挺钩钩住再刷里面。

刷门时，先刷亮子再刷门框及门扇背面，刷完后，用木楔将门扇下口固定，全部刷完后应立即检查一下有无遗漏，分色是否正确，并将小五金等沾染的油漆擦干净。要重点检查线角和阴、阳角处有无流坠、漏刷、裹棱、透底等毛病，并应及时修整达到色泽一致。

(6) 抹腻子　待油漆干透后，对于底腻子收缩或残缺处，再用石膏腻子补抹，要求与做法同前。

(7) 磨砂纸　待腻子干透后，用1号砂纸打磨，要求同前。磨好后，用潮布将磨下的粉尘擦净。

如有玻璃安装则要安装玻璃。

(8) 刷第二遍油漆　方法同刷第一道油漆，但要增加油的总厚度。如有玻璃则擦玻璃，注意不得损伤油灰表面和八字角。

(9) 磨最后一道砂纸　用1号或旧砂纸打磨，注意保护棱角，达到表面平整光滑，线角平直，整齐一致。由于是最后一道，砂纸要轻磨，磨完后用湿布打扫干净。

(10) 刷最后一道油漆　要多刷多理，刷油饱满，不流不坠，光亮均匀，色泽一致，如有毛病要及时修整。

在油灰上刷油，应等油灰达到一定强度后方可进行，刷油动作要敏捷，刷子要轻飘、油要均匀，不损伤油灰表面光滑，八字见线。

最后用挺钩或木楔子将门窗扇打开固定好，注意成品保护。

五、木地板清漆涂施

适用于建筑装饰中的长条及拼花木（楼）地板施涂油漆和打蜡工程。一般涂施选用材料有：清漆（醇酸清漆、聚氨酯清漆）、调和漆、熟桐油、清油、光油、上光蜡、砂蜡等；石膏、大白粉、地板黄、红土子、黑烟子、甲基纤维素、聚醋酸乙烯乳液等填充料；稀释剂、钴催干剂、耐光、耐湿和耐老化性能较好的矿物颜料等。

地板漆涂施前应注意：室内油浆活完，暖气设备安装完，并经过试水、试压检查合格；地板刨光后，经过验收符合质量标准，木踢脚板刨光交活。

1. 涂施工艺流程

地板面清理→磨砂纸→刷清油→嵌缝、批刮腻子→磨砂纸→复找腻子→刷第一遍油漆→磨光→刷第二遍清漆→磨光→刷第三遍清漆。

2. 施工要点

（1）地板面清理　将表面的尘土、污物清扫干净，并将其缝隙内的灰砂剔扫干净。

（2）磨砂纸　用1.5号木砂纸磨光，先磨踢脚板，后磨地板面，均应顺木纹打磨，磨至以手摸不扎手为好，然后用1号砂纸加细磨平、磨光，并及时将磨下的粉尘清理干净，节疤处点漆片修饰。

（3）刷清油　清油的配合比以m(熟桐油)：m(松香水)＝1：2.5较好，这种油较稀，可使油渗透到木材内部，防止木材受潮变形及增强防腐作用，并能使后道腻子、刷漆油等能很好地与底层黏结。涂刷时，应先刷踢脚，后刷地面，刷地面时，应从远离门口一方退着刷。一般的房间可两人并排退刷，大的房间可组织多人一起退刷，使其涂刷均匀不甩接槎。

（4）嵌缝、批刮腻子　先配出一部分较硬的腻子，配合比为m(石膏粉)：m(熟桐油)：m(水)＝20：7：50，其中水的掺量可根据腻子的软硬而定。用较硬的腻子来填嵌地板的拼缝、局部节疤及较大缺陷处，腻子干后，用1号砂纸磨平、扫净。再用上述配合比拌成较稀的腻子，将地板面及踢脚满刮一道。一室可安排两人操作，先刮踢脚，后刮地板，从里向外退着刮，注意两人接槎的腻子收头不应过厚。腻子干后，经检查，如有坍陷之处，重用腻子补平。等补腻子干后，用1号木砂纸磨平，并将面层清理干净。

在嵌缝、批刮腻子后可选择刷调和漆、清漆。

① 木地板刷调和漆施工要点

a. 刷第一遍调和漆　应顺木纹涂刷，阴角处不应涂刷过厚，防止皱折。待油干后，用1号木砂纸轻轻地打磨光滑，达到磨光又不将油皮磨穿为度。检查腻子有无缺陷，并复补腻子，此腻子应配色，其颜色应和所刷油漆颜色一致，干后磨平，并补刷油漆。

b. 刷第二遍调和漆　在第一遍漆干后，满磨砂纸、清净粉尘后，刷第二遍调和漆。

c. 刷第三遍调和漆　待第二遍调和漆干后，用砂纸磨光，清净粉尘，刷第三遍调和漆交活。

② 木地板刷清漆施工要点

a. 刷油色　先刷踢脚，后刷地板。刷油要匀，接槎要错开，且涂层不应过厚和重叠，要将油色用力刷开，使之颜色均匀。

b. 刷清漆三道　油色干后（一般为48h），用1号木砂纸打磨，并将粉尘用布擦净，即可涂刷清漆。先刷踢脚后刷地板，漆膜要涂刷厚些，待其干燥后有较稳定的光亮，干后，用0.5号砂纸轻轻打磨刷痕，不能磨穿漆皮，将粉尘清干净后，刷第二遍清漆，依此法再涂刷第三遍交活漆，刷后，要做好成品的保护工作，防止漆膜损坏。

③ 木地板刷漆片、打蜡出光施工要点

a. 地板面处理　清理地板上杂物，并扫净表面的尘土，用1号或1.5号砂纸包裹木方按在地板上打磨，使其平整光滑，打磨时，应先踢脚后地面。

b. 润油粉　配合比为m(大白粉)：m(松香水)：m(熟桐油)＝24：16：2，并按样板要求掺入适量颜料，油粉料拌好后，用棉丝蘸上在地板及踢脚上反复揉擦，将木板面上棕眼全部填满、填实。干后，用 0 号砂纸打磨，将刮痕、印痕打磨光滑，并用干布将粉尘擦净。

c. 刷漆片两遍　将漆片兑稀，根据需要掺加颜料，刷完。干后修补腻子，其腻子颜色应与所刷漆片颜色相同，干后用 0.5 号木砂纸轻轻打磨，不应将漆膜磨穿。

d. 再刷漆片两遍　涂刷时动作要快，注意收头、拼缝处不能有明显的接槎和重叠现象。

e. 打蜡出光　用白色软布包光蜡，分别在踢脚和地板面上依次均匀地涂擦，要将蜡擦到擦匀且不应涂擦过厚，稍干后，用干布反复涂擦，使之出光。

④ 木地板刷聚氨酯清漆施工要点

a. 地板面的处理　同木地板刷漆片。

b. 润油粉　按 m(大白粉)：m(松香水)：m(熟桐油)＝24：16：2，并按样板要求掺入颜料拌和均匀，将油粉依次均匀地涂擦在踢脚和地板面上，将棕眼及木纹内擦实、擦严，并将多余的油粉清干净。

另一种方法是润水粉，水粉的质量配合比为 m(大白粉)：m(纤维素或骨胶)：m(颜料)：m(水)＝14：1：1：18，依比例将水粉拌匀，并依次均匀地反复涂擦木材表面，将木纹、棕眼擦平擦严。

c. 批刮腻子　用石膏及聚氨酯清漆配兑成石膏腻子，并根据样板掺加颜料，将拌好的腻子嵌填于缝隙、麻坑、凹陷不平处，顺木纹刮平，并及时将野腻子收净，干后用 1 号砂纸打磨，如仍有坍陷处，要复找腻子，干后重新磨平，将表面清擦干净。

d. 刷第一遍聚氨酯清漆　先刷踢脚后刷地板，并由里向外涂刷。人字、席纹木地板按一个方向涂刷；长条木地板应顺木纹方向涂刷；涂刷时，应用力刷匀，不应漏刷。干后检查腻子有无坍陷，有无凹坑，对此应复找腻子。干后用 1 号砂纸打磨，并用潮布将表面粉尘擦干净；如有大块腻子疤，可备油色或漆片加颜料用毛笔点修。

e. 刷第二遍聚氨酯清漆　待第一遍漆膜干后，用 0.5 号砂纸将刷纹磨光，用潮布擦净晾干后即可涂刷第二遍清漆。

f. 刷第三遍聚氨酯清漆　方法同上。

六、美术油漆涂饰

美术油漆涂饰，是在油漆面层时采用漏花板遮挡或刻花模子滚涂以及彩绘等特殊手段，产生各种图案的施涂方法。

1. 套色花饰涂饰

套色花饰，是在墙面涂饰完油漆或涂料工程的基础上，用特制的漏花板，有规律地将各种颜色的油漆或涂料刷（喷）墙面上，产生美术图案。它具有壁纸的艺术效果，亦称假壁纸、仿壁纸油漆。

套色花饰主要用材料有：调和漆（或涂料）、清油、立德粉、色粉、汽油、双飞粉、水胶等。

若用涂料，可选用 106 胶，聚乙烯醇缩甲醛内墙涂料，硅酸钾无机涂料及硅溶液无机涂料等。

(1) 涂施工艺流程

① 油漆套色花饰涂饰工艺流程：清理基层→弹水平线→刷底油（清油）→刮腻子→砂纸磨光→刮腻子→砂纸磨光→弹分色线→涂饰调和漆→再涂饰调和漆→漏花（几种颜色漏几遍）→划线。

② 涂料套色花饰涂饰工艺流程：清理基层→涂刷底浆→弹线→涂刷色浆→漏花→划线。

(2) 施工要点

① 套色漏花涂饰一般是在油漆工程结束后进行，如是新墙，基层干燥、清洁，可不作处理，如是老墙，务必要把基层灰尘、油污除尽，若原先油漆面层已有损坏，应予以重新涂饰调和漆。

② 图案花纹的颜色必须试配，使之深浅适度，协调柔和，并有立体感。

③ 漏花时，图案板必须注意找好垂直，每一套色为一个板面，每个板面四角均有标准（俗称规矩），必须对准，不应有位移，更不得将板翻用。

④ 宜按喷印方法进行，并按分色顺序喷印。套色漏花时，第一遍油漆干透后，再涂第二遍色油漆，以防混色。

⑤ 各套色的花纹，板要对准、组织严密，不得有漏喷（刷）和漏底子的现象。

⑥ 配料的稠度应适当，过稀易流淌，污染墙面；过干易堵塞喷油嘴。

⑦ 施工前应对漏花板进行检查，确认无任何损伤缺陷，方能进行施工。并应根据设计要求的颜色做样板试验，试验时，将颜色油漆涂饰在刷白漆的木板或涂饰在玻璃上，干燥结膜后视其是否与要求的颜色相同，以及干燥时间和遮盖程度。

⑧ 漏花板每用 3～5 次，应用干燥而洁净的布抹去背面和正面的油漆，以防污染墙面。

2. 滚花油漆涂饰

(1) 滚花涂饰是在一般油漆工程已完成，以面层油漆为基础进行的。其工艺流程为清理基层→涂饰底漆→弹线→滚花→划线。

(2) 施工要点

① 涂饰前，在橡胶或软塑料的辊筒上，按设计要求的花纹图案刻制成模子。

② 操作时，应在面层油漆表面弹出垂直粉线，然后沿粉线进行。滚筒的轴必须垂直于粉线，不得歪斜。

③ 花纹应均匀一致，图案、颜色调和符合设计要求。

④ 滚花完成后，周边应划色线或做花边方格线。

3. 仿木纹油漆涂饰

仿木纹，亦称木丝，一般是仿硬质木材的木纹（如黄菠萝、水曲柳、榆木、核桃楸等），通过艺术手法用油漆把它涂到室内墙面上，花纹如同镶木墙裙一样，在门窗上亦可用同样的方法涂仿木纹。

施工材料主要有：清油、腻子、调和漆、清漆、松节油。

腻子配合比为 $m[双飞粉（麻斯面）]:m(清油):m(水胶):m(水)=50:2.5:2.5:25$。但第二遍腻子配合应稍加黄色以防止漏刷。加水量与气候有关，随气候高低而适量增减。

(1) 涂施工艺流程

清理基层→弹水平线→涂刷清油→刮腻子→砂纸磨光→刮色腻子→砂纸磨光→涂饰调和漆→再涂饰调和漆→弹分格线→刷面层油→做木纹→用干刷轻扫→划分格线→涂饰清漆。

(2) 施工要点

① 涂饰前测量室内的高度，然后根据室内的净高确定仿木纹墙裙的高度，习惯做法的仿木纹墙裙高度为室内净高的 1/3 左右，但不应高于 1.30m，而不低于 0.80m。

② 分格时，应注意横、竖木纹板的尺寸比例关系，使之比例和谐，竖木纹约为横木纹的 4 倍左右。

③ 底子的颜色以浅黄色或浅米色为宜，力求底子油漆的颜色和木料的本色接近。

④ 面层油漆的颜色，要比底子油漆深，且不得掺快干油，宜选用结膜较慢的清漆，以满足工作黏度的要求。

⑤ 第二遍腻子应加少量石黄，以便和第一遍腻子颜色有区别，可以防止漏刷。但第三遍腻子应比第一遍腻子略稀一些。

⑥ 做木纹、用干刷轻扫　用不等距锯齿橡皮板在面层涂料上作曲线木纹，然后用钢梳或软干毛刷轻轻扫出木纹的棕眼，形成木纹。

⑦ 划分格线　待面层木纹干燥后，划分格线。

⑧ 刷罩面清漆　待所做木纹、分格线干透后，表面涂刷清漆。清漆罩面，要求刷匀刷到、不起皱皮。

4. 仿石纹油漆涂饰

仿石纹是一种高级油漆涂饰工程。亦称假大理石或油漆石纹。用丝绵经温水浸泡后，拧去水分，用手甩开使之松散，以小钉挂在墙面上，并将丝绵理成如大理石各种纹理状。

喷涂大理石纹，可用干燥快磁漆、喷漆；刷涂大理石纹，可用伸展性好的调和漆，因伸展性好，才能化开刷纹。

(1) 涂施工艺流程　清理基层→涂刷底油(清油加少量松节油)→刮腻子→砂纸磨光→刮腻子→砂纸磨光→涂饰两遍调和漆→涂喷三遍色→划色线→涂饰清漆。

仿石纹油漆涂饰常做成仿各色大理石和仿粗纹大理石饰面。

① 各色大理石饰面　油漆的颜色一般以底层油漆的颜色为基底，再喷涂深、浅二色。喷涂的顺序是浅色→深色→白色，共为三色。常用的颜色为浅黄、深绿两种，也有用黑色、咖啡色和翠绿色等。喷完后，即将丝绵揭去，墙面上即显出大理石纹。可做成浅绿色底墨绿色花纹的大理石，亦可做成浅棕色底深棕色花纹和浅灰色底墨色花纹大理石等。待所喷的油漆干燥后，再涂饰一遍清漆。

② 粗纹大理石饰面　在底层涂好白色油漆的面上，再涂饰一遍浅灰色油漆，不等干燥就在上面刷上黑色的粗条纹，条纹要曲折不能平直。在油漆将干而未干时，用干净刷子把条纹的边线刷混，刷到隐约可见，使两种颜色充分调和，干后再刷一遍清漆，即成粗纹大理石纹。

(2) 施工要点

① 应在第一遍涂料表面上进行。

② 待底层所涂清油干透后，刮两遍腻子，磨两遍砂纸，拭掉浮粉，再涂饰两遍色调和漆，采用的颜色以浅黄或灰绿色为好。

③ 色调和漆干透后，将用温水浸泡的丝绵拧去水分，再甩开，使之松散，以小钉子挂在油漆好的墙面上，用手整理丝绵成斜纹状，如石纹一般，连续喷涂三遍色，喷涂的顺序是浅色、深色、而后喷白色。

④ 油色抬丝完成后，需停 10~20min，即可取下丝绵，待喷涂的石纹干后再行划线，等线干后再刷一遍清漆。

5. 面层鸡皮皱油漆涂饰

鸡皮皱是一种高级油漆涂饰工程，使用材料有：清油、立德粉、双飞粉（麻斯面）、松节油、柴油、调和漆、颜料等。用拍打鸡皮皱的平板刷拍出的皱纹美丽、疙瘩均匀，可做成各种颜色，具有隔声、协调光的特点（有光但不反射），给人以舒适感。适用于公共建筑及民用建筑的室内装饰，如休息室、会客室、办公室和其他高级建筑物的抹灰墙面上，也有涂饰在顶棚上的。

（1）涂施工艺流程　清理基层→涂刷底油(清油)→刮腻子→砂纸磨光→刮腻子→砂纸磨光→刷调和漆→刷鸡皮皱油→拍打鸡皮皱纹。

（2）施工要点

① 在涂饰好油漆的底层上，涂上拍打鸡皮皱纹的油漆，其配合比十分重要，否则拍打不成鸡皮皱纹。目前常用的配合比为 m(清油)：m(大白粉)：m[双飞粉(麻斯面)]：m(松节油) = 15：26：54：5，也可由试验确定。

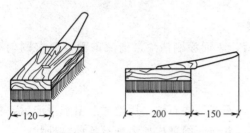

图 5-3　平板刷（单位：mm）

② 涂饰面层的厚度约为 1.5～2.0mm，比一般涂饰的油漆要厚一些。涂饰鸡皮皱油漆和拍打鸡皮皱纹是同时进行的，应由两人操作，即前面一人涂饰，后面一人随着拍打（刷子如图 5-3）。拍打的刷子应平行墙面，距离 20cm 左右，刷子一定要放平，一起一落，拍击成稠密而撒布均匀的疙瘩，犹如鸡皮皱纹一样。

七、混凝土与抹灰面油漆施涂

1. 施工材料准备

油漆：各色油性调和漆（酯胶调和漆、酚醛调和漆、醇酸调和漆等）或各色无光调和漆等。

填充料：大白粉、滑石粉、石膏粉、光油、清油、地板黄、红土子；黑烟子、立德粉、羧甲基纤维素、聚醋酸乙烯乳液等。

稀释剂：汽油、煤油、松香水、酒精、醇酸稀料等与油漆相应配套的稀料。

2. 涂施工艺流程

基层处理→修补腻子→磨砂纸→第一遍满刮腻子→磨砂纸→第二遍满刮腻子→磨砂纸→弹分色线→刷第一遍油漆涂料→补腻子→磨砂纸→刷第二遍油漆涂料→磨砂纸→刷第三遍油漆涂料→磨砂纸→刷第四遍油漆涂料。

3. 施工要点

（1）基层处理　应将墙面上的灰渣等杂物清理干净，用笤帚将墙面浮土等扫净。

（2）修补腻子　用石膏腻子将墙面、门窗口角等磕碰破损处、麻面、风裂、接槎缝隙等分别找补好，干燥后用砂纸将凸出处磨平。

（3）第一遍满刮腻子　适用于室内的腻子配合比为聚醋酸乙烯乳液（即白胶）、滑石粉或大白粉、2%羧甲基纤维素溶液的质量比为 1：5：35。厨房、厕所、浴室等应采用室外工程的乳胶腻子，其耐水性能较好，配合比为聚醋酸乙烯乳液（即白乳液）、水泥、水的质量比为 1：5：1。

待满刮一遍腻子干燥后，用砂纸将墙面的腻子残渣、斑迹等磨平、磨光，然后将墙面清扫干净。

（4）第二遍满刮腻子　施涂高级涂料，要满刮第二遍腻子。腻子配合比和操作方法同第一遍腻子。待腻子干燥后个别地方再复补腻子，个别大的孔洞可复补石膏腻子，彻底干燥后，用 1 号砂纸打磨平整，清扫干净。

(5) 弹分色线　如墙面有分色线,应在油漆前弹线,先涂刷浅色油漆,后涂刷深色油漆。

(6) 施涂第一遍油漆涂料　第一遍可施涂铅油,它是遮盖力较强的涂料,是罩面涂料基层的底漆。铅油的稠度以盖底、不流淌、不显刷痕为宜,涂饰每面墙的顺序应从上到下,从左到右,不应乱施涂,避免造成漏涂,或涂刷过厚、涂刷不匀等。第一遍涂料干燥后,个别缺陷或漏刮腻子处要复补腻子,待腻子干透后磨砂纸,把小疙瘩、野腻子渣、斑迹等磨平、磨光,并清扫干净。

(7) 施涂第二遍油漆涂料　操作方法同第一遍涂料(如墙面为中级涂料,此遍可涂铅油;如墙面为高级涂料,此遍可涂调和漆),待涂料干燥后,可用较细的砂纸把墙面打磨光滑,清扫干净,同时用潮布将墙面擦抹一遍。

(8) 施第三遍油漆涂料　用调和漆施涂,如墙面为中级涂料,此道工序可作罩面涂料,即最后一道涂料,其施涂顺序同上。由于调和漆黏度较大,涂刷时应多刷多理,以达到漆膜饱满、厚薄均匀一致、不流不坠。

(9) 施第四遍油漆涂料　用醇酸漆涂料,如墙面为高级涂料,此道工序称为罩面涂料,即最后一遍涂料。如最后一遍涂料改用无光调和漆时,可将第二遍铅油改为有光调和漆,其余做法相同。

(10) 喷涂找补　对局部未盖底的部位,在涂层干燥前进行喷涂找补。

八、外墙厚质类涂料

外墙厚质涂料耐水、耐碱性好,适用于混凝土、水泥砂浆、混合砂浆面层、石棉水泥及清水砖墙等基层。可喷、可涂、可拉毛,也能做出不同质感的花纹。

厚涂料有合成树脂乳液厚涂料、合成树脂乳液砂壁状涂料及无机厚涂料等。

1. 涂饰工艺流程

修补→清扫→填缝、局部刮腻子→磨平→第一遍厚涂料→第二遍厚涂料。

2. 施工要点

(1) 修补　基层缺损部位用腻子补好,务必使基层平整、干净、坚实。

(2) 清扫　将基层上的灰尘、污垢、溅沫和砂浆流痕等清除干净。

(3) 施涂厚涂料　基层要干燥、新抹砂浆要养护10d以上才能施工。一般涂两遍,机械喷涂可不受涂饰遍数的限制,以达到质量要求为准。

(4) 合成树脂乳液和无机厚涂料有"云母状"及"砂壁状"不同质感效果。合成树脂乳液砂壁状涂料必须采用机械喷涂方法施工,否则将影响涂饰效果。

(5) 刷涂施工适用于细粒状或云母片状涂料;喷涂施工适用于粗填料的或云母片状的涂料;弹涂施工适用于云母片状或细料状涂料。

(6) 修补　方法有补弹和笔绘两种。不需涂饰的部位要遮挡。

第七节　涂饰工程质量验收与通病防治

一、涂饰工程的质量验收

涂饰工程在涂层养护期满后,即可进行质量验收。

1. 水性涂料涂饰工程

适用于乳液型涂料、无机涂料、水溶性涂料等水性涂料涂饰工程的质量验收。

(1) 主控项目(见表5-2)

表 5-2 水性涂料主控项目

项次	项 目	检 验 方 法
1	水性涂料涂饰工程所用涂料的品种、型号和性能应符合设计要求	检查产品合格证书、性能检测报告和进场验收记录
2	水性涂料涂饰工程的颜色、图案应符合设计要求	观察
3	水性涂料涂饰工程应涂饰均匀、黏结牢固,不得漏涂、透底、起皮和掉粉	观察;手摸检查
4	水性涂料涂饰工程的基层处理应符合本节的一、4.涂饰工程的验收要求的第(4)条要求	观察;手摸检查;检查施工记录

(2) 一般项目

① 薄涂料的涂饰质量和检验方法应符合表 5-3 的规定。

表 5-3 薄涂料的涂饰质量和检验方法

项次	项 目	普通涂饰质量要求	高级涂饰质量要求	检 验 方 法
1	颜色	均匀一致	均匀一致	观察
2	泛碱、咬色	允许少量轻微	不允许	观察
3	流坠、疙瘩	允许少量轻微	不允许	观察
4	砂眼、刷纹	允许少量轻微砂眼,刷纹通顺	无砂眼、无刷纹	观察
5	装饰线、分色线直线度允许偏差/mm	2	1	拉 5m 线,不足 5m 拉通线,用钢直尺检查

② 厚涂料的涂饰质量和检验方法应符合表 5-4 的规定。

表 5-4 厚涂料的涂饰质量和检验方法

项次	项 目	普通涂饰	高级涂饰	检 验 方 法
1	颜色	均匀一致	均匀一致	观察
2	泛碱、咬色	允许少量轻微	不允许	观察
3	点状分布	—	疏密均匀	观察

③ 复层涂料的涂饰质量和检验方法应符合表 5-5 的规定。

表 5-5 复层涂料的涂饰质量和检验方法

项次	项 目	质 量 要 求	检 验 方 法
1	颜色	均匀一致	观察
2	泛碱、咬色	不允许	观察
3	喷点疏密程度	均匀,不允许连片	观察

④ 涂层与其他装修材料和设备衔接处应吻合,界面应清晰。

2. 溶剂型涂料涂饰工程

适用于丙烯酸酯涂料、聚氨酯丙烯酸涂料、有机硅丙烯酸涂料等溶剂型涂料涂饰工程的质量验收。

(1) 主控项目（见表 5-6）

表 5-6 溶剂型涂料主控项目

项次	项目	检验方法
1	溶剂型涂料涂饰工程所选用涂料的品种、型号和性能应符合设计要求	检查产品合格证书、性能检测报告和进场验收记录
2	溶剂型涂料涂饰工程的颜色、光泽、图案应符合设计要求	观察
3	溶剂型涂料涂饰工程应涂饰均匀、黏结牢固,不得漏涂、透底、起皮和反锈	观察;手摸检查
4	溶剂型涂料涂饰工程的基层处理应符合本节的一、4.涂饰工程的验收要求的第(4)条要求	观察;手摸检查;检查施工记录

(2) 一般项目
① 色漆的涂饰质量和检验方法应符合表 5-7 的规定。

表 5-7 色漆的涂饰质量和检验方法

项次	项目	普通涂饰质量要求	高级涂饰质量要求	检验方法
1	颜色	均匀一致	均匀一致	观察
2	光泽、光滑	光泽基本均匀,光滑无挡手感	光泽均匀一致,光滑	观察、手摸检查
3	刷纹	刷纹通顺	无刷纹	观察
4	裹棱、流坠、皱皮	明显处不允许	不允许	观察
5	装饰线、分色线直线度允许偏差/mm	2	1	拉5m线,不足5m拉通线,用钢直尺检查

注:无光色漆不检查光泽。

② 清漆的涂饰质量和检验方法应符合表 5-8 的规定。

表 5-8 清漆的涂饰质量和检验方法

项次	项目	普通涂饰质量要求	高级涂饰质量要求	检验方法
1	颜色	基本一致	均匀一致	观察
2	木纹	棕眼刮平、木纹清楚	棕眼刮平、木纹清楚	观察
3	光泽、光滑	光泽基本均匀光滑无挡手感	光泽均匀一致光滑	观察、手摸检查
4	刷纹	无刷纹	无刷纹	观察
5	裹棱、流坠、皱皮	明显处不允许	不允许	观察

③ 涂层与其他装修材料和设备衔接处应吻合,界面应清晰。

3. 美术涂饰工程

适用于套色涂饰、滚花涂饰、仿花纹涂饰等室内外美术涂饰工程的质量验收。

(1) 主控项目（见表 5-9）

表 5-9 美术涂饰主控项目

项次	项目	检验方法
1	美术涂饰所用材料的品种、型号和性能应符合设计要求	观察;检查产品合格证书、性能检测报告和进场验收记录
2	美术涂饰工程应涂饰均匀、黏结牢固,不得漏涂、透底、起皮、掉粉和反锈	观察;手摸检查
3	美术涂饰工程的基层处理应符合本节的一、4.涂饰工程的验收要求的第(4)条要求	观察;手摸检查;检查施工记录
4	美术涂饰的套色、花纹和图案应符合设计要求	观察

(2) 一般项目（见表 5-10）

表 5-10　美术涂饰一般项目

项次	项 目	检 验 方 法
1	美术涂饰表面应洁净,不得有流坠现象	观察
2	仿花纹涂饰的饰面应具有被模仿材料的纹理	观察
3	套色涂饰的图案不得移位,纹理和轮廓应清晰	观察

4. 涂饰工程的验收要求

(1) 涂饰工程验收时应检查下列文件和记录

① 涂饰工程的施工图、设计说明及其他设计文件；

② 材料的产品合格证书、性能检测报告和进场验收记录；

③ 施工记录。

(2) 各分项工程的检验批应按下列规定划分

① 室外涂饰工程每一栋楼的同类涂料涂饰的墙面每 $500\sim1000m^2$ 应划分为一个检验批，不足 $500m^2$ 也应划分为一个检验批；

② 室内涂饰工程同类涂料涂饰的墙面每 50 间（大面积房间和走廊按涂饰面积 $30m^2$ 为一间）应划分为一个检验批，不足 50 间也应划分为一个检验批。

(3) 检查数量应符合下列规定

① 室外涂饰工程每 $100m^2$ 应至少检查一处，每处不得小于 $10m^2$；

② 室内涂饰工程每个检验批应至少抽查 10%，并不得少于 3 间；不足 3 间时应全数检查。

(4) 涂饰工程的基层处理应符合下列要求

① 新建筑物的混凝土或抹灰基层在涂饰涂料前应涂刷抗碱封闭底漆；

② 旧墙面在涂饰涂料前应清除疏松的旧装修层，并涂刷界面剂；

③ 混凝土或抹灰基层涂刷溶剂型涂料时，含水率不得大于 8%；涂刷乳液型涂料时，含水率不得大于 10%。木材基层的含水率不得大于 12%；

④ 基层腻子应平整、坚实、牢固，无粉化、起皮和裂缝；内墙腻子的黏结强度应符合《建筑室内用腻子》（JG/T 3049）的规定；

⑤ 厨房、卫生间墙面必须使用耐水腻子。

(5) 水性涂料涂饰工程施工的环境温度应在 5～35℃ 之间。

(6) 涂饰工程应在涂层养护期满后进行质量验收。

二、涂饰工程质量的通病与防治

1. 流坠（流挂、流淌）

(1) 特征　在被涂面上或线角的凹槽处，涂料产生流淌使涂膜厚薄不匀，形成泪痕，重者有似帷幕下垂状。

(2) 产生原因　涂料施工黏度过低，每遍涂膜又太厚；施工场所温度太高，涂料干燥又较慢，在成膜中流动性又较大；漆刷蘸油太多；喷枪的孔径太大；涂饰面凹凸不平，在凹处积油太多；喷涂施工中喷涂压力大小不均，喷枪与施涂面距离不一致；选用挥发性太快或太慢的稀释剂。

(3) 防治措施　调整涂料的施工黏度，每遍涂料的厚度应控制合理；加强施工场所的通风，选用干燥稍快的涂料品种；漆刷蘸油应勤蘸、少蘸；调整喷嘴孔径；在施工中，应尽量使基层平整，磨去棱角。刷涂料时，用力刷匀；调整空气压力机，使压力均匀，气压一般为 0.4～0.6MPa。喷枪嘴与施涂面距离调到足以消除此项弊病，并应均匀移动；应选择各种涂料配套的稀释剂，注意稀释剂的挥发速度和涂料干燥时间的平衡。

2. 刷纹（刷痕）

(1) 特征　在刷涂施工中，依靠涂料自身的表面张力不能消除漆刷在施工中留下的痕迹。

(2) 产生原因　涂料的施工黏度过高，而稀释剂的挥发速度又太快；涂料中的填料吸油性大，或涂料中混进了水分，使涂料的流平性变差；在木制品刷涂中，没有顺木纹方向平行操作；选用的漆刷过小或刷毛过硬或漆刷保管不善使刷毛不齐或干硬；被涂物面对涂料的吸收能力过强，涂刷困难。

(3) 防治措施　调整涂料施工黏度，选用配套的稀释剂；刷涂所选用的涂料应具有较好的流平性、挥发速度适宜。若涂料中混入水，应用滤纸吸除后再用；应顺木纹的方向进行施工；涂刷磁漆时，用较软的漆刷，理油动作要轻巧。漆刷用完后，应用稀释剂洗净，妥善保管，刷毛不齐的漆刷应尽量不用；先用黏度低的涂料封底，然后再进行正常涂刷。刷纹处理：应用水砂纸轻轻打磨平整，并用湿布擦净，然后再涂刷一遍涂料。

3. 渗色（渗透、洇色）

(1) 特征　面层涂料把底层涂料的涂膜软化或溶解，使底层涂料的颜色渗透到面层涂料中来。

(2) 产生原因　在底层涂料未充分干透的情况下涂刷面层涂料；在一般的底层涂料上涂刷强溶剂的面层涂料；底层涂料中使用了某些有机颜料（如酞菁蓝、酞菁绿）、沥青、杂酚油等；木材中含有某些有机染料、木脂等，如不涂封底涂料，日久或在高温情况下易出现渗色；底层涂料的颜色深，而面层涂料的颜色浅。

(3) 防治措施　底层涂料充分干后，再涂刷面层涂料；底层涂料和面层涂料应配套使用；底漆中最好选用无机颜料或抗渗色性好的有机颜料，避免沥青、杂酚油等混入涂料；木材中的染料、木脂应尽量清除干净，并用虫胶漆（漆片）进行封底，待干后再施涂面层涂料；面层涂料的颜色一般应比底层涂料深。

4. 咬底

(1) 特征　面层涂料把底层涂料的涂膜软化、膨胀、咬起。

(2) 产生原因　在一般底层涂料上刷涂强溶剂型的面层涂料；底层涂料未完全干燥就涂刷面层涂料；涂刷面层涂料时，动作不迅速，反复涂刷次数过多。

(3) 防治措施　底层涂料和面层涂料应配套使用；应待底层涂料完全干透后，再刷面层涂料；涂刷强溶剂型涂料，应技术熟练、操作准确、迅速，反复次数不宜多。咬底处理：应将涂层全部铲除洁净，待干燥后再进行一次涂饰施工。

5. 泛白

(1) 特征　各种挥发性涂料在施工中和干燥过程中出现涂膜浑浊、光泽减退甚至发白。

(2) 产生原因　在喷涂施工中，由于油水分离器失效，而把水分带进涂料中；快干涂料施工中使用大量低沸点的稀释剂，涂膜不但会发白，有时也会出现多孔状和细裂纹；快干挥发性涂料在低温、高湿度（80%）的条件下施工，使部分水汽凝结在涂膜表面形成白雾状；凝结在湿涂膜上的水汽，使涂膜中的树脂或高分子聚合物部分析出，而引起涂料的涂膜发白；基层潮湿或工具内带有大量水分。

（3）防治措施　喷涂前应检查油水分离器，不能漏水；快干涂料施工中应选用配套的稀释剂，而且稀释剂的用量也不宜过多；快干挥发性涂料不宜在低温、高湿度的场所中施工；在涂料中加入适量防潮剂（防白剂）或丁醇类憎水剂；基层应干燥，清除工具内的水分。

6. 浮色（涂膜发花）

（1）特征　含有多种颜料的复色涂料，在施工中，颜料分层离析，造成干膜和湿膜的颜色差异很大。

（2）产生原因　复色涂料的混合颜料中，各种颜料的密度差异较大；漆刷的毛太粗、太硬；使用涂料时，未将已沉淀的颜料搅匀。

（3）防治措施　在颜料密度差异较大的复色涂料的生产和施工中适量加入甲基硅油；使用含有密度大的颜料的净料，最好选用软毛漆刷。涂刷时经常搅拌均匀。浮色处理：应选择性能优良的涂料，用软毛刷补涂一遍。

7. 发笑（笑纹、收缩）

（1）特征　涂膜表面上出现局部收缩，形成斑斑点点，露出底层。

（2）产生原因　在太光滑的基面上涂刷涂料或在光泽太高的底涂层上涂刷罩面层涂料；基体表面有油垢、蜡质、潮气等；基体表面留有残酸、残碱等；涂料中硅油的加入量过多；涂料的黏度小，涂刷的涂膜太薄；喷涂时混入油或水；喷枪口离物面太近，或喷嘴口径太小而压力又过大。

（3）防治措施　施涂面不宜过于光滑。高光泽的底层涂料应先经砂纸打磨后再罩面层涂料；将基体表面的油垢、蜡质、潮气、残酸、残碱等清除干净；应控制硅油等表面活性剂的加入量；调整涂料的施工黏度；施工前应检查油水分离器，调整好喷嘴口径，选择合适的喷涂距离。发笑的处理：已发笑部分应用溶剂洗净，重新涂刷一遍涂料。

8. 皱纹

（1）特征　漆膜在干燥过程中，由于里层和表面干燥速度的差异，表层急剧收缩向上收拢。

（2）产生原因　涂料中桐油含量过多，熬制时聚合度又控制得不均；挥发快的溶剂含量过多，涂膜未流平，而黏度就已剧增，使之出现皱纹；催干剂中钴、锰、铅之间的比例失调；刷涂时或刷涂后遇高温或太阳暴晒，以及催干剂加得过多；底漆过厚，未干透或黏度太大，涂膜表面先干而里面不易干。

（3）防治措施　尽量多用亚麻子油和其他油代替桐油，并应控制挥发快的溶剂的用量；在涂料熬炼时应掌握其聚合度的均匀性；注意各种干料的配比，应多用铅、锌干料，少用钴、锰干料；高温、日光暴晒及寒冷、大风的气候不宜涂刷涂料；涂料中加催干剂应适量；对于黏度大的涂料，可以适当加入稀释剂，使涂料易涂，或用刷毛短而硬的漆刷刷涂。刷涂时应纵横展开，使涂膜厚薄适宜并一致。

9. 橘皮

（1）特征　涂膜表面呈现出许多半圆形突起，形似橘皮斑纹状。

(2) 产生原因　喷涂压力太大，喷枪口径太小；涂料黏度过大；喷枪与物面间距不当；低沸点的溶剂用量太多，挥发速度太快，在静止的液态涂膜中产生强烈的对流电流，使涂层四周凸起中部凹入，呈半圆形突起橘纹状，未等流平，表面已干燥形成橘皮；施工温度过高或过低；涂料中混有水分。

(3) 防治措施　应熟练掌握喷涂施工技术，调好涂料的施工黏度，选好喷嘴口径，调好喷涂施工压力；应注意稀释剂中高低沸点溶剂的搭配。高沸点的溶剂可适当增多；施工温度过高或过低时不宜施工；在涂料的生产、施工和贮存中不应混进水分，一旦混入应除净后再用。橘皮状处理：若出现橘皮，应用水砂纸将凸起部分磨平，凹陷部分抹补腻子，再涂饰一遍面层涂料。

10. 针孔

(1) 特征　涂料在涂装后由于溶剂急剧挥发，使漆液来不及补充，而形成许多圆形小圈、小穴。

(2) 产生原因　涂料施工黏度过大，施工场所温度较低；涂料搅拌后，气泡未消就被使用；溶剂搭配不当，低沸点挥发性溶剂用量过多，造成涂膜表面迅速干燥，而底部的溶剂不易逸出；在30℃以上的温度下喷涂或刷涂含有低沸点挥发快溶剂涂料；喷涂施工中喷枪压力过大，喷嘴直径过小，喷枪和被涂面距离太远；涂料中有水分，空气中有灰尘。

(3) 防治措施　施工黏度不宜过大，施工温度不宜过低；涂料搅拌后应停一段时间后再用；注意溶剂的搭配，应控制低沸点溶剂的用量；应在较低的温度下进行施工，酯胶清漆可加入3%～5%松节油来改善；应掌握好喷涂技术；配制使用涂料时，应防止水分混入。风沙天、大风天不宜施工。

11. 起泡

(1) 特征　涂膜在干燥过程中或高温高湿条件下，表面出现许多大小不均，圆形不规则的突起物。

(2) 产生原因　木材、水泥等基层含水率过高；木材本身含有芳香油或松脂，当其自然挥发时产生气泡；耐水性低的涂料用于浸水物体的涂饰；油性腻子未完全干燥或底层涂料未干时涂饰面层涂料；金属表面处理不佳，凹陷处积聚潮气或包含铁锈，使涂膜附着不良而产生气泡；喷涂时，压缩空气中有水蒸气，与涂料混在一起；涂料的黏度较大，刷涂时易夹带空气进入涂层；施工环境温度太高，或日光强烈照射使底层涂料未干透；遇雨水后又涂上面涂料，底层涂料干结时产生气体将面层涂膜顶起。

(3) 防治措施　应在基层充分干燥后才进行涂饰施工；除去木材中的芳香油或松脂；在潮湿处选用耐水涂料；应在腻子、底层涂料充分干燥后再刷面层涂料；金属表面涂饰前必须将铁锈清除干净；涂料黏度不宜过大，一次涂膜不宜过厚；喷涂前检查油水分离器，防止水汽混入；应在底层涂料完全干透、表面水分除净后再涂面层涂料。

12. 失光（倒光）

(1) 特征　清漆或色漆刚涂装后涂膜光泽饱满，但不久光泽就逐渐消失。

(2) 产生原因　涂刷施工时，空气湿度过大或有水蒸气凝聚；涂料施工未干时遇烟熏；喷涂工具中有水分带入涂料；木材基层含有吸水的碱性植物胶；金属表面有油渍，喷涂硝基漆后，产生白雾。

(3) 防治措施　阴雨、严寒天气或潮湿环境不宜进行施工，若要施工，应适当提高环境温度和加防潮剂；涂料未干时避免烟熏；压缩空气必须过滤并应装防水装置，防止水分混入涂料中；木材、金属表面，在涂饰前应将基层处理干净，不得有污物。失光现象的处理：出现倒光，可用远红外线照射，或薄涂一层加有防潮剂的涂料。

13. 涂膜粗糙

(1) 特征　涂料涂饰在物体上，涂膜中颗粒较多，表面粗糙。

(2) 产生原因　涂料在制造过程中研磨不够，颜料过粗，用油不足；涂料调制时搅拌不匀，或有杂物混入涂料；误将两种或两种以上不同性质的涂料进行混合；施工环境不洁，有灰尘、砂粒飘落于涂料中，或漆刷等施涂工具不洁，粘有杂物；基层面不光滑或灰尘、砂粒等未清除干净；喷涂时，喷嘴口径小、气压大，喷枪与物面的距离太远，温度较高，涂料颗粒未到达物面即已干结或将灰尘带入涂料中。

(3) 防治措施　选用优良的涂料，贮存时间长的材料及性能不明的涂料应作样板或试验后再用；涂料必须调制搅拌均匀，并过筛将杂物除净；应注意涂料的混溶性，一般应用同种性质的涂料混合；刮风或有灰尘的环境不宜进行涂饰施工，施涂工具应注意清洗使之保持干净；基层不平处应用腻子填平，用砂纸打磨光滑，擦去粉尘后再刷涂料；选择合适的喷嘴口径、气压和喷涂距离（喷枪至被涂面的距离），熟练掌握喷涂施工方法。粗糙处理：涂膜表面已粗糙，可用砂纸打磨光滑，然后再刷一遍面层涂料；对于高级装修，可用水砂纸或砂蜡打磨平整，最后打上光蜡、抛光、抛亮。

14. 涂膜开裂

(1) 特征　涂膜在涂装后不久就产生细裂、粗裂和龟裂。

(2) 产生原因　涂膜干后，硬度过高，柔韧性较差；催干剂用量过多或各种催干剂搭配不当；涂层过厚，表干里不干；受有害气体的侵蚀，如二氧化硫、氨气等；木材的松脂未除净，在高温下易渗出，使涂膜产生龟裂；混色涂料在使用前未搅匀；面层涂料中的挥发成分太多，影响成膜的结合力。

(3) 防治措施　面层涂料的硬度不宜过高，应选用柔韧性较好的面层涂料来涂装；应注意催干剂的用量和搭配；施工中每遍涂膜不能过厚；施工中应避免有害气体的侵蚀；木材中的松脂应除净，并用封底涂料封底后再涂面层涂料；施工前应将涂料搅匀；面层涂料的挥发成分不宜过多。

15. 涂膜脱落

(1) 特征　涂膜开裂后失去应有的黏附力，以致分成小片或整张揭皮脱落。

(2) 产生原因　基层处理不当，表面有油垢、锈垢、水汽、灰尘或化学药品等；在潮湿或被霉菌污染了的砖、石和水泥基层上涂装，涂料与基层黏结不良；每遍涂膜太厚；底层涂料的硬度过大，涂膜表面光滑，使底层涂料和面层涂料的结合力较差。

(3) 防治措施　施涂前应将基层处理干净；基面应当干燥和除去霉染物后再涂刷涂料；控制每遍涂料的涂膜厚度；注意底层涂料和面层涂料的配套，应选用附着力和润湿性较好的底层涂料。

16. 回黏

(1) 特征　涂料的表层涂膜形成后，经过一段时间仍有发黏感。

(2) 产生原因　在氧化型的底漆、腻子没干之前就涂第二遍涂料；物面处理不洁，有蜡、油、盐等，如木材的脂肪酸和松脂、钢铁表面的油脂等未处理干净；涂膜太厚，施工后又在烈日下暴晒；涂料中混入了半干性油或不干性油，使用了高沸点的溶剂；干料加入量过多或过少，干料的配合比不合适，钴干料多，而铅、锰干料偏少；涂料在施工中遇到冰冻、雨淋和霜打。

（3）防治措施　应在头遍涂料完全干燥后再涂第二遍涂料；基体表面的油脂等污染物均应处理干净，木材还应用封底涂料进行封底；每遍涂膜不宜太厚，施涂后不能在烈日下暴晒；应注意涂料的成分和溶剂的性质，合理选用涂料和溶剂；应按试验和经验来确定干料的用量和配比；施工时应采取相应的保护措施以防冰冻、雨淋和霜打。

17. 木纹浑浊

（1）特征　清色涂料涂饰后，显露木纹不清晰，涂膜不透彻、不光亮。

（2）产生原因　油色存放时间较长，颜料下沉，造成上浅下深，操作时未搅匀，颜色较深处覆盖了木纹而显浑浊；木材质地不均，着色不均匀，一般软木易着色，硬木不易着色；操作不熟练，重刷处色深；刷毛太硬或太软。

（3）防治措施　木材染色颜料宜选用酒色和水色，尽量不用油色。用密度较大的颜料配制的染色材料，使用时应经常搅拌以保颜色均匀；对于不同材质的基层应选用不同的施工方法染色，以求达到一致；操作应熟练、迅速，不可反复涂刷，个别部位可进行修色处理。使用的漆刷应软硬适宜。

18. 发汗

（1）特征　基层的矿物油、蜡质或底层涂料有未挥发的溶剂，把面层涂料局部溶解并渗透到表面。

（2）产生原因　树脂含量较少的亚麻子油或熟桐油膜，易发汗；施工环境潮湿、黑暗或湿热，涂膜表面凝聚水分，通风不良，更易发生发汗现象；涂膜氧化未充分，或长油度漆未能从底部完全干燥；金属表面有油污，或有旧涂层的石蜡、矿物油等。

（3）防治措施　选用优质涂料；改善施工环境，加强通风，降低湿度并促使涂膜氧化和聚合；待底层涂料完全干燥后再涂上层涂料；施涂前将油污、旧涂层彻底清除干净后再涂涂料。发汗处理：一般应将涂层铲除清理，重新进行基层处理后再进行涂饰施工。

19. 涂膜生锈

（1）特征　钢铁基层涂装涂料后，涂膜表面开始略透黄色，然后逐渐破裂出现锈斑。

（2）产生原因　涂饰出现针孔弊病或因漏有空白点；涂膜太薄，水汽或有害气体透过膜层产生针蚀而发展到大面积锈蚀；基层表面有铁锈、酸液、盐水、水分等未清理干净。

（3）防治措施　钢铁表面涂普通防锈涂料时涂膜应略厚一些，最好涂两遍；涂装前必须把钢铁表面的锈斑、酸液、盐水等清除干净，并应尽快涂一遍防锈涂料。涂膜生锈处理：若出现锈斑，应铲除涂层，进行防锈处理后再重新做底层防锈涂料。

复习思考题

一、思考题

1. 建筑涂料的组成和分类是什么？
2. 简述建筑装饰的基本施涂方法。
3. 简述内墙涂施的前期工作的基本要求及基层处理。
4. 简述内墙乳胶漆施工的工艺流程和施工要点。

5. 简述多彩花纹内墙涂料施工的工艺流程和施工要点。
6. 简述外墙涂料施工的工艺流程和施工要点。
7. 简述防水类特种涂料和防火类特种涂料的涂饰工艺流程。
8. 简述油漆类饰面的施工工艺流程和要点。

二、实训题

1. 合成树脂乳液内墙涂料施涂操作。
2. 木饰面清漆施涂操作。
3. 木饰面混色油漆施涂操作。

第六章 楼地面装饰工程

楼面、地面的基本构造层为面层、垫层、基层，其中面层即为装饰层。楼地面装饰作为装饰三大面的一个主要组成部分，包括楼面装饰和地面装饰两部分，两者的主要区别是其饰面承托层不同，楼面装饰面层的承托层是架空的楼面结构层，地面装饰面层的承托层是室内地基。

楼地面装饰的目的是保护结构安全，增强地面的美化功能，保证脚感舒适、使用安全、清理方便、易于保持。随着人们对装饰要求的不断提高和新型装饰材料、工艺的不断应用，楼地面装饰已由过去单一的水泥混凝土楼地面已逐步被多品种、多工艺的各类楼地面所替代。居家装潢中一般使用的有三大类地面材，它们分别是瓷砖、大理石类，地毯和地垫等软面料类，原木地板及复合地板类。由于各种地面材料的不同，因而施工工艺和方法也不尽相同。

第一节 现浇水磨石地面施工

一、构造做法

现浇水磨石地面是在水泥砂浆或混凝土垫层上，按设计要求分格并抹水泥石子浆，凝固硬化后，磨光露出石渣，并经补浆、细磨、打蜡即成水磨石地面。在配制上分普通水磨石面层和彩色美术水磨石面层两类。主要用于工厂车间、医院、办公室、厨房、过道或卫生间地面等，对清洁度要求较高或潮湿的场所较合适。水磨石地面的优点是美观大方、平整光滑、坚固耐久、易于保洁、整体性好；缺点是施工工序多、施工周期长、噪声大、现场湿作业、易形成污染。

现浇水磨石的楼地面构造做法如图 6-1 所示。

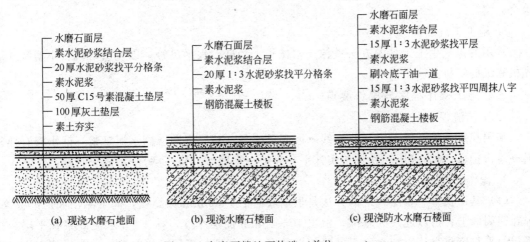

图 6-1 水磨石楼地面构造（单位：mm）

二、施工准备与前期工作

1. 材料准备和要求

（1）水泥　深色面层宜用硅酸盐水泥、普通水泥或矿渣水泥，且相同颜色的面层应使用同一批号水泥。白色、浅色或彩色水磨石面层施工应采用白色水泥。水泥的质量应符合施工规范要求，强度等级不得低于32.5MPa。白水泥使用时应根据设计要求选择不同等级的白度（白度分四级：一级白度为84，二级白度为80，三级白度为75，四级白度为70）。

（2）石粒　水磨石用石粒通常是普通的大理石、白云石、方解石或硬度较高的花岗岩、玄武岩、辉绿岩等。硬度大的石英岩、长石、刚玉等则不宜采用。石粒的粒径通常为6～15mm，即所谓大、中、小八厘石粒，有时也采用18～22mm粒径（俗称三分）的大规格石粒。石粒的最大粒径以比水磨石面层厚度小1～2mm为宜，石粒粒径过大不易压平，石粒之间也不易挤密实。各种石粒应将石粒中的泥土杂质清洗干净。

石粒使用前必须经筛选、冲洗、晾干后按不同的品种、规格、颜色分类存放，使用时再按适当比例配合，不可互相混杂。

（3）颜料　彩色水磨石地面施工需用颜料掺入白水泥中使用，掺量通常为水泥的3%～6%。颜料不得使用酸性颜料，应采用耐光、耐碱的矿物颜料，如氧化铁红、氧化铁黄、氧化铁黑、氧化铁棕、氧化铬绿和群青等。选用的颜料应具有色光、着色力、遮盖力、耐光性、耐候性、耐水性和耐酸碱性等特性，并应注意使用同厂、同一批次产品，以确保颜色一致。

（4）分格镶条　通常有黄铜条、铝条和玻璃条三种，此外还有不锈钢、硬质聚氯乙烯条。分格条长度按分格的大小裁取，宽度为水磨石地面磨平后高出2～3mm，厚1.2～3.0mm。

（5）抛光材料　水磨石表面磨光使用的草酸应是白色透明的坚硬晶体，手捻不软、不粘；氧化铝白色粉末与草酸溶液混合，可用于水磨石地面表面抛光。地板蜡是天然蜡或石蜡溶化配制而成，一般作为水磨石地面的表面抛光后的保护层，宜选用成品。

2. 作业条件准备

水磨石地面施工前，墙面、顶面抹灰已完成；门框已完成安装并做好防护；地面预埋管线等隐蔽工程已安装完成；认真进行技术要求交底，按图纸要求确定面层厚度、分格大小，要确保水磨石施工层的厚度≥30mm。如为彩色水磨石，应确定图案施工顺序、石粒的配比组合方案。

3. 施工工具准备

常用的抹灰手工工具如方头铁抹、木抹子、刮杠、水平尺等，以及磨石机、小型湿式磨光机和滚筒等机具。

三、施工操作程序与操作要点

1. 工艺流程

基层找平→做标筋→设置分格线→嵌固分格条→基层湿润→刷水泥素浆→铺水磨石拌和料→清边拍实、滚筒滚压→铁抹拍实抹平→养护→水磨（二浆三磨）→抛光→打蜡。

2. 操作要点

（1）基层找平　基层找平的方法是根据墙面上+500mm标高线，向下测出面层的标高，弹在四周墙上；再以此线为基准，留出10～15mm面层厚度，抹1:3水泥砂浆找平层。找平层的平整度将直接影响水磨石面层的平整度，为保证找平层的平整度，应先做标志块（纵横间距 1.5m 左右),再以标志块抹纵横标筋,然后抹 1:3 水泥砂浆用刮杠刮平,表面不要压光。

(2)嵌固分格条　在抹好水泥砂浆找平层 24h 后,按设计要求在找平层上弹(划)线分格,分格间距以 1m 以内为宜。选择嵌缝分格条,对铜条、铝条应先调直,并每隔 1.0～1.2m 打四个眼,供穿 22 号铁丝用。彩色水磨石地面采用玻璃分格条,应在嵌条处先抹一条 50mm 宽的白水泥浆,再弹线嵌条。嵌条时先用靠尺板按分格线靠直,与分格对齐,将分格条紧靠靠尺板,用素水泥在分格条另一侧根部抹成八字形灰埂固定,起尺后再在另一侧抹水泥浆。如图 6-2 所示。

水磨石分格条嵌固是一项十分重要的工序,应特别注意水泥浆的粘贴高度和水平方向角度,灰埂高度应比分格条顶面高度低 3mm,水平方向角度以 30°为宜。分格条纵横交叉处应各留出 30mm 的空隙,如图 6-3 所示。以确保铺设水泥石粒浆时使石粒在分格条十字交叉处分布饱满,如果嵌固抹灰埂不当,磨光后将会沿分格条出现一条明显的水泥斑带,俗称"秃斑",将影响装饰效果。分格条接头不应错位、交点应平直,侧面不得弯曲。嵌固 12h 后开始浇水养护 2～3d,此间不得进行其他工序施工。

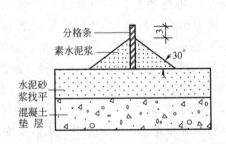

图 6-2　分格条粘贴剖面(单位:mm)

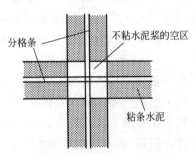

图 6-3　分格条纵横交接处平面

(3)基层刷素水泥浆　先用清水将找平层洒水湿润,涂刷与面层颜色一致、水灰质量比为 0.4～0.5 的水泥浆结合层,可在水泥浆内掺胶黏剂。刷水泥浆应与铺拌和料同步进行,随刷随铺拌和料,不得涂刷面积过大,以防浆层风干导致面层空鼓。

(4)水磨石拌和料铺设　按设计要求配置拌和好水磨石料,水泥与石料配合的体积比为 (1:1.5)～(1:2.5)。先将水泥和颜料干拌均匀后装袋备用,铺设前再将石粒加入彩色水泥粉干拌 2～3 遍,然后加水湿拌。将石粒浆的坍落度控制在 6cm 左右,另在备用的石粒中取 1/5 的石粒作撒石用。铺设水泥石粒浆时,应均匀平整地铺在分格框内,并高出分格条 1～2mm。先用木抹子轻轻将分格条两侧的石粒浆拍紧压实,以免分格条被破坏。而后在表面均匀撒一层石粒,用抹子轻轻拍实压平,但不可用刮杠。如在同一平面上有几种颜色的水磨石,应先做深色,后做浅色;先做大面,后做镶边;待前一种色浆凝固后,再抹后一种色浆。两种颜色的色浆不能同时铺设,以免串色造成界限不清。但间隔时间也不宜过长,以免两种石粒浆干硬程度不同,一般隔日铺设即可。应注意在滚压或抹拍过程中不要触动前一种石粒浆。

对铜条、铝条穿眼铁丝,要用石粒浆埋牢。

(5)滚压抹平　随后用滚筒滚压密实,滚压时用力要均匀(要随时清掉粘在滚筒上的石渣),应从横竖两个方向轮换进行,达到表面平整密实、出浆石料均匀为止。如发现石粒不均匀处,应补石粒浆再用铁抹子拍平、压实。待石粒浆稍收水后,再用铁抹子将浆抹平、压实,次日开始浇水养护。

(6) 水磨　水磨石的开磨时间与所用水泥品质、色粉品种及气候条件有一定的关系,可参考表 6-1。开磨过早易造成石粒松动,开磨过迟则造成磨光困难。所以为掌握相适应的硬度,在大面积开磨前应进行试磨,以面层石粒不松动、水泥浆面基本平齐为准。

表 6-1　水磨石面层开磨时间

平均气温/℃	开磨时间/d	
	机磨	人工磨
20～30	3～4	1～2
10～20	4～5	1.5～2.5
5～10	6～7	2～3

具体操作步骤是:要边磨边洒水,确保磨盘下有水,并随时清除磨石浆。

大面积施工宜用机械磨石机研磨,小面积、边角处可用小型湿式磨光机或手工研磨。研磨过程中可能会出现少量的洞眼孔隙,一般用补浆的办法加以修补。修补时应用同样的色彩水泥浆即留出的 1/5 干色粉仔细擦抹,待凝结硬化后,再行磨光。一般常用"二浆三磨"法,即整个研磨过程为磨光三遍,补浆二次。第一遍为初磨,初磨用 60～90 号粗磨石磨,磨石机走"8"字形,边磨边加水冲洗,并随时用靠尺检查平整度,直至表面磨平、分格条全部露出(边角采用人工磨),再用清水冲洗晾干,用同配比水泥浆补浆一遍,补齐脱落的石粒,填平洞眼空隙,浇水养护 2～3d。第二遍为细磨,用 120～180 号细磨石磨光,方法同第一遍,要求磨至表面光滑,然后用清水冲洗净,擦补第二遍水泥浆,养护 2～3d。第三次为磨光,采用 180～240 号细磨石或油石,洒水细磨至表面光亮,要求光滑、无砂眼细孔、石粒颗颗显露。

普通水磨石磨光遍数不应少于 3 遍,高级水磨石面层磨光遍数和油石规格按设计要求确定。

(7) 抛光　抛光是水磨石地面施工的最后一道工序,通过抛光对细磨面进行最后加工,使水磨石地面呈现装饰效果。抛光是用 10% 的草酸溶液(加入 1%～2% 的氧化铝)进行涂刷,随即用 240～320 号油石细磨。可立即腐蚀细磨表面的突出部分,又将生成物挤压到凹陷部位,经物理和化学反应,使水磨石表面形成一层光泽膜。

(8) 打蜡　上述工作完成后,再经打蜡保护,使水磨石地面呈现光泽。方法是在水磨石面层薄涂一层蜡,稍干后用磨光机研磨,或用钉有细帆布(麻布)的木方块代替油石装在磨石机上研磨出光,再涂蜡研磨一遍,直到光滑洁亮为止。上蜡后需铺锯末养护数日。

四、施工质量要求

(1) 水磨石面层的允许偏差应符合表 6-2 的规定。

表 6-2　水磨石面层的允许偏差和检验方法

项　目	允许偏差/mm		
	表面平整度	踢脚线上口平直	缝格平直
普通水磨石面层	3	3	3
高级水磨石面层	2	3	2
检验方法	用 2m 靠尺和楔形塞尺检查	拉 5m 线和用钢尺检查	

(2) 水磨石面层的质量标准和检验方法见表 6-3。

表 6-3　水磨石面层的质量标准和检验方法

项　目	项次	质　量　要　求	检　验　方　法
主控项目	1	水磨石面层的石粒应采用坚硬可磨的白云石、大理石等岩石加工而成,石粒应洁净无杂物,其粒径除特殊要求外应为 6～15mm；水泥强度等级不应小于 32.5；颜料应采用耐光、耐碱的矿物颜料,不得使用酸性颜料	观察和检查材质合格证明文件
主控项目	2	水磨石面层拌和料的体积比应符合设计要求,且水泥与石粒体积比为(1:1.5)～(1:2.5)	检查配合比通知单和检测报告
主控项目	3	面层与下一层应结合牢固,无空鼓、裂缝	用小锤敲击检查
一般项目	4	面层表面应光滑；无明显裂缝、砂眼和磨纹；石粒密实,显露均匀；颜色图案一致,不混色；分格条牢固、顺直和清晰	观察检查
一般项目	5	踢脚线与墙面应紧密结合,高度一致,出墙厚度均匀	用小锤敲击、钢尺和观察检查
一般项目	6	楼梯踏步的宽度、高度应符合设计要求；楼层梯段相邻踏步高度差不应大于 10mm,每踏步两端宽度差不应大于 10mm；旋转楼梯段的每踏步的允许偏差为 5mm；楼梯的齿角应整齐,防滑条应顺直	观察和钢尺检查
一般项目	7	水磨石面层的允许偏差应符合表 6-2 的规定	

五、常见工程质量问题及其防治方法

1. 水磨石地面裂缝空鼓

(1) 产生原因　结构层产生裂缝,如地面垫层或基层不实或结构沉降；楼层预制板灌缝不密实或基层清理不干净；水泥浆中水泥多,收缩大等。

(2) 防治措施　对底层地面水磨石的垫层及基层施工,要确保收缩变形稳定后再做面层,对于面积较大的基层应配筋,同时设伸缩缝；认真清理基层,预制板缝应用细石混凝土填灌严密；门洞口处应在洞口两侧贴分格条；暗敷管线不能太集中,且上部应有 20mm 厚的保护层。

2. 表面色泽不一致

(1) 产生原因　石粒浆兑色没有集中统一配料,没有采用同一规格批号及同一配合比；石粒清洗不干净；砂眼多,色浆颜色与基层颜色不一致。

(2) 防治措施　同一部位同一类型的材料必须统一,数量一次备足；严格按配合比配拌和料且拌和均匀,严禁随配随拌；石粒清洗干净并保护好,防止被污染；对多彩图案水磨石施工严格按工艺要求进行,以防串色、混色造成分色线处深色污染浅色。

3. 表面石粒疏密不均、分格条显露不清

(1) 产生原因　分格条粘贴方法不正确,两边嵌固灰埂太高,十字交叉处不留空隙；石粒浆稠度过大,石粒太多,铺设太厚,超出分格条高度太多；开磨时面层强度过高,磨石过细,分格条不易磨出。

(2) 防治措施　粘贴分格条时按前述的工艺要求施工,保证分格条"粘七露三",十字交叉留空；面层石粒浆以半干硬性为妥,撒石粒一定要均匀；严格控制铺设厚度,滚筒滚压后以面层高出分格条 1mm 为宜；开磨时间和磨石规格应选适宜,初磨应采用 60～90 号金刚石,浇水量不宜过大,使面层保持一定浓度的磨浆水。

第二节 陶瓷地砖、缸砖、马赛克地面施工

一、构造做法

陶瓷地砖、缸砖、陶瓷锦砖都是陶瓷制品,其质地都是经过焙烧而成的无机的陶瓷土,具有陶瓷的一切特性。

陶瓷地砖种类繁多,有陶瓷地面砖、劈离砖、仿石抛光地砖等,各种地面砖有无釉亚光、彩釉和抛光等3大类。陶瓷地砖地面具有强度高、耐磨、防滑、色彩丰富、耐污染、易清洗等优点,广泛应用于宾馆、商场等公共场所及家庭地面装饰。

缸砖也称防潮砖或防滑砖,它是用普通黏土一次性烧制而成,其形状有正方形、长方形和六角形等,一般呈暗红色,也有黄色和白色,一般铺贴在砂、砂浆和沥青结合层上的板状陶瓷建筑材料。各色缸砖色调均匀,砖面平整,可排成各种图案。适用于阳台、露台、走廊、浴室等地面。

陶瓷锦砖又称陶瓷马赛克,它是以优质瓷土烧制而成小块瓷砖,厚约4~5mm,形状有正方形、长方形、五边形、六边、八边等多边形及斜长条等,再将小块瓷砖按一定尺寸与图案粘贴在牛皮纸上的装饰材料。适用厨房、卫生间、盥洗室、阳台等室内地面铺贴。

不同材料的陶瓷地砖施工大同小异。陶瓷地砖楼地面构造如图6-4所示。

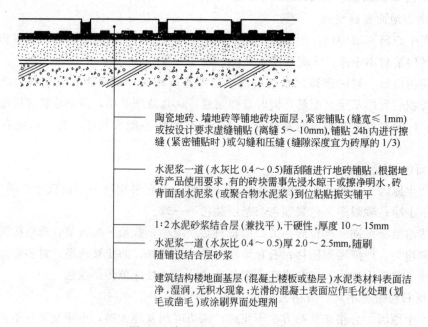

图6-4 陶瓷地砖楼地面构造做法

二、施工准备与前期工作

1. 材料准备和要求

(1)地砖 符合施工要求陶瓷地砖、缸砖、马赛克等,对有裂缝、掉角、翘曲、明显色差、尺寸误差大等缺陷的块材应剔除。

(2)水泥 水泥宜采用强度等级达到32.5MPa以上的普通硅酸盐水泥、矿渣硅酸盐水

泥；白水泥。

(3) 找平层水泥砂浆采用过筛的中砂、粗砂，嵌缝宜用中、细砂。

2. 施工机具

施工机具有木抹子、铁抹子、木拍板、方尺、钢卷尺、筛子、喷壶、墨斗、长短刮杠、小水桶、扫帚、橡皮锤、合金錾、开刀、手提式切割机等。

3. 施工条件准备

墙面粉刷完毕，暗管线已敷设完毕且验收合格。

三、施工操作程序

1. 陶瓷地砖及缸砖铺贴工艺流程

方法一：基层处理→铺找平层→弹线→瓷砖浸水湿润→安装标准块→铺贴地面砖→勾缝→清洁→养护。

方法二：基层处理→弹线→瓷砖浸水湿润→摊铺干硬性水泥砂浆→安装标准块→铺贴地面砖→勾缝→清洁→养护。

2. 锦砖（马赛克）铺贴工艺流程

基层处理→弹线、标筋→摊铺水泥砂浆→铺贴→拍实→洒水、揭纸→拨缝、灌缝→清洁→养护。

四、陶瓷地砖铺贴操作要点

(1) 基层处理　混凝土地面应将基层凿毛，凿毛深度 5~10mm，凿毛痕的间距为 30mm 左右。清净浮灰、砂浆、油渍，冲洗地面并晾干。

(2) 铺找平（坡）层　因陶瓷地砖的黏结砂浆较薄，应在抹底灰阶段确定标高、做灰饼、冲筋等。根据墙面水平+50cm 基准线在相应墙立面弹出地面标高线，并依此在房间四周做灰饼，灰饼表面标高与铺贴材料厚度之和应符合地面标高要求，依据灰饼做标筋。在有地漏和排水孔的部位用 50~100mm 厚 1:2:4 细石混凝土从门口向地漏处按双向 0.5%~1%坡度找泛水，但最低处不小于 30mm 厚。

铺砂浆前，基层应浇水湿润。刷一道水灰比为 0.4~0.5 水泥素浆，随刷随铺 1:(2~3)（体积比）的干硬性水泥砂浆。根据标筋标高，用木拍子拍实，短刮杠刮平，再用长刮杠通刮一遍。检测平整度误差不大于 4mm。拉线测定标高和泛水，符合要求后用木抹子搓成毛面。

有防水要求时，找平层砂浆或水泥混凝土要掺防水剂，或按设计要求加铺防水卷材做防水层，防水卷材应四周卷起 150mm 高，外粘粗砂，门口处铺出 30mm 宽。

(3) 弹线　在已有一定强度的找平层上弹出与门道口成直角的基准线，弹线应考虑板块间隙，弹出纵横定位控制线。弹线从门口开始，以保证进口处为整砖，非整砖置于阴角或家具下面。

(4) 板块浸水　在铺贴前应先将板块浸水湿润，阴干后使用。

(5) 铺贴地砖板块　铺贴操作时先用方尺找好规矩，依标准块和分块位置每行依次挂线，按线铺贴。此挂线起到面层标筋的作用，以便使板块铺贴平直。铺贴中用水灰比为 0.4~0.5 水泥素浆或 1:2 水泥砂浆摊抹在板块背面，再粘贴到地面上，并用橡皮锤敲实，同时用水平尺检查校正，擦净表面水泥砂浆，使标高、板缝均符合要求。如板缝有误差可用开刀拨缝，对板块低的部分应起出瓷砖用水泥砂浆垫高找平后再铺。

目前，大面积房间普遍采用大规格的厚重地面砖，其铺贴做法是用干硬性水泥砂浆作找平层，再抹水泥素浆粘贴。其做法为方法二所述流程，施工要点参见下节石材板块地面施工。

(6) 压平拨缝　每铺完一段落或 8～10 块后用喷壶略洒水，15min 左右用橡皮锤（木锤）按铺砖顺序锤铺一遍，不得遗漏。边压实边用水平尺找平。压实后拉通线，先竖缝后横缝调拨缝隙，使缝口平直、贯通。

(7) 嵌缝养护　铺贴完 2～3h 后用白水泥或普通水泥浆擦缝，缝要填充密实、平整光滑，再用棉丝将表面擦净，擦净后铺撒锯末养护，3～4d 后方可上人。

五、缸砖铺贴操作要点

铺贴前将缸砖先浸水 2～3h 左右，取出晾干备用。

铺贴时，先在基层上刷好水泥浆，按地面标高留出缸砖厚度做灰饼，再进行冲筋→装档→刮平。做找平层用 1∶3 干硬性水泥砂浆（以粗砂为好），刮平时砂浆要拍实，厚度约 20mm。

在找平层上撒一层干水泥，洒水后随即铺贴。留缝铺砌法是根据排砖尺寸弹线，铺设从门口开始，在已经铺好的砖上垫上木板，人站在板上往里铺。大面积施工时，应采用分段按顺序铺贴。横缝用分格条铺一块放一根。竖缝根据弹线走齐，随铺随清理干净，注意缸砖一般采用虚缝铺贴，缝宽度宜为 5～10mm。

铺贴后 24h 内用 1∶1 水泥砂浆勾缝或灌缝，缝深宜为砖缝的 1/3。接缝处擦嵌 24h 后，再需浇水养护 3～4d，每天浇水不得少于 3 次。

碰缝铺贴法是不需弹线找中，铺砌后用素水泥浆擦缝处理，而后将表面层清洗干净，铺完 24h 后浇水养护。

六、陶瓷锦砖（马赛克）铺贴操作要点

抹底灰是对不平基层进行处理的一道工序，有坡度要求或有地漏的房间要按小方向找坡，坡度不小于 5‰。抹底灰及找坡方法同陶瓷地砖。

陶瓷锦砖在工厂预制时已按各种图案贴在牛皮纸上，每张纸拼成一联，每联 305mm×305mm 或 600mm×600mm。锦砖铺贴前背面要洁净，并刷水湿润，先刮（刷）一遍素水泥浆，随即抹 3～4mm 厚 1∶1.5 水泥砂浆，随刷、随抹、随铺贴锦砖。为保持铺贴完整性，应按线对位仔细铺贴，用木板拍实。每联锦砖之间、锦砖与结合层之间，以及在墙角、镶边和靠墙处均应紧密贴合、粘牢，并随时调整其平整度，与其他锦砖平齐。在靠墙处不得采用砂浆填补。

锦砖铺完后约 30min，即用水喷湿透面纸，两手扯纸边与地面平行，轻轻揭去纸面。若缝隙不均，用开刀将缝隙调匀，然后将表面不平部分揸平、拍实，再用 1∶2 干水泥砂浆灌缝，最后用开刀再次调缝。

铺好的锦砖表面应平整、接缝均匀、颜色一致、无砂浆痕迹。地面铺贴完毕后在其表面铺一层锯木屑，3～4d 天之内禁止上人。

以玻璃原材料烧制的小块玻璃贴于牛皮纸上，称玻璃马赛克或玻璃锦砖。其铺贴方法同陶瓷锦砖。

七、踢脚板镶贴操作要点

踢脚板可用大理石、花岗石或陶瓷踢脚板，也可用木踢脚板。

大理石、花岗石或陶瓷踢脚板一般高度为 100～200mm，厚度为 10～20mm。施工前应认真清理墙面，提前一天浇水湿润，按需要数量将阴、阳角处的踢脚板的一端端面用无齿锯切成 45°斜角，并将踢脚板用水刷净，阴干备用。镶贴时由阳角开始向两侧试贴，先在墙面

两端先各镶贴一块踢脚板，其上沿高度在同一水平线上，出墙厚度要一致，然后沿两块踢脚板上沿拉通线，逐块依顺序安装。踢脚板施工可采用粘贴法和灌浆法，其构造做法如图6-5所示。

（1）粘贴法　根据墙面标筋和标准水平线，用1∶2水泥砂浆抹底并刮平划毛，待底层砂浆干硬后，将已湿润阴干的预制水磨石踢脚板抹上2~3mm厚素水泥浆进行粘贴，同时用橡皮锤敲击平整，并注意随时用水平尺、靠尺板找平、找直。次日，用与地面同色的水泥浆擦缝。

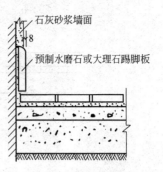

图6-5　踢脚板镶贴构造做法（单位：mm）

（2）灌浆法　将踢脚板临时固定在安装位置，用石膏将相邻的两块踢脚板以及踢脚板与地面、墙面之间稳牢，然后用稠度100~150mm的1∶2水泥砂浆（体积比）灌缝，并随时把溢出的砂浆擦干净。待灌入的水泥砂浆凝固后，把石膏铲掉擦净，用与板面同色水泥浆擦缝。

八、施工质量要求及常见工程质量问题和防治方法

参见石材地面施工质量要求及常见工程质量问题和防治方法。

第三节　石材地面铺设施工

一、构造做法

石材地面是指采用天然花岗石、大理石及人造花岗石、大理石等的楼地面。室内地面所用石材一般为磨光的板材，板厚20mm左右，目前也有薄板，厚度在10mm左右。天然大理石具有质地密实，色泽鲜亮，结构自然等特点。用大理石铺装地面，庄重大方，高贵豪华。天然花岗岩质地坚硬、耐磨，不易风化变质，色泽自然庄重、典雅气派。被广泛用于高级装饰工程如宾馆、酒店、写字楼的大厅地面、楼厅走廊等部位。

人造石材又称合成石，具有天然石材的花纹和质感、强度高、厚度薄、耐酸、耐碱、抗污染等优点。自重只有天然石材的一半，其色彩和花纹均可根据设计意图制作。人造石材常见品种有水泥型人造石材（又称水磨石面板）与树脂型人造石材（又称人造大理石，人造花岗石）两大类。近年复合型人造大理石与烧结人造大理石发展迅速，有替代其他产品的趋势。树脂型人造石材多以不饱和聚酯为胶黏剂，与大理石、石英砂、方解石粉等搅拌，在固化剂作用下产生固化作用，经脱模、烘干、抛光等工序而成。使用不饱和聚酯的产品，光泽好、颜色浅，可调制成不同的鲜明颜色。它的物理和化学性能好，花纹容易设计，有重现性，可模仿天然大理石、花岗石。树脂型人造石材具有较好的抗污染性，对油、墨水等均不着色或着色十分轻微。可用加工天然石材的通常方法对其实施切割、钻孔等，有利于其安装铺贴。人造石材的成本仅为天然大理石的30%~50%，是建筑饰面的理想材料之一。

石材板块楼地面铺贴构造做法，如图6-6所示。

二、施工准备与前期工作

1. 材料准备和要求

（1）石材　材料按要求的品种、规格、颜色进场。凡有翘曲、歪斜、厚薄偏差太大以及缺边、掉角、裂纹、隐伤和局部污染变色的石材应予剔除，完好的石材板块应套方检查，规格尺寸如有偏差，应磨边修正。用草绳等易褪色材料包装花岗石石板时，拆包前应防止受潮和污染。材料进场后应堆放于施工现场附近，下方垫木，板块叠合之间应用软质材料垫塞。

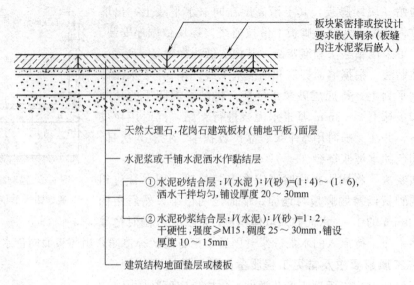

图 6-6　石材板块楼地面铺贴构造

碎拼大理石要进行清理归类,把颜色、厚薄相近的放在一起施工,板材边长不宜超过 300mm。

(2) 粘接材料　水泥的强度等级不低于 32.5MPa;结合层用砂采用过筛的中砂、粗砂;灌缝选用中砂、细砂;建筑密封胶或 801 胶水;颜料选用矿物颜料,一次备足。

同一楼地面工程应采用同一厂家、同一批次的产品,不宜混用。

2. 现场作业条件准备

同陶瓷地砖地面。

3. 施工机具准备

需准备的施工机具有石材切割机、钢卷尺、水平尺、方尺、墨斗线、尼龙线靠尺、木刮尺、橡皮锤或木锤、抹子、喷水壶、灰铲、合金扁錾、钢丝刷、台钻、砂轮、磨石机等。

三、施工操作程序与操作要点

1. 工艺流程

(1) 石材地面施工工艺流程　基层清理→弹线→选料→石材浸水湿润→安装标准块→摊铺水泥砂浆→铺贴石材→擦缝→清洁→养护→上蜡。

(2) 碎拼石材地面施工工艺流程　基层清理→抹找平层灰→铺贴→浇石渣浆→磨光→上蜡。

2. 操作要点

(1) 基层清理　基层处理要干净,高低不平处要先凿平和修补,基层应清洁,不能有砂浆、尤其是白灰砂浆灰、油渍等,并用水湿润地面。

(2) 弹线　根据设计要求,并考虑结合层厚度与板块厚度,确定平面标高位置后,在相应立面弹线。再按板块的尺寸加预留缝放样分块,一般大理石板地面缝宽 1mm,花岗岩石板地面缝宽小于 1mm。与走廊直接相通的门口应与走道地面拉通线,板块布置要以十字线对称,若室内地面与走廊地面颜色不同,其分界线应安排在门口或门窗中间。在十字线交点处对角安放两块标准块,并用水平尺和角尺校正。

(3) 选材　铺贴前将板材进行试拼,对花、对色、编号,以使铺设出的地面花色一致。

试拼调试合格后，可在房间主要部位弹相互垂直的控制线，并引至墙上，用以检查和控制板块位置。

(4) 浸水湿润　大理石、花岗岩板块在铺贴前应先浸水湿润，阴干擦净后使用，以免影响其凝结硬化，引起空鼓、起壳等问题。一般以板块的底面内潮外干为宜。

(5) 铺水泥砂浆结合层　水泥砂浆结合层又是找平层。结合层宜采用配合比为（1∶1）～（1∶3）（水泥∶砂，体积比）的干硬性水泥砂浆，铺设厚度为 10～15mm。铺设时稠度标准：可用手捏成团，在手中颠后即散开为宜。干硬性水泥砂浆具有水分少（不干不湿）、强度高、密实度好、成形早及凝结硬化过程中收缩率小等优点，是保证板块料楼地面平整度、密实度的一个重要措施。

也有用（1∶4）～（1∶6）水泥砂（水泥∶砂，体积比）作结合层，铺设厚度一般为 20～30mm，使用时加水干拌均匀。

在铺设干硬性水泥砂浆前，应在基层或找平层上刷一道水灰比为 0.4～0.5 的水泥浆，可在其中掺 10% 的 801 胶，以保证整个上下层之间粘贴牢固。

结合层一般从房间长边墙开始退步摊铺。摊铺砂浆长度应在 1m 以上，宽度应超出板块宽度 20～30mm，虚铺砂浆厚度应比标高线高出 3～5mm，砂浆由里向外铺抹，然后用木刮尺刮平、拍实，再进行石材板块试铺。其操作步骤是：铺完水泥砂浆结合层后，将大理石安放在铺设位置，对好纵横缝，用橡皮锤（木锤）轻轻敲击大理石板料，使砂浆振实，当锤击到铺设标高后，将石材板块搬起移至一旁，检查砂浆结合层是否平整、密实，如有孔隙不实之处，及时用砂浆补平补实。

(6) 铺板　在石材板块背面薄抹一层水灰比为 0.4～0.5 的水泥浆，或在结合层上均匀撒布一层干水泥粉，并洒一遍水，同时在板背面洒水，再做正式铺贴。铺装操作时要每行依次挂线，将板块四角对准纵横缝后，同时平稳落下，用橡皮锤（木锤）轻敲振实，并用水平尺找平，锤击板块时注意不要敲砸边角，也不要敲打已铺贴完毕的板块，以免造成空鼓。

(7) 擦缝、养护　铺板完成 2d 后，经检查板块无断裂及空鼓现象后方可进行擦缝。

根据板块颜色，用白水泥或与板面颜色相同的水泥调配好稀水泥素浆或 1∶1 稀水泥砂浆（水泥∶细砂）擦缝，或按设计要求在板缝内注入水泥浆后嵌入铜条。

待缝内水泥色浆凝结后，将板面清洗干净，再覆盖锯末保护 24h 后洒水养护，2～3d 内不得上人。

(8) 上蜡　板块铺贴完工后，待其结合层砂浆强度达到 60%～70% 即可打蜡抛光。其具体操作方法与现浇水磨石地面基本相同。

四、碎拼大理石地面铺贴操作要点

碎拼大理石地面铺贴的构造做法如图 6-7 所示。

(1) 基层清理　同石材板块地面。

(2) 抹找平层灰　碎拼大理石应在厚度约为 10～30mm 的 1∶3 水泥砂浆找平层上进行铺贴，大理石间隙应用普通水泥砂浆或用带颜色的水泥砂浆黏结嵌缝。

(3) 铺贴　铺贴前，应在铺贴饰面上拉线找方找平，在找平层上刷素水泥浆一遍，用 1∶2 水泥砂浆镶贴碎大理石做灰饼、标筋，在临界面应注意留出镶贴块材的宽度尺寸。镶铺碎大理石块时，用橡皮锤轻轻敲击，使其平整、牢固，并随时用靠尺检查表面平整度。

设计有图案时，应先镶贴图案部位，然后再镶贴其他部位；镶贴时，应随时注意面层的

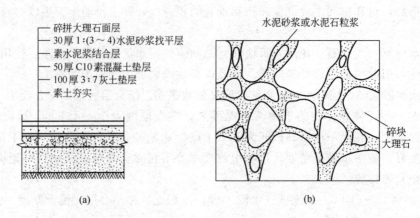

图 6-7 碎拼大理石地面铺贴构造做法（单位：mm）

光洁，挤出的砂浆应随时从间隙中剔除，缝底成方形。

铺贴时应保持缝隙宽度基本一致，在镶贴前用切割机进行块材加工。若是毛边碎块，应先铺贴大块，再根据间隙形状选用合适的小块补入。如图 6-7 所示。

（4）浇石渣浆　将缝中积水、杂物清除干净，刷素水泥浆一遍，然后嵌入彩色水泥石渣浆，嵌抹应凸出大理石表面 2mm，面层石渣浆铺设后，在表面要均匀撒一层石渣，用钢抹刀拍实压平，出浆后再用钢抹刀压光，次日养护。

也可用同色水泥砂浆嵌抹间隙做成平缝。

（5）磨光　饰面养护 2～3d 开始磨光。第一遍用 80～100 号金刚石，第二遍用 100～160 号金刚石，第三遍用 240～280 号金刚石，第四遍用 750 号或更细的金刚石，每一遍的磨光要求和最后上蜡方法均与水磨石面层方法相同。

五、人造石材地面施工注意事项

人造石材的铺贴可以用钉法、黏结法进行。钉法铺贴工艺就像铺贴木地板一样，简单方便。下面主要介绍人造大理石板的黏结法。

1. 水泥砂浆胶粘法操作要点

（1）铺贴前应先划线、预排，使接缝均匀。

（2）胶粘前用 1∶3 水泥砂浆打底，找平后再划毛。

（3）用清水充分浇湿待施工的基层面。

（4）用 1∶2 水泥砂浆粘贴。背面抹一层水泥浆或水泥砂浆后进行对位，在基层上由前往后退，逐一胶粘。

（5）水泥砂浆凝固后，板缝或阴阳角部分用建筑密封胶或用 10∶0.5∶26（水泥、801胶水、水质量比）的水泥浆掺入与板材颜色相同的颜料进行处理。

厚的人造石材也可用铺贴天然大理石或花岗石的方法进行铺贴。

2. 人造石材铺贴注意事项

（1）在铺贴时，灌浆饱满、嵌缝严密、颜色深浅要一致。

（2）铺贴表面去污用软布蘸水或洗衣粉液轻擦，不得用去污粉擦洗。

（3）若饰面有轻度变形，可用烘干、压烤校正。

六、施工质量要求

（1）石材板块铺贴地面允许偏差及检验方法见表 6-4。

表 6-4 石材板块铺贴地面允许偏差及检验方法

项次	项目	允许偏差/mm	检验方法
1	表面平整度	1.0	用 2m 靠尺和楔形塞尺检查
2	缝格平直	2.0	拉 5m 线,不足 5m 者拉通线和尺量检查
3	接缝高低	0.5	尺量和楔形塞尺检查
4	板块间隙宽度	1.0	尺量检查
5	踢脚线上口平直	1.0	拉 5m 线和尺量检查

(2) 大理石和花岗岩板块面层的质量标准和检验方法见表 6-5。

表 6-5 大理石和花岗岩板块面层的质量标准和检验方法

项目	项次	质量要求	检验方法
主控项目	1	大理石、花岗岩面层所用的板块的品种、质量应符合设计要求	观察和检查材质合格记录
	2	面层与下一层应结合牢固,无空鼓	用小锤敲击检查
一般项目	3	大理石、花岗岩面层的表面应洁净、平整、无磨痕,且应图案清晰、色泽一致、接缝均匀、周边顺直、镶嵌正确,板块无裂缝、掉角和缺楞等缺陷	观察
	4	踢脚线表面应洁净、高度一致、结合牢固、出墙厚度一致	用小锤敲击及尺量检查
	5	楼梯踏步和台阶板块的缝隙宽度应一致、齿角整齐,楼层梯段相邻踏步高度差不应大于 10mm;防滑条应顺直、牢固	观察和尺量检查
	6	面层表面的坡度应符合设计要求,不倒泛水,无积水;与地漏、管道结合处应严密牢固,无渗漏	观察、泼水或用坡度尺及蓄水检查
	7	大理石和花岗岩面层的允许偏差应符合表 6-4 规定	

七、常见工程质量问题及其防治方法

1. 空鼓、起拱

(1) 产生原因 主要是基层或板块面层与干硬性水泥砂浆粘贴不牢;结合层砂浆太稀或结合层砂浆未压实;板块四角部位由于铺放方法不当等形成空鼓。

(2) 防治措施 基层在施工前应彻底清洗干净,晾干;采用干硬性砂浆应拌匀、拌熟,切忌用稀砂浆;铺砂浆前先湿润基层,水泥素浆刷匀后随即铺结合层砂浆,且必须拍实、揉平、搓毛;大理石板块料铺贴前必须浸湿后阴干备用;若用干水泥素灰做结合层,干水泥灰一定要撒匀,并洒适量的水;铺贴时轻拿轻放,定位后均匀敲实。

室外地坪铺贴地砖应设分仓缝断开。

2. 相临板接缝高差及水平偏大

(1) 产生原因 板材厚薄不均,板块角度偏差大;操作时未严格按拉线对准检查校核;铺设干硬性砂浆不平整等。

(2) 防治措施 用"品"字法挑选合格板块,对厚薄不均的板材采用厚度调整的办法在板背面抹砂浆调整板厚;试铺时浇浆宜稍厚一些,板块正式定位后应不断用水平尺骑缝检查,并轻敲调整相邻板块的平整度,对水平板缝宽度应用开刀调整直至符合要求。

第四节 塑料地板地面施工

塑料地板具有清洁、耐磨、绝缘、防滑、色彩丰富和施工方便、维修简单、价格便宜等优点,可以克服地面基层冷、硬、潮、脏等缺陷而起到良好的装饰效果。由于可满足众多现代建筑物楼地面的特殊使用需求,塑料类装饰地材的应用日益广泛。如应用于现代办公楼以及大型公共建筑物:航站楼、医院、宾馆、商场、体育场馆、健身房、实验室、幼儿园、老人院、图书馆、影剧院等内部地面;也包括大型车厢及船舶的内部地面;亦可用于住宅装饰工程。其产品品种及材料品质也在不断发展,新型塑料地材产品不论其卷材或半硬质板块(或称片材)类材料均与早期的同类产品有异,所用原材料、生产设备与工艺技术、成品结构、理化指标及使用性能等都已达到高级地材的先进水平。其艺术效果富有高雅的质感,如仿织锦、仿地毯及模仿木质地板和装饰石板表面质感与纹理效果等,并具有可供充分选择的斑斓的色泽。同时,采用塑料类装饰地材产品以取代木材、石材等纯天然原料的楼地面装饰材料,可以在装饰建材领域内尽最大可能地节约宝贵的自然资源,促进环境保护。

通常意义的"塑料"类楼地面装饰材料的产品和品种较为繁多,如带基材或不带基材的聚氯乙烯塑料(PVC)地板、氯乙烯-醋酸乙烯(EAV)塑料地板、聚乙烯树脂和丙烯树脂塑料地板、钙塑地板、氯化聚乙烯(CPE,橡胶)地板、再生胶地板等,以及地砖、地皮、地毡、地板革、地卷材、地席等不同的类型。当前使用最普遍的是聚氯乙烯(PVC)类塑料装饰地材,主要分为卷材及半硬质板块(片)两类地面装饰材料产品。

一、施工准备与前期工作

1. 材料准备和要求

(1)塑料地板 塑料地板饰面采用的板块(片)应平整、光洁,无裂纹,色泽均匀,厚薄一致,边缘平直;板内不应有杂物和气泡,并应符合产品的各项技术指标。塑料地板使用前应贮存于干燥、洁净的库房,并距热源3m以外,其环境温度不宜大于32℃。

(2)胶黏剂 塑料地板黏合铺贴施工所用的胶黏剂应根据基层材料和面层材料的使用要求通过试验确定。可采用乙烯类(聚醋酸乙烯乳液)、氯丁橡胶型、聚氨酯、环氧树脂、合成橡胶溶液型、沥青类和多功能建筑胶等。胶黏剂应存放在阴凉通风、干燥的室内;超过生产期3个月的产品应取样检验,合格后方可使用;超过保质期的产品不得使用。表6-6列举了常用胶黏剂的名称和特点。除了上述材料以外,还应准备普通水泥、清洁剂(丙酮、汽油等)、聚醋酸乙烯乳液、801胶、焊条等。

表6-6 常用胶黏剂的名称及特点

胶黏剂名称	性 能 特 点
氯丁胶(如202胶、401胶)	初黏力大,黏结强度高;对人体刺激性较大;施工中需采用有机溶剂;现场施工要注意加强通风、防毒、防燃;价高
916安全地板胶、920胶	初始强度高,无毒;不易燃、不易爆;耐火、耐水、耐酸碱
水乳型胶(如106胶、107胶)	初黏力大,胶稳定性较好,干后不易潮解;需双面涂胶、速干、低毒;价低
聚氨酯胶(如101胶、JQ-1胶、JQ-2胶)	固化后黏结性强,胶膜柔韧性好,可用于防水、耐碱工程。初黏力差,施工时防位移
环氧胶(如717胶、HN-302胶)	黏结力强,脆性较大;用于地下室、人流量大等场合,施工时对皮肤有刺激;价较高
立时得胶	黏结效果好,速度快,价高

2. 现场作业条件准备

施工前要做好样板间，有拼花要求的地面应预先绘制大样图。其他如顶面、墙面的装饰施工等可能造成建筑地面潮湿的施工工序应全部完成。在铺设施工前应使房间干燥，避免在潮湿的环境中进行铺装施工。塑料地板施工时室内的相对湿度不应大于80%，施工作业温度不得低于10℃。

3. 施工机具准备

需要准备梳形刮板、划线器、橡胶滚筒、橡胶压边滚筒、大压辊、裁切刀、墨斗、8～10kg砂袋、棉纱、橡胶锤、油漆刷、钢尺等常用工具。如图6-8所示。

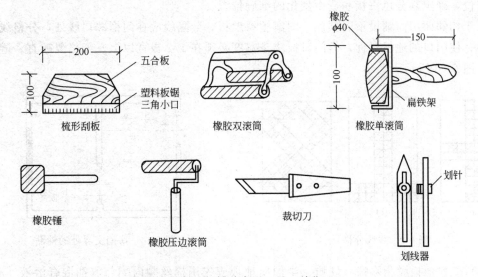

图6-8 塑料地板铺贴常用工具（单位：mm）

二、施工操作程序与操作要点

1. 工艺流程

硬制、半硬制塑料地板与软制塑料地板的施工工艺有所不同。

(1) 半硬质塑料地板块　基层处理→弹线→塑料地板脱脂除蜡→预铺→刮胶→粘贴→滚压→清理养护。

(2) 软质塑料地板块　基层处理→弹线→塑料地板脱脂除蜡→预铺→坡口下料→刮胶→粘贴→接缝焊接→滚压→养护。

(3) 卷材塑料地板　裁切→基层处理→弹线→刮胶→粘贴→滚压→养护。

2. 操作要点

(1) 基层处理　基层应达到表面不起砂、不起皮、不起灰、不空鼓、无油渍，手摸无粗糙感。基层的表面还应平整、干燥。不符合要求的应先处理地面。

基层如有麻面起砂及裂缝等缺陷，可分1～2遍用腻子嵌补找平，处理时每遍批刮的厚度不应大于0.8mm；每遍腻子干燥后要用0号铁砂布打磨，然后再批刮第二遍腻子，直至表面平整后再用水稀释的乳液涂刷一遍，最后再刷一道水泥胶浆。

基层处理腻子，可选用与塑料地材产品配套的基层处理材料或与塑料地材及其黏结剂性质相容的商品腻子；也有用801胶水泥浆 [m(801胶)：m(水)：m(水泥)=0.8：0.2：2] 分层补平；还可以现场配制石膏乳液腻子和滑石粉乳液腻子。

楼地面基层表面第一道嵌补找平用石膏乳液腻子，其配合比为石膏、土粉、聚醋酸乙烯乳液体积比 2∶2∶1（GB 50209）。第二道修补找平用滑石粉乳液腻子，其配合比为滑石粉、聚醋酸乙烯乳液、羧甲基纤维素溶液体积比 1∶(0.2～0.25)∶0.1（GB 50209）。腻子拌和加水量根据现场具体情况确定。

（2）弹线　拼花铺贴的地面，在基层处理后应按设计要求进行弹线、分格和定位。以房间中心为中心，弹出相互垂直的两条定位线。定位线有十字形、丁字形和对角线形几种形式。然后按板块尺寸，每隔 2～3 块弹一道分格线，以控制贴块位置和接缝顺直，如图 6-9 所示。可在地面周边距墙面 200～300mm 处作为镶边。其他形式的拼花与图案也应弹线或画线定位，确定其分色拼接和造型变化的准确位置。

对于相邻两房间铺设不同颜色、图案塑料地板，分隔线应在门框踩口线处，分格线应设在门中，使门口的地板对称，但门口板块条宽度必须在 1/2 板宽以上。缝格要顺直，避免错缝。如图 6-10 所示。

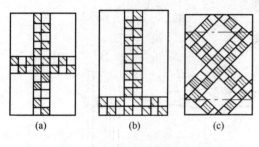
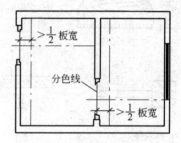

图 6-9　弹线分格　　　　　　　　图 6-10　房间交界处的铺贴

（3）塑料地板脱脂除蜡　硬质、半硬质地板应先用棉丝蘸丙酮与汽油混合溶液 [m(丙酮)∶m(汽油)＝1∶8] 进行脱脂除蜡处理，称为硬板脱脂。

对于软质塑料地板块，则应作预热处理：放入 75℃ 的热水中浸泡 10～20min，待板面全部松软伸平后，取出晾干备用，称为软板预热，但不得用炉火或电热炉预热。

（4）预铺　塑料地板试铺前，按设计图案要求及地面画线尺寸选择相应颜色的塑料地板块，依拼花图案预铺。合格后按顺序编号，为正式铺装施工做好准备。对于不是整块的地板裁切可采取图 6-11 所示的方法进行。

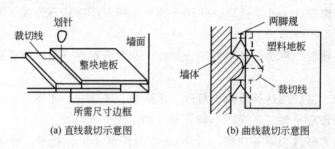

图 6-11　塑料地板的裁切

对于卷材型塑料地板，也要进行局部切割后到位试拼预铺。在裁剪时要注意留足拼花、图案对接余量，并应搭接 20～50mm，用刀从搭接处中部切割开，再涂胶粘贴。

（5）刮胶　在基层表面及塑料地板背面涂刷胶黏剂以及地板到位铺贴的操作，应根据塑料地板产品使用要求和所用胶黏剂的品种采用不同的方法。

① 采用乳液型胶黏剂 应在基层与塑料地板块背面同时均匀涂胶。刮胶方式有直线刮胶和八字形刮胶两种，刮胶宜用锯齿形刮板，直线刮胶方法如图6-12所示。涂刮越薄越好，涂胶厚度应≤1mm，胶黏剂涂贴的板背面积应大于80%，无需晾干，随刮随铺。由于基层材料吸水性强，所以涂刮时一般应先涂刮塑料板块的背面后涂刮基层表面。在基层上涂胶时，应注意涂胶部位尺寸应超出分格线10mm，一次涂刷面积不宜过大，以免干燥失去黏结力。

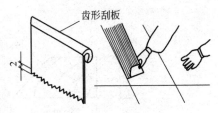

图6-12 地面基层上涂胶

② 采用溶剂型胶黏剂 在基层上均匀涂胶一道，待胶层干燥至不粘手时（一般在室温10～35℃时，静停5～15min）即可进行铺贴。

对于粘贴施工的塑料地板，最好先清扫干净基层表面，并涂刮一层薄而均匀的底胶，以增强基层与面层的黏结强度。待底胶干燥后，即可铺贴操作。

底胶一般在现场配制，当采用非水溶性胶黏剂时，直接用胶黏剂（非水溶性）加入其质量10%的汽油（65号）和10%的醋酸乙酯（或乙酸乙酯）并搅拌均匀；当采用水溶性胶黏剂时，直接用胶加水稀释并搅拌均匀。

（6）粘贴、滚压

① 硬质、半硬质塑料地板铺贴从十字中心或对角线中心开始，逐排进行，丁字形可从一端向另一端铺贴。铺贴时，双手斜拉塑料板从十字交点开始对齐，再将左端与分格线或已贴好的板边比齐，顺势把整块板慢慢贴在地上，用手掌压按，随后用橡皮锤（或滚筒）从板中向四周锤击（或滚压），赶出气泡，确保严实。按弹线位置沿轴线由中央向四周铺贴，排缝可控制在0.3～0.5mm，每粘一块随即用棉纱（使用溶剂型胶黏剂时，可蘸少量松节油或汽油）将挤出的余胶揩净。板块如遇不顺直或不平整，应揭起重铺，铺贴示意参见图6-13。

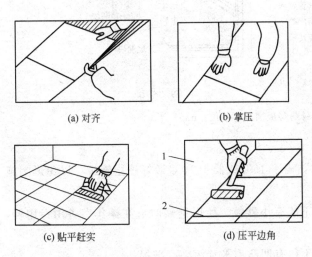

图6-13 塑料地板的铺贴方法示意图
1—墙面；2—墙角边的地板

② 塑料卷材地面粘贴铺贴时，按预先弹完的线，四人各提起卷材一边，先放好一端，再顺线逐段铺贴。若离线偏位，立即掀起调整正位放平。放平后用手和滚筒从中间向两边赶平，并排尽气泡。如有气泡赶压不出，可用针头插入气泡，用针管抽空，再压实粘牢。卷材边缝搭接不少于20mm，沿定位线用钢板直尺压线并用裁刀裁割。一次割透两层搭接部分，撕除上下层边条，并将接缝处掀起部分铺平压实、粘牢。

当半硬质塑料地板块或卷材缝隙需要焊接时，可采用先焊后铺贴的做法，也可在铺贴48h之后再行施焊。焊缝冷却至常温，将突出面层的焊包用刨刀切削平整，切勿损伤两边的塑料板面。焊条用等边三角形或圆形焊条，其成分和性能应与被焊塑料地板相同。接缝焊接时，两相邻边要切成V形槽，以增加焊接牢固性，坡口切割方法如图6-14所示。

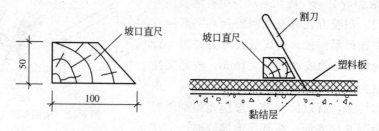

图 6-14 坡口切割

(7) 清理养护 铺贴完毕用清洁剂全面擦拭干净。至少 3d 内不得上人行走。平时应避免 60℃ 以上的物品或一些溶剂与塑料地板接触。

(8) 铺踢脚板 踢脚板的铺贴要求同地板。在踢脚线上口挂线粘贴,做到上口平直,铺贴顺序先阴、阳角,后大面,做到粘贴牢固。踢角板对缝与地板缝做到协调一致。

若踢脚板是卷材,应先将塑料条钉在墙内预留木砖上,然后在其与地板接缝处用焊枪喷烧塑料条焊接,参见图 6-15。

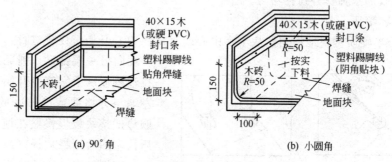

图 6-15 塑料踢脚板铺贴(单位:mm)

三、施工注意事项

(1) 施工温度应在 10～15℃ 范围内,高于 15℃ 或低于 10℃ 最好停止施工,以免影响施工质量。

(2) 基层必须清理干净,特别注意不能有小砂粒,所以铺贴时应在操作室备用专用鞋,应禁止非操作人员入内。

(3) 塑料地板表面要平整、干净,不得有凹凸不平及污染、破损。

(4) 胶的干湿度对塑料地板的粘贴有极大影响,若手触不干就铺贴,容易撕开。较干后粘贴,则黏结力强。

(5) 铺贴时,要用橡皮锤从中间向四周敲击,将气泡赶净,使塑料地板要贴牢,不得脱胶空鼓。

(6) PVC 地面卷材应在铺贴前 3～6d 进行裁切,并应留有一定的余量,因为塑料在切割后有收缩。

(7) 如使用氯丁橡胶胶黏剂、环氧树脂胶黏剂等有毒性的材料,操作时应开窗通风换气,并戴防毒口罩。在较密闭的房间作业,应安装换气扇或通风扇。

四、施工质量要求

(1) 塑料地板面层允许偏差及检验方法见表 6-7。

表 6-7　塑料地板面层允许偏差及检验方法

项次	项目	允许偏差/mm	检验方法
1	表面平整度	2.0	用 2m 靠尺和楔形塞尺检查
2	缝格平直	3.0	拉 5m 线，不足 5m 者拉通线和尺量检查
3	踢角线伤口平直	3.0	
4	接缝高低差	0.5	用钢尺和楔形塞尺检查
5	板块间隙宽度	2.0	用钢尺检查

（2）塑料地板（板块及卷材）面层的质量标准和检验方法见表 6-8。

表 6-8　塑料地板（板块及卷材）面层的质量标准和检验方法

项目	项次	质量要求	检验方法
主控项目	1	塑料地板面层所用的塑料板块和卷材的品种、规格、颜色、等级应符合设计要求和现行国家标准	观察和检查材质合格证明文件及检测报告
	2	面层与下一层的粘贴应牢固、不翘边、不脱胶、不溢胶	观察和用锤击及钢尺检查
一般项目	3	塑料地板面层应表面洁净、图案清晰、色泽一致、接缝严密、美观，拼缝处的图案、花纹吻合，无胶痕；与墙面交接严密阴、阳角收边方正	观察
	4	板块的焊接，焊缝应平整、光洁，无焦化变色、斑点、焊瘤和起鳞等缺陷，其凹凸允许偏差为 ±0.6mm；焊缝的抗拉强度不得小于塑料板强度的 75％	观察和检查检测报告
	5	镶边用料应尺寸准确、边角整齐、拼缝严密、接缝顺直	用钢尺检查和观察
	6	塑料地板面层的允许偏差应符合表 6-7 的规定	

五、常见工程质量问题及其防治方法

1. 起鼓、翘边

（1）产生原因　基层不平整、不干燥或不清洁，表面粗糙，影响了黏结效果；塑料板铺贴前未经脱脂除蜡处理；刷胶不均匀；涂胶后粘贴时间过早或过迟；胶黏剂尚未充分凝结硬化，就进行拼缝焊接施工等。

（2）防治措施　对起鼓现象，在离鼓泡边缘 1～2mm 处钻 ϕ3mm 小孔两个，用畜用注射器注入胶黏剂，注满空泡后将多余胶剂挤出再压实；对翘边现象，揭起后重新涂胶再铺贴；铺贴时基层要干燥，含水率应低于 10％，潮湿地面其基层下要做防水层；旧水泥地面要用钢丝刷刷洗，去净油污后再刮 107 胶水泥浆腻子，用砂纸磨平；铺贴前要脱脂除蜡处理；刮胶要均匀，不漏刮；卷材打开静置 3～5d 后使用；选用黏胶要与塑料地板配套；涂胶粘贴时要待稀释剂挥发后在粘贴；铺贴前使基层强度满足要求；拼缝焊接应待胶黏剂完全干燥硬化后进行。

2. 胀缩变形

（1）产生原因　塑料地板铺贴前未进行预热处理；铺贴时未注意板的纵横方向间隔铺贴。

（2）防治措施　铺贴前将塑料地板块进行软板处理；对半硬质聚氯乙烯地板一般纵向收缩值大，而横向不但不收缩反而稍有膨胀，故铺贴时应纵横方向间隔铺贴。

3. 塑料板块间错缝

(1) 产生原因　板材尺寸不规格，误差大；铺贴时由于手用力大小不均而产生积累误差。

(2) 防治措施　铺贴时应选规格一致的板块；错缝严重时需作返修处理；为避免积累误差，铺贴中每铺 5~6 块后隔两块再铺，待往前铺贴一段距离后再回头补铺，如此便可隔一段距离调整一次；铺贴时应将板块轻轻弯起，对好缝后用力将板压平拍实。

第五节　地 毯 施 工

地毯具有吸声、保温、隔热、防滑、弹性好、脚感舒适和施工方便等特点，又给人以华丽、高雅、温暖的感觉，因此备受欢迎。各色地毯在高级装饰中被大量采用。随着石油化工和建材工业的发展，中国在传统手工打结美术工艺羊毛地毯和机织混纺类精密图案地毯的基础上，大力开拓簇绒地毯（聚酰胺、聚丙烯腈、聚酯或聚丙烯等纤维地毯）、天然橡胶绒地毯、剑麻地毯、聚氯乙烯塑料地毯及无纺地毯（地毡）等多品种新型地毯的生产，使地毯的应用更为广泛。

地毯有块毯和卷材地毯两种形式，采用不同的铺设方式和用于不同的铺设位置。

一、施工准备与前期工作

1. 材料准备和要求

(1) 地毯　主要是根据铺设部位、使用功能和装饰等级与造价等因素进行综合权衡选用。拼缝的地毯，如有花纹应对称完整，地毯面平整、无脏污、空鼓、死褶、翘边。施工单位应按设计要求进行现场实测，将材料地毯按设计要求的品种和铺设面积一次备足，放置于干燥房间，不得受潮或水浸。

(2) 辅助材料　辅助材料有垫层、胶黏剂（有聚醋酸乙烯胶黏剂和合成橡胶黏结剂两类，选用时要与地毯背衬材料相配套确定胶黏剂品种）、接缝带、倒刺板条、金属收口条、门口压条、尼龙胀管、木螺钉、金属防滑条、金属压杆等。

2. 现场作业条件准备

(1) 地毯施工前，室内装饰已完成并经验收合格。

(2) 铺设地毯前，应做好房间、走道等四周的踢脚板。踢脚板下口均应离开地面 8mm，以便将地毯毛边掩入踢脚板下。

(3) 大面积施工前，应先放样并做样板，经验收合格后方可施工。

3. 施工机具准备

常用施工机具有搪刀（切边器）、张紧器（撑子）、扁铲、墩拐（用于压倒刺）、裁毯刀、电熨斗、裁刀、电铲、角尺、冲击钻、吸尘器等。部分施工工具如图 6-16 所示。

二、施工操作程序与操作要点

1. 地毯铺设工艺流程

地毯的铺设一般有固定式和活动式两种方法。活动式铺设是指将地毯明摆浮搁在基层上，不需将地毯与基层固定。固定式铺设有两种固定方法：一种是卡条式固定，使用倒刺板拉住地毯；另一种是粘接法固定，使用胶黏剂把地毯粘贴在地板上。

(1) 卡条式固定工艺流程　基层处理→弹线定位→裁割地毯→固定踢脚板→安装倒刺板→铺设垫层→铺设地毯→固定地毯→收口→修理地毯面→清扫。

(2) 粘贴法固定工艺流程　基层处理→实量放线→裁割地毯→刮胶晾置→铺设辊压→清

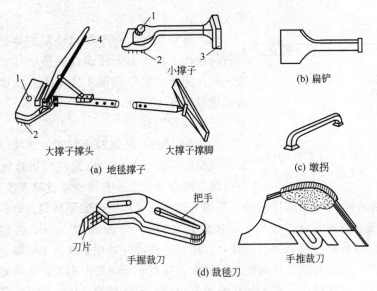

图 6-16　部分施工工具

1—扒齿调节钮；2—扒齿；3—空心橡胶垫；4—杠杆压柄

理、保护。

(3) 活动铺设工艺流程　基层处理→裁割地毯→接缝缝合→铺贴→收口、清理。

2. 操作要点

(1) 基层处理　地毯铺装对基层地面的要求较高，要求基层表面坚硬、平整、光洁、干燥。基层表面水平偏差应小于 4mm，含水率不大于 8%，且无空鼓或宽度大于 1mm 的裂缝。如有油污、蜡质等，需用丙酮或松节油擦净，并应用砂轮机打磨清除钉头和其他突出物。

(2) 弹线定位　应严格按图纸要求对不同部位进行弹线、分格。若图纸无明确要求，应对称找中弹线，以便定位铺设。

(3) 裁割地毯　在铺装前必须进行实测量，检查墙角是否规方，准确记录各角角度，并确定铺设方向。根据计算的下料尺寸在地毯背面弹线，用手推剪刀进行裁割，然后卷成卷并编号运入对号房间。化纤地毯的裁割备料长度应比实需尺寸长出 20～50mm，宽度以裁去地毯边缘后的尺寸计算。

裁割地毯时应沿地毯经纱裁割，只割断纬纱，不割经纱，对于有背衬的地毯，应从正面分开绒毛，找出经纱、纬纱后裁割，应注意切口处要保持其绒毛的整齐。如系圈绒地毯，裁割时应是从环卷毛绒的中间剪断。

(4) 固定踢脚板　铺设地毯前要安装好踢脚板。铺设地毯房间的踢脚板多采用木踢脚板，也有采用带有装饰层的成品踢脚线。可按设计要求的方式固定踢脚板，踢脚板下沿至地面间隙应比地毯厚度高 2～3mm，以便于地毯在此处掩边封口（采用其他材质的踢脚板时亦在此位置安装），如图 6-17 所示。

(5) 安装倒刺钉板　固定地毯的倒刺板（木卡条）（如图 6-18 所示）沿踢脚板边缘用水泥钢钉（或采用塑料胀管与螺钉）钉固于房间或大厅的四周墙角，间距 400mm 左右，并离开踢脚板 8～10mm，以地毯边刚好能卡入为宜，参见

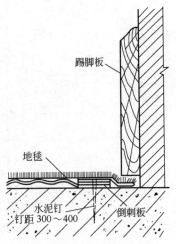

图 6-17　倒刺板条固定示意（单位：mm）

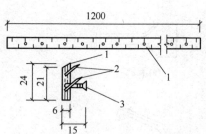

图 6-18 倒刺钉板条（单位：mm）
1—胶合板条；2—挂毯朝天钉；3—水泥钉

图 6-18。

(6) 铺设垫层 对于加设垫层的地毯，垫层应按倒刺板间净距下料，要避免铺设后垫层过长或不能完全覆盖。裁割完毕应对位虚铺于底垫上，注意垫层拼缝应与地毯拼缝错开 150mm。

(7) 铺设地毯

① 地毯拼缝 拼缝前要判断好地毯编织方向并用箭头在背面标明经线方向，以避免两边地毯绒毛排列方向不一致。拼缝方法主要有缝合接缝法和胶带接缝法两种。

缝合接缝法 纯毛地毯多用缝接。先用直针在毯背面隔一定距离缝几针作临时固定，然后再用大针满缝。背面缝合拼接后，于接缝处涂刷 50～60mm 宽的一道胶黏剂，粘贴玻璃纤维网带或牛皮纸。将地毯再次平放铺好，用弯针在接缝处做正面绒毛的缝合，以使之不显拼缝痕迹为标准。麻布衬底化纤地毯多用粘接：即在麻布衬底上刮胶，再将地毯对缝粘平。

胶带接缝法 具体操作是在地毯接缝位置弹线，依线将宽 150mm 的胶带铺好，两侧地毯对缝压在胶带上，然后用电熨斗（加热至 130～180℃）使胶质熔化，自然冷却后便把地毯粘在胶带上，完成地毯的拼缝连接。

接缝后注意要先将接缝处不齐的绒毛修齐，并反复揉搓接缝处绒毛，至表面看不出接缝痕迹为止。

② 地毯的张紧与固定 地毯铺设后务必拉紧、张平、固定，防止以后发生变形。

将裁好的地毯平铺在地上，先将地毯的一边用撑子撑平固定在相应的倒刺板条上，用扁铲将其毛边掩入踢脚板下的缝隙（参见图 6-17），再用地毯张紧器对地毯进行拉紧、张平。可由数人从不同方向同时操作，用力适度均匀，直至拉平张紧。地毯张拉步骤如图 6-19 所

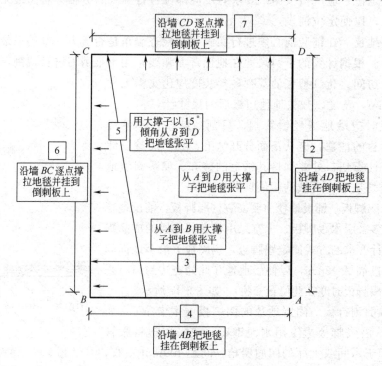

图 6-19 平绒地毯张拉步骤示意图

示。若小范围不平整可用小撑子通过膝盖配合将地毯撑平，如图 6-20 所示。然后将其余三个边均牢固稳妥地勾挂于周边倒刺板朝天钉钩上并压实，以免引起地毯松弛。再用搪刀将地毯边缘修剪整齐，用扁铲把地毯边缘塞入踢脚板和倒刺板之间的缝隙内。

对于走廊等处纵向较长的地毯铺设，应充分利用地毯撑子使地毯在纵横方向呈 V 形张紧，然后再固定。

（8）收口清理　在门口和其他地面分界处，可按设计要求分别采用铝合金 L 形倒刺收口条（如图 6-21 所示）、带刺圆角锑条或不带刺的铝合金压条（如图 6-22 所示）（或其他金属装饰压条）进行地毯收口。收口方法是弹出线后用水泥钢钉（或采用塑料胀管与螺钉）固定铝压条，再将地毯边缘塞入铝压条口内轻敲压实。如图 6-23 所示。

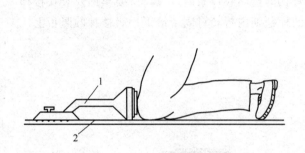

图 6-20　地毯撑平方法示意图
1—膝撑；2—地毯

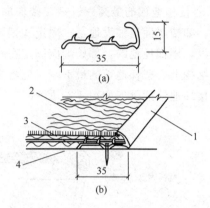

图 6-21　铝合金收口条（单位：mm）
1—收口条；2—地毯；3—地毯垫层；4—混凝土楼板

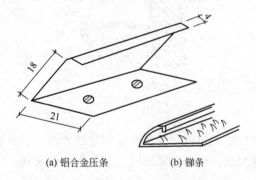

(a) 铝合金压条　　(b) 锑条

图 6-22　铝合金压条与锑条（单位：mm）

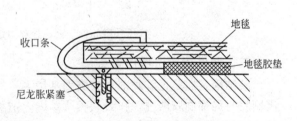

图 6-23　铝合金收口条做法

固定后检查完，将地毯张紧后将多余的地毯边裁去，清理拉掉的纤维，用吸尘器将地毯全部清理一遍。用胶粘贴的地毯，24h 内不许随意踩踏。

（9）楼梯地毯铺设

① 测量楼梯所用地毯的长度，在测得长度的基础上，再加上 450mm 的余量，以便挪动地毯，转移调换常受磨损的位置。如所选用的地毯是背后不加衬的无底垫地毯，则应在地毯下面使用楼梯垫料增加耐用性，并可吸收噪声。衬垫的深度必须能触及阶梯竖板，并可延伸至每阶踏步板外 5cm，以便包覆。

② 将衬垫材料用地板木条分别钉在楼梯阴角两边，两木条之间应留 1.5mm 的间隙。用预先切好的地毯角铁倒刺板钉在每级踢板与踏板所形成转角的衬垫上。由于整条角铁都有突

起的爪钉，故能不露痕迹地将整条地毯抓住。

③ 地毯首先要从楼梯的最高一级铺起，将始端翻起在顶级的踢板上钉住，然后用扁铲将地毯压在第一套角铁的抓钉上。把地毯拉紧包住梯阶，循踢板而下，在楼梯阴角处用扁铲将地毯压进阴角，并使地板木条上的爪钉紧紧抓住地毯，然后铺第二套固定角铁。这样连续下来直到最下一级，将多余的地毯朝内折转，钉于最下一级楼梯的踢板上。

④ 所用地毯如果已有海绵衬底，那么可用地毯胶黏剂代替固定角钢。将胶黏剂涂抹在压板与踏板面上粘贴地毯，铺设前将地毯的绒毛理顺，找出绒毛最为光滑的方向，铺设时以绒毛的走向朝下为准。在梯级阴角处用扁铲敲打，地板木条上都有突起的爪钉，能将地毯紧紧抓住。在每阶踢、踏板转角处用不锈钢螺钉拧紧铝角防滑条。

⑤ 楼梯地毯的最高一级是在楼梯面或楼层地面上，应固牢，并用金属收口条严密收口封边。如楼层面也铺设地毯，固定式铺贴的楼梯地毯应与楼层地毯拼缝对接。若楼层面无地毯铺设，楼梯地毯的上部始端应固定在踢面竖板的金属收口条内，收口条要牢固安装在楼梯踢面结构上。楼梯地毯的最下端，应将多余的地毯朝内折转钉固于最下一级楼梯的竖板上。

楼梯地毯铺设，如图 6-24 所示。

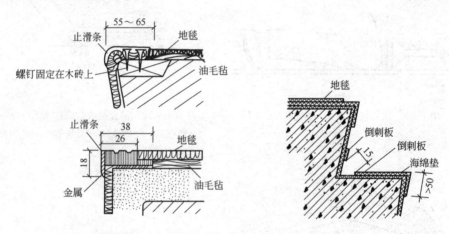

图 6-24 楼梯地毯固定方法（单位：mm）

三、胶结固定法操作要点

胶结固定法是把胶黏剂直接刷到基层上，然后铺上地毯，使其胶结固定的方法。刷胶有满刷胶与局部刷胶两种，在公共场所，因人活动频繁，应采用满刷胶；不常走动的房间，一般采用局部刷胶。其操作要点如下。

（1）基层处理　铺设地毯的地面需具有一定的强度，地面要严整，无凸包、麻坑、裂缝等。施工时地面应扫除干净，并保持干燥。

（2）刮胶晾置　用胶结固定地毯，一般不放垫层，在基层上胶刷，然后将地毯固定在基层上。胶刷好后应晾置 5～10min，待胶液变得干粘时铺放地毯。

胶可选用铺贴塑料地板用的地板胶。

（3）铺设辊压　对面积不大的房间，可采用局部刷胶，先在地面的中间刷一块面积的胶，然后将地毯铺放，再用地毯撑子往四边撑拉，再沿墙边刷两条胶，将地毯压平掩边。对狭长的走廊或过道，宜从一端铺向另一端。铺平后用毡辊压出气泡。

铺设应根据房间尺寸，灵活掌握。

（4）接缝拼合　当地毯需要拼接时，在拼缝处刮一层胶，将地毯拼密实。对缝不允许偏差,不离缝,不搭缝。

其他铺设要求与固定铺设法相同。

四、活动式铺设操作要点

地毯的活动式铺设是指将地毯明摆浮搁地铺于楼地面上,不需与基层固定。此类铺设方式一般有3种情况:一是采用装饰性工艺地毯,铺置于较为醒目部位,形成烘托气氛的某种虚拟空间;二是小型方块地毯产品一般基底较厚,且在麻底下面带有2～3mm厚的胶层并贴有一层薄毡片,故其重量较大,人行其上时不易卷起,同时也能加大地毯与基层接触面的滞性,承受外力后会使方块与方块之间更为密实,能够满足使用要求;三是指大幅地毯预先缝制连接成整块,浮铺于地面后自然敷平并依靠家具或设备的重量予以压紧,周边塞紧在踢脚板下或其他装饰造型体下部。施工操作要点如下。

(1)基层要求 要求基层平整光洁,不能有突出表面的堆积物,其平整度要求用2m直尺检查时偏差不大于2mm。

(2)铺贴地毯 按地毯方块在基层弹出分格控制线。从房间中央向四周展开铺排,逐块就位放稳服帖并相互靠紧。

(3)收口 至收口部位,按设计要求选择适宜的收口条收口,将地毯的毛边伸入收口条内,再将收口条端部砸扁,即起到收口和边缘固定的双重作用。

与其他材质地面交接处,如标高一致,可选用铜条或不锈钢条;标高不一致时,一般应采用铝合金收口条,重要部位也可配合采用粘贴双面黏结胶带等稳固措施。

五、施工质量要求

地毯面层的质量标准和检验方法见表6-9。

表6-9 地毯面层的质量标准和检验方法

项 目	项次	质 量 要 求	检 验 方 法
主控项目	1	地毯的品种、规格、颜色、花色、胶料和辅料及其材质必须符合设计要求和国家现行地毯产品标准规定	观察检查和检查材质合格记录
	2	地毯表面应平服,拼缝处粘接牢固、严密平整、图案吻合	观察检查
一般项目	3	地毯表面不应起鼓、起皱、翘边、卷边、显拼缝、露线和无毛边,绒面毛顺光一致,毯面干净,无污染和损伤	观察检查
	4	地毯同其他面层连接处、收口处和墙边、柱子周围应顺直、压紧	观察检查

六、常见工程质量问题及其防治方法

1. 地毯卷边、翻边

(1)产生原因 地毯固定不牢或粘接不牢。

(2)防治措施 墙边、柱边应钉好倒刺板,用以固定地毯;粘贴接缝时,刷胶要均匀,铺贴后要拉平压实。

2. 地毯表面不平整

(1)产生原因 基层不平;地毯铺设时两边用力不一致,没能绷紧,或烫地毯时未绷紧;地毯受潮变形。

(2)防治措施 地毯表面不平面积不应大于$4mm^2$;铺设地毯时必须用大小撑子或专用张紧器张拉平整后方可固定;铺设地毯前后应做好地毯防雨、防潮。

3. 显露拼缝、收口不顺直

(1) 产生原因　接缝绒毛未处理；收口处未弹线，收口条不顺直；地毯裁割时，尺寸有偏差。

(2) 防治措施　地毯接缝处用弯针做绒毛密实的缝合；收口处先弹线，收口条跟线钉直；严格根据房间尺寸裁割地毯。

4. 地毯发霉

(1) 产生原因　基层未进行防潮处理；水泥基层含水率过大。

(2) 防治措施　铺设地毯前基层必须进行防潮处理，可用乳化沥青涂刷一道或涂刷掺入防水剂的水泥浆一遍；地毯基层必须保证含水率小于8%。

第六节　木地板地面施工

实木地板有原木地板（素板）和免漆刨地板两种，原木地板铺设后要进行刨平磨光及油漆涂蜡，在使用中易于表面翻新；免漆刨地板安装上蜡后可直接投入使用。木地板地面属于中高档装饰。木地板由于具有重量轻、弹性好、保温佳，又易于加工、不老化、脚感舒适等特点，因而已成为目前较普遍的地面装饰形式。但木地板容易受温度、湿度变化的影响而导致裂缝、翘曲、变色、变形，且不耐火，在施工和使用中应当引起注意。

木地板的铺设方式主要有空铺式和实铺式两种，空铺式又分为搁栅空铺式和高架空铺式。

一、构造做法

(1) 搁栅空铺式构造　搁栅空铺式木地板基层采用梯形或矩形截面木搁栅（俗称龙骨），木搁栅的间距一般为400mm，中间可填一些轻质材料，以减低人行走时的空鼓声、并改善保温隔热效果。又分单层铺设和双层铺设两种方式，双层铺设是指为增强整体性，木搁栅之上铺钉毛地板，最后在毛地板上面钉接或粘接木地板。其构造做法如图6-25。单层铺设是

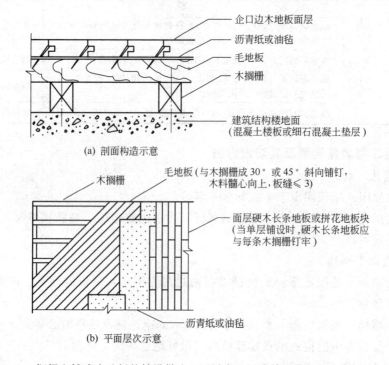

图6-25　搁栅空铺式木地板的铺设做法（面层为双层或单层木地板）（单位：mm）

指木地板直接铺钉于地面木搁栅上，而不设毛地板的构造做法。

（2）高架空铺式构造　高架架空式木地板是在地面先砌地垄墙，四周基础墙上敷设通长的沿缘木，然后安装木搁栅、毛地板、面层地板。因家庭居室高度较低，这种架空式木地板一般是在建筑底层室内使用，很少在家庭装饰中使用。构造做法见图 6-26。

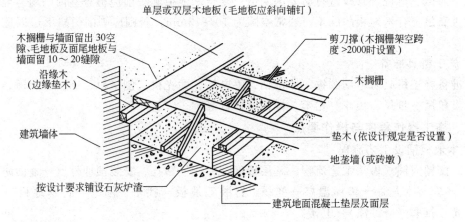

图 6-26　架空木地板构造示意（单位：mm）

（3）实铺式构造　实铺式是指采用胶黏剂或沥青胶结料将木地板直接粘贴于建筑物楼地面混凝土基层上的构造做法。如图 6-27 所示。

二、施工准备与前期工作

1. 材料准备和要求

（1）龙骨材料　龙骨材料通常采用 50mm×(30～50)mm 的松木、杉木等不易变形的树种，木龙骨、踢脚板背面均应进行防腐处理。龙骨必须顺直、干燥，含水率小于 16%。

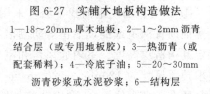

图 6-27　实铺木地板构造做法
1—18～20mm 厚木地板；2—1～2mm 沥青结合层（或专用地板胶）；3—热沥青（或配套稀料）；4—冷底子油；5—20～30mm 沥青砂浆或水泥砂浆；6—结构层

（2）毛板材料　铺贴毛板是为面板找平和过度，因此无需企口。可选用实木板、厚胶合板、大芯板或刨花板，板厚 12～20mm。

（3）面板材料　采用普通实木地板面层材料，面板和踢脚板材料一般是工厂成品，应使用具有商品检验合格证的产品。按设计要求进行挑选，剔除有明显质量缺陷的不合格品。选择的面板、踢脚板应平直，无断裂、翘曲，尺寸准确，板正面无明显疤痕、孔洞，板条之间质地、色差不宜过大，企口完好。板材的含水率应在 8%～12% 之间。

所有木地板运到施工安装现场后，应拆包在室内存放一个星期以上，使木地板与居室温度、湿度相适应后才能使用。购买时应按实际铺装面积增加 10% 的损耗一次购买齐备。

（4）地面防潮防水剂　主要用于地面基础的防潮处理。常用的防水剂有再生橡胶-沥青防水涂料、JM-811 防水涂料及其他高级防水涂料。

（5）粘接材料　木地板与地面直接粘接常用环氧树脂胶和石油沥青。木基面板与木地板粘贴常用 8123 胶、立时得胶等万能胶。

（6）油漆　有虫胶漆和聚氨酯清漆。虫胶漆用于打底，清漆用于罩面。高级地板常用进口水晶漆、聚酯漆罩面。

2. 作业条件准备

地板施工前应完成顶棚、墙面的各种湿作业工程且干燥程度在80%以上。对铺板前地面基层应做好防潮、防腐处理，而且在铺设前要使房间干燥，并须避免在气候潮湿的情况下施工。水暖管道、电器设备及其他室内固定设施应安装油漆完毕，并进行试水、试压检查，对电源、通讯、电视等管线进行必要的测试。复合木地板施工前应检查室内门扇与地面间的缝隙能否满足复合木地板的施工。通常空隙为10～15mm，否则应刨削门扇下边以适应地板安装。

3. 施工机具准备

需准备施工机具有电动圆锯、冲击钻、手电钻、磨光机、刨平机、锯、斧、锤、凿、螺丝刀、直角尺、量尺、墨斗、铅笔、撬杆及扒钉等。

三、施工操作程序与操作要点

1. 木地板铺设工艺流程

（1）搁栅空铺式做法工艺流程　基层清理→弹线→钻孔、安装预埋件（→地面防潮、防水处理）→安装木龙骨→垫保温层→弹线、钉装毛地板→找平→刨平→钉木地板→装踢脚板→刨光、打磨（→油漆）→上蜡。

（2）高架空铺式做法工艺流程　基层处理→砌地垄墙→干铺油毡→铺垫木（沿缘木）找平→弹线、安装木搁栅→钉剪刀撑→钉硬木地板→钉踢脚板→刨光、打磨→油漆。

（3）实铺式做法（粘贴法）工艺流程　基层清理→涂刷底胶→弹线→分档→涂胶→粘贴地板→镶边→撕衬纸→粗刨→细刨→打磨（→油漆）→上蜡。

2. 空铺式施工操作要点

搁栅空铺式和高架空铺式木地板的区别主要在于地垄墙及龙骨的安装，面板的铺设方法是一样的。

（1）高架空铺式地板地垄墙砌筑与龙骨安装

① 砌地垄墙　地面找平后，采用M2.5的水泥砂浆砌筑地垄墙或砖墩，墙顶面采取涂刷焦油沥青两道或铺设油毡等防潮措施。对于大面积木地板铺装工程的通风构造，应按设计确定其构造层高度、室内通风沟和室外通风窗等的设置；每条地垄墙、暖气沟墙，应按设计要求预留尺寸为120mm×120mm至180mm×180mm的通风洞口（一般要求洞口不少于2个且要在一条直线上），并在建筑外墙上每隔3～5m设置不小于180mm×180mm的洞口及其通风窗设施。地垄墙的间距不宜太大，否则会使木搁栅断面尺寸加大，难以保证其刚度。凡需检修水地板的地垄墙，应预留750mm×750mm的过人洞口。

② 龙骨安装　先将垫木等材料按设计要求作防腐处理。操作前检查地垄墙、墩内预埋木方、地脚螺栓或其他铁件及其位置。依据+50cm水平线在四周墙上弹出地面设计标高线。在地垄墙上用钉结、骑马铁件箍定或镀锌铁丝绑扎等方法对垫木进行固定（垫木可减震并使木龙骨架设稳定）。然后在压檐木表面划出木搁栅（龙骨）搁置中线，并在搁栅端头也划出中线，然后把木搁栅对准中线摆好，再依次摆正中间的木搁栅。木搁栅离墙面应留出不小于30mm的缝隙，以利隔潮通风。安装时要随时注意用2m长的直尺从纵横两个方向对木搁栅表面找平。木搁栅上皮不平时，应用合适厚度的垫板（不准用木楔）垫平或刨平。木搁栅安装后，必须用长100mm圆钉从木搁栅两侧中部斜向呈45°角与垫木（或压檐木）钉牢。

木搁栅的搭设架空跨度过大时需按设计要求增设剪刀撑，为了防止木搁栅与剪刀撑在钉结时移动，应在木搁栅上面临时钉些木拉条，使木搁栅互相拉接，然后在木搁栅上按剪刀撑间距弹线，依线逐个将剪刀撑两端用两根长 70mm 圆针与木搁栅钉牢。若采用普通的横撑时，也按此法装钉。

(2) 搁栅空铺式地板龙骨安装　空铺地板要求楼板面平整密实，要先在楼板面安装木搁栅（俗称打地龙），然后再进行木地板的铺装。木搁栅（龙骨）常用 30mm×40mm 至 40mm×50mm 木方，使用前应作防腐处理。龙骨的安装方法是在地面根据面板规格弹出龙骨布置线，沿龙骨每隔 800mm 用 ϕ16mm 冲击钻在楼面钻 40mm 深的孔，打入木塞，再用木螺钉或地板钉将木龙骨固定。

也有先在基层面做预埋件，以固定木龙骨。预埋件为预先在楼板或混凝土垫层内按设计要求埋设铁件（地脚螺栓、U 形铁、钢筋段等）或防腐木砖等。将木龙骨与预埋在楼板（或垫层）内的铅丝或预埋铁件绑牢固定，安放平稳。

木龙骨表面应平直，用 2m 直尺检查其允许空隙为 3mm。木搁栅与墙之间宜留出 30mm 的缝隙。

(3) 铺钉毛地板　双层木地板面层下层的基面板，即为毛地板，可用钝棱料铺设，现在常用 9～12mm 厚耐水胶合板或使用大芯板做毛地板。在铺设前，应清除已安装的木龙骨间的刨花等杂物，铺设时，毛地板应与木搁栅呈 30°或 45°角并应使其髓心朝上，用钉斜向钉牢。毛地板与墙之间，应留有 10～15mm 缝隙，板间缝隙不应大于 3mm，接头应错开。每块毛地板应在每根木龙骨上各钉 2 枚钉子固定，钉子的长度应为毛地板厚度尺寸的 2.5 倍。

毛地板铺钉后，应刨平直后清扫干净，可铺设一层沥青纸或油毡，以利于防潮。

(4) 铺设面板　铺设面板有两种方法，即钉结法（见实铺式施工操作）和粘接法，空铺木地板通常用钉结法，有明钉和暗钉两种。明钉法是将钉帽砸扁后斜向钉入板内，现在已很少采用。暗钉法是用专用地板钉，钉与表面成 45°或 60°斜角，从板边企口凸榫侧边的凹角处斜向钉入，钉帽冲进不露面，如图 6-28 所示。地板长度不大于 300mm 时，侧面应钉 2 枚钉子，长度大于 300mm 时，每 300mm 应增加 1 枚钉子，板块的顶端部位应钉 1 枚钉子。钉长为板厚的 2～3 倍。

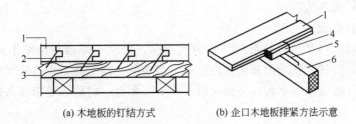

(a) 木地板的钉结方式　　(b) 企口木地板排紧方法示意

图 6-28　面板的铺设

1—企口地板；2—地板钉；3—木龙骨；4—木楔；5—扒钉（扒锔）；6—木搁栅

当硬木地板不易直接施钉时，可事先用手电钻在板块施钉位置斜向预钻钉孔（预钻孔的孔径略小于钉杆直径尺寸）以防钉裂地板。

铺设时，先作预拼选，将颜色花纹一致的铺在同一房间，有轻微质量缺陷但不影响使用的，可摆放在床、柜等家具底部使用。地板块铺钉时通常从房间较长的一面墙边开始，一般应使板缝顺进门方向。第一行板槽口对墙，从左至右，两板端头企口插接，直到第一排最后一块板，截去长出的部分。板与板间应紧密，仅允许个别地方有空隙，其缝宽不得大于 0.5～1mm。为使缝隙严密顺直，在铺钉的板条近处钉铁扒钉，用楔块将板条压紧，见图 6-28。

板与墙之间应留 10～15mm 的缝隙，板长度方向的接头应间隔断开，靠墙端也应留 10～15mm 左右的通风小槽，亦称工艺槽。铺钉一段要带通线检查，确保地板始终通直。钉到最后一块板时，因无法斜向钉钉，可以明钉钉牢。

单层条形木地板铺设应与木龙骨垂直，接缝必须在木龙骨中间。

（5）刨平、磨光　原木地板面层的表面应刨平、磨光。使用电刨刨削地板时，滚刨方向应与木纹成 45°角斜刨，推刨不宜太快，也不能太慢或停滞，防止啃咬板面。电刨停机时，应先将电刨提起再关电闸，防止刨刀撕裂木纤维，破坏地面。边角部位采用手工推刨，顺木纹方向修整局部高低不平之处，使地板光滑平整。避免戗槎或撕裂木纹，刨削应分层次多次刨平，注意刨去的厚度不应大于 1.5mm。

刨平后应用地板磨光机打磨两遍。磨光时也应顺木纹方向打磨，第一遍用粗砂，第二遍用细砂。

现在的木地板由于加工精细，已经不需要进行表面应刨平，可直接打磨。

（6）踢脚板安装　在木地板与墙的交接处，要用踢脚板压盖，踢脚板一般是在地板涂刷地板漆前安装完成。木踢脚板有提前加工好的成品，内侧开凹槽，为散发潮气，每隔 1m 钻 6mm 通风孔。也可用胶合板或大芯板裁成条状做踢脚板，面层钉饰面板，用线条压顶，上漆，做法与木墙裙类似。

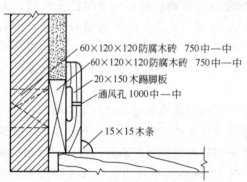

图 6-29　木踢脚板安装示意图（单位：mm）

先在墙面上弹出踢脚板上口水平线。墙身每隔 750mm 设防腐固结木砖，木砖上钉防腐木块，用于固定，如图 6-29 所示。也可在墙身用 $\phi16$ 冲击钻在楼面钻约 40mm 深的孔，打入木塞，再用木螺钉或地板钉固定木踢脚板。

（7）刷漆　待室内装饰工程完工后，将地板表面清扫干净后涂刷地板漆，进行抛光上蜡处理。地板漆用清漆，有高档、中档、低档 3 类，做法详见涂料油漆施工。

若选用漆板则免此道工序。

（8）上蜡　地板打蜡，首先都应将它清洗干净，完全干燥后开始操作。至少要打 3 遍蜡，每打完一遍，待其干燥后用非常细的砂纸打磨表面、擦干净，再打第二遍。每次都要用不带绒毛的布或打蜡器摩擦地板以使蜡油渗入木头。每打一遍蜡都要用软布轻擦抛光，以达到光亮的效果。

若选用聚酯胺地板蜡，则用干净的刷子刷 3 遍。要特别注意地板接缝。

3. 实铺式施工操作要点

实铺式木地板一般多用粘接法铺设，可以用沥青胶结料或胶黏剂作黏结材料。如图 6-30、图 6-31 所示。

拼花木地板的拼花平面图案形式有方格式、席纹式、人字纹式、阶梯错落长条铺装式等，如图 6-32 所示。施工操作要点如下。

（1）基层清理　基层表面的砂浆、浮灰必须铲除干净，清扫尘埃，用水冲洗，擦拭清洁、干燥。当基层表面有麻面起砂、裂缝现象时，应采用涂刷（批刮）乳液腻子进行处理，每遍涂刷腻子的厚度不应大于 0.8mm，干燥后用 0 号铁砂布打磨，再涂刷第二遍腻子，直

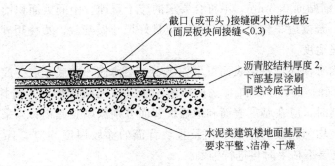

图 6-30　采用沥青胶结料粘贴硬木拼花地板

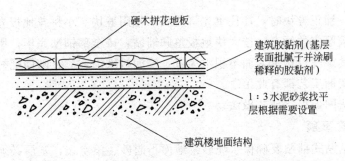

图 6-31　采用胶黏剂铺贴硬木拼花地板（单位：mm）

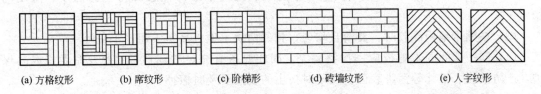

图 6-32　拼花木地板的拼花平面图案形式

至表面平整后，再用水稀释的乳液涂刷一遍。基层表面的平整度，采用2m直尺检查的允许空隙为＜2mm。

（2）弹线　按设计图案和块材尺寸进行弹线，先弹房间的中心线，从中心向四周弹出块材方格线及圈边线。方格必须保证方正，不得偏斜。

（3）分档　严格挑选尺寸一致、厚薄相等、直角度好、颜色相同的材质集中装箱（或捆扎）备用。拼花时也可用两种相同颜色拼用。铺贴时按编号试拼试铺，调整至符合要求后进行编号。

（4）粘贴　正方块粘贴从中心开始，沿线先贴一个方块，即几块宽度尺寸拼在一起刚好为一块的长度尺寸称一个方块，检测无误后，沿方格线从房间中央向四周渐次展开铺贴，板缝必须顺直密实。人字型粘贴，则从房间的中线的一头开始粘贴，其他同正方块粘贴。黏结材料多采用沥青或专用地板胶、环氧树脂、聚氨酯、聚醋酸乙烯、酪素胶等。

铺贴时，用齿形钢刮刀将胶黏剂刮在基层上，厚度为1～2mm，厚薄要均匀，将硬木地板块呈水平状态就位，用平底榔头垫衬或木榔头、橡胶榔头打紧、密缝，一般锤敲5～6次，与相邻板块挤严铺平，拼花木板间缝隙不应大于0.3mm。相邻两块地板的高差不得高于铺贴面 1.5mm 或低于铺贴面 0.5mm，不符合要求的应予重铺。中间大面积铺完之后，最后按设计要求铺贴镶边；若镶边非整块需裁割时，应量好尺寸做套裁，边棱用砂轮磨光，并做到尺寸准确，保证板缝适度。

为使粘贴质量确有保证，基层表面可事先涂刷一层薄而匀的底子胶。底子胶可按同类胶加入其质量 10% 的汽油（65 号）和 10% 的醋酸乙酯（或乙酸乙酯）并搅拌均匀进行配制。当采用乳液型胶黏剂时，应在基层表面和地板块背面分别涂刷胶黏剂；当采用溶剂型胶黏剂时，应在基层表面上均匀涂胶。基层表面及板块背面的涂胶厚度均应≤1mm，涂胶后应静停 10~15min，待胶层不粘手时再进行铺贴。

采用沥青胶结料粘贴铺设应先涂刷一遍同类底子油，在地板块背面亦应涂刷一层薄而均匀的沥青胶结料。

（5）**撕衬纸** 铺正方块时，往往事先将几块（常用五块）小拼花地板齐整地粘贴在一张牛皮纸或其他比较厚实的纸上，按大块地板整联铺贴，待全部铺贴完毕，用湿布在木地板上全面擦湿一次，其湿度以衬纸表面不积水为宜，浸润衬纸渗透后，随即把衬纸撕掉。注意撕衬纸不是所有的实铺工艺都有此工序。

其他工序做法同地板空铺式做法。

四、施工注意事项

（1）木地板粘贴式铺贴要确保水泥砂浆地面不起砂、不空裂，基层必须清理干净。

（2）基层不平整应用水泥砂浆找平后再铺贴木地板。基层含水率不大于 15%。铺装实木地板应避免在大雨、阴雨等气候条件下施工。施工中最好能够保持室内温度、湿度的稳定。

（3）粘贴木地板涂胶时，要薄且均匀，相邻两块木地板高差不超过 1mm。

（4）同一房间的木地板应一次铺装完，因此要备有充足的辅料，并要及时做好成品保护，严防油污、果汁等污染表面。安装时挤出的胶液要及时擦掉。

（5）采用粘贴的拼花木地板面层，应待沥青胶结料或胶黏剂凝固后方可进行地板表面刨磨处理。

五、施工质量要求

（1）实木地板面层的允许偏差和检验方法应符合表 6-10 的规定。

（2）实木地板面层的质量标准和检验方法见表 6-11。

表 6-10 实木地板面层的允许偏差和检验方法

项次	项目	允许偏差/mm				检验方法
		实木地板面层			中密度（强化）复合地板面层	
		实木地板	硬木地板	拼花地板		
1	板面缝隙宽度	1.0	0.5	0.2	0.5	用钢尺检查
2	表面平整度	3.0	2.0	2.0	2.0	用 2m 靠尺和楔形塞尺检查
3	踢脚线上口平整	3.0	3.0	3.0	3.0	拉 5m 线，不足 5m 者拉通线和尺量检查
4	板面拼缝平直	3.0	3.0	3.0	3.0	
5	相邻板材高差	0.5	0.5	0.5	0.5	用钢尺和楔形塞尺检查
6	踢脚线与面层的接缝	1.0				楔形塞尺检查

表 6-11 实木地板面层的质量标准和检验方法

项目	项次	质 量 要 求	检 验 方 法
主控项目	1	实木地板面层所采用和铺设时的木材含水率必须符合设计要求;木搁栅、垫木和毛地板等必须做防腐、防蛀处理	观察检查和检查材质合格证明文件及检测报告
	2	木搁栅安装应牢固、平直	观察、脚踩检查
	3	面层铺设应牢固;粘贴无空鼓	观察、脚踩或用小锤轻击检查
一般项目	4	实木地板面层应刨平、磨光,无明显刨痕和毛刺等现象;图案清晰,颜色均匀一致	观察、手摸和脚踩检查
	5	面层缝隙应严密;接头位置应错开,表面洁净	观察检查
	6	拼花地板接缝应对齐,粘、钉严密;缝隙宽度均匀一致;表面洁净;胶粘无溢胶	观察检查
	7	踢脚线表面应光滑,接缝严密,高度一致	观察和尺量检查
	8	实木地板面层的允许偏差应符合表 6-10 的规定	

六、常见工程质量问题及其防治方法

1. 行走时发出响声

（1）产生原因　地面未做平整处理,地面不平会使部分地板和龙骨悬空；木龙骨用铁钉固定施工中用打木楔加铁钉的固定方式,会造成因木楔与铁钉接触面过小而使握钉力不足,极易造成木龙骨松动,踩踏地板时就会出现响声。

（2）防治措施　地面应做平整处理；木龙骨未做防潮处理,地面和龙骨间也不铺设防潮层,选用松木板材锯刨而成的非干燥龙骨时,可提前 30d 左右固定于地面；钉结应采用木螺钉,钉长、数量应符合要求。钉结施工时,每钉一块地板,用脚踩检查,如有响声,及时返工。

2. 地板局部翘鼓

（1）产生原因　不检查龙骨含水率就直接铺设地板；面层木地板含水率过高或过低,过高时,在干燥空气中失去水分,断面产生收缩,而发生翘曲变形,过低时,湿度差过大会使木地板快速吸潮,造成地板起拱并伴随漆面爆裂现象；地板四周未留伸缩缝、通气孔,面层板铺设后内部潮气不能及时排出；毛地板未拉开缝隙或缝隙过少,受潮膨胀后,使面层板起鼓、变形；面板拼装过松或过紧,如果过松,地板收缩就会出现较大的缝隙,过紧,地板膨胀时就会起拱。

（2）防治措施　应严格控制木板的含水率并现场抽样检查,木龙骨含水率应控制在 12％左右；搁栅和踢脚板一定要留通风槽孔,并应做到孔槽相通,地板面层通气孔每间不少于 2 处；所有暗埋水、气管施工完,必须试压合格后才能进行地板施工；阳台、露台厅口与地板连接部位必须有防水隔断措施,避免渗水进入地板内；地板与四周墙面应留有 10～15mm 的伸缩缝,以适应地板变形；木地板下层毛地板的板缝应适当拉开,一般为 2～5mm,表面应刨平,相邻板缝应错开,四周离墙 10～15mm；在制定木地板铺装方案时,根据使用场所的环境温度、湿度的高低来合理安排木地板的拼装松紧度。

（3）局部翘鼓处理方法　将起鼓的木地板面层拆开,在毛地板上钻若干通气孔,晾一星期左右,待木龙骨、毛地板干燥后再重新封上面层。

3. 接缝不严

（1）产生原因　面板收缩变形；板材宽度尺寸误差较大,地板条不直,宽窄不一,企口太窄、太松等；拼装企口地板条时缝太虚，表面上看结合严密，刨平后即显出缝隙；面层板铺设接近收尾时，剩余宽度与地板条宽不成倍数，为凑整块，加大板缝，或将一部分地板条宽度加以调整，经手工加工后，地板条不很规矩，因而产生缝隙；板条受潮，在铺设阶段含水率过大，铺设后经风干收缩而产生大面积"拔缝"。

（2）防治措施　精心挑选合格板材，宽窄不一、有腐朽、劈裂、翘曲等疵病者应剔除，特别注意板材的含水率一定要合格；铺钉时应用楔块、扒钉挤紧面层板条，使板缝一致后再钉结。长条地板与木龙骨垂直铺钉，其接头必须在龙骨上，接头应互相错开，并在接头的两端各钉一枚钉子；装最后一块地板条时，可将其刨成略有斜度的大小头，以小头嵌入并楔紧。

4. 表面不平整

（1）产生原因　房间内水平线弹得不准，使每一房间实际标高不一；木龙骨不平整；先后施工的地面，或不同房间同时施工的地面，操作时互不照应，造成高低不平。

（2）防治措施　木龙骨经检验合格后方可铺设毛地板或面层；施工前校正、调整水平线；两种不同材料的地面如高差在 3mm 以内，可将高处刨平或磨平，必须在一定范围内顺平，不得有明显痕迹；门口处高差为 3～5mm 时，可加过门石处理。

第七节　新型木地板的浮铺式施工

木质纤维（或粒料）中密度（强化）复合地板、多层胶合地板及真木地板等，通称为新型木地板。主要是带有高耐磨表面并由面层板、中层板及底层板组成的复层地板，其加工精密，板边企口能够准确吻合，安装后表面不显接缝。木质人造中密度板强化复合地板一般是由热固性树脂（通常为三聚氢胺涂层）透明耐磨表面层、木纹或其他图案装饰层、木质纤维中密度板基体板及软木底层与防潮底垫等多层复合组成。新型木地板具有优异的使用性能，施工简易且铺设后无需再进行刨平磨光和涂饰油漆及打蜡抛光等表面处理。

目前正在流行新型木地板主要有两类：一类是由 3 层实木板胶合而成的多层胶合地板；另一类是用木质纤维材料或粒料加工制造的木质中密度板作基材，并覆以高耐磨度面层和防潮底层的新型人造板复合木地板。新型木地板可以铺设于经找平的水泥类建筑地面面层上，也可以铺设于陶瓷地砖、墙地砖、陶瓷马赛克等旧地面的表面。一般采用"浮铺式"做法，即利用木地板产品本身具有的较精密的槽样企口边及配套的黏结胶、卡子和缓冲底垫等，铺设时仅在板块企口咬接处施以胶粘或采用配件卡接即可连接牢固，整体地铺覆于建筑地面基层。其中多层胶合地板也可以采用实木地板的单层空铺式做法铺装。

一、施工准备与前期工作

1. 材料准备和要求

（1）龙骨材料　木龙骨必须顺直、干燥；成型好的塑料龙骨要检查有无破损。

（2）毛板材料　可选用耐潮及耐水胶合板或木芯板，厚度 9～12mm。

（3）面板材料　新型木地板、薄型泡沫塑料底垫以及黏结胶带和地板胶。

（4）其他材料　各种过桥、收口扣板、木楔等。

2. 作业条件准备

同木地板。

3. 施工机具准备

需准备施工机具有冲击钻、手电钻、锯、锤、直角尺、量尺、墨斗、铅笔、连系钩、撬杆及扒钉等。

二、施工操作程序与操作要点

1. 浮铺式施工工艺流程

采用浮铺式做法，有如下3种铺装方法。

（1）将木地板直接浮铺于建筑地面基层上，采用这种方法较普遍。

（2）空铺式做法　先装设木搁栅及铺钉毛地板，在其上用浮铺做法装设新型木地板。木搁栅可采用矩形截面的木方，也可用厚胶合板条所取代。要求毛板下木龙骨间距要密，一般小于300mm。其安装方法与木地板龙骨安装方法相同。然后按木搁栅方格尺寸锯裁厚胶合板或木芯板，逐块将其铺钉在木搁栅表面，作为毛地板构造层。

（3）用成型好的塑料龙骨，直接拼装于平整的地面上，再在其上铺设垫层及新型木地板的做法。

浮铺式施工工艺流程如下：

基层清理→弹线、找平（→安装木搁栅→钉毛地板）→铺垫层→试铺预排→铺地板→安装踢脚板→清洁表面。

2. 浮铺式施工操作要点

（1）基层处理　基本同木地板。由于采用浮铺式施工，复合地板基层平整度要求很高，要求平整度3m内误差不得大于2mm。基层必须保持洁净、干燥。铺贴前，可刷一层掺防水剂的水泥浆进行基层防水。

（2）弹线　同木地板。

（3）铺垫层　先在地面铺上一层2mm左右厚的高密度聚乙烯地垫，接缝处用胶带封住，不采用搭接，如图6-33所示。地热地面应先铺上一层厚度0.5mm以上聚乙烯薄膜，接缝处重叠150mm以上，并用胶带密封。

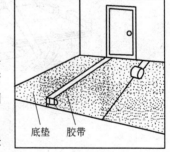

图6-33　铺设底垫

垫层宽1000mm卷材，起防潮、缓冲作用，可增加地板的弹性并增加地板稳定性和减少行走时地板产生的噪声。按房间长度净尺寸加长120mm以上裁切，四周边缘墙面与地相接的阴角处上折60～100mm（或按具体产品要求）。

（4）预铺　先进行测量和尺寸计算，确定地板的布置块数，尽可能不出现过窄的地板条。地板块铺设时通常从房间较长的一面墙边开始，也可长缝顺入射光方向沿墙铺放。板面层铺贴应与垫层垂直，铺装时每块地板的端头之间应错开300mm以上，错开1/3板长则更为美观。

预铺从房间一角开始，第一行板槽口对墙，从左至右，两板端头企口插接，直到第一排最后一块板，切下的部分若大于300mm可以作为第二排的第一块板铺放（其他排也是如此），第一排最后一块的长度不应小于500mm，否则可将第一排第一块板切去一部分，以保证最后的长度要求。

若遇建筑墙边不直，可用画线器将墙壁轮廓划在第一行地板上，依线锯裁后到位铺装。地板与墙（柱）壁面相接处不可紧靠，要留出8～12mm宽度的缝隙（最后用踢脚板封盖此缝隙），地板铺装时此缝隙用木楔（或随地板产品配备的"空隙块"）临时调直塞紧，暂不涂胶,见图6-34。

预排时还要计算最后一排板的宽度,若小于50mm,应削减第一排板块宽度,以使二者均等。最后进行修整、检查平直度,符合要求后,按排拆下放好。

(5) 铺装地板　依据产品使用要求,按预排板块顺序铺装地板。如带胶安装,用胶黏剂(或免胶)涂抹地板的榫头上部(如图6-35所示),涂抹量必须足够,先将短边连接,然后略抬高些小心轻敲榫槽木垫板,将地板装入前面的地板榫槽内,用木锤敲击使接缝处紧密,胶水应从缝隙中挤出,一般要求将专用胶黏剂涂于槽与榫的朝上一面,挤出的胶水在15min后用刮刀去除。见图6-36所示。

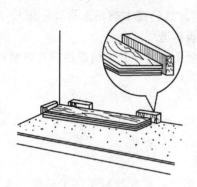

图6-34　第一块板铺贴方法

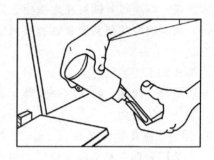

图6-35　涂胶方法

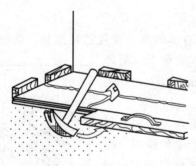

(a) 板槽拼缝挤紧

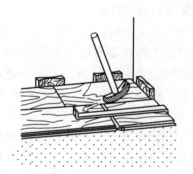

(b) 靠墙处挤紧

图6-36　挤紧木地板方法

横向用紧固卡带将3排地板卡紧,每1500mm左右设一道卡带,卡带两端有挂钩,卡带可调节长短和松紧度。从第4排起,每拼铺一排卡带就移位一次,直至最后一排。每一排最后一块地板,按图6-37所示的方法画线,用锯锯去地板多出的部分,注意端头应与墙壁面留8~12mm左右的缝隙。

逐块拼铺至最后,到墙面时,注意同样留出缝隙用木楔卡紧,并采取回力钩等措施将最后几行地板予以稳固。在门洞口,地板铺至洞口外墙皮与走廊地板平接,如为不同材料时,留5mm缝隙,用卡口盖缝条盖缝。

(6) 安装踢脚板　复合木地板四边的墙跟伸缩缝,用配套的踢脚板贴盖装饰。一般

(a) 端头地板画线

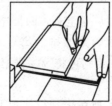

(b) 边部地板画线

图6-37　地板裁切画线方法示意图

选用复合木踢脚板，其基材为防潮环保中密度纤维板，表面饰以豪华的油漆纸。目前复合木地板的款式丰富多彩，通常流行的踢脚板的尺寸有 60mm 的高腰型与 40mm 的低腰型。踢脚板除了用专用夹子安装外，也可用无头（或有头）水泥钢钉和硅胶钉粘在墙面上。安装时，应先按踢脚板高度弹水平线，清理地板与墙缝隙中杂物。接头尽量设在拐角处。图 6-38 为踢脚板安装示意。

(7) 过桥及收口扣板的使用　当地面面积大于 100m² 或边长大于 10m 时，应使用过桥。在房间的门槛相连接处有高低不平之处时，也应使用过桥。不同的过桥可解决不同程度的高低不平以及和其他饰面的连接问题。各种过桥方法示于图 6-39。

图 6-38　安装踢脚板

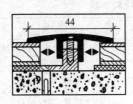 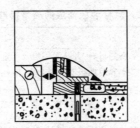 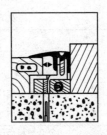

(a) 称 T 形过桥（超宽、　　(b) 与其他饰面材　　(c) 与高于复合地面的
　　超长连接使用）　　　　　料连接的过桥　　　　材料连接的过渡桥

图 6-39　各种过桥固定示意图（单位：mm）

收口扣板条可利用坡度缓缓地自上而下搭接不同高度的地面，解决收口，又富流线舒畅的美感。

(8) 清扫、擦洗　每铺完一间，待胶干后扫净杂物并用湿布擦净，铺装好后 24h 内不得在地板上走动。

三、施工注意事项

(1) 新型木地板要在新的水泥地面上铺设时，地面必须晾干。施工环境的最佳相对湿度为 40%～60%。铺设前，宜将未开箱的地板置于施工现场不少于 48h，使之适应施工环境的温度和湿度。

(2) 在地板块企口施胶逐块铺设过程中，为使槽榫精确吻合并粘接严密，可以用木方垫块（或随地板产品配备的"凹槽块"）顶住地板边再用锤轻力敲击，但不得直接打击地板。

(3) 地板的施工过程及成品保护必须按产品使用说明的要求，注意其专用胶的凝结固化时间，铲除溢出板缝外的胶条、拔除墙边木塞（或空隙块）以及最后做表面清洁等工作均应待胶黏剂完全固化后方可进行，此前不得碰动已铺装好的木地板。

(4) 地板与墙边、立柱等固定物体之间必须留出 10～12mm 伸缩缝，铺装两房之间的门下位置时留出相应的伸缩缝。长宽任何一边超过 10m 的地面，应在超过长度的地板与地板之间留出附加伸缩缝 8～12mm，使用过桥连接，以适应地板伸缩变形。

(5) 铺装时用 3m 直尺随时找平找直，发现问题及时修正。如果地板底面基层有微小不平，可用橡胶垫垫平。

(6) 新型木地板不能安装在不平整或直接暴晒或潮湿的地面上，在与卫生间、浴室、阳台等交接易受潮的地方，应加防水隔离处理，保证不漏水、不渗水。

（7）此类浮铺式施工的地板工程，不得加钉固定或粘贴在地面上，以确保整体地板面层在使用中的稳定伸缩。

（8）新型木地板可以在水暖地面上铺设，但不能在电暖地面上铺设。

（9）如为免胶铺装必须在不接触到水的房间使用。

（10）多数新型木地板产品的表面均已做好表面处理，铺设完毕可采用吸尘器吸尘、湿布擦拭或采用家用中性清洁剂清除个别污渍，但不得使用强力清洁剂、钢棉或刷具进行清洗；表面不得再进行磨光及涂刷油漆；有的产品不得再在使用中进行打蜡。

四、施工质量要求

（1）复合地板面层的允许偏差和检验方法应符合表 6-10 的规定。

（2）复合地板面层的质量标准和检验方法见表 6-12。

表 6-12　复合地板面层的质量标准和检验方法

项目	项次	质量要求	检验方法
主控项目	1	复合地板面层所采用的材料，其技术等级及质量要求应符合设计要求；木搁栅、垫木和毛地板等应做防腐、防蛀处理	观察检查和检查材质合格证明文件及检测报告
	2	木搁栅安装应牢固、平直	观察、脚踩检查
	3	面层铺设应牢固	观察、脚踩检查
一般项目	4	复合地板面层图案和颜色应符合设计要求，图案清晰、颜色一致，板面无翘曲	观察、用 2m 靠尺和楔形塞尺检查
	5	面层的接头应错开，缝隙严密，表面洁净	观察检查
	6	踢脚线表面应光滑，接缝严密，高度一致	观察和钢尺检查
	7	中密度（强化）复合地板面层的允许偏差应符合表 6-10 的规定	

五、常见工程质量问题及其防治方法

1. 行走时发出响声

（1）产生原因　胶黏剂的涂刷量少和早期黏结力小；粘接地板时没有及时进行早期养护；地板的尺寸太薄或基层不平。

（2）防治措施　选用较厚板材；基层的平整度在 2mm/2m 以内；使用的胶黏剂要有早期强度，而且不能浸入苯乙烯类材料；要充分涂抹胶黏剂，黏结初期要充分挤压粘牢。

2. 地板局部翘鼓

（1）产生原因　基层没有充分干燥或地板表面的水分沿缝隙进入板下，引起地板受潮膨胀；安装时，基层未充分找平，使地板表面有凹凸；木地板表面被烫或被硬物磕碰，造成表面有损伤。

（2）防治措施　基层充分干燥才能施工，以防地板受潮膨胀起鼓；安装时，充分找平基层，平整度不得大于 2mm/2m；使用中注意防止硬物碰撞和烫伤地板表面。

第八节　活动地板地面施工

一、构造做法

活动地板也称装配式地板，是一种架空地面，由面板、横梁（龙骨）、可调支架、底座

等组成,如图6-40所示。构造上分有横梁和无横梁两种。面板材质有铝合金框基板塑料贴面板、全塑面板、高压刨花板表面贴塑料装饰面等,有抗静电和不抗静电两种。

地板与楼面之间的高度一般为250~1000mm。架空之间可敷设各种电缆、管线、空调送风。面板可设通风口。具有平整、光洁、质轻、高强、面层质感好、装饰效果佳同时防火、防虫、耐腐蚀、安装拆卸方便等优点。适用于仪表控制室、计算机房、变电控制室、广播室、电话交换机房、洁净室、自动化办公室等房间。

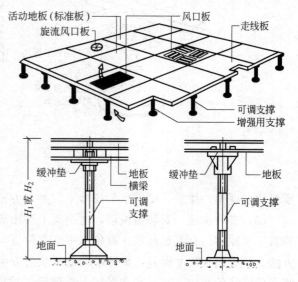

图6-40 活动夹层地板的组成

二、施工准备与前期工作

1. 材料准备

准备合格的活动地板面板,地板基体应无开裂,面层与基体无脱胶。其他如横梁(龙骨)、可调支架、底座等材料,一般均由供货商将所有合格产品运至施工现场。

2. 施工作业条件准备

(1) 铺设地板前应完成所有其他室内墙顶装饰施工,且室内所有固定设备应安装完毕并通过验收。

(2) 大面积施工前,应先放样并做样板间,经相关各方检验合格后再进行施工操作。

3. 施工机具准备

需准备施工机具有水平尺、方尺、靠尺、墨斗、盒尺、吸盘、开刀、盘踞、手锯、手刨、电锤、螺丝刀、榔头、扳手、钢丝钳、合金錾等。

三、施工操作程序与操作要点

1. 工艺流程

基层处理→弹线定位→固定支架和底座→安装横梁→安装面板→表面清理养护。

2. 操作要点

(1) **基层处理** 活动地板的金属支架应支承在现浇混凝土基层(或面层上),应做好基层表面找平,找平层施工符合干、净、平、实的要求,含水率小于8%。安装前可在表层表面上涂刷清漆。

(2) **弹线定位** 测量底座水平标高,按设计要求在墙面四周弹好水平线和标高控制位置。在基层表面上弹出支柱定位方格十字线,标出地板块的安装位置和高度,并标明设备预留部位。

(3) **固定支架** 支架如图6-41所示。按标出的地板块的位置,在方格十字线交点处打孔埋入膨胀螺栓并安装固定支架,埋入深度不得小于50mm。按支架标高纵横拉水平通线,并转动支座螺杆,用水平尺调整每个支座的高度至全室等高,锁紧顶面活动部分。

地板支座与基层表面的空隙,应灌注环氧树脂并连接牢固。

(4) **安装横梁** 安装横梁常见的方法有沉头螺钉连接法和定位销连接法,支架顶面调平后,弹安装横梁线,从中央开始安装横梁。可按产品说明书安装。待所有支架(支座柱)和

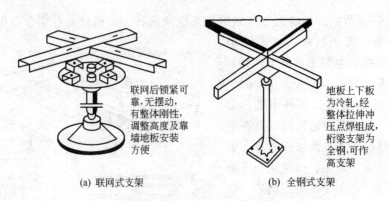

(a) 联网式支架　　　　(b) 全钢式支架

图 6-41　支架形式

横梁构成框架一体后,要用水平仪抄平,并测方正度。各种管线就位。

(5) 安装面板　安装面板前,在横梁上弹出分格线,按线安装面板,调整好尺寸,使之顺直,缝隙均匀且不显高差。调整水平度并保证板块四角接触严密、平整,不得采用加垫的方法。检查面板尺寸误差,尺寸准确的板块宜安装于较明显的部位,尺寸有误差的板块宜安装于较隐蔽的部位,铺板前在横梁上先铺设缓冲胶条,用乳胶与横梁粘接。活动地板不符合模数时,其不足部分可根据实际尺寸将板块切割后镶补,并配装相应的可调支座和横梁。被切割过的板块边部,应采用清漆或环氧树脂胶加滑石粉按 1∶3(体积比)比例调成的腻子封边,或用防潮腻子封边,也可采用铝型材镶边,经过对切割边的处理后方可到位安装,并不得有局部膨胀变形情况。

活动地板在门口处或预留洞口处应符合设置构造要求,四周侧边应用耐磨硬质板材封闭或用镀锌钢板包裹,胶条封边应符合耐磨要求。

(6) 清理养护　面板安装完毕可用棉布浸清洁剂擦洗晾干,再用棉丝抹蜡,满擦一遍。

四、施工质量要求

(1) 活动地板安装允许偏差和检验方法见表 6-13。

表 6-13　活动地板安装允许偏差和检验方法

项次	项目	允许偏差/mm	检验方法
1	表面平整度	2.0	用 2m 靠尺和楔形塞尺检查
2	板面缝格平直	2.5	拉 5m 线,不足 5m 者拉通线和尺量检查
3	接缝高低差	0.4	尺量检查
4	板块间隙宽度	0.3	拉 5m 线,不足 5m 者拉通线和尺量检查

(2) 活动地板面层的质量标准和检验方法见表 6-14。

表 6-14　活动地板面层的质量标准和检验方法

项目	项次	质量要求	检验方法
主控项目	1	面层材质必须符合设计要求,且应具有耐磨、防潮、阻热、耐污染、耐老化和导静电等特点	观察检查和检查材质合格证明文件及检测报告
主控项目	2	活动地板面层应无裂缝、掉角和缺棱等缺陷;行走无声响、无摆动	观察检查和脚踩检查
一般项目	3	活动地板面层应排列整齐、表面洁净、色泽一致、接缝均匀、周边顺直	观察检查
一般项目	4	活动地板面层的允许偏差应符合表 6-13 的规定	

五、常见工程质量问题及其防治方法

1. 板面不平整

(1) 产生原因　基层不平、支架未调平或横梁与面板间塞垫木片等材料。

(2) 防治方法　严格按操作工艺进行，在安装面板时一定要用水平仪和水平尺边检查边安装。不得塞垫软制材料找平。

2. 面板缝隙大且不顺直

(1) 产生原因　板块尺寸不标准，直角度差；拼装时未按方格网线控制安装。

(2) 防治方法　安装前检查校核每块面板，对尺寸误差较大的板块应剔除或修正（如切割刨边），将尺寸有误差的板块铺贴在隐蔽部位。铺板中始终以方格控制线为标线，发现误差及时调整。

复习思考题

一、思考题

1. 简述现浇水磨石地面的施工工艺，其水磨前养护时间如何确定？
2. 何谓"三磨二浆"？具体施工过程如何？
3. 水磨石地面"秃斑"产生的原因是什么？如何防治？
4. 简述大理石地面铺贴施工操作要点。
5. 碎拼大理石地面铺贴要点是什么？
6. 陶瓷锦砖铺贴工艺流程如何？
7. 硬质和软质塑料地板施工的区别是什么？
8. 塑料地板的铺贴工艺流程及施工注意事项有哪些？
9. 简述地毯的施工工艺流程。
10. 地毯施工中的通病有哪些？如何防治？
11. 倒刺固定法地毯铺设的工艺流程如何？质量要求怎样？
12. 空铺木地板双层铺贴的工艺流程及注意事项有哪些？
13. 实铺木地板的工艺流程如何？
14. 试述新型（复合）木地板浮铺式铺贴工艺流程。
15. 新型（复合）木地板铺装的注意事项有哪些？
16. 活动地板施工的操作要点有哪些？

二、实训题

1. 参观当地较大型的装饰材料市场，全面了解各类地面装饰材料。
2. 参观各类铺贴装饰地面的工地现场。
3. 在 $25\sim50m^2$ 的室内分组进行陶瓷楼地面的铺贴操作。
4. 在 $25\sim50m^2$ 的室内分组进行木地板楼地面的铺贴操作。

第七章

门窗工程装饰施工

第一节 装饰门窗套、门扇的施工

装饰门窗指在原建筑物门窗位置处（或门窗洞口）对原门窗进行加工、改制并装饰，除满足门窗的使用功能外，可以增加门窗的装饰性和艺术性的这样一种门窗。装饰门窗由装饰门套、装饰门扇组成。施工时根据用户要求以及当地市场条件，可采用市场有售的装饰材料制成品，也可以现场制作。

一、装饰门窗类型

1. 平开门窗

此类门窗是室内装饰常用类型。

2. 推拉门窗

当室内空间比较局促、没有门、窗扇平开启闭空间位置时常采用此种类型。

二、施工准备与前期工作

1. 材料准备和要求

装饰门窗主要材料为各种木质纹理的装饰胶合板、各种厚度的大芯板（细木工板）、各种市售实木门线条及窗线条。材料材质应轻软，纹理清晰美观，干燥性能良好，含水率不大于12%。

装饰门扇可采用从市场购进的各种实木门，也可以现场制作。现场制作型式以夹板门为主。夹板门的做法是在原门扇外表双面粘贴装饰面板。也可以用大芯板做里芯，外表双面粘贴装饰面（如柚木、黑桃木饰面）制成。

2. 施工工具以木工工具为主

施工工具以木工工具为主，且电动工具应用较多，可以提高效率、降低工人的劳动强度，保证施工制作质量。

3. 作业条件

装饰门窗套、门扇的制作一般放在木工制作工序完成，属木工制作工序部分。

三、装饰门窗的制作

1. 工艺流程

裁料→立框→贴板（线）→碰角收线口。

2. 装饰饰面种类及构造

（1）市售各种规格门套线、窗套线。现在各种规格、材质的实木线条市场上均有售，制作时可直接购进，非常方便，装饰效果也好。

（2）各种纹理的装饰胶合板。常用的有水曲柳、红榉木、黑桃木、柚木等。这类材料作门窗套或门扇的饰面，装饰效果很不错。

(3) 不锈钢装饰面材。常用于商厦、车站、机场、大型公共建筑的门窗套装饰面材,可产生华丽的装饰效果。

(4) 门套、窗套、门扇构造如图 7-1、图 7-2 所示。

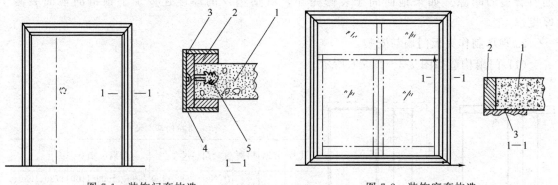

图 7-1 装饰门套构造
1—门洞墙体;2—衬里大芯板;3—市售装饰门线条;
4—装饰面层;5—塑料膨胀螺栓

图 7-2 装饰窗套构造
1—窗洞墙体;2—窗框竖梃;3—市售装饰窗线条

3. 操作要点

装饰门、窗套在安装时要注意横平竖直,用大芯板制作的门窗框衬里要与门、窗洞口墙体牢固连接。饰面板或线条与衬里的连接采用直钉钉接加胶粘接。制作中重点注意装饰面材的碰角与收口处精确细致,切勿粗制滥造,这是形成良好装饰效果的关键。

四、装饰门扇的制作与安装

1. 成品实木门扇的安装

从市场购进的成品实木门扇是按门洞的具体规格和尺寸选择的,有多种式样。可将购进的实木门扇直接安装到已装饰好的门套内。安装时与普通木门扇的安装要点相同,重点注意

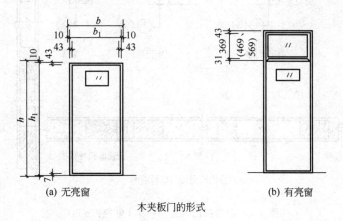

(a) 无亮窗　　　(b) 有亮窗

木夹板门的形式

木夹板门尺寸

代　号	洞口尺寸	安装尺寸
M	h:2100、2400、2500、2700 b:700、800、900、1000、1100、1200、1300、1500、1800	h_1:2090、2390、2490、2690 b_1:680、780、880、980、1080、1180、1280、1480、1780

注:1. 门高 $h \geqslant 2390$,带亮窗。2. 门宽 $b \geqslant 1180$ 为双开。

图 7-3 木夹板门构造(单位:mm)

门扇安装的垂直度。检查方法是：将装好合页（铰链）的门扇处于开、闭的任意位置时都能自由悬停下来。安装时还应注意在门扇底部与装饰完毕的地面之间垫上 100mm×40mm×5mm 的两块胶合板，装完后取走所垫胶合板，以保持门扇底部与地面有合适的间隙。如果地面尚未装修完毕，所垫垫片的厚度还要加上预留的地面装修厚度。

2. 现场制作夹板门扇与安装

(1) 门扇构造如图 7-3～图 7-6 所示。

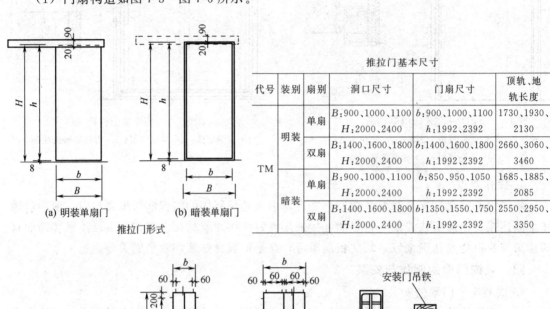

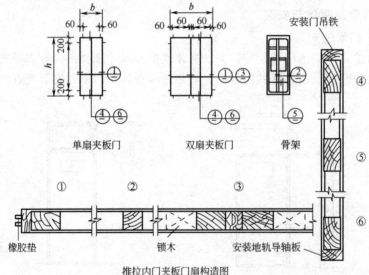

图 7-4 木推拉门构造（一）（单位：mm）

(2) 门窗制作工艺流程 门芯（大芯板）裁料→两块门芯板纹理相互垂直拼接（粘接、钉接均可）→面层（装饰胶合板，双面）裁料→面层粘贴→门扇棱边（四周）封边。

(3) 安装方法与成品实木门扇安装要点相同。

五、施工注意事项

(1) 门窗安装前，应按设计或厂方提供的门窗节点图和结构图进行检查，核对品种、规

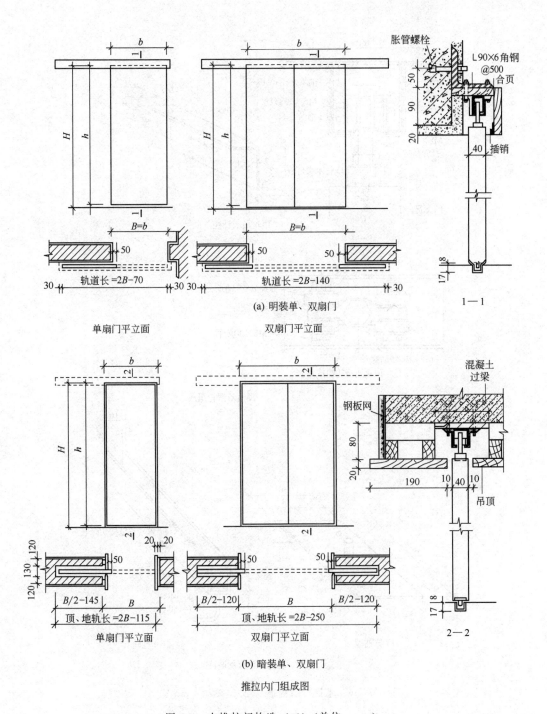

图 7-5 木推拉门构造（二）（单位：mm）

格与开启形式是否符合设计要求，零件、附件是否齐全，如有不符，则要进行更换或修整。设计规定的门窗洞口尺寸应依据国家标准，如不是国家标准的门窗产品，其洞口尺寸应参照地方或企业标准。

（2）门窗在安装过程中不得作为受力构件使用，不得在门、窗框、扇上安放脚手架或悬挂重物，以免引起门窗变形损坏，甚至发生人员伤亡事故。

（3）门窗在安装过程中难免有少量水泥砂浆、胶黏剂、密封膏之类物质黏附在门窗表

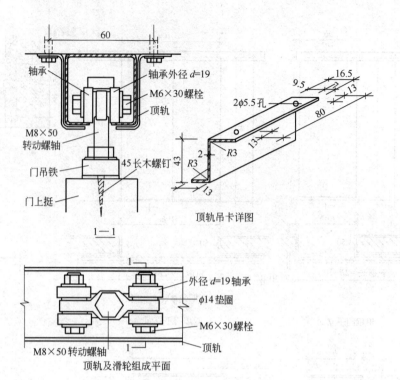

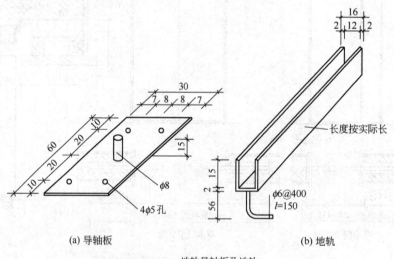

图 7-6　木推拉门构造（三）（单位：mm）

面，应在这些污染物干燥之前及时擦净，以免影响门窗表面的平整美观。一般装饰门窗套施工应在泥工装饰工序完成后再进行。

六、施工质量要求

施工质量要求详见表 7-1、表 7-2。

七、常见工程质量问题及其防治方法

（1）装饰门窗套常见的质量问题有饰面翘曲、纹理错乱、碰角收口粗糙不整齐、粘贴不牢出现空鼓等问题。防治办法是返工重做。

表 7-1 门窗制作质量的允许偏差和检验方法

项次	项 目	构件名称	允许偏差/mm Ⅰ级	允许偏差/mm Ⅱ级	允许偏差/mm Ⅲ级	检 验 方 法
1	翘曲	框		3	4	用平台、靠直尺和楔形塞尺检查
		扇		2	3	
2	对角线长度	框、扇		2	3	用尺量检查
3	胶合板、纤维板门1m²内平整度	扇		2	3	用尺量检查
4	高、宽	框		0 −1	0 −2	用尺量检查
		扇		+1 0	+2 0	
5	裁口、线条和结合处	框、扇		0.5	1	用靠直尺和楔形塞尺检查
6	冒头或梃子对水平线	扇		±1	±2	用尺量检查

注：高、宽尺寸，框量内裁口，扇量外口。

表 7-2 木门窗安装质量的允许偏差及留缝宽度

项次	项 目		允许偏差留缝宽度/mm Ⅰ级	允许偏差留缝宽度/mm Ⅱ级、Ⅲ级
1	框的正、侧面垂直度			3
2	框对角线长度差		2	3
3	框与扇、扇与扇接触处高低差			2
4	门窗扇对口和扇与框间留缝宽度			1.5～2.5
5	工业厂房双扇大门对口留缝宽度			2～5
6	框与扇上缝留缝宽度			1.0～1.5
7	窗扇与下坎间留缝宽度			2～3
8	门扇与地面间留缝宽度	外门		4～5
		内门		6～8
		卫生间门		10～12
		厂房大门		10～20
9	门扇与下坎间留缝宽度	外门		4～5
		内门		3～5

（2）装饰门扇常见的质量问题主要有门扇平整度超标、面层饰面板粘贴有空鼓现象、封边收口粗糙等。防治办法是：门芯衬里使用大芯板一定要用正规厂家生产的合格产品（最好用名牌产品），门芯板粘贴时要注意纹理互相垂直以抵消两个方向的翘曲变形。面层饰面板与芯板粘接前的涂胶工序要均匀、涂满、不得遗滴。四周封边收口应小心细致。木夹板门质量通病及防治措施详见表 7-3。

表 7-3 木夹板门质量通病及防治措施

项次	项目	质 量 通 病	防 治 措 施
1	材料	小五金安上后不久锈蚀	小五金应选用镀铬、不锈钢或铜质产品
2	制作	框、扇翘曲变形	(1)选择适合制作门窗的树种 (2)木材须经窑干法干燥处理 (3)制作前现场抽样检测其木料含水率12%以下
3		门扇上下不见通气孔	(1)骨架横肋及上下挺应各钻2个以上的φ9mm孔眼 (2)加工时严格质检并做好隐蔽记录 (3)刷涂料时采取措施,不得堵孔

续表

项次	项目	质量通病	防治措施
4	制作	框和扇、扇和扇接合处高低差过大	(1) 严格掌握裁口尺寸,加工后试拼相互吻合,手摸无高低差 (2) 安装时精心刨修
5	制作	胶合板起层脱胶	(1) 胶结的胶料应采用耐水或半耐水的酚醛或脲醛树脂;干燥时间约24h (2) 丝杠压合时其压力以四周均匀冒出胶液为准;压合时间约20~24h
6	制作	镶边木沿夹板边缘裂缝	(1) 骨架横肋的中距应按两侧夹板厚度确定,夹板薄则应加密横肋,常用中距200~300mm (2) 镶边木应用硬木制作 (3) 钉镶边木的圆钉钉帽砸扁,须加胶钉牢
7	制作	木扇表面粗糙	制品必须用砂光机砂光
8	安装	框边与墙之间裂缝、不填保温材料(设计有要求时)	(1) 一次备足塞缝保温材料 (2) 清除缝隙中的灰渣 (3) 将保温材料塞入压紧后,再用水泥石灰砂浆嵌填密实 (4) 严格操作管理做到不偷工、不减料
9	安装	框与墙面出现高低坎	(1) 墙面抹灰层厚度标筋在门框安装前复校垂直度、平整度应合格 (2) 框就位后须吊正找直、找平,使框侧面与标筋面顺平
10	安装	扇与地面间缝隙过大	(1) 按设计和施工规范规定的留缝宽度,严格掌握门扇的修刨尺寸,精心量尺弹线 (2) 跟线精心修刨,防止留缝超过允许误差
11	安装	框、扇损坏污染严重	(1) 框安装后距地面1.2m范围内应钉木板或铁皮防护 (2) 扇安装完毕,应在门扇底楔入木楔固定,以防风吹损坏 (3) 交工前派专人保管

第二节 铝合金门窗施工

一、铝合金门窗构造

铝合金门窗是将经过表面处理和涂色（各种不同颜色、纹理）的铝合金型材,通过下料（断料）、打孔、铣槽、攻丝等工艺制作成门、窗框料和门窗扇构件,再与玻璃、密封件、开闭五金配件等组装配而形成的门窗。尽管铝合金门窗的尺寸大小及开启式样有所不同,但是同类铝合金型材的门窗所采用的施工方法都是相同的。

铝合金门窗具有自重轻、强度高、刚度大、耐腐蚀、表面光洁、造型美观、装饰性强等特点,被广泛用于有密闭、保温、隔声要求的宾馆、会堂、体育馆、影剧院、图书馆、科研楼、办公楼、电子计算机房、学校等现代化高级建筑及普通民用住宅建筑的门窗工程。

铝合金门按开启方式分为平开式（见图7-7、图7-8）、推拉式（见图7-9、图7-10）、电动（手动）卷帘式（见图7-11）、旋转式（见图7-12）等,以平开式和推拉式居多。

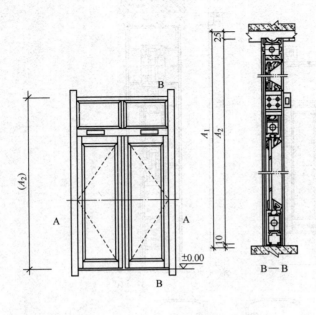

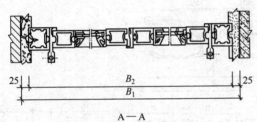

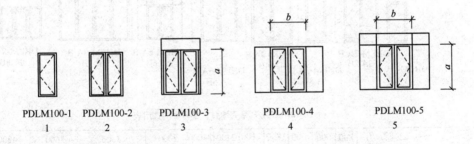

		B_1	700	1400	1600	2700	3000
		B_2	650	1350	1550	2650	2950
A_1	A_2	b				1350	1550
		a					
2400	2075		1	2	2	4	4
2200	2175		1	2	2	4	4
2600	2575	2075		3	3	5	5
2700	2675	2175		3	3	5	5

PDLM100系列平开自动铝合金门选用表

参数
手动开门力：2kg
电源：220V，AC50Hz
功耗：130W
探测距离：1～3m(可调)
探测范围：1.5m×1.5m

图 7-7　PDLM100 系列平开铝合金自动门构造（单位：mm）

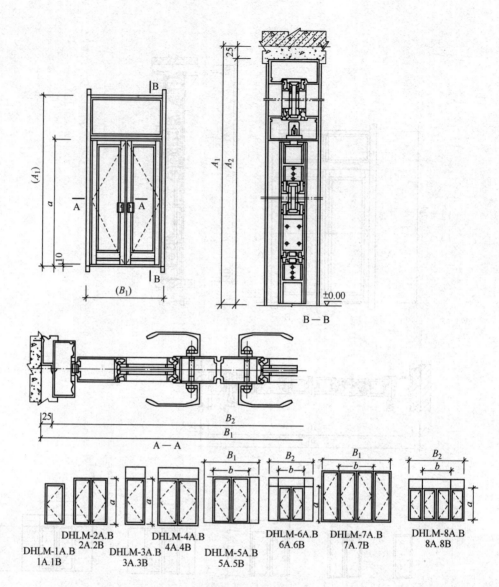

图 7-8 DHLM100系列地弹簧铝合金门构造（单位：mm）

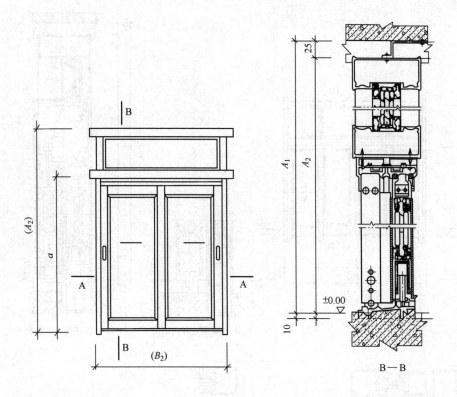

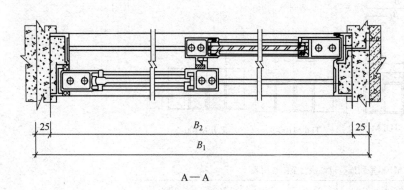

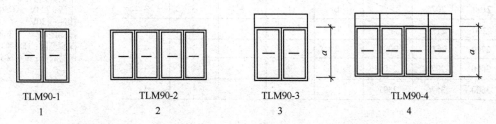

图 7-9 TLM90 系列推拉铝合金门构造（单位：mm）

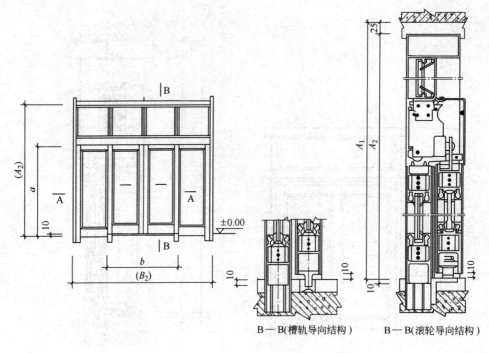

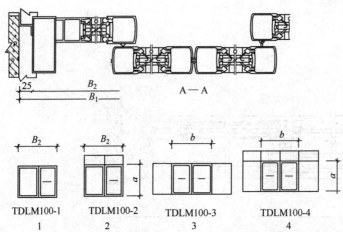

			B_1	2100	2400	2700	3600	4200
			B_2	2050	2350	2650	3550	4150
A_1	A_2	a	b	2050	2350	2650	2804.7	2104.7
2100	2075			1	1	1	3	3
2200	2175			1	1	1	3	3
2700	2675	2091		2	2	2	4	4
3000	2975	2301		2	2	2	4	4
3600	3576	2391					4	4

参数
手动开门力：3～5kg
电源：220V·AC50Hz
功耗：130W
探测距离：1～3m（可调）
探测范围：15m×1.5m
保持时间：6～60s

图 7-10　TDLM100 系列推拉自动铝合金门构造（单位：mm）

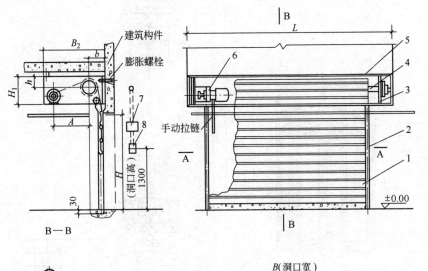

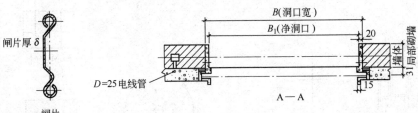

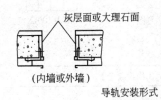

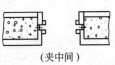

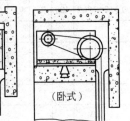

项目	尺 寸					
1800	2000	2400	3000	3600	4000	
	4600	5000	5500	6000		
洞口宽 B	1200	1500	1800	2400	3000	3600
	4000	4500	5000	5700	6000	
框架 B_2	370、400、450、530					
框架 H_1	370、400、440、450、530、550					
框架 b	120、140、180、190、220					
框架 h	100、120、160、170、200					
框架 A	193、286、324					
净洞口 B_1	$B_2=B+(20+15)\times 2$					
L	$L=B+440$					
闸片厚 δ	0.6、0.9、1.2、1.5					

电机功率、提升质量与速度

减速器电机功率/kW	提升质量/kg	提升速度/(m/s)	卷帘重量/kg	膨涨螺栓
0.55	≤250	<9	约250	M10
0.75	>250~500	<8	>250~500	M12
>1.1	>500~750	<8	>500~750	M12

图 7-11 JLM 系列铝合金卷帘门构造（单位：mm）

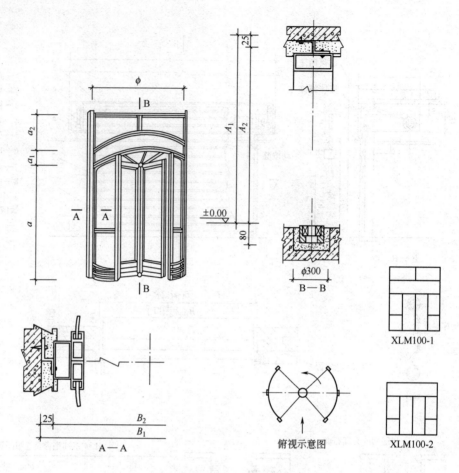

B_1	B_2	ϕ	A_1	$a+a_1+a_2+25$ (a_2 由用户自定)														
			A_2	$a+a_1+a_2$														
			a	2000				2100			2200			2300			2400		
			a_1	200	300	400	500	300	400	500	300	400	500	300	400	500	300	400	500
200	1950	1861		•															
2100	2050	1961					•												
2200	2150	2061									•								
2300	2250	2161																	
2400	2350	2261													•				

注：•表示优先选用。

图 7-12　XLM100 系列旋转铝合金门构造（单位：mm）

铝合金型材的断面构造，按不同开启方式各不相同，常见的推拉门窗型材断面构造如图 7-13～图 7-16。

二、施工准备与前期工作

1. 材料准备和要求

铝合金门窗制作及安装所需材料有：各种铝合金型材、不锈钢螺钉、自攻螺钉、铝制拉

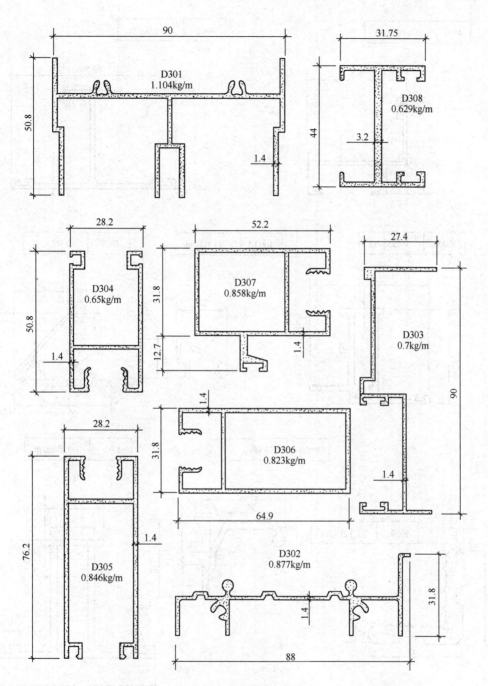

图7-13 90系列铝合金推拉门窗型材断面图（单位：mm）

铆钉、门窗锁、滑轮、连接铁板、地弹簧、玻璃、尼龙毛条、橡胶密封条、玻璃胶、木楔等。上述材料多数已标准化、市场化，只要选用合格产品即可满足质量要求。

2．施工工具

铝合金门窗制作安装施工工具有：切割机、铁弓锯、射钉枪、手电钻、电锤（冲击电钻）、拉铆枪、螺丝刀（平口及十字形）、钢丝钳、吊线锤、角尺、水平尺、卷尺、玻璃胶枪、玻璃吸盘等。

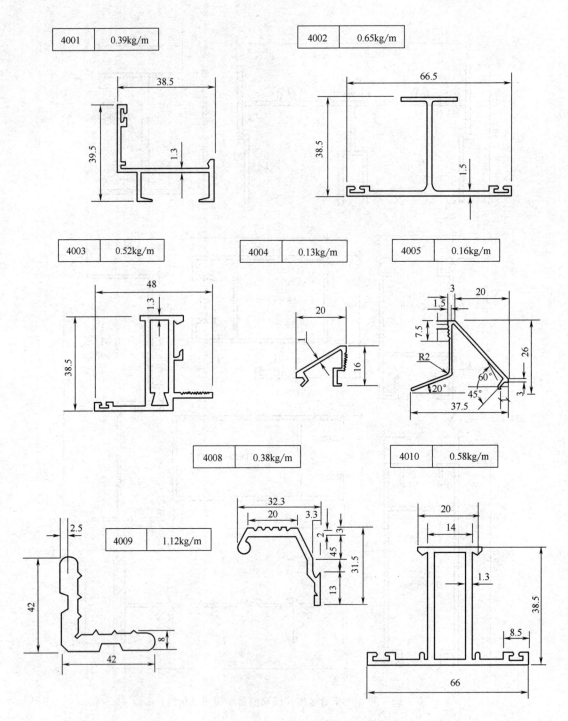

图 7-14 38系列铝合金平开窗型材断面图（单位：mm）

3. 作业条件

建筑门、窗洞口预留完毕，经检查洞口尺寸符合设计或图纸要求，在内外墙面抹灰之前制作并安装。

三、铝合金门窗的制作

铝合金门窗施工一般没有设计详图，只给出门、窗洞口尺寸和门、窗划分的扇数。故施

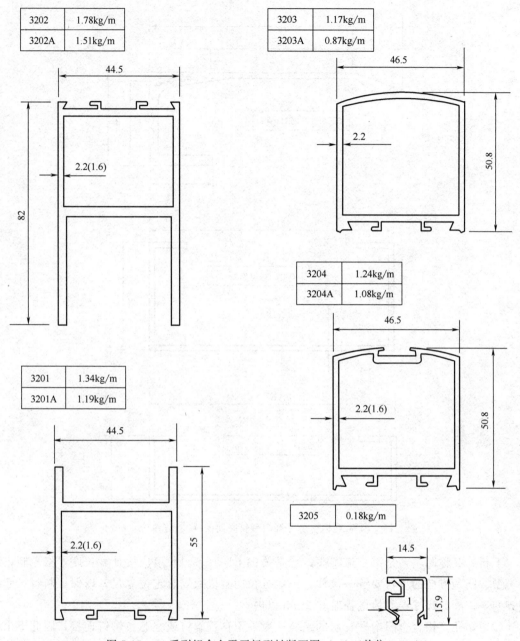

图 7-15　44 系列铝合金平开门型材断面图（一）（单位：mm）

工中自主性强，技术要求高。制作前，要先根据门窗的开启类型进行计算，画出简图，核算无误后才能下料制作。

1. 工艺流程

计算→选料→下料→组框→组装门、窗扇。

2. 操作要点

（1）选料和下料　铝合金门窗加工制作前应对所用材料附件进行检验，其材质应符合现行国家标准和企业标准。充分考虑料型、壁厚、表面色彩及纹理等因素，保证有足够的强度、刚度及良好的装饰性。

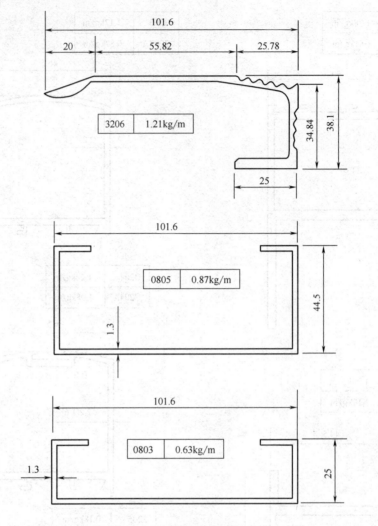

图 7-16　44 系列铝合金平开门型材断面图（二）（单位：mm）

下料，又称断料，是第一道工序，也是关键工序。下料长度应按计算长度严格控制，同一类型、同一方向的型材要统一尺寸。一般可在切割机上安装定位靠尺，以保证断料尺寸的整齐划一。断料尺寸误差值应控制在 2mm 以内。

(2) 钻孔　铝合金门扇框、扇的组装一般采用自攻螺钉或空芯拉铆钉连接，因此不论是竖、横杆件的组装，还是五金配件的固定，均需在构件相应的位置钻上合适孔径的孔眼。钻孔要仔细，位置要准确，孔径要合适。型材钻孔可以用小型台钻或手枪电钻进行，前者可以精确确定钻孔位置，而后者则操作灵活方便，可以在任何场地进行作业。

(3) 组装　将完成上述（1）、（2）工序后的各种型材按施工简图用连接件和螺钉（自攻螺钉）或拉铆钉连接组装成门窗框或门窗扇框。横竖杆件的连接多采用专门的连接件或连接铝角，再用螺钉、螺栓或空芯铝拉铆钉连接固定。门窗扇框架组装时要将裁割好的玻璃装入框内，嵌上橡胶条固定并在玻璃与型材接缝处涂上防水玻璃胶。

(4) 包装和保护　铝合金门窗制作组装完毕后，应进行包装和保护。一般可用塑料胶纸或塑料薄膜等无腐蚀性的软质材料将所有型材表面严密包裹。因为门窗框安放在洞口后还要进行抹灰等装饰施工，经过包装保护则可以防止后续施工的污染腐蚀或磕碰。

四、铝合金门窗的安装

铝合金门窗装入洞口时应横平竖直，外框与洞口应弹性连接牢固。不得将门窗框直接埋入墙体。门窗安装节点如图 7-17～图 7-20 所示。

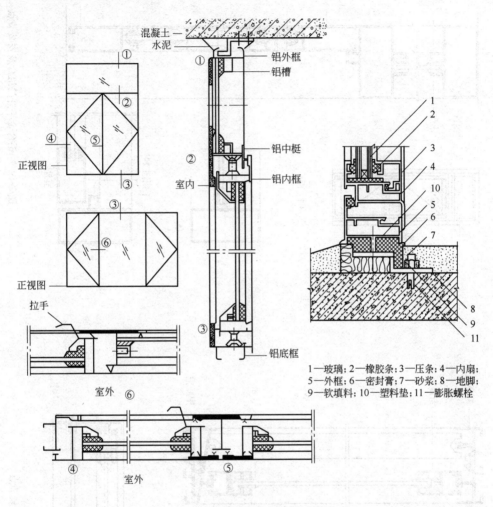

图 7-17　铝合金平开窗组合及安装节点

安装工艺流程及操作要点如下。

（1）安框　在墙体抹灰前将制作好的门、窗框立于相应洞口处，吊线取直、调整卡方直到框内两条对角线相等相交。框在洞口内位置一般与墙边线水平（注意预留出后续抹灰厚度），同时尽可能与墙洞内预埋件对齐。调整好后将框的底、侧三面用木楔楔紧固定。复查门、窗框水平、垂直度并无扭曲后，用连接件将框固定在洞口的墙、柱、梁上的预埋件上。

（2）塞缝　固定好门窗框并检查平整及垂直度，洒水润湿基层，用 1∶2 水泥砂浆将洞口与框之间的缝隙塞满抹平。

（3）装扇　扇与框都是按同一洞口尺寸下料制作，一般情况下安装没有问题，主要应注意装上扇后要调整其垂直和水平度，以求周边密封，开闭灵活。

（4）在其他装饰工序全部完工后，撕去包装保护层。在门窗上所有需涂玻璃胶处，仔细涂抹玻璃胶，注意不得污染玻璃和型材表面。

228 建筑装饰装修构造与施工技术

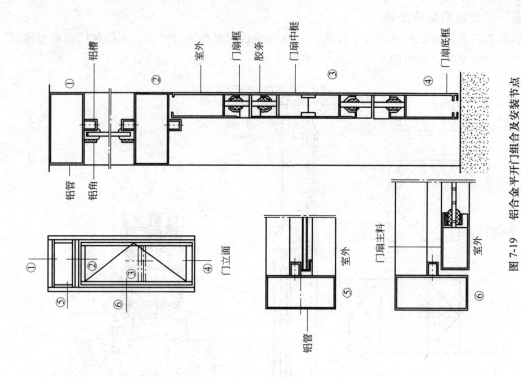

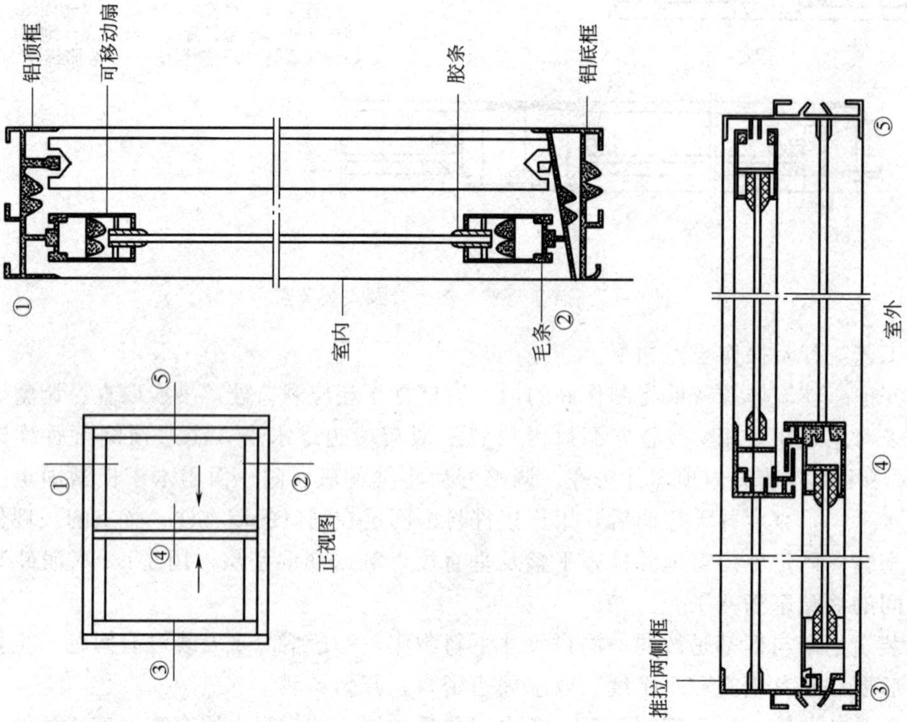

图 7-18 铝合金推拉窗组合及安装节点

图 7-19 铝合金平开门组合及安装节点

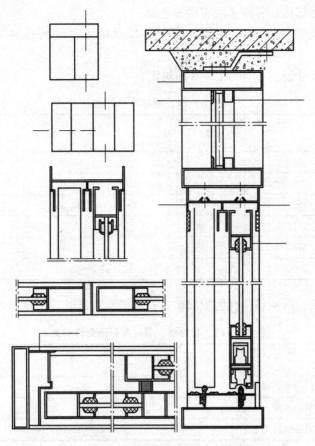

图 7-20　铝合金推拉门组合及安装节点

五、施工注意事项

(1) 制作铝合金门窗时，注意保护型材表面不受磕碰划伤（尤其是有色铝型材），施工台面上应垫上软质垫料，场地应整洁。

(2) 切割下料、钻孔要精确，发生错漏会造成材料报废，因此要特别小心注意。

(3) 制作门窗扇的型材表面应保持光亮洁净，不能有玷污、碰伤的痕迹，更不能扭曲变形。门窗扇最好在其他装饰工程完工后再行安装。

(4) 铝合金门窗安装要方正、平整。安装时须吊线取直，对角卡方。塞缝时如有灰浆滴溅在铝型材表面应及时擦除。

六、施工质量要求

1. 铝合金门窗的组装质量规定

(1) 门、窗装饰表面不应有明显损伤。每樘门、窗局部擦伤、划伤不应超过表 7-4 的规定。

表 7-4　铝合金门窗局部擦伤、划伤分级控制

等级 项目	优等品	一等品	合格品
擦伤、划伤深度	不大于氧化膜厚度	不大于氧化膜厚度的 2 倍	不大于氧化膜厚度的 3 倍
擦伤总面积/mm²	≤500	≤1000	≤1500
划伤总长度/mm	≤100	≤150	≤150
擦伤或划伤处数	≤2	≤4	≤6

(2) 门、窗上相邻构件表面不应有明显色差。

(3) 门、窗表面应无铝屑、毛刺、油斑或其他污迹,组装连接处不应有外溢的胶黏剂。

(4) 门、窗框尺寸偏差应符合表 7-5 的规定。

表 7-5　门、窗框尺寸偏差　　　　　　　　　　　　　/mm

项目	尺寸 \ 等级	优等品	一等品	合格品
门窗框槽口宽度高度允许偏差	≤2000	±1.0	±1.5	±2.0
	>2000	±1.5	±2.0	±2.5
门窗框槽口对边尺寸偏差	≤2000	≤1.5	≤2.0	≤2.5
	>2000	≤2.5	≤3.0	≤3.5
门窗槽口对角线尺寸偏差	≤3000	≤1.5	≤2.0	≤2.5
	>3000	≤2.5	≤3.0	≤3.5

(5) 门、窗的框、扇相邻构件装配间隙及同一平面高低误差应符合表 7-6 的规定。

表 7-6　门、窗的框、扇装配间隙允许偏差　　　　　　　/mm

项目 \ 等级	优等品	一等品	合格品
门、窗的框、扇各相邻构件同一平面高低差	≤0.3	≤0.4	≤0.5
门、窗的框、扇各相邻构件装配间隙	≤0.3		≤0.5
门、窗的框与扇、扇与扇竖向缝隙偏差	±1.0①		

① 用于铝合金地弹簧门。

2. 铝合金门窗安装的质量要求

(1) 所用铝合金门窗的品种、规格、开启方式及安装位置应符合设计要求。

(2) 铝合金门窗安装必须牢固、横平竖直、高低一致。框与墙体缝隙应嵌填饱满密实,表面光滑平整无裂缝,填塞材料与方法应符合设计要求。

(3) 预埋件的数量、位置、埋设连接方法须符合设计要求。

(4) 铝合金门窗应开启灵活,无倒翘、阻滞及反弹现象。五金配件应齐全,位置正确。关闭后密封条应处于压缩状态。

(5) 铝合金门窗安装后的外观质量应表面洁净,大面无划痕、碰伤、锈蚀,型材表面涂膜大面平整光滑、厚度均匀、无气孔。

(6) 铝合金门窗安装的质量要求和检验方法见表 7-7。

表 7-7　铝合金门窗安装的质量要求和检验方法

项次	项目	质量等级	质量要求	检验方法
1	平开门窗扇	合格	关闭严密,间隙基本均匀,开关灵活	观察,开闭检查
		优良	关闭严密,间隙均匀,开关灵活	
2	推拉门窗扇	合格	关闭严密,间隙基本均匀,扇与框搭接量不小于设计要求的 80%	观察,用深度尺检查
		优良	关闭严密,间隙均匀,扇与框搭接量符合设计要求	

续表

项次	项目	质量等级	质量要求	检验方法
3	弹簧门扇	合格	自动定位准确,开启角度为90°±3°,半闭时间在3~15s范围之内	用秒表、角度尺检查
		优良	自动定位准确,开启角度为90°±1.5°,关闭时间6~10s范围之内	
4	门窗附件安装	合格	附件齐全,安装牢固,灵活适用,达到各自的功能	观察,手扳和尺量检查
		优良	附件齐全,安装位置正确、牢固、灵活适用,达到各自的功能,端正美观	
5	门窗框与墙体间缝隙填嵌	合格	填嵌基本饱满密实,表面平整,填塞材料、方法基本符合设计要求	观察检查
		优良	填嵌饱满密实,表面平整、光滑、无裂缝,填塞材料、方法符合设计要求	
6	门窗外观	合格	表面洁净,无明显划痕、碰伤,基本无锈蚀;涂胶表面基本光滑,无气孔	观察检查
		优良	表面洁净,无划痕、碰伤,无锈蚀;涂胶表面光滑、平整,厚度均匀,无气孔	
7	密封质量	合格	关闭后各配合处无明显缝隙,不透气、透光	观察检查
		优良	关闭后各配合处无缝隙,不透气、透光	

(7) 铝合金门窗安装质量的允许偏差和检验方法应符合表7-8的规定。

表7-8 铝合金门窗安装质量的允许偏差和检验方法

项次	项目		允许偏差/mm	检验方法
1	门窗槽口宽度高度	≤2000mm	±1.5	用3m钢卷尺检查
		>2000mm	±2	
2	门窗槽口对边尺寸之差	≤2000mm	≤2	用3m钢卷尺检查
		>2000mm	≤2.5	
3	门窗槽口对角线尺寸之差	≤2000mm	≤2	用3m钢卷尺检查
		>2000mm	≤3	
4	门窗框(含拼樘料)的垂直度	≤2000mm	≤2	用线坠、水平靠尺检查
		>2000mm	≤2.5	
5	门窗框(含拼樘料)的水平度	≤2000mm	≤1.5	用水平靠尺检查
		>2000mm	≤2	
6	门窗框扇搭接宽度差	≤2m²	±1	用深度尺或钢板尺检查
		>2m²	±1.5	
7	门窗开启力		≤60N	用100N弹簧秤检查
8	门窗横框标高		≤5	用钢板尺检查
9	门窗竖向偏离中心		≤5	用线坠、钢板尺检查
10	双层门窗内外框、框(含拼樘料)中心距		≤4	用钢板尺检查

七、常见工程质量问题及防治方法

1. 门窗安装不规矩,不方正

(1) 主要原因 门窗存放过程中受压产生不均匀变形;吊运时着力点不合适或安装时将

门窗框作受力构件使用；安装时未认真吊线和卡方后就急于固定。

（2）防治措施　应严格按技术要求存放、运输及安装。

2. 表面污染，有黑点、胶痕

（1）主要原因　门窗框未贴保护膜或过早撕掉；溅上水泥浆后没有及时洗除；电焊连接预埋件时焊渣、火花溅落到门窗框上。

（2）防治措施　门窗框上应贴膜保护并在室内装饰装修竣工后才撕去。安装过程中注意防护，尤其在焊接时应注意遮挡，溅上水泥砂浆等污物时应及时擦除。

3. 推拉窗渗水

（1）主要原因　渗水会使窗下墙面上装饰面如壁纸、乳胶漆脱皮、脱落、发黄变色。这主要是由于推拉窗与平开窗相比，下框设有滑轨，使得下框凹凸不平，上面容易积水（雨水），并从下框的间隙处产生渗漏。

（2）防治措施　有"堵"和"排"两种方法。所谓堵，就是在下框直角碰接处加防水密封胶（常用硅酮密封胶）填堵。另外下框外露的螺钉头处也是堵塞的重点。所谓排，就是在下框轨道根部钻上直径2mm的小孔，间距在1m左右，将积水排走。但打孔时应注意不能将下框的板壁打穿，以免形成新的渗水渠道。

4. 窗扇开启不灵活

国家标准规定：平开窗的启闭力应不大于50N，推拉窗对其活动扇边挺的中间部位施加50N的力应开启灵活。

（1）主要原因　推拉窗开启不灵活的原因主要是在存放和安装时框、扇不均匀受力造成框、扇变形或轨道弯曲所致。另外轨道上有杂物也会造成开启不灵活。平开窗则多是由于连接合页（铰链）变形或安装不当所致。

（2）防治措施　针对上述原因，注意避免。缺陷发生后能修复的尽量修复，不能修复的则需更换。

5. 密封性能达不到设计要求

（1）主要原因　密封性能不好的原因主要有以下几点：①橡胶密封条、尼龙毛条（刷）丢失或长度不够；②橡胶密封条选型不当，缝宽胶条小造成松动甚至脱落，或缝窄胶条大压不进去；③橡胶密封条材质不好，过早龟裂和失去弹性。

（2）防治措施　选择适当密封胶条，制作、安装细心。如有缺失或密封胶条失效要及时补齐或更换。

6. 采用玻璃胶密封玻璃与型材之间间隙时，当玻璃胶涂层过薄则起不到密封作用。防治措施为玻璃胶密封涂层应有足够厚度和宽度。

7. 高层建筑推拉窗的密封胶条如有脱落、损坏，更换相当麻烦和不便，所以其外侧的密封宜采用整体硅酮密封胶密封。弹簧门由于开启频繁、摆动幅度大，胶条易损或松脱，所以也应采用整体硅酮胶密封，或者在橡胶密封条上再涂上一层密封胶。

第三节　塑料门窗施工

塑料门窗是继木门窗、钢门窗、铝合金门窗后发展起来的又一新型门窗，具有自重轻、密封性好、耐老化、耐腐蚀等优点。同时塑料门窗表面光洁、线条挺拔、造型美观，具有良好的装饰性。由于塑料门窗的断面组合、缝隙搭接均采用塑料焊接方式，结构严谨，其隔音隔热、气密性能较好、造价不高，较一般门窗有一定优势，故在各类建筑上得到广泛应用。

一、塑料门窗构造

塑料门窗构造同铝合金门窗非常相似，也是用各种不同规格、尺寸、断面结构各异、色彩纹理不同的塑料型材，经过断料、搭接、组装成门窗框、扇，再安装而成。所用的五金配件、密封件等与铝合金门窗大同小异。

同铝合金型材相似，塑料门窗异型材也是以门窗框断面的宽度尺寸划分系列的。常见的有45系列、58系列、60系列、80系列、85系列等。其含义是指框料断面宽度尺寸分别为45mm、58mm……凡是和某种框料配套的门、窗扇料异型材，不论断面尺寸多少均属于该

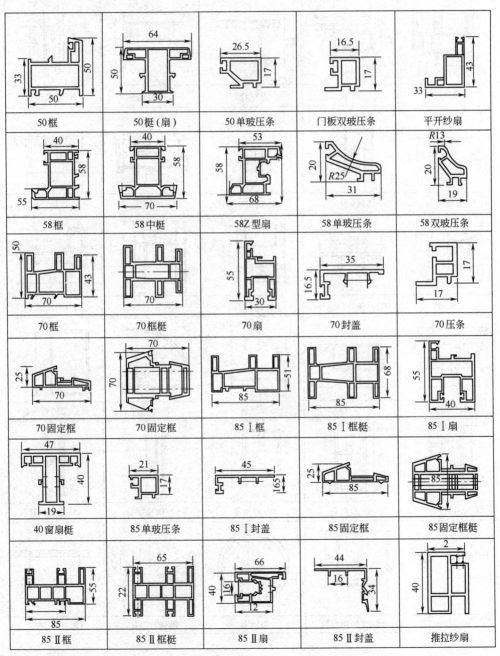

图 7-21 塑料门窗异型材断面图（一）（单位：mm）

框料系列。例如与80系列配套的推拉门窗扇断面虽然宽度为45mm,但仍称为80系列,其他以此类推。

塑料门窗异型材断面形状及尺寸系列目前全国尚未统一,不同生产厂家的产品之间难以配套使用,即便是同一系列也有差别,这是由于所引进的技术和生产线的来源不同所致(这一点与铝型材相似)。因此在材料的选购时注意从同一生产厂家进货,以免组装配合困难,影响质量。

图7-21~图7-26分别表示塑料门窗异型材断面结构、塑料门窗组装断面节点。塑料门

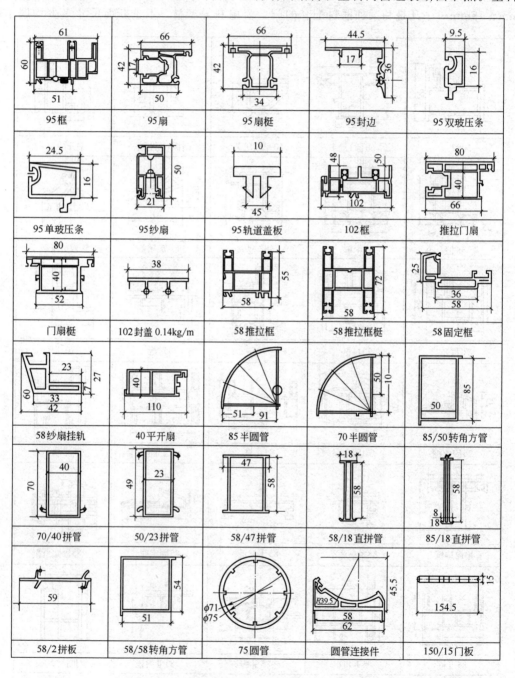

图7-22 塑料门窗异型材断面图(二)(单位:mm)

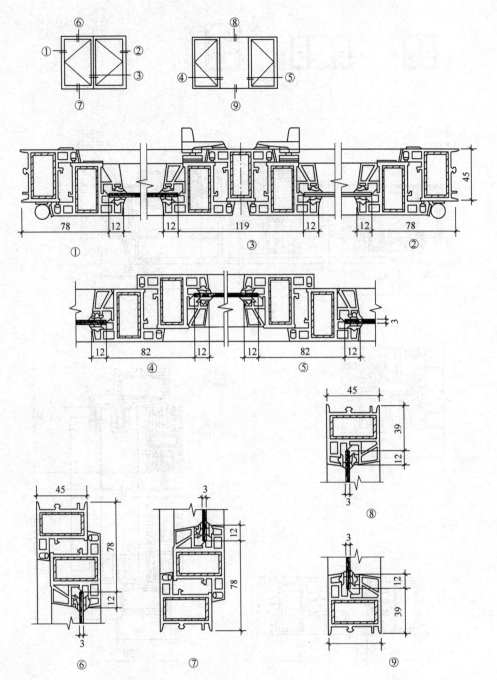

图 7-23 塑料平开窗组装节点（单位：mm）
（玻璃装配尺寸按窗框采光边的每边搭接量 12mm 计算）

窗开启方式与铝合金门窗开启方式相似，常见的有平开式和推拉式两大类。

二、施工准备与前期工作

1. 材料准备和前期要求

除型材不同外其余同铝合金门窗的要求相似。

2. 施工工具

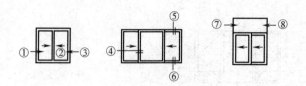

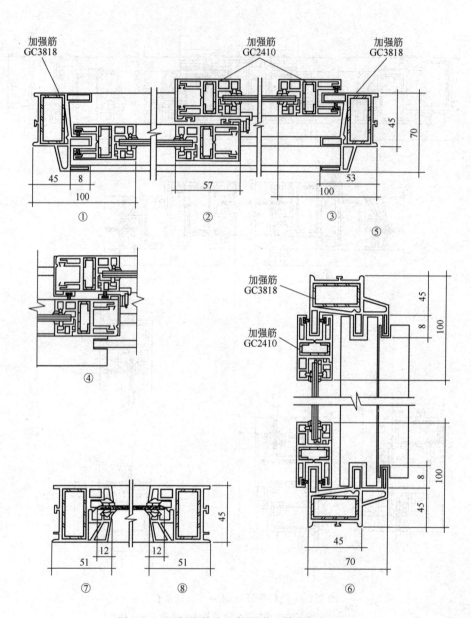

图 7-24　塑料推拉窗组装节点（单位：mm）

塑料门窗制作大多在专业工厂内制作组装完毕，施工现场一般只是进行安装工作，所需工具除塑料接口施焊焊枪外，其余工器具与铝合金门窗制作安装工具相同。

3. 作业条件

建筑门窗洞口预留完毕，经检查洞口尺寸符合设计（或图纸）要求，洞口预埋件（或预埋木砖）位置、数量符合设计要求，并按设计要求弹好门窗安装位置线。

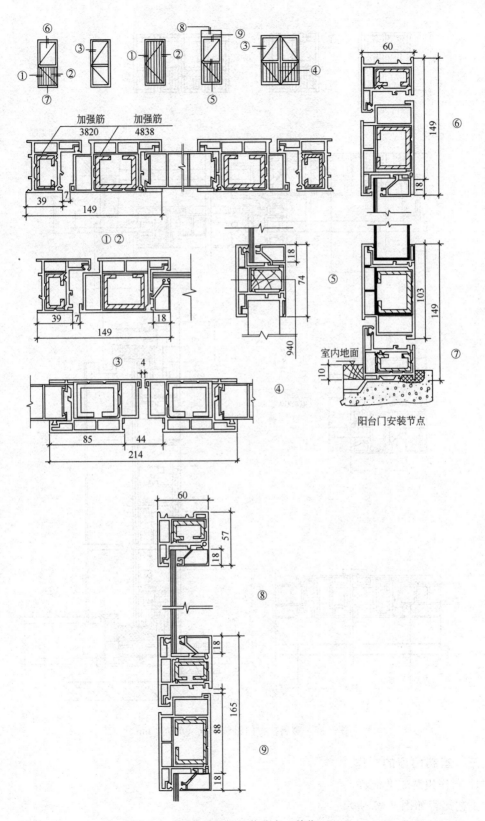

图 7-25 塑料平开门组装节点（单位：mm）

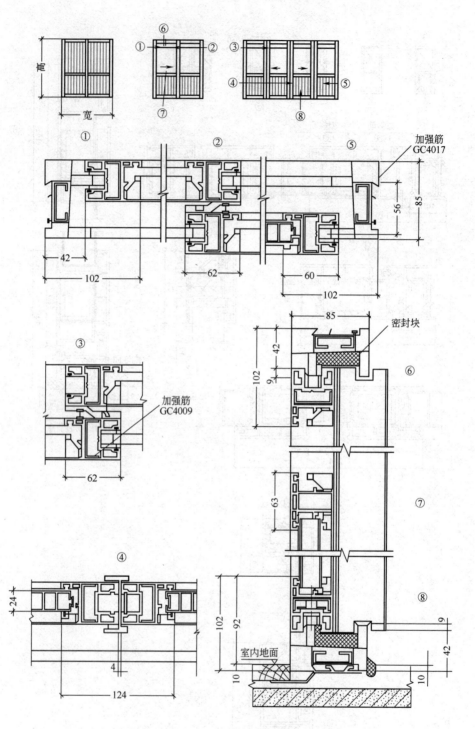

图 7-26 塑料推拉门组装节点（单位：mm）

三、塑料门窗的制作

1. 制作组装工艺流程

工艺流程如图 7-27 所示。

2. 组装生产方式

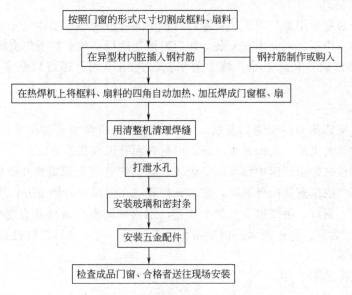

图 7-27　塑料门窗组装工艺流程

塑料门窗一般由专业工厂采用热熔焊接的方式对塑料型材接口进行不可拆的永久性连接并组装成门窗成品出售,产品质量有所保证,适合大批量订货要求。现在装饰市场也有专门为民居服务的零星制作安装服务。还有的专业厂家在厂内只制作好框、扇构件,到施工现场再将玻璃和五金配件进行组装,以减少搬运时对玻璃和五金配件的损毁。

四、塑料门窗的安装

建筑用塑料门窗的尺寸精度介于土建工程和机械制造业之间,其精度要求在 1mm 左右,比墙体洞口的尺寸精度要高。为此洞口与门窗之间应留出恰当的缝隙以便于误差的调整和门窗顺利安装。在塑料门窗行业中的共识是:决定门窗产品质量三分制作七分安装,可见安装工序的重要程度。

1. 施工工艺

施工工艺流程如图 7-28。

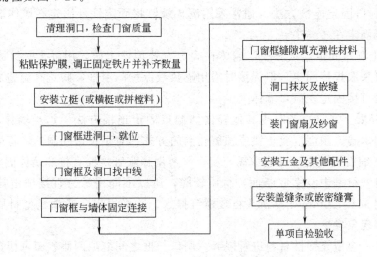

图 7-28　塑料门窗安装工艺流程

2. 门窗安装方式

门窗的安装通常采用塞口方式，在塞口过程中又可分为门窗整体式安装和门窗分体式安装。塑料门窗多采用框、扇分离式安装，即门窗运达现场就位前卸下门窗扇，安装并固定好门窗框后再装门窗扇。其优点是：施工效率高、连接牢固，还可以防止操作中对玻璃的损伤。

3. 操作要点

（1）复验　安装前对门窗进行复验，主要项目有：门窗型式、尺寸、五金配件是否齐全、各活动部位是否灵活、关闭是否严密、门窗表面有无损伤及划痕。

（2）就位　首先标出门窗中线及洞口中线，就位前将框上固定铁片旋转 90°与门窗框垂直，注意上、下边的位置及内外朝向，排水孔位置应在门窗框外侧下方，纱窗则应在室内一侧。将门窗框嵌入洞口，吊线取直、找平找正，用木楔调整门窗框垂直度后临时楔紧固定。木楔间距 600mm 为宜。同一类型门窗及相邻的上、下、左、右洞口应拉通线保持一致，以保证建筑整体美观。

（3）固定　详见图 7-29。

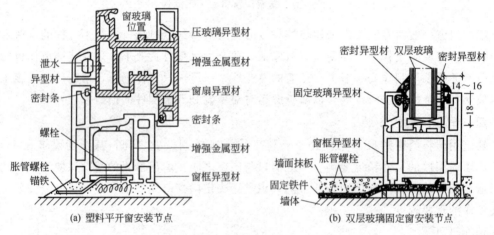

图 7-29　门窗框与墙体连接节点（单位：mm）

① 砖墙洞口固定连接方法　通常采用沉头螺钉将固定铁件固定在墙体洞口预埋的木砖上，注意不能固定在砖缝中。

② 混凝土洞口固定连接方法　墙体在固定点处预埋木砖，用沉头螺钉固定。若预埋件是铁板，则可采取焊接固定。但焊接时需用隔热板保护门窗框，防止高温造成变形。也可以用膨胀管螺栓直接固定在洞口墙体上。

③ 加气混凝土、空心砖墙或其他轻体墙洞口固定连接方法　这类墙体洞口强度较低，一般采用预埋木砖、预埋混凝土块或预留孔洞的方式。对于预留孔洞的，将固定铁件放入孔洞内，用 C20 细石混凝土将孔洞填满充实。严禁用膨胀管螺栓直接和墙体固定。

由于塑料型材是中空多腔断面，材质较脆，所以不能用螺钉直接锤击拧入，而应先钻孔，然后再用 M4×20mm 十字沉头自攻螺钉拧入。这样可以防止塑料型材局部凹陷、断裂或螺钉松动等现象发生。

（4）嵌缝　应填充弹性材料进行嵌缝。洞口与框之间缝隙两侧表面可根据需要采用不同的材料进行处理。常采用水泥砂浆、麻刀白灰浆填实抹平。如果缝隙小，可直接全部采用密封胶密封。

(5) 安装五金件和门窗扇　同铝合金门窗相似。

五、施工注意事项

(1) 门框的安装应在地面装饰工程开始前进行。

(2) 固定铁片的安装位置应与门窗扇铰链（合页）位置相对应。两侧立框固定铁件不能少于3个，距四角端部200mm左右，其间距一般不超过600mm。

(3) 塑料门窗框与墙体固定连接顺序，应先固定上框，然后固定两侧框，最后固定下框。

六、施工质量要求

(1) 塑料门窗及其五金配件必须符合设计要求和有关标准的规定。

(2) 塑料门窗的安装位置、开启方向必须符合设计要求。

(3) 门窗安装必须牢固，预埋连接件的数量、位置、埋设连接方法必须符合设计要求。

(4) 塑料门窗安装的质量要求和检验方法见表7-9。

(5) 塑料门窗安装质量的允许偏差见表7-10。

表7-9　塑料门窗安装的质量要求和检验方法

项次	项目	质量等级	质量要求	检验方法
1	门窗扇安装	合格	关闭严密，间隙基本均匀，开关灵活	观察和开闭检查
		优良	关闭严密，间隙均匀，开关灵活	
2	门窗配件安装	合格	配件齐全，安装牢固，灵活适用，达到各自的功能	观察、手扳和尺量检查
		优良	配件齐全，安装位置正确、牢固、灵活适用，达到各自的功能，端正美观	
3	门窗框与墙体间缝隙填嵌	合格	填嵌基本饱满密实，表面平整，填塞材料、方法基本符合设计要求	观察检查
		优良	填嵌饱满密实，表面平整、光滑，无裂缝，填塞材料、方法符合设计要求	
4	门窗外观	合格	表面洁净，无明显划痕、碰伤，表面基本平整、光滑，无气孔	观察检查
		优良	表面洁净，无划痕、碰伤，表面平整、光滑、色泽均匀，无气孔	
5	密封质量	合格	关闭后各配合处无明显缝隙，不透光，透气	观察检查
		优良	关闭后各配合处无缝隙，不透光，透气	

表7-10　塑料门窗安装质量的允许偏差

项次	项目		允许偏差/mm	检验方法
1	门窗槽口对角线尺寸之差	≤2000mm	≤3	用3m钢卷尺检查
		>2000mm	≤5	
2	门窗框（含拼樘料）的垂直度	≤2000mm	≤2	用线坠、水平靠尺检查
		>2000mm	≤3	
3	门窗框（含拼樘料）的水平度	≤2000mm	≤2	用水平靠尺检查
		>2000mm	≤3	
4	门窗横框标高		≤5	用钢板尺检查
5	门窗竖向偏离中心		≤5	用线坠、钢板尺检查
6	双层门窗内外框、框（含拼樘料）中心距		≤4	用钢板尺检查

七、常见工程质量问题及其防治方法

1. 门窗松动

(1) 原因分析　固定铁片间距过大，连接螺钉在砖缝内或轻质砌块上。

(2) 防治方法　固定铁片间距不大于600mm，墙洞内固定点应预埋木砖或混凝土块。连接螺钉严禁直接锤入门窗框内，应先钻孔再拧入螺钉。

2. 门窗安装后变形

(1) 原因分析　固定位置不当；填充填料时填得太紧或框受到外力作用。

(2) 防治方法　调整固定铁片位置；填充物应适度；框安装前检查有否变形，安装后防止框受外力或悬挂重物。

3. 门窗框四周有渗水点

(1) 原因分析　固定铁件与墙体间无密封胶；水泥砂浆抹灰未填实，抹灰面粗糙，高低不平有干裂或密封胶嵌缝不足。

(2) 防治方法　固定铁件与墙体相连处灌实密封胶；砂浆填实，表面平整细腻，密封胶嵌缝位置正确严密。

4. 门窗扇开启不灵活，关闭后不密封

(1) 原因分析　框与扇的几何尺寸不符，门窗平整及垂直度不符合要求；密封条扣缝位置不当；合页安装不正确；产品不精密。

(2) 防治方法　检查框与扇的几何尺寸，使之协调，调整其平整及垂直度；检查五金配件质量，不合格者调换。

5. 固定窗或推拉（平开）窗扇下槛渗水

(1) 原因分析　下槛泄水孔太小或泄水孔下皮偏高，泄水不畅或有异物堵塞；安装玻璃时密封胶条不密实。

(2) 防治方法　加大泄水孔，剔除下皮高出部分；清除堵塞物；更换密封条。

第四节　彩色涂层钢板门窗施工

彩色涂层钢板门窗又称"涂色镀锌钢板门窗"、"彩板钢门窗"、"镀锌彩板门窗"，是一种新型的金属门窗。它是以涂色镀锌钢板和4mm厚平板玻璃或双层中空玻璃为主要材料，经过机械加工、装配而成。色彩非常丰富，有红、绿、乳白、棕、蓝、黄、紫等多种颜色。涂色镀锌钢板门窗的生产工艺过程完全摒弃了能耗高的焊接工艺，全部采用插接件组角、自攻螺钉联接。这种门窗的涂层具有良好的防腐蚀性能，门窗玻璃采用4mm厚平板玻璃（或采用中空玻璃），具有良好的保温隔音性能，在室外零下40℃时，室内玻璃仍不结霜。这种门窗具有质轻、高强、隔声、保温、密封性好、造型美观、色彩鲜艳、质感均匀柔和、耐腐蚀、使用中不需保养等诸多优点，属较高档的门窗种类。根据构造，涂色镀锌钢板门窗常分为带副框和不带副框两类。

一、涂色镀锌钢板门窗的安装构造节点

涂色镀锌钢板门窗的安装构造节点见图7-30～图7-32。

二、施工准备与前期工作

1. 材料准备和要求

安装涂色镀锌钢板门窗所需的材料有：自攻螺钉、膨胀螺栓、连接件、焊条、密封膏、

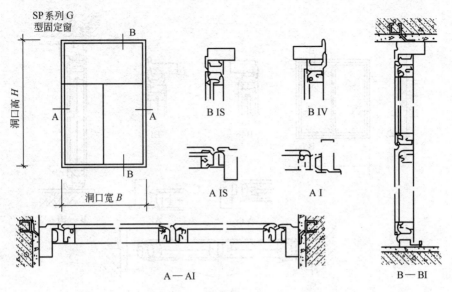

图 7-30　G 型固定窗样式与结构

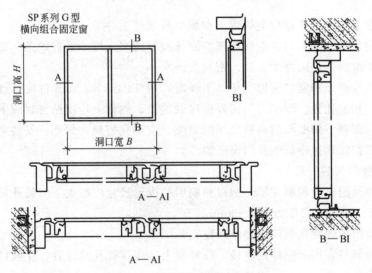

图 7-31　G 型平开窗样式与结构

密封胶条、对拔木楔、钢钉、硬木条、抹布、小五金等。

2. 施工工具及机具

施工工具及机具主要有：螺丝刀、灰线包、吊线锤、扳手、手锤、毛刷、刮刀、扁铲、丝锥、钢卷尺、水平尺、塞尺、角尺、冲击电钻（电锤）、手枪电钻、射钉枪、电焊机等。

三、涂色镀锌钢板门窗的安装

1. 带副框门窗的安装

（1）按门窗图纸尺寸在工厂里组装好副框，运到施工现场，用 TC4.2×12.7mm 的自攻螺钉将连接件铆固在副框上。

（2）将副框装入洞口的安装线上，用对拔木楔初步固定。

（3）校对副框正、侧面垂直度和对角线合格后，对拔木楔应固定牢靠。

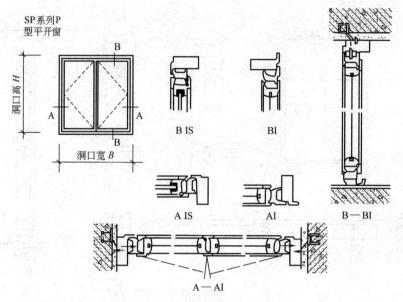

图 7-32 P 型平开窗样式与结构

(4) 将副框上的连接件逐件电焊焊牢在洞口预埋件上。

(5) 粉刷内、外墙和洞口。副框底部粉刷抹灰时应嵌入硬木或玻璃条。副框两侧预留槽口，待粉糊层干燥后，消除浮尘，注入密封膏防水。

(6) 室、内外墙面和洞口装饰完毕并干燥后，用 TP4.8×22mm 自攻螺钉将门窗外框与副框连接牢固，扣上孔盖。副框与门窗外框接触的顶、侧面上均应贴密封胶条。

(7) 洞口与副框、副框与门窗框之间的缝隙，应填充密封膏封严。安装完毕后，剥去门窗构件表面的保护膜，擦净玻璃及门窗框扇。

2. 不带副框门窗的安装

(1) 室内外及洞口应粉刷完毕。洞口粉刷后的成形尺寸应略大于门窗外框尺寸。其间隙为：宽度方向 3~5mm，高度方向 5~8mm。

(2) 按设计图的规定在洞口内弹好门窗安装线。

(3) 门窗与洞口宜用膨胀螺栓连接。按外框上膨胀螺栓孔的位置，在洞口相应位置的墙体钻出膨胀螺栓孔。

(4) 将门窗框装入洞口，对齐安装线，调整好门窗垂直、水平度并对角卡方合格后以木楔固定。在框上各螺钉孔处钉入膨胀螺栓将门窗框与洞口连接固定，盖上螺钉孔盖。门窗框与洞口之间的缝隙用建筑密封膏密封。

(5) 竣工后剥去门窗上的保护膜，擦净玻璃及框、扇。

(6) 不带副框的门窗也可采用"先安外框，后做粉刷"的工艺。操作要点是先固定好外框，然后进行室内装饰，完毕后装上内扇即可。

四、施工注意事项及施工质量要求

(1) 涂色镀锌钢板门窗及其附件质量必须符合设计要求和有关标准的规定。

(2) 涂色镀锌钢板门窗（带副框及不带副框）的安装位置、开启方向必须符合设计要求。

(3) 涂色镀锌钢板门窗安装必须牢固；预埋件的数量、位置、连接方法必须符合设计要求。

(4) 涂色镀锌钢板门窗安装的质量要求和检验方法见表 7-11。

(5) 涂色镀锌钢板门窗安装质量的允许偏差和检验方法应符合表 7-12 的规定。

表 7-11　涂色镀锌钢板门窗安装的质量要求和检验方法

项次	项目	质量等级	质量要求	检验方法
1	平开门窗扇	合格	关闭严密,间隙基本均匀,开关灵活	观察、开闭检查
		优良	关闭严密,间隙均匀,开关灵活	
2	推拉门窗扇	合格	关闭严密,间隙基本均匀,扇与框搭接量不小于设计要求的80%	观察、用深度尺检查
		优良	关闭严密,间隙均匀,扇与框搭接量符合设计要求;下框排水通畅,不积水	
3	弹簧门扇	合格	自动定位准确,开启角度 90°±3°,关闭时间在 3~15s 范围之内	用秒表、角度尺检查
		优良	自动定位准确,开启角度 90°±1.5°,关闭时间在 6~10s 范围之内	
4	门窗附件安装	合格	附件齐全,安装牢固,灵活适用,达到各自的功能	观察、手扳和尺量检查
		优良	附件齐全,安装位置正确、牢固、灵活适用,满足各自的使用功能,外表端正美观	

表 7-12　涂色镀锌钢板门窗安装质量的允许偏差和检验方法

项次	项目		允许偏差/mm	检验方法
1	门窗槽口宽度高度	≤1500mm	±2	用 3m 钢卷尺检查
		>1500mm	±3	
2	门窗槽口对角线尺寸之差	≤2000mm	≤4	用 3m 钢卷尺检查
		>2000mm	≤5	
3	门窗框(含拼樘料)的垂直度	≤2000mm	≤2	用线坠、水平靠尺检查
		>2000mm	≤3	
4	门窗框(含拼樘料)的水平度	≤2000mm	≤2	用水平靠尺检查
		>2000mm	≤3	
5	门窗竖向偏离中心		≤5	用线坠、钢板尺检查
6	门窗横框标高		≤5	用钢板尺检查
7	双层门窗内外框、框(含拼樘料)中心距		≤4	用钢板尺检查

五、常见工程质量问题及其防治方法

(1) 门窗扇关闭不严密。主要原因是门窗框变形(存放、运输或安装不当造成)。防治方法为:认真按技术要求存放、运输和安装,门窗框要求横平、竖直、方正。

(2) 表面污染有划痕、胶痕,影响外观。防治方法为:运输、安装要小心,表面的保护膜要等其他部位装饰完毕后再撕除;抹灰砂浆沾污在门窗表面时应及时清除。

(3) 推拉门窗下框渗水。防治方法为:清理下框轨道,疏通排水孔。

第五节　特种门窗简介

特种门窗是建筑中为满足某些特殊要求而设置的门窗,它们具有一般普通门窗所不具备的特殊功能。常见的有自动门窗、卷帘门窗、防火门、全玻门、旋转门等。

一、自动门

自动门结构精巧、布局紧凑、运行噪声小、开闭平稳、有遇障碍自动停机功能，安全可靠，主要用于人流量大、出入频繁的公共建筑，如宾馆、饭店、大厦、车站、空港、医院、商场、高级净化车间、计算机房等。化工、制药、喷漆等工业厂房和有毒有味介质的隔离门采用自动门尤为合适。

自动门按所用材料分类，有铝合金门、不锈钢门、无框全玻门和异型薄壁钢管门；按扇形分类有两扇、四扇、六扇等形式；按探测传感器分类有超声波传感器、红外线探头、微波探头、遥控探测器、毡式传感器和手动按钮式传感器；按开启方式分类有推拉式、中分式、折叠式、滑动式和平开式等多种种类。

二、卷帘门窗

卷帘门窗具有造型美观新颖、结构紧凑先进、操作简便、坚固耐用、刚性强、密封性好、不占地面面积、启闭灵活方便、防风防尘防火防盗等特点，广泛应用于商业、仓储建筑的启闭，也可用于银行、医院、机关、学校等建筑。

根据传动方式不同，卷帘门窗可分为电动、手动、电动加手动三大类；根据外形不同，可分为全鳞网状、直管横格、帘板、压花帘板等几种类型；根据材质不同，可分为铝合金、镀锌钢板、不锈钢、钢管及钢筋卷帘门窗等几种类型；根据性能不同，可分为普通型、防风型、防火型等几种类型。

三、防火门

防火门是近年来为适应越来越高的高层建筑防火要求而发展起来的一种新型门，主要用于大型公共建筑和高层建筑。

防火门按耐火极限的不同，可分为甲、乙、丙三个等级。其中甲级的耐火极限为1.2h，一般为全钢板门，无玻璃窗。甲级防火门以发生火灾时防止灾情扩大为主要目的。乙级的耐火极限为0.9h，为全钢板门，门上开有一小玻璃窗，玻璃采用5mm厚夹丝玻璃或耐火玻璃。乙级防火门以火灾时防止开口部蔓延火灾为主要目的。丙级的耐火极限是0.6h，也是全钢板门，门上也开有一小窗，窗玻璃采用5mm厚夹丝玻璃。大多数木质防火门也在这一级范围内。

防火门按材质不同可分为钢质防火门、复合玻璃防火门和木质防火门。

1. 钢质防火门

钢质防火门采用优质冷轧钢板做成门框及扇的结构材料，经冷加工成型，内部填充硅酸铝耐火纤维毡、毯（陶瓷棉）。其构造见图7-33所示。

2. 复合玻璃防火门

复合玻璃防火门是参照国外同类产品最新研制的新型防火门。采用冷轧钢板做防火门扇骨架，镶以透明复合防火玻璃。其中玻璃部分的面积一般可达门扇总面积的80%左右，因而较美观，但价格较高。

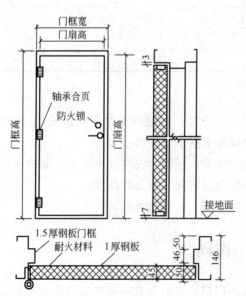

图7-33 钢质防火门构造（单位：mm）

3. 木质防火门

木质防火门的材料多选用云杉（也有采用胶合板等人造板），经化学阻燃处理制成，其填芯材料及五金件均与钢质防火门相同。木质防火门制作安装要求不高，造价较低廉，具有广泛的实用性。

四、全玻门

全玻门也称玻璃装饰门，是用 12mm 以上厚玻璃直接做门扇的一种高档门。

全玻门具有宽敞、通透、明亮、豪华等特点，一般用在高级宾馆、影剧院、展览馆、酒楼、商场、银行、大厦等建筑的入口处。全玻门还可以做成自动门，成为全玻自动门。玻璃装饰门形式见图 7-34。

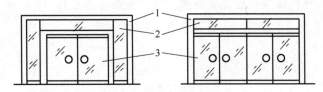

图 7-34 玻璃装饰门形式
1—金属包框；2—固定部分；3—活动开启扇

五、旋转门

旋转门有铝合金结构和钢质结构两种类型。铝结构是采用铝、镁、硅合金挤压成型材，经阳极氧化成银白、古铜等各种颜色，外形美观，耐大气腐蚀。钢质结构采用 20 碳素结构钢无缝异型管冷拉成各种类型的转门、转壁框架，然后再喷涂油漆进行装饰处理而成。近年来已广泛采用不锈钢管作为门及转壁的框架材料制成不锈钢旋转门，更显豪华大气。

金属旋转门采用合成橡胶密封固定门扇及转壁上的玻璃，具有良好的密闭、抗震和耐老化性能。活动门扇和转壁之间采用聚丙烯毛刷条，运行时平稳无噪声。门扇旋转主轴下部设有可调节阻尼装置，以控制门扇因惯性产生偏快的转速，保证旋转平稳。转壁材料除采用单层弧形玻璃外，也有的采用双层铝合金装饰板。

金属旋转门由于豪华且造价高，主要用于要求较高的建筑上，如高级宾馆、使馆、机场、大型高档商场等高级建筑设施。它具有控制人流量并保持室内温度的作用。金属旋转门的形式见图 7-35。

(a) 四扇固定式转门平面　(b) 四扇折叠移动式转门平面　(c) 三扇式转门平面　(d) 转门立面

图 7-35 金属旋转门的平、立面形

复习思考题

一、思考题

1. 常见的装饰门窗有哪些？各有何特点？常用在何种场合？
2. 门窗框安装到砖砌墙体洞口时，为什么不能直接用射钉枪连接固定？
3. 简述塑料门窗的安装工艺过程及操作注意事项。
4. 常见的特种门窗有哪些？将你最熟悉的某种特种门窗的功能、特点及使用场合表述出来。

二、实训题

在教师指导下，制作组装一樘铝合金推拉窗（窗扇为两扇）。

第八章

店面及室内细部工程

店面装饰工程，主要是指店铺入口处的雨篷、墙面、招牌、广告以及橱窗的装饰处理，也就是人们常说的"门脸"装饰工程。目前，随着市场经济的发展，各种商业建筑及其他建筑都越来越看重店面的装饰，以此来增加商业气氛，显示建筑的内部功能。因此，店面装饰工程成为一个十分重要而又特殊的门类。

细部工程是指室内的橱柜、窗帘盒、窗台板、散热器罩、门窗套、护栏与扶手、花饰等的制作与安装。细部工程既具有使用功能，又兼有装饰作用。而在室内装饰中，往往比较醒目，所以，它的装饰设计和施工质量是评价整个装饰工程的重要指标之一。

第一节 店面装饰施工

一、招牌的制作与安装

店面招牌可分为雨篷式招牌、灯箱、单独字面和悬挑式招牌。

1. 施工准备和要求

（1）材料准备 店面招牌材料包括：骨架材料一般用型钢或管材，主要有型钢、型铝、钢管、铝管、木方等；罩面材料常用钢板、铝板、不锈钢板、塑料板、铝塑板等板材；辅助材料有各种线材，如不锈钢线条、铝合金线条、木线条等。

（2）材料要求

① 各种型钢或管材进场时应检查型号、质量、验证产品合格证。

② 木方含水率应控制在12%以内，应做防腐处理；人造板材的甲醛含量应符合设计要求和规范（GB 50325—2001）规定。

③ 天然石材放射性和木材燃烧性能等级应符合设计要求和规范规定。

（3）作业条件

① 施工前应对主体结构强度和承重能力进行检查，若不符合设计要求应及时处理。

② 施工前应根据设计要求安装预埋件，预埋件的位置要求准确，且与主体结构连接牢固可靠。

③ 主体结构上的其他装饰工程已完工验收。

2. 装饰构造及施工方法

（1）雨篷式招牌 雨篷式招牌是采用悬挑或附贴在建筑入口处，既起招牌作用，又起雨篷作用的一种最常见的招牌形式，如图8-1所示。

① 施工工艺流程 下料→边框组装→装木方→放线、定位→埋预埋件、做预埋孔→安装面板。

② 制作与安装要点

a. 下料 按设计要求进行选料，如无设计要求，多采用角钢，再用切割机按尺寸进行

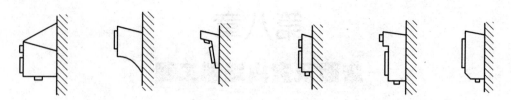

图 8-1　雨篷式招牌形式

切割下料。

b. 边框架组装　将下好的型钢材料采用焊接或螺栓连接组装成型。

c. 装木方　将型钢和木方按设计要求钻孔，以螺栓固定，以便安装顶板、面板及贴面材料。

d. 放线定位　在安装之前，按设计要求在主体结构上放出安装位置线，定好安装位置。

e. 埋设埋件　在拟安装边框位置的墙面中埋设预埋件。通常也采用在墙体上钻孔，用膨胀螺栓固定边框，如图 8-2 所示。如招牌质量不大（木制框架），且悬挑距离也不大的，可采用在墙上打入木楔，用钉子固定边框（如图 8-3），也可采用射钉连接。

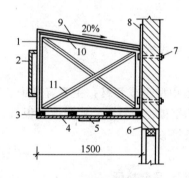

图 8-2　雨篷式招牌构造（单位：mm）

1—饰面材料；2—店面招牌；3—40mm×50mm 吊顶木筋；4—天棚饰面；5—吸顶灯；6—外墙；7—ϕ10～12mm 螺杆；8—26 号镀锌铁皮泛水；9—玻璃钢瓦；10—L30×3 角钢；11—角钢剪刀撑

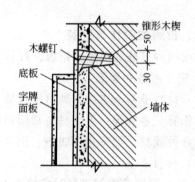

图 8-3　招牌与墙体连接（单位：mm）

f. 安装面板　对不需要衬底的板材，如金属压型板，铝镁曲板可直接钉在边框的木方上，然后装上各种装饰线条。对于金属平板、铝塑板等面板，应先在木方上用直钉钉上衬底（衬底为胶合板），在板面上刷胶黏剂将面板贴上。对于块块面板（如面砖、花岗石和大理石薄板等），应先在木方上钉上木板条，间距为 30～50mm，接着在板条上钉钢丝网，然后抹上厚 20mm 的 1∶3 水泥砂浆，最后按板块材外墙面的施工方法，粘贴块材面板。

g. 在边框下部，一般要做吊顶且安装灯具。其做法与室内吊顶基本相同。

③ 施工注意事项

a. 招牌各连接缝应做好防渗水处理。

b. 招牌顶面与墙面的连接处应做镀锌铁皮泛水，顶面应有 15%～20% 的走水坡度。

c. 灯具电源线应穿管（PVD 塑料管）连接，做好防短路及防漏电保护措施。

(2) 灯箱　灯箱是悬挂在墙上和其他支承物上装有灯具的一种招牌。它比雨篷式招牌有更多的观赏面，有更强的广告性质。

① 施工工艺流程　框架制作→定位、放线→安装灯架、敷设线路→覆盖面板→装金属装饰边框→安装固定。

② 制作与安装要点

a. 木制框架　因灯箱尺寸一般较小，所以可采用 30mm×40mm 或 40mm×50mm 木方开榫刷胶连接制作框架。金属型材框架可用型钢、型铝按尺寸下料后，采用焊接或螺栓连接制作成型。

b. 放线定位　灯箱安装前，应按设计要求确定的位置放线、定位。

c. 安装灯架、敷设线路　灯具多采用日光灯管。日光灯管的安装位置应考虑灯光效果，留好外接电源线出口接头。灯座的连接应牢固可靠。

d. 覆盖面板　面板可采用有机玻璃，用自攻螺钉固定连接。目前，多采用 PVC 广告布覆盖灯箱框架。将广告布按设计要求尺寸剪裁好后，用胶黏剂、拉铆钉等连接方法绷紧覆盖在灯箱框架上，在广告布上可粘贴文字或图案，也可以预先印制或喷绘好文字、图案再进行安装。这种方法比有机玻璃面板盖面方法施工更方便，造价更低。

e. 装金属装饰包边边框　按灯箱边缘尺寸切割好金属包边型材，然后将型材用小铁钉或自攻螺钉固定在边框上。

f. 安装灯箱　灯箱制作时就应考虑其连接固定方法。一般是在制作框架时，预先留出一定长度的型钢或是焊接一定长度的型钢作为安装脚架，并在型钢脚架上钻孔，以便灯箱的安装固定。

二、橱窗展台施工

商业店铺的临街面上，为了展示商品和装饰店面，一般设有橱窗。

1. 施工准备和要求

(1) 材料准备　橱窗由边框和玻璃组成。边框一般采用型钢、型铝和不锈钢型材。玻璃一般采用 10mm 厚的普通玻璃或安全玻璃（厂家订制）。辅助材料有玻璃胶、垫条等。

(2) 材料要求

① 各种型材进场时，应检查型号、质量、验证产品合格证。

② 玻璃的透光率应符合设计要求和规范规定。

③ 辅助材料产品应有质量合格证书。

(3) 作业条件

① 橱窗施工前应检查洞口尺寸、位置和标高，对不符合设计要求的，应进行洞口处理。

② 同一墙面有多个橱窗时，其洞口标高应一致。

③ 洞口符合要求后，可按施工图要求埋设预埋件。要求预埋件的位置准确，与基体连接可靠。

2. 装饰构造及施工方法

(1) 施工工艺流程　放线定位→橱窗框安装→玻璃安装→加注玻璃胶。

(2) 操作要点

① 放线定位　橱窗安装前应根据设计要求在墙体上弹线找准安装位置。若有窗台板，橱窗边框到窗台板边沿宽度应一致，若有多个橱窗时，应拉水平通线控制各橱窗

的标高。

② 橱窗框安装　将已组装好的橱窗框按设计要求采用焊接或膨胀螺栓安装在洞口上，安装时窗框对角线长度应相等，窗框表面应垂直，具体方法可参见铝合金门窗的制作和安装方法。

③ 玻璃安装　安装玻璃前应清除槽口内的杂物。在立放玻璃的下部槽口内安放好橡胶垫条。将已裁割好的玻璃就位（玻璃裁割后周边应加工磨平），玻璃与边框上部、玻璃与边框左右应留有空隙，且大小应适当，以适应玻璃热胀冷缩的变化和玻璃更换的要求。

④ 加注玻璃胶　玻璃安放在槽口上后，就可加注玻璃胶密封。注胶充填必须密实、外表面应平整光洁。常见橱窗构造如图 8-4 所示。

图 8-4　橱窗节点构造（单位：mm）

第二节　木收口线的安装

木收口线条，是指用各种天然木材制作的用于各种装饰部位收口的木条，简称木线条。它是木材类装饰的配套装饰材料，主要用于覆盖装饰构造中边、角、接缝等部位，有较好的装饰作用。一般应选用面板材料同样树种的木收口线条。

一、施工准备和前期要求

1. 材料准备

现在市售的木线条花色品种繁多，供选择范围广，主要有阳角线条、阴角线条、平线条、半圆线条等品种。见图 8-5 所示。

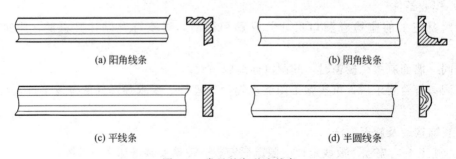

图 8-5　常见的各种木线条

2. 材料要求

一般采用硬杂木干燥料，含水率不大于 12%，不得有裂缝、扭曲、腐朽、节疤等缺陷，在木线条正面一般制作有各种装饰性图案或凹凸纹理，图案要求完整无缺损。

3. 作业条件

（1）在木材类饰面装饰施工完成后就可以安装木线条。各类木材类装饰材料要求连接牢固。

（2）安装木线条的位置表面要求平整、安装位置的标高、水平度、垂直度应符合设计要求。

（3）木线条的颜色、纹理应尽可能与木饰面一致或相近。

二、施工工艺流程及操作要点

1. 施工工艺流程

裁割线条→刷胶粘贴→钉直钉加固→刮腻子、打磨。

2. 操作要点

（1）阴、阳角线条施工操作要点　安装在木墙裙、木饰面吊顶等处阴、阳角部位的阴、阳角线条的构造如图 8-6 所示。具体施工操作要点如下。

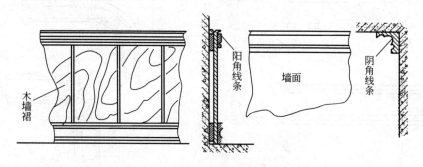

图 8-6　阴、阳角线条的构造示意图

① 裁割线条　木饰面安装连接牢固后，将选择好的木线条用锯按要求尺寸锯好，在直角连接处要求锯成 45°角碰头连接，如长度不够、需加长连接时，接头部位也应锯成 45°斜口连接，并要求对齐花纹。

② 刷胶粘贴　将木线条背面涂刷白乳胶，然后粘贴在阴、阳角处。粘贴时应整理线条的垂直度、平整度和水平度。用手压实，保证粘贴牢固。

③ 钉直钉加固　在接头连接处及每间隔 10～20cm 处钉入直钉加固。

（2）平线条施工操作要点

① 挡门线条的安装

a. 首先将已安装好的木门关合至要求位置，在筒子板及门洞顶板上确定出木线条的安装位置，弹出木线条的安装施工线。

b. 选用宽度 40mm 的挡门木线条，按要求尺寸锯好（在门洞上部阴角连接处木线条应锯成 45°角）并连接。

c. 用白乳胶将木线条粘贴在已确定好的位置上。挡门线条的厚边应朝向木门方面，如图 8-7 所示，然后加钉少量直钉以保证连接可靠。

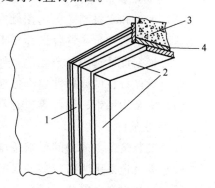

图 8-7　挡门线条的构造示意图
1—门线；2—挡门线；3—门洞墙体；4—筒子板

② 顶棚墙头的木线条安装　一些室内顶棚装饰中，在顶棚下面的墙面上安装上一圈木线条，用于遮挡顶棚与墙面的缝隙，对顶棚与墙面的装饰进行过渡。具体施工方法和要求如下。

a. 根据室内 100cm 水平标高线放出木线条安装的施工线，要求四面标高应一致。

b. 墙内预先钻孔打入木楔，间距 50cm，然后用钉子安装固定好胶合板衬板（具体施工方法与门窗套施工方法基本相同），用白乳胶和直钉将木线条安装在胶合板衬板上。

（3）弯曲构造处的木线条收口施工要点　木线条都是直的，自身能弯曲的弧度并不大，而在装饰构造中往往会出现许多有弧度的收口部位（如拱形门洞口上部的构造等）。碰到这种情况，可将木线条锯成木梳状以便木线条弯曲变形，如图 8-8、图 8-9 所示。弯曲处的弧度越大，锯缝就越深、锯缝的间距就越小，反之则相反。安装时除了使用白乳胶粘贴外，应一边粘贴，一边用直钉加固，直钉的间距应随弯曲弧度的增大而减小。

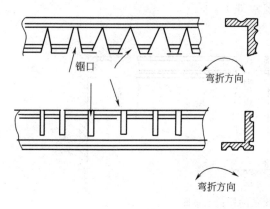

图 8-8　木梳状线条锯口示意图

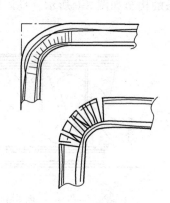

图 8-9　弯曲构造木线条施工示意图

第三节　窗帘盒、窗台板和暖气罩的制作与安装

一、施工准备和前期要求

1. 材料准备和要求

（1）木材和木材制品应选用硬杂木，含水率小于 12%，不得有裂缝、扭曲、腐朽等现象，质量及甲醛含量应符合设计要求和规范。

（2）根据设计选用五金配件，如窗帘轨、滚轮、铁件等，应有产品质量合格证。

（3）天然石材的放射性检测值应符合设计和规范规定。

（4）安装用型钢、挂件等应有产品质量合格证。

2. 作业条件

（1）安装窗帘盒的房间要求按施工图预埋木砖或铁件。

（2）无吊顶采用明窗帘盒的房间应安好窗框并做好内墙抹灰冲筋。有吊顶采用暗窗帘盒的，吊顶应与窗帘盒安装同时施工。

（3）需安装窗台板的墙面应预埋好木砖或铁件。

（4）窗框已安装完毕，窗台板与散热器罩连体的墙、地面装饰层已完成。

二、窗帘盒的构造与制作安装

窗帘的吊挂有明杆安装法（如用木制罗马杆和木吊环安装窗帘）及荷叶边窗帘布遮挡窗帘杆法等，本节中主要介绍将窗帘（杆）轨安装在窗帘盒内的窗帘安装方法。窗帘盒可分为明窗帘盒（单体窗帘盒）和暗装窗帘盒。

1. 安装工艺流程

定位放线→钻孔、钉木楔→制作骨架→贴里层面板→安装窗帘杆→安装骨架→钉外层面板→装饰外层面板。

2. 明窗帘盒操作要点

明窗帘盒常用木料制作，也有用塑料、铝合金的。一般用木楔、铁钉或膨胀螺栓固定在墙面上。

(1) 放线定位　将窗帘盒的安装位置按要求在墙上放线弹出。

(2) 钻孔　在墙上钻孔以便安装膨胀螺栓或打入木楔。

(3) 固定窗帘盒　将连接窗帘盒的铁脚固定在墙面上，而铁脚则用木螺钉固定在窗帘盒的木结构上，如图8-10所示。塑料、铝合金窗帘盒自身都有固定耳，可直接利用固定耳将窗帘盒固定于墙上。

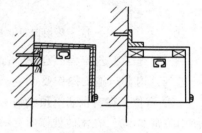

图 8-10　窗帘盒固定

3. 暗装窗帘盒

暗装形式的窗帘盒，是当吊顶标高低于窗上口标高时，由吊顶在窗洞口上部处留出一凹槽，窗帘盒融入吊顶部分的一种形式，制作与吊顶施工同时进行，如图8-11所示。

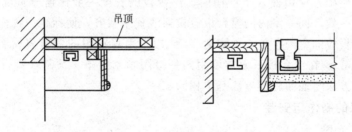

图 8-11　暗装窗帘盒形式

4. 落地窗帘盒

落地窗帘盒利用三面墙和顶棚，并在正面设置一块20～30mm厚的立板或骨架组成。长度为房间净宽，高度适当。在其两端铺钉木垫板用于安装窗帘杆并与墙面连接，连接时采用预埋木楔和铁钉（木螺钉）固定在墙面上。如图8-12所示。

5. 施工注意事项

(1) 单层窗帘的窗帘盒净宽（厚）一般为100～120mm，双层为140～160mm。

(2) 窗帘盒的净高，应根据不同的窗帘来定，一般在120～150mm。

(3) 明窗帘盒的长度一般比窗洞口的宽度大300mm或360mm，应考虑窗帘拉开后，不减少窗的采光，其中心线应与窗洞口的中心线重合。

(4) 当同一面墙或同一房间出现几个窗帘盒时，必须保持标高一致。

(5) 窗帘盒的立板正面进行装饰时，可采用与顶棚和墙面相同的做法，使其成为顶棚、墙面的延续，如贴石膏线条、贴壁纸等。

三、木制窗台板的制作与安装

窗台板是用来保护和装饰窗台的，木窗台板的形状、尺寸应按设计要求制作，如图 8-13 所示。

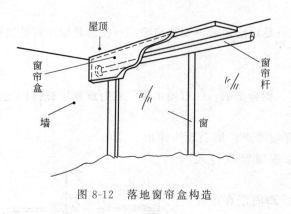

图 8-12　落地窗帘盒构造　　　　图 8-13　窗台板装钉

(1) 施工工艺流程　定位→钉木条→拼接→打槽→钉线条。

(2) 构造与施工操作要点

① 定位　在窗台墙上预先砌入间距为 500mm 左右的防腐木砖，每樘窗不少于 2 块（也可使用防腐木楔）。在木砖处横向钉梯形断面木条（窗宽大于 1m 时，中间应以间距 500mm 左右加钉横向木条），用以找平窗台板底线。

② 拼接　如果窗台板的宽度过大、窗台板需要拼接时，背面应钉衬条以防止翘曲。

③ 固定　在窗框的下框裁口或打槽（宽 10mm，深 12mm），将已刨光起线后的窗台板放在窗台墙面上居中，里边嵌入下框槽内。窗台板的长度一般比窗樘宽度长 120mm 左右，两端伸出长度应一致，同一室内的窗台板应拉通线找平找齐，使标高一致，伸出墙面尺寸应一致。一般窗台板应向室内倾斜 1% 坡度（泛水）。用扁钉帽的铁钉将窗台板钉在木条上，钉帽冲入板面 2mm。在窗台板下面与墙阴角处钉阴角木线条。预制水磨石、大理石、花岗石窗台板的施工方法与地面施工方法基本相同。

四、暖气罩的制作与安装

1. 施工工艺流程

暖气罩制作→定位、放线→安装预埋件→安装暖气罩。

2. 施工操作要点

暖气罩常用木材和金属等材料制成。木制暖气罩用硬木条制作成格片，也可在实木板上、下刻孔制成。金属制暖气罩采用钢、不锈钢、铝合金等板材表面打孔或采用金属格片制作。具体施工方法如下。

(1) 制作暖气罩　按设计要求制作好暖气罩。目前常在工厂加工成成品或半成品，在现场组装即可。

(2) 定位放线　根据窗下框标高、位置及散热器罩的高度，在窗台板底面和地面上放出安装位置线。

(3) 钻孔　在墙上钻孔安装膨胀螺栓或预埋木楔。

(4) 安装散热气罩　按窗台板底面和地面上划好的位置线进行定位安装，分块板式散热器罩接缝应平、顺直、对齐。上下边棱高度、水平度应一致，上边棱应位于窗台板底外棱内，如图 8-14 所示。

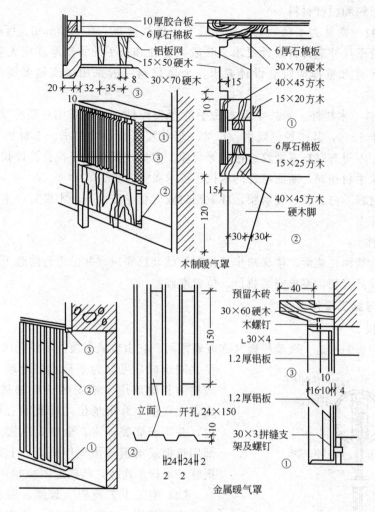

图 8-14 暖气罩构造示意图（单位：mm）

第四节 护栏和扶手的制作与安装

护栏又称栏河。在建筑装饰构造中既是装饰构件又是受力构件，具有能承受推、挤、靠、压等外力作用的防护功能和装饰功能。所以，应能承受建筑设计规范要求的荷载。多层跑马廊的栏板或扶手高度也应符合建筑规范要求，高度一般为 1.1～1.2m。扶手是栏河的收口和稳固连接构件，起着将各段栏河连成一个整体的作用，同时也承受着各种外力的作用。

一、施工准备和前期要求

1. 材料准备和要求

（1）玻璃栏板　玻璃栏板在栏河构造中既是装饰构件又是受力构件，同时玻璃发生破损时还不能伤人，因此玻璃一般采用厚度不小于 12mm 的钢化、夹层钢化等安全玻璃。钢化处理后的玻璃不能再进行切割钻孔等加工，所以应根据设计尺寸到厂家订制。注意玻璃的排块合理，尺寸精确。楼梯的玻璃栏板，其单块长度一般为1.5m，楼梯水平部及跑马廊一般为2m左右。

(2) 扶手材料和栏杆材料

① 金属材料　常见为不锈钢管、黄铜管等，外圆规格φ50～100mm。可根据设计外购订制，管径和管壁尺寸应符合设计要求。一般大立柱和扶手的管壁厚度应大于1.2mm，扶手的弯头配件尺寸和壁厚应符合设计要求，金属材料一般采用镜面抛光制品或镜面电镀制品。

② 木质材料　木栏杆、木扶手及木扶手的弯头配件，通常采用材质密实的硬木制作，含水率不得大于12%，其树种、规格、尺寸、形状应符合设计要求。木材质量均应纹理顺直、颜色一致，不得有腐朽、裂纹、扭曲等现象。阻燃性能等级应符合设计和规范要求。弯头材料一般与扶手料相同，断面特殊的木扶手要求备弯头料。

(3) 辅助材料　白乳胶、玻璃胶、硅酮密封胶等化学胶黏剂，木螺钉、木砂纸等。产品要有质量合格证书。

2. 作业条件

(1) 楼梯间墙面、地面、楼梯踏步等抹灰及铺装已完成，并已进行隐蔽工程验收。

(2) 预埋件已安装，要求安装数目，位置准确。

二、构造与施工操作要点

1. 玻璃栏板

(1) 玻璃栏板的构造　玻璃栏板又称玻璃栏河。它由玻璃板装配不锈钢管或铜管、木扶手共同组成，可分为半玻式和全玻式两种。半玻式栏河其玻璃用卡槽安装于楼梯扶手立柱之间，或者在立柱上开出槽位，将玻璃直接安装在立柱内，并用玻璃胶固定。全玻式栏河其玻璃是在下部用角钢或槽钢与预埋件固定，上部与不锈钢或铜管、木扶手连接，其构造图如8-15所示

(2) 施工工艺流程　放线、定位→检查预埋件→安装扶手、立柱、槽钢→清理槽口→安装玻璃→注胶。

(3) 施工操作要点

① 放线定位　施工放线应准确无误，在装饰施工工程中，不仅要按装饰施工图放线，还须将土建施工的误差消除。并将实际放线的精确尺寸作为构件加工的尺寸。

② 检查预埋件位置　因钢化玻璃加工好后就不能裁切和钻孔，所以预埋件的安装位置须十分准确。

③ 安装扶手、立柱、角钢　采用焊接和螺栓连接安装。要求扶手、立柱、角钢安装位置必须十分精确，开孔、槽口位置精确，特别是用螺栓固定的玻璃栏板。

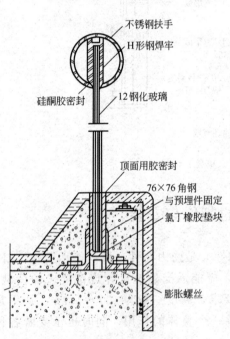

图8-15　玻璃栏板构造（单位：mm）

④ 安装玻璃前应清除槽口内的灰浆、杂物等。在安装玻璃的下部槽口安放上氯丁橡胶垫条再安装玻璃，玻璃与边框之间要有空隙，玻璃应居中放置，玻璃与玻璃之间、用螺栓固定的玻璃留孔与固定螺栓之间都应留有空隙，以适应玻璃热胀冷缩的变化。玻璃的上部和左

右的空隙大小以便于玻璃的安装和更换。

⑤ 加注玻璃胶　使用玻璃胶前，接缝及接缝处表面应清洁、干燥。密封材料的宽度、深度应符合设计要求。充填应密实、表面应平整光洁。

(4) 施工注意事项

① 特别强调的是，必须严格按照国家有关建筑和结构设计规范对玻璃栏板的每一个部件和连接点进行计算和设计，许多工程需要补做锚固钢板，最好不要使用普通膨胀螺栓。

② 管材在煨弯时易发生变形和凹瘪，使弯头的圆度不圆，管材焊接连接时有时会发生凹陷，应仔细操作施工，焊接的焊疤应磨平抛光。

③ 木扶手与立柱之间、木弯头与立柱之间、立柱与地面之间应连接牢固可靠，木弯头的安装位置应准确，木弯头与木扶手之间应开榫连接密实。

④ 玻璃栏板上预先钻孔的位置须十分准确，固定螺栓与玻璃留孔之间的空隙应用胶垫圈或毡垫圈隔开，若发现玻璃留孔位置与螺栓配合之间，玻璃与槽口之间没有间隙时，或是玻璃尺寸不符合时，应重新加工玻璃，不能硬性安装。

⑤ 栏板玻璃的周边加工一定要磨平，外露部分还应磨光倒角，这不仅是为了施工操作的安全，也可减少玻璃的自爆。

⑥ 多楼层的扶手斜度应一致，扶手应居中安装在立柱或扁铁上。

2. 金属栏杆

以不锈钢栏杆为例说明其施工方法。

(1) 施工工艺流程　放线→检查预埋件→检查成品构件→试安装→现场焊接安装→打磨、抛光。

(2) 施工要点和要求

① 放线　放线必须精确，应根据现场放线实测的数据，根据设计要求绘制施工放样详图。对栏杆扶手的拐点位置和弧形栏杆的立柱定位、尺寸应格外注意，经过核实后的放样详图才能作为栏杆、扶手及配件的加工图。

② 检查预埋件　检查预埋件是否齐全、牢固。如果结构上未设置合适的预埋件，应按设计要求补做。如采用胀管螺钉固定立柱底板时，装饰面层下的水泥砂浆结合层应饱满和有足够强度。

③ 检查成品构件及尺寸　产品要逐件对照检查，确保尺寸统一，同时应尽可能采用工厂成品配件。

④ 试安装后再镀钛　对有镀钛要求的栏杆和扶手，应根据工厂的真空镀膜炉能力，将栏杆和扶手合理地分成若干单元，在现场试装并检查调整合适后再拆下送去镀钛。氩弧焊接会破坏镀钛膜层，最好采用有内衬的专用配件或套管连接。

⑤ 现场焊接和安装　一般先安装直线段两端的立柱，校正好位置和垂直度后，拉通线逐个安装中间立柱，顺序焊接其他杆件。焊接时应采用满焊，焊接点位置应设在不显眼处。

⑥ 打磨和抛光　打磨和抛光的质量主要取决于焊工的焊接质量及打磨抛光技工的手艺高低。操作时，应按操作工艺由粗砂轮片到超细砂轮片逐步打磨，最后用抛光轮抛光。

3. 木栏杆和木扶手

(1) 施工工艺流程　放线、定位→下料→扁钢加工→弯头配置→连接固定→整修→上漆。

(2) 操作要点

① 放线定位 对安装扶手的固定件的位置、标高、坡度定位校正后,放出扶手纵向中心线,放出扶手折弯或转角线,放线确定扶手直线段与弯头、折弯断点的起点和位置,放线确定扶手斜度、高度和栏杆间距。扶手高度应大于1050mm,栏杆间距应小于150mm。

② 木扶手、立柱下料 木扶手应按各楼梯及护栏实际需要的长度略加余量下料。立柱根据实测高度下料,当扶手长度较长需要拼接时,应采用手指榫连接,且每一楼梯段的接头不应超过一个。

③ 扁钢加工 扁钢要求平顺。扁钢上要预先钻好固定木螺丝的小孔,并刷上防锈漆。

④ 弯头配置 弯头加工成型完应刨光,弯曲要自然,表面应磨光。

⑤ 连接固定 预制木扶手须经预装。安装时由下往上进行,先装起步弯头及连接第一段扶手的折弯弯头(弯头为割配弯头时,采用割角对缝粘接,在断块割配区段应最少有3个螺钉与支承件连接固定),再配上下折弯之间的直线扶手段,进行分段粘接。分段预装检查无误后,进行扶手与栏杆的连接固定,木螺钉应拧入拧紧,立柱与地面的安装应牢固可靠,立柱应安装垂直。扶手端部与墙或柱的连接应牢固,宜采用图8-16所示方法固定。

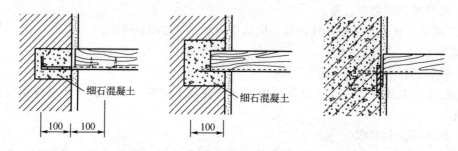

图8-16 木扶手端部与墙或柱的连接(单位:mm)

⑥ 修整 木扶手安装好后,应仔细检查,对不平整处要用小刨清光,弯头连接不平顺,应用细木锉锉平,找顺磨光,然后刮腻子补色,最后按设计要求刷漆。

三、护栏与扶手安装的允许偏差和检验方法

护栏与扶手安装的允许偏差和检验方法见表8-1。

表8-1 护栏与扶手安装的允许偏差和检验方法

项次	项目	允许偏差/mm	检验方法
1	护栏垂直度	3	用1m垂直检测尺检查
2	栏杆间距	3	用钢尺检查
3	扶手直线度	4	拉直线、用钢尺检查
4	扶手高度	3	用钢尺检查

第五节 花饰安装

建筑花饰分为表面花饰和花格,其种类很多,一般安装在建筑物的室内外,用以装饰墙、柱及顶棚等部位,起到活跃空间、美化环境、增进建筑艺术效果的功能,同时还兼有吸声、隔热的效果;花格还具有分隔、点缀空间的作用。

一、施工准备和前期要求

1. 材料准备和要求

(1) 花饰制品　一般由工厂生产成品或半成品,进场时应检查型号、质量、验证产品合格证,阅读产品说明书。

① 木花饰　宜选用硬木或杉木制作,要求结疤少、无虫蛀、无腐朽、无扭曲现象,其含水率和防腐处理符合设计要求和规范规定。

② 水泥制品花饰　表面应光滑、无裂纹,增加构件刚度的钢筋、铁丝等应符合设计要求。

③ 竹花饰　应选用质地坚硬、直径均匀、竹身光洁的竹子制作,一般整枝使用,使用前应作防腐和防蛀处理。

④ 玻璃花饰　可选用磨砂、彩色、压花、有机玻璃等和玻璃砖。透光率应符合设计和规范要求。

⑤ 塑料花饰　因安装后花饰表面不再进行装饰处理,所以要求表面图案和光洁度应符合设计要求。

⑥ 金属花饰　采用型钢、扁钢、钢管、铜管、不锈钢型材等制作。花饰表面烤漆、搪瓷和抛光等应符合设计和规范要求。

⑦ 石膏花饰　主要有石膏线条、灯盘、罗马柱、花角、壁炉、石膏塑像等。增加石膏花饰强度的纤维用量和强度应符合设计和规范规定。

(2) 辅助材料　防腐剂、铁钉、竹销钉、木销钉、螺栓、胶黏剂等应有产品质量合格证,人造板材甲醛含量和阻燃性能等级应符合设计要求和规范规定。

2. 作业条件

(1) 花饰工程基层的隐蔽工程已施工完毕验收。

(2) 结构工程已具备花饰的安装条件,室内已弹出 100cm 水平基准线。

(3) 花饰半成品,成品及辅助材料已进场并验收。

(4) 安装花饰位置部位的基层已处理符合设计要求,并已预埋预埋件或预埋木楔。

二、表面花饰构造与施工方法

1. 表面花饰安装方法

(1) 施工工艺流程　表面花饰直接安装在墙面、柱面、顶棚等其层上时,工艺流程为:定位、放线→基层处理→花饰钻孔→安装→补缝、刮腻子→表面装饰。

(2) 操作要点　现以石膏花饰为例,其具体施工方法和要求如下。

① 基层处理　将基层按设计要求处理平整。

② 放线定位　按设计要求,放出花饰安装位置确定的安装位置线。在基层已确定的安装位置打入木楔。

③ 花饰钻孔　将石膏花饰按设计要求钻孔(花饰产品已有预先加工好安装孔的,对几何尺寸不大、质量轻的花饰可不钻孔直接粘贴)。孔洞应开在不显眼的边角处,应尽可能不要破坏花饰表面图案。

④ 安装　用新拌制好的胶黏剂均匀漆刷在与基层连接的石膏花饰背面并将其粘贴在基层已确定的位置上,要求一次成活。如不能一次成活,应刮去胶黏剂,用新拌制好的胶黏剂重新粘贴。

⑤ 补缝、刮腻子　用新拌制的腻子(石膏粉拌水搅拌均匀)填补花饰与基层的连接缝,

要求填充均匀、圆滑。用新拌制的腻子修补安装孔洞和花饰表面缺陷，修补花饰与花饰之间的连接缝（连接要求对花）。修补要求尽可能还原花饰原貌。

⑥ 表面装饰　待石膏花饰和修补缝完全干燥后，涂刷 2～3 遍乳胶漆。

2. 表面装饰安装在衬板上

以木花饰为例，木质衬板的施工和安装与木护墙板的制作与安装基本相同，木花饰的安装与直接安装在基层上基本相同。

三、花格的安装作法

这里以竖向混凝土板间组装花饰为例，见图 8-17 所示。

1. 施工工艺流程

预埋→竖板连接→安装花格。

2. 操作要点

（1）预埋　竖向板与墙体或梁连接时，在上下连接点要根据竖板间间距尺寸埋入预埋件或留好安装凹槽。若花格插入竖向板间，板上也应埋预埋件或留槽。

（2）竖板连接　将竖板立起，用线坠吊直，并与墙、梁上埋件连接在一起，连接节点可采用焊接、螺栓拧接等方法。见图 8-18 所示。竖板连接在凹槽上，应灌浆饱满密实。

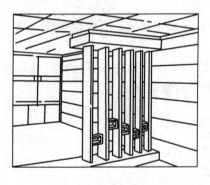

图 8-17　竖向混凝土板间组装花饰

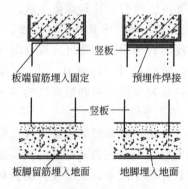

图 8-18　竖板预埋与连接示意图

（3）安装花格　竖板中加花格也采用焊接、螺栓拧接和插入槽口的方法。焊接、拧接可在竖板安装固定好后进行，插入凹槽应与立装竖板同时进行，见图 8-19 所示。

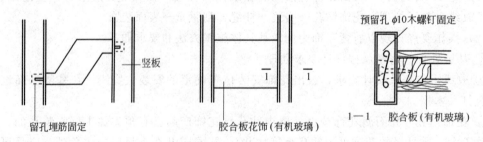

图 8-19　竖板与花格连接示意图（单位：mm）

四、施工注意事项

（1）木、竹花饰产品都要防止暴晒，并避免潮湿。堆放时，要分层堆垛，防止翘曲变形，不可直接堆放在地上。应保持花饰表面洁净。

（2）水泥制品花饰安装前应将有缺陷的花饰剔出，并试拼，使纹理通顺，颜色协调。灌水泥砂浆应饱满密实、防止空鼓、脱落,并做好水泥砂浆的养护。应处理好基层,认真试拼,仔细施工,否则会使接缝不平、高低误差过大。

五、施工质量要求

花饰安装的允许偏差和检验方法见表8-2。

表8-2 花饰安装的允许偏差和检验方法

项次	项目		允许偏差/mm		检验方法
			室内	室外	
1	条型花饰的水平度、垂直度	每米	1	2	拉线和用1m垂直检测尺检查
		全长	3	6	
2	单独花饰中心位置偏移		10	15	拉线和钢尺检查

复习思考题

1. 雨篷式招牌的施工方法和要求有哪些?
2. 具有弯弧度的木线条安装操作要点是什么?
3. 简述明装窗帘盒的施工方法。
4. 玻璃栏板安装的注意事项有哪些?
5. 常见的花饰品种有哪些?

第九章 常用装饰装修施工机具

第一节 装饰装修施工机具分类

在装饰装修工程中，为了提高装饰施工质量与工效，必须将小型装饰机具配备齐整。目前，装饰装修用的机具品种繁多，性能各异。电动工具逐步向专业化、自动化方向发展。为此，要求装饰装修行业的从业者能了解各种机具的使用功能和产品特征，掌握机具的操作技能，做到安全合理使用。

常用的装饰装修施工机具按用途可以分为锯、刨、钻、钉、磨五大类；按装饰功能分类见表9-1。对于一些特殊施工工艺，还需要专用机具和一些无动力的小型机具配合使用。本章将简要介绍一些装饰装修施工中常用的机具。

表 9-1 装饰装修机械产品分类

序号	类型	机械名称	序号	类型	机械名称
1	涂料喷刷机械	喷浆泵	4	建筑装修机具	石材切割机
		气动式无气喷涂机			型材切割机
		电动式无气喷涂机			剥离机
		内燃式无气喷涂机			电镐
		抽气式有气喷涂机			电锤
		自落式有气喷涂机			电钻
		喷塑机			冲击电钻
		石膏中喷涂机			混凝土切割机
2	油漆制备及喷涂机械	油漆喷涂机			混凝土切缝机
		油漆搅拌机			混凝土钻孔机
3	地面修整机械	地面磨光机	5	其他机具	角向磨光机
		地板磨光机			直向磨光机
		踢脚线磨光机			水磨石磨光机
		地面水磨石机			贴墙纸机
		地板刨平机			穿孔机
		打蜡机			弯管机
		地面清除机			管子套丝切断机
		地板砖切割机			管材弯曲套丝机
4	建筑装修机具	射钉机			电动弹涂机
		电动铲刮机			电动滚涂机
		混凝土开槽机			

第二节　锯（切、割、剪、裁）

1. 电动圆锯

电动圆锯也称木材切割机，其外形见图9-1。常用电动圆锯规格有18cm、20cm、23cm、25cm、30cm、36cm（用英寸表示为 7in、8in、9in、10in、12in、14in，1in＝2.54cm）几种，功率 1750～1900W，转速 3200～4000r/min。

图 9-1　电动圆锯

（1）用途　电动圆锯用于切割木夹板、木方条、装饰板等。施工时，常把电动圆锯反装在工作台面下，并使圆锯片从工作台面的开槽处伸出台面，以便切割木板和木方。

（2）安全操作注意事项　电动圆锯在使用时双手握稳电锯，开动手柄上的开关，让其空转至正常速度，再进行锯切工件。操作者应戴防护眼镜，或把头偏离锯片径向范围，以免木屑飞溅击伤眼睛。另外，不同材料开割时，应注意选用相应类型的木工圆锯片齿。

2. 电动曲线锯

电动曲线锯又称为电动线锯、垂直锯、直锯机。电动曲线锯由电动机、往复机构、风扇、机壳、开关、手柄、锯条等零部件组成，外形如图9-2所示。

电动曲线锯的规格以最大锯割厚度表示。锯条规格有 60mm×8mm、80mm×8mm、100mm×8mm 三种。电动曲线锯的齿形切削刀刃向上，锯条锯割时作直线往复运动，其导板可作一定角度的倾斜，可作直线或曲线锯割。冲程长度为 26mm，冲程速度为 0～3200 次/min，功率 350W 左右。

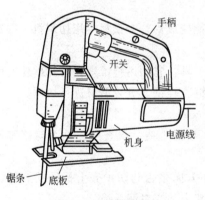

图 9-2　电动曲线锯

（1）用途　电动曲线锯可以在金属、木材、塑料、橡胶条、纤维织物、泡沫塑料、纸板等材料上进行直线或曲线切割，能锯割复杂形状和曲率半径小的几何图形，可在木板中开孔、开槽；还可安装锋利的刀片，用于裁切橡胶、皮革。

电动曲线锯锯齿分粗、中、细三种，其中粗齿锯条适用于锯割木材，中齿锯条适用于锯割有色金属板材、层压板，细齿锯条适用于锯割钢板。

（2）安全操作注意事项

① 锯割前应根据加工件的材料种类选取合适的锯条。若在锯割薄板时发现工件有反跳现象，表明锯齿太大，应调换细齿锯条。

② 操作时要双手按稳机器，匀速前进，向前推力不能过猛，不可左右晃动，否则会折断锯条。锯割时，若卡住应立刻切断电源，退出锯条，再进行锯剖。

③ 在锯割时不能将曲线锯任意提起，以防损坏锯条。使用过程中，发现不正常声响、火花过大、外壳过热、不运转或运转过慢时，应立即停锯，检查修复后再用。

3. 型材切割机

根据构造不同,型材切割机可分为单速型材切割机和双速型材切割机两种,其切割刀具为砂轮片,其外形如图9-3所示。它根据砂轮磨削特性,利用高速旋转的薄片砂轮进行切割,该机的工作台是可调节角度的角台,可切割各种角度的切口,最大切割厚度为100mm。型材切割机的种类、型号很多,功率有大有小,额定电压有220V、380V两种。常见规格有12in(1in = 0.0254m,下同)、14in、16in几种,功率为1450W左右,转速为2300～3800r/min。

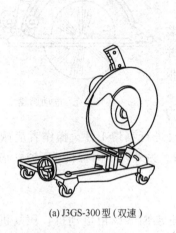
(a) J3GS-300型(双速)

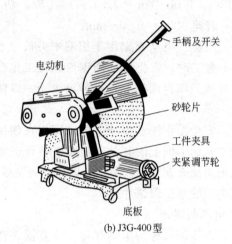
(b) J3G-400型

图9-3 型材切割机

将型材切割机的纤维增强薄片砂轮调换成合金刀头就变成铝合金型材专用切割机。因锯片是合金刀头,可使切口整齐、光滑。

(1) 用途 型材切割机是切割各种金属材料的理想工具,它利用纤维增强薄片砂轮对圆形或异型钢管、铸铁管、圆钢、钢筋、角铁、槽钢、扁钢、轻钢龙骨等型材进行切割。

(2) 安全操作注意事项

① 使用前检查绝缘电阻,检查各接线柱是否接牢,接好地线。检查电源是否与铭牌额定电压相符。

② 砂轮切不可反向旋转。使用前注意检查砂轮转动方向是否与防护壳上标示的旋转方向一致,如发现相反,应立即停车,将插头中二支电线其中一支对调互换。

③ 使用的砂轮片或木工圆锯片的规格不能大于铭牌上规定的规格,防止电机过载。绝对不能使用安全线速度低于切割速度的砂轮片。

④ 使用前检查各部件、各紧固件是否松动。对工件进行有角度切割时,要调整好夹具的夹紧板角度。

⑤ 操作时用底板上夹具夹紧工件,按下手柄使砂轮薄片轻轻接触工件,然后再压下手柄,平稳匀速地进行切割。注意不能用力过猛,以免过载或影响砂轮片崩裂。操作人员手捏手柄开关,身体侧向一旁,避免发生意外。

⑥ 使用中如发现异常杂音,要停车检查原因,排除后方可继续使用。

⑦ 因切割时有大量火星,需注意要远离木器、油漆等易燃物品。切割机不能在易燃或腐蚀气体条件下操作使用,以保证各电气元件的正常工作。

⑧ 注意定期检查,当砂轮磨损到一半时,应更换新片。

4. 石材切割机

石材切割机外形如图 9-4 所示。功率为 850W，转速为 11000r/min。

（1）用途　该切割机主要用于天然（或人造）花岗岩等石料板材、瓷砖、混凝土及石膏等的切割，广泛应用于地面、墙面石材装修工程施工中。

（2）安全操作注意事项　该机分干、湿两种切割片。使用湿型刀片时，需用水作冷却液。在切割石材之前，先将小塑料软管接在切割机的给水口上，双手握住机柄，通水后再按下开关，并匀速推进切割。

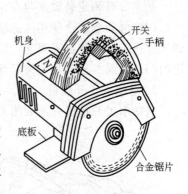

图 9-4　石材切割机

5. 电剪刀

电剪刀主要由单项串激电动机、偏心齿轮、外壳、刀杆、刀架、上下刀头等组成。外形如图 9-5 所示。电动剪刀的规格以最大剪切厚度表示。剪切钢材时，有 1.6mm、2.8mm、4.5mm 等规格，空载冲程速率为 1700～2400 冲程/min，额定功率为 350～1000W。

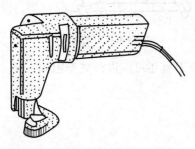

图 9-5　电剪刀

（1）用途　电剪刀是用来剪裁钢板以及其他金属板材、塑料板、橡胶板等的电动工具，能按需要剪切出各种几何形状的板件，特别适宜修剪边角。

（2）安全使用注意事项

① 检查工具、电线的完好程度，检查电压是否符合额定电压。先空转检验各部分是否灵活。

② 使用前要调整好上、下机具刀刃的横向间距，刀刃的间距是根据剪切板的厚度决定的，一般为厚度的 7% 左右。上下刀刃搭接，上刀刃斜面最高点应大于剪切板的厚度。

③ 注意电动剪刀的维护，要经常在往复运动中加注润滑油，如发现上下刀刃磨损或损坏，应及时修磨或更换。工具在使用完后应揩净，存放在干燥处。

④ 使用过程中，如有异常响声等，应停机检查。

6. 电动木工修边机

电动木工修边机的外形如图 9-6 所示。功率为 500W 左右，转速为 30000r/min，最大加工厚度为 25mm。

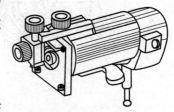

图 9-6　电动木工修边机

电动木工修边机配用各种成型铣刀，用于对各种木质工件的边棱或接口处进行整平、斜面加工或图形切割、开槽等。

第三节　刨

1. 电动刨

电动刨亦称手提式电动刨、木工电刨，简称手电刨或电刨。电动刨类似倒置小型平刨机。电动刨的外形如图 9-7 所示。刀轴上装两把刀片，转速为 1600r/min，功率为 580W，刨削宽度为 60～100mm。电刨上部装有调节按钮，可调节刨削量。

（1）电动刨的用途　电动刨配用刨刀，用于刨削木材或木结构件。

开关带有锁定装置并附有台架的电刨还可以翻转固定于台架上，作小型台刨使用。

(2) 电动刨安全使用注意事项　操作时，双手前后握刨，推刨时平稳匀速向前移动，刨到工件尽头时应将机身提起，以免损坏刨好的工件表面。电动刨的底板经改装可以加工出一定的凹凸弧面。刨刀片用钝后可卸下来重磨刀刃。

2. 电动木工开槽机

电动木工开槽机外形如图9-8所示。其最大刀宽为3～36mm，可刨槽深为20～64mm。

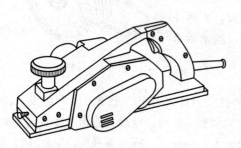

图 9-7　电动刨

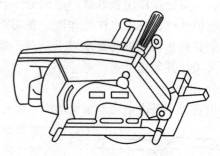

图 9-8　电动木工开槽机

电动木工开槽机用于木工作业中开槽和刨边。装上成型刀具还可以进行成型刨削。

3. 地板刨平机

地板刨平机结构如图9-9所示。

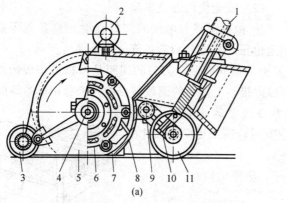
(a)

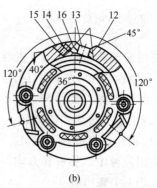
(b)

图 9-9　地板刨平机

1—拉杆；2—吊架；3—前滚轮；4—电动机转轴；5—侧向盖板；6—电动机；7—刨刀滚筒；
8—机架；9—轴销；10—摇臂；11—后滚轮；12—支持塞块；
13,15—螺钉；14—滑块；16—刨刀

地板刨平机是木地板粗加工用的专用机具，刨削速度可达11～20m²/h。刨平机的工作一般分顺刨和横刨两次进行。第一次刨削厚度为2～3mm，第二次刨削厚度为0.5～1mm。

第四节　钻

1. 轻型手电钻

轻型手电钻又称手枪钻、手电钻、木工电钻，外形如图9-10所示。轻型手电钻的功率为350～450W，转速为950～2800r/min。电钻的规格以钻孔直径表示，其型号较多，常用

的有10mm、13mm、25mm等，钻木孔直径最大为22mm，钻钢材最大直径为10mm。

为适应不同的用途，电钻有单数、双数、四数和无级调速、电子控制、可逆转等类型。

(1) 用途　轻型手电钻是用来对金属材料或其他类似材料或工件进行小孔径钻孔的电动工具，主要用于对木材、塑料件、金属件等钻孔。若配以金属孔锯、机用木工钻等作业工具，其加工孔径可相应扩大。

(2) 安全使用注意事项　操作时，注意钻头垂直平稳进给，防止跳动和摇晃，要经常清除钻头旋出木渣，以免钻头扭断在工件中。

2. 冲击电钻

冲击电钻，亦称电动冲击钻，其外形如图9-11所示。它是可调节式旋转带冲击的特种电钻。当把旋钮调到旋转位置时，装上麻花钻头，就像普通钻一样，可对钢制品、木材、塑料件进行钻孔。当把旋钮调到冲击位置，装上镶硬质合金的冲击钻头，就可以对混凝土、砖墙进行钻孔。冲击电钻的规格以最大钻孔直径表示，常用$\phi 6\sim 20mm$的钻头。用作钻混凝土时有13mm、20mm等几种；用作钻钢材时，有8mm、10mm、13mm、20mm、25mm几种；用作木材钻孔时，最大孔径可达40mm。功率为300~700W，转速为650~2800r/min。

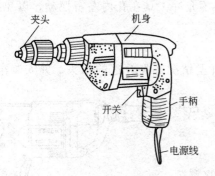

图9-10　轻型手电钻

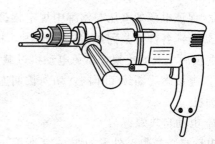

图9-11　冲击电钻

目前，一些新型冲击电钻无论从使用和控制上都有很大改进，如配有无匙夹头，使装卸钻头更为方便，同时还配有电子控制、转速预选、可逆转、同步双速拉键传动及深度尺等。

(1) 用途　冲击电钻广泛应用于在混凝土结构、砖结构、瓷砖地砖的钻孔，以便安装膨胀螺栓或木楔。

(2) 安全使用注意事项

① 使用前应检查工具是否完好，电源线是否有破损以及电源线与机体接触处有无橡胶护套。

② 按额定电压接好电源，选择合适的钻头，调节好按钮。

③ 冲击电钻振动较大，操作时用双手握紧钻柄，使钻头与地面、墙面垂直推进，并经常拔出钻头排屑，防止钻头扭断或崩头。

④ 使用时有不正常的杂音应停止使用，如发现转速突然下降应立即放松压力，钻孔时突然刹停应立即切断电源。

⑤ 移动冲击电钻时，必须握持手柄，不能拖拉电源线，防止擦破电源线绝缘层。

3. 电锤

电锤又称电动锤钻，在国外也叫冲击电钻。按其冲击旋转的形式可分为动能冲击锤、弹簧

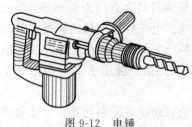

图 9-12　电锤

冲击锤、弹簧气电锤、冲击旋转锤、曲柄连杆气电锤和电磁锤等。其工作原理同冲击钻，也兼具冲击和旋转两种功能，但电锤在冲击钻的基础上加大了冲击力，其工作时以冲击为主。电锤由单项串激式电动机、传动箱、曲轴、连杆、活塞机构、保险离合器、刀架机构、手柄等组成，一般都配有无匙夹头，可快速装卸钻头。其外形如图 9-12 所示。电锤的规格按孔径分有 16mm、18mm、22mm、24mm、30mm 等，转速为 300～3900r/min，冲击次数为 2650～4800 次/min，功率为 480～1450W。

（1）用途　电锤主要用于建筑装饰工程中各种设备的安装。电锤的主轴具有两种运转状态：一种是冲击带旋转状态时，配用电锤钻头，对混凝土、岩石、砖墙等进行钻孔、开槽、表面凿毛等作业；另一种是单一旋转状态时，装上钻头夹头连接杆及钻夹头，再配用麻花钻头或机用木工钻头，即如同电钻一样，对金属、塑料、木材等进行钻孔作业。

电锤还可以用来进行钉钉子、铆接、捣固、去毛刺等加工作业。

（2）安全使用注意事项

① 使用锤钻打孔时，工具必须垂直于工作面。不允许工具在孔内左右摆动，以免扭坏工具。

② 保证电源的电压与铭牌中规定相符。

③ 电锤各部件紧固螺钉必须牢固，根据钻孔开凿情况选择合适的钻头，并安装牢靠。钻头磨损后应及时更换，以免电动机过载。

④ 电锤多为断续工作制，切勿长期连续使用，以免烧坏电动机。

4. 电动自攻螺钉钻

电动自攻螺钉钻外形如图 9-13 所示。该钻按自攻螺钉直径可分为 4mm、6mm 等，转速为 0～4000r/min，功率为 200～500W。

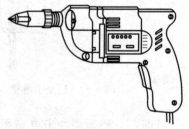

图 9-13　电动自攻螺钉钻

电动自攻螺钉钻是装卸自攻螺钉的专用机具，用于轻钢龙骨或铝合金龙骨上安装装饰板面以及各种龙骨本身的安装。可以直接安装自攻螺钉，在安装面板时不需要预先钻孔，而是利用自身高速旋转直接将螺钉固定在基层上。由于配有极度精确的截止离合器，故当螺钉达到紧度时会自动停止，提高了安装速度，并且松紧统一。

另外，利用逆转功能也可快速卸下螺钉。

5. 电动木工雕刻机

电动木工雕刻机简称电动雕刻机，外形如图 9-14 所示。工作时配直径为 8～12mm 硬质合金的平直刀头，对工件进行铣削加工。该机配有微调分度为 0.1mm 的平行止动装置，最大铣削深度可达 60mm，是精细作业的高精度专用工具。功率为 500～1500W，转速为 2400r/min。

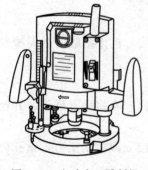

图 9-14　电动木工雕刻机

电动木工雕刻机可加工条形工件，对工件边缘加工。配用各种成型铣刀，可在工件的平面上开出各种不同形状的沟槽，雕刻各种花纹与图案，还能镂空工件。将其固定安装在台板上，可作为小型立铣机使用。

第五节 钉（铆）

1. 射钉枪

射钉枪是装饰工程施工中常用的工具，它要使用射钉弹和射钉，由枪机击发射钉弹，利用射钉弹内火药燃烧释放出能量将各种射钉直接打入钢铁、混凝土或砖墙结构的基体中。射钉枪外形如图 9-15 所示。

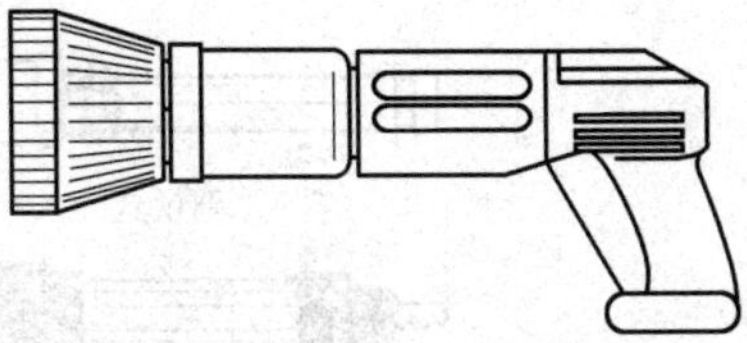

（1）用途 射钉枪用于直接将构件紧钉于需固定的部位，可固定木构件，如窗帘盒、木护墙、踢脚板、挂镜线，还可固定铁构件，如窗盒铁件、铁板，钢门窗框、吊灯等。

（2）安全操作注意事项

① 因射钉枪需与射钉配套使用，射钉种类主要有一般射钉、螺纹射钉、带孔射钉三种。射钉枪因型号不同，使用方法略有不同，使用时应认真阅读说明书。

② 使用射钉枪前要认真检查枪的完好程度，操作者最好经过专门训练，在操作时才允许装钉，装钉后严禁枪对人。

③ 射击时应将射钉枪垂直地紧压在机体表面上，再扣动扳机。

④ 射入的基体必须稳固坚实，并且有抵抗射击冲力的刚度，扣动扳机后如发现子弹不发火，应再次接于基体上扣动扳机，如仍不发火，仍保持原射击位置数秒后，再来回拉伸枪管，使下一颗子弹进入枪膛，再扣动扳机。

⑤ 射钉枪用完后应注意保管安全。

图 9-15 射钉枪

2. 电动、气动打钉枪

电动、气动打钉枪外形如图 9-16 所示。它配有专用枪钉，常见规格有 10mm、15mm、20mm、25mm 4 种。电动打钉枪插入 220V 电源插座就可直接使用；气动打钉枪需与气泵连接。使用要求的最低压力为 0.3MPa，打钉速度达 100 枚/min 以上。

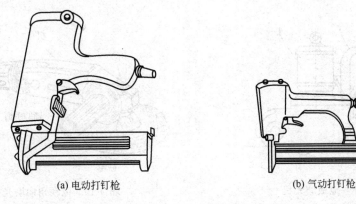

(a) 电动打钉枪　　(b) 气动打钉枪

图 9-16 电动、气动打钉枪

（1）用途 电动、气动打钉枪用于在木龙骨上钉木夹板、纤维板、刨花板、石膏板等板材和各种装饰木线条。对使用手锤不易作业的部位施工有独特的优点，在流水线生产中经常使用。

（2）安全操作注意事项 气钉枪根据所配用的钉子形式，可分为两种：一种是直钉（包括平面钉和螺旋钉）枪；另一种是码钉枪。直钉是单支，码钉是双支。操作时，用钉枪嘴压在需钉接处，再按下开关就把钉子射入所钉面材内。

3. 气动、手动铆钉枪

气动铆钉枪是以压缩空气为动力对铆钉进行铆接的工具，手动铆钉枪则不需要外接能源，直接手动抽芯铆接。工作气压为 0.3～0.6MPa，工作拉力为 3000～7200N，铆接直径 3.0～5.5mm，风管直径 10mm。操作简便，同时拉铆速度快，效率高。外形如图9-17所示。

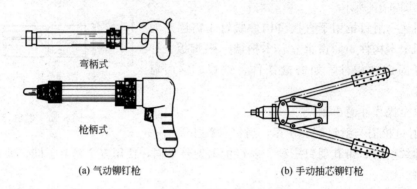

图 9-17 气动、手动铆钉枪

风动、手动拉铆枪适用于铆接抽芯铝铆钉，广泛用于车辆、船舶、纺织、航空、建筑装饰、通风管道等行业。

第六节　磨

1. 地板磨光机

地板磨光机外形如图 9-18 所示。地板磨光机专用于木地板的磨光工作，其工作能力一般为 20～35m²/h。工作能力为 25m²/h 时，电动机功率为 1.7kW，转速为 1440r/min；工作能力为 32.5m²/h 时，电动机功率为 2kW，转速为 1420r/min。

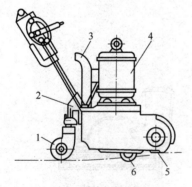 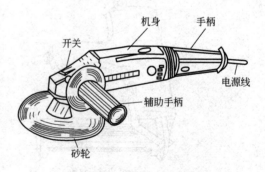

图 9-18　地板磨光机　　　　　　　　图 9-19　电动角向磨光机
1—后滚轮；2—托座扶手电器开关；3—排泄管；
4—电动机；5—磨削滚筒；6—前滚轮

操作时，先把磨削滚筒翘起，开动电机，运转正常时再把磨削滚筒放下，接触木地板进行磨削，不能停在一处移动，要求向前来回推动。磨削砂带磨平后应更换新的砂带。一般是先粗磨，后中粗磨，最后细磨，以达到表面平整光滑为止。

2. 电动角向磨光机

电动角向磨光机是供磨削用的电动工具，它利用高速旋转的薄片砂轮以及橡胶砂轮、钢丝轮等对金属构件进行磨削、切削、除锈、磨光加工。该机可配用多种工作头，如粗磨砂轮、细磨砂轮、抛光轮、橡胶轮、切割砂轮、钢丝轮等。该机按磨片直径分为 125mm、181mm、230mm、300mm 等，额定转速为 5000～11000r/min，额定功率为 670～2400W，其外形如图 9-19 所示。

（1）用途　由于电动角向磨光机砂轮轴线与电动机轴线呈直角，所以特别适用于位置受限制、不便用普通磨光机的场合（如墙角、地面边缘、构件边角等）。在建筑装饰工程中，常用该工具对金属型材进行磨光、除锈、去毛刺等作业，使用范围比较广泛。

（2）安全使用注意事项

① 操作时用双手平握住机身，再按下开关。

② 以砂轮片的侧面轻触工件，并平稳地向前移动，磨到尽头时应提起机身，不可在工件上来回推磨，以免损坏砂轮片。

③ 该机转速很快，振动大，操作时应注意安全。

3. 抛光机

抛光机主要用于各类装饰表面抛光作业和砖石干式精细加工作业。常见的规格按抛光海绵直径可分为 125mm、160mm 等，额定转速为 4500～20000r/min，额定功率为 400～1200W，其外形如图 9-20 所示。

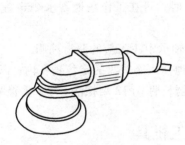

图 9-20　抛光机

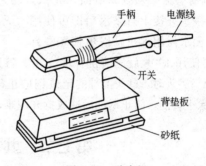

图 9-21　砂磨机

4. 砂磨机

砂磨机主要用于磨光金属、木材或填料等工作表面，以便于油漆作业。砂磨机是由高速旋转（或振动）的平板磨板（平板装有砂纸）对各种装饰面进行砂磨作业。其外形如图 9-21 所示。其规格按磨盘直径或尺寸可分为：旋转型有 115mm、125mm、150mm 等；振动型有 110mm×112mm、80mm×130mm、92mm×182mm 等。旋转型转速为 2400～13000r/min，振动型轨道冲程速率为 12000～22000 冲程/min，功率为 150～400W。操作时手提机柄，在工件上边推边施加压力，切忌原地不动，以免磨出凹坑或磨穿工件表面。振动型电动磨砂机用作底层打磨。

5. 水磨石机

水磨石机是以人造金刚石为磨料的高效节能的新型建筑机械，主要用于建筑物水磨面与砌块的磨平与抛光（换上精磨头即可抛光）。其规格型号以磨盘直径表示，常用水磨石机磨盘直径有 300mm 和 400mm 两种，磨盘转速分别为 1420r/min 和 1950r/min，功率分别为 3kW 和 5.5kW。其外形如图 9-22 所示。

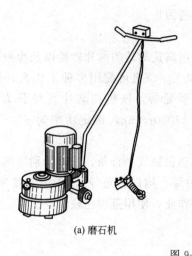

(a) 磨石机　　　　　　　　(b) 手提湿式磨光机

图 9-22　水磨石机

水磨石机安全使用注意事项如下所述。

① 工作前检查机器各部位及电气部分是否良好，金属外壳接地是否可靠，三相电源电压是否正常（电压过高或过低会使电机发热以致烧毁）。操作工必须穿戴绝缘性能良好的防护用品，确保安全。

② 使用前各部位的螺钉、螺栓及螺母均应检查拧紧，然后使用，以防止机器在运输和搬运过程中出现松动。

③ 开机前磨盘必须脱离地面，先试运转，观察磨盘转向是否与指示方向一致，在磨石机上部的管接头处接上自来水后即可使用（无自来水时，可在工作场地蓄水 2cm 左右）。严禁工作场地无水使用本机，以免损坏磨具。

④ 机器使用 100h 后应清洗保养一次，特别要在轴承中注入新的润滑油脂。

⑤ 更换新磨头时，磨头上部的定位销应正确无误地插入磨头盘的定位销孔内，以防松动。丝扣部分应涂上黄油，防止锈蚀后造成拆卸困难，如机器长期不用，要擦洗干净，妥善保养。

第七节　其他施工机具

1. 木工多用机床

木工多用机床是室内装饰装修，特别是家庭装饰中不可缺少的一台设备，它是集木工中的锯、刨、铣、钻等多功能于一身的木工多用机床，把圆锯、电刨、钻、铣等工序通过一台电动机带动进行多工位联合加工的台式机。其外形如图 9-23 所示。

木工多用机床的种类型号很多，加工的范围很广，在装潢中主要用于对木材及木质品进行锯、刨、铣、钻等多种工序的加工。

2. 空气压缩机（气泵）

空气压缩机主要用于气控机具、喷油漆和喷涂料的动力，采用风冷却方式，主机自带风扇；采用橡胶铁轮设计，同时具有减振和移动方便的功能。空气压缩机自带储

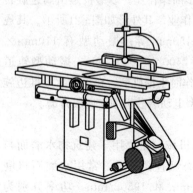

图 9-23　木工多用机床

气罐，能直接使用而无需另行配置，电控和气控自动运转，使压缩空气的使用随时得到满足。其外形如图9-24所示。功率0.75～11.0kW，可供气量范围为0.08～1.65m³/min，压力范围为0.8～1.25MPa并可自动调压。

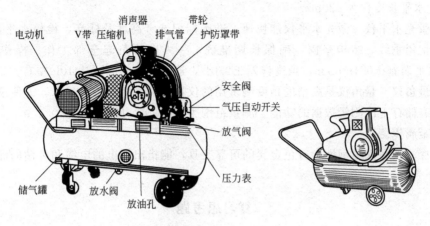

图9-24 空气压缩机

3. 喷漆枪

喷漆枪是对钢制件和木制件的表面进行喷漆的工具。喷漆枪施工速度快，节省漆料，漆层厚度均匀，附着力强，漆件表面光洁美观。其外形如图9-25所示。

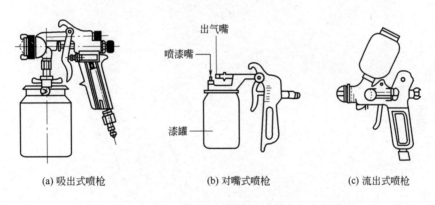

图9-25 喷漆枪

（1）小型喷漆枪　小型喷漆枪在使用时一般以人工充气，也可用机械充气。人工充气是把空气压入储气筒内，供制件面积不大、数量较少时喷漆使用，如对嘴式喷枪。

（2）大型喷漆枪　大型喷漆枪必须用空气压缩机的空气作为喷射的动力，它由储漆罐、握手柄，喷射器、罐盖与漆料上升管组成，适用于大型喷漆面的喷漆，如吸出式喷枪。

（3）低压环保喷枪　涂料雾化时，喷盖内压力颇低，只有0.07MPa以下，涂料反弹小，涂料附着力高，能改善环境污染，减少对人体的危害，达到环保要求，如流出式喷枪。

（4）电热喷漆枪　电热喷漆枪是一种新型的喷漆工具，它的外形和储漆量同大型喷漆枪一样，只是在喷射器部位装有电热设备，使漆料在经过喷射器时电热加温，因此称为电热喷漆枪。它与上述喷漆枪比较，其优点是漆料不必掺加香蕉水，不仅节省化工原料，减少调漆工序，简化喷漆过程，而且可以避免苯中毒的发生。同时，漆层的附着力较坚固，喷漆表面更为细密、光滑、色泽鲜艳，具有较好的防锈保护能力。

4. 专用仪表

（1）数字式气泡水平仪　数字式气泡水平仪可精确测量坡度、角度或水平度，以度数及百分比显示。当作业是在头顶上方进行时，显示自动倒转。坡度、角度测量误差最大为±0.05°，水平长度仅为120mm。

（2）激光水平仪　激光水平仪能快速、准确标记参考高度及标高，检核水平面和直角、定线，标记铅垂线。结构坚固，确保长期准确，一人即可负起全部工作。操作距离可达100m，水平误差±0.1mm/m，角度误差±0.01°，连续操作时间可达10h左右。

（3）量角仪　量角仪是高精度角度测量用的仪器，前后两面各有显示，方便读数。结构轻巧，具有储存上次测量数据的功能。测量范围为0°～20°，最大误差±0.1°。

（4）金属探测仪

金属探测仪是探测钢铁和有色金属的可靠工具，能指出带电的电缆和可钻的深度，容易校正。

复习思考题

各种室内装饰施工用小机具的用途、主要技术性能是什么？安全操作应注意哪些事项？

参 考 文 献

1. 王振华主编.最新建筑装饰装修施工技术标准与质量验收规范实用全书.北京：中国建筑工业出版社，2003
2. 杨天佑主编.建筑装饰工程施工.北京：中国建筑工业出版社，2003
3. 房志勇主编.建筑装修装饰构造与施工.北京：金盾出版社，2000
4. 建筑装饰工程手册编写组编.建筑装饰工程手册.第一版.北京：机械工业出版社，2002
5. 田正宏主编.建筑装饰施工技术.北京：高等教育出版社，2002
6. 刘锋主编.室内装饰施工工艺.上海：上海科学技术出版社，2004
7. 中华人民共和国建设部主编.建筑装饰装修工程质量验收规范（GB 50210—2001）.北京：中国建筑工业出版社，2004
8. 王朝熙主编.建筑装饰装修施工标准手册.北京：中国建筑工业出版社，2004
9. 叶刚，尹国元主编.建筑装饰施工技术.北京：中国电力出版社，2002
10. 中国建筑装饰协会工程委员会.实用建筑装饰施工手册.第2版.北京：中国建筑工业出版社，2004
11. 中国建筑工程总公司.建筑装饰装修工程施工工艺标准.北京：中国建筑工业出版社，2004
12. 建筑装饰装修工程施工与质量验收实用手册编委会.建筑装饰装修工程施工与质量验收实用手册.北京：中国建材工业出版社，2004
13. 图集编绘组编.建筑装饰装修工程.北京：中国建材出版社，2003
14. 李继业，邱秀梅主编.建筑装饰施工技术.北京：化学工业出版社，2005
15. 吴健主编.装饰构造.南京：东南大学出版社，2002
16. 马有占主编.建筑装饰施工技术.北京：机械工业出版社，2003
17. 林晓东主编.建筑装饰构造.天津：天津科学技术出版社，2003
18. 丁洁民，张洛先主编.建筑装饰施工技术.第2版.上海：同济大学出版社，2004